# 飞行员心理选拔
## 原理与实践

[英]罗伯特·博尔（Robert Bor）
[英]卡琳娜·埃里克森（Carina Eriksen）
[美]托德·P.哈伯德（Todd P. Hubbard）　主编
[美]雷·金（Ray King）

肖　玮　王紫微　王攀辉　主译

清华大学出版社
北京

北京市版权局著作权合同登记号 图字01-2023-1867

Pilot Selection: Psychological Principles and Practice / by Robert Bor, Carina Eriksen, Todd P. Hubbard, Ray King/
ISBN 9781138588738

@ 2020 by Taylor & Francis Group, LLC

CRC Press is an imprint of Tayloe & Francis Group, an Informa business

**图书在版编目（CIP）数据**

飞行员心理选拔原理与实践 /（英）罗伯特·博尔（Robert Bor）等主编；肖玮，王紫微，王攀辉主译. — 北京：清华大学出版社，2023.4
书名原文：Pilot Selection：Psychological Principles and Practice
ISBN 978-7-302-63121-7

Ⅰ.①飞… Ⅱ.①罗… ②肖… ③王… ④王… Ⅲ.①飞行人员 – 航空心理学 Ⅳ.① V321.3

中国国家版本馆 CIP 数据核字（2023）第 047672 号

责任编辑：孙　宇
封面设计：王晓旭
责任校对：李建庄
责任印制：丛怀宇

出版发行：清华大学出版社
　　　　　网　　　址：http://www.tup.com.cn，http://www.wqbook.com
　　　　　地　　　址：北京清华大学学研大厦 A 座　　　邮　　编：100084
　　　　　社 总 机：010-83470000　　　　　邮　　购：010-62786544
　　　　　投稿与读者服务：010-62776969，c-service@tup.tsinghua.edu.cn
　　　　　质量反馈：010-62772015，zhiliang@tup.tsinghua.edu.cn
印 装 者：三河市铭诚印务有限公司
经　　销：全国新华书店
开　　本：185mm×260mm　　　印　张：27.5　　　字　数：521 千字
版　　次：2023 年 5 月第 1 版　　　印　次：2023 年 5 月第 1 次印刷
定　　价：168.00 元

产品编号：095842-01

# 《飞行员心理选拔原理与实践》
# 译者名单

**主　译**　肖　玮　　王紫微　　王攀辉

**参　译**　田建全　　王秀超　　吴　迪　　孙科伟

　　　　　徐鹏博　　周　悦　　陈祥龙　　朱　妍

　　　　　白　雪　　刘士敏　　黄　荷　　王祎凡

　　　　　闫冰昕　　李佳怡　　杨雨璇

# 序　言

飞行员选拔工作发展史，就好比是一块承载我国空中力量从无到有、从小到大、从弱到强的基石。

在建党初期，我们党就把深邃的目光投向天空，开始了航空人才选调培养的艰辛探索之旅。重要标志性事件有：1924年，在黄埔军校挑选一批优秀学员，到孙中山创办的广州航校学习。此后，两次选派党员、团员到苏联学习航空技术；1938年，从红军进疆部队和抗日军政大学选派43名骨干到新疆航空队学习；1946年，我党在吉林通化成立东北老航校，先后选调培养560名航空干部，包括抗美援朝时期涌现出的战斗英雄王海、张积慧、刘玉堤等。这些早期航空人才的选调培养，为我国空中力量生成与发展播下了"金种子"，为新中国成立后创建人民空军奠定了坚实的基础。

空军创建之初，特别是抗美援朝时期，飞行学员选调突出了速招、速训、速成的指导思想，但尚未成立专门机构。从1956年到1986年，我军招飞工作由军委直接组织，空军配合做好接收工作；1979年，飞行学员改为全部从高中毕业生中招收；1983年，空军首批飞行学员本科班开训；从1984年起，招飞工作列入全军院校统招计划，参加全军统考后择优录取。这一时期，招飞工作在军委统管下，纳入国家动员体系，发挥了高层决策、宏观指导的特殊优势，培育出一批高级将领和优秀飞行人才。

随着航空装备快速发展和院校改革的深入推进，空军对飞行学员综合素质要求越来越高。1986年，为解决招飞质量不高和招训脱节问题，空军主动建议，进行招飞体制改革，自行组织招飞。特别是将心理选拔作为改革的核心内容，纳入招飞环节，用飞行员选飞行学员的方式选拔飞行人才，并进入高校招生序列；1988年，国务院、中央军委正式将招飞任务赋予空军，组建空军招飞工作机构，形成自主招飞运行机制。之后，空军制定了招飞法规制度，建立了专业检测队伍，构建了军地招飞网络，招飞工作逐步走上正规化轨道；1999年，空军制定首部招飞国家军用标准《招收飞行学员心理学检查方法与要求》，获军队科技进步二等奖；2010年，招飞心理选拔系统经过3次全面升级改进，并以此为基础扩展研究的科研项目《中国军人医学与心理选拔系统及标准》获国家科技进步一等奖；2011年，空军先后与清华大学、北京大学、北京航空航天大学签订协议，"三校"与航空大学采取"3+1"模式，联合培养"双学籍"飞行学员；2015 年，空军依托全国 11 个省 16 所优质中学，创办青少年航空学校，实现了超前育苗；2017 年，空军首次在西藏试点开招，招飞地域覆盖全国 31 个省份、11000 余所中学。自此，招飞大门向全国（不包含港澳台地区）各地，矢志空天、热爱飞行的有志青年完全敞开。

　　我国的招飞工作从新中国诞生、人民空军建立算起，已经走过了 70 余年的征程。伴随着人民空军的成长壮大，在党中央、中央军委领导下，在国家、总部机关指导和空军党委指挥下，在地区各级政府教育、招生考试、公安部门和大、中学校支持下，几代招飞人不懈奋斗，承前启后，锐意进取，为空军主体战斗力生成，为履行我军历史使命做出了应有贡献。2019 年空军招飞局依托空军军医大学军事医学心理学系成立"空军招收飞行学员心理选拔技术中心"，在"三化"融合发展背景下对现行招飞心理选拔系统及标准进行优化改进；2020 年空军招飞局对自空军成立以来的招飞心理选拔工作进行了系统梳理总结，撰写了内部专著《招收飞行学员心理选拔理论与实践》，并配套了微课视频。这项理论研究成果获得了 2020 年空军军事理论优秀成果一等奖。

　　招飞心理选拔是一项多学科交叉融合，需要不断与时俱进的复杂工作。但仅总结国内、军内的工作经验是不够的，还必须对标世界发达国家的经验做法，才能实现我国飞行员心理选拔工作从跟跑到并跑，再到领跑的跨越式发展。空军军医大学军事医学心理学系的肖玮教授团队适时地引进出版《飞行员心理选拔原理与实践》一书，不仅填补了本领域缺乏全面的、科学的指导性专著的空白，而且对国内航空人力资源部门全面了解和借鉴国际最新的研究成果具有重要的文献价值。

　　最后，对《飞行员心理选拔原理与实践》顺利付梓表示祝贺，对肖玮教授团队的辛勤工作表示感谢！

空军军医大学军事医学心理学系主任
空军招收飞行学员心理选拔技术中心主任
2023 年 3 月

# 原书前言

本书的出版，标志着我们完成了"航空心理学""飞行员心理健康评估指南"和"飞行员选拔理论与实践"三部曲。回顾过往，关于航空心理健康最新的讨论始于2006年出版的《航空心理健康：航空心理学》（Bor和Hubbard撰写，Ashgate出版）。伦敦国王学院生物医学与健康科学学院航空医学的尼科尔森（Nicholson）教授，在该书前言中评论道："该书的作者们为临床心理学和精神科医学在航空领域的实践提供了一种令人耳目一新的批判性方法，并高度赞扬了非心理学专业的作者们给出的跨学科看法。"此后，数十名研究人员引用了该书。大学的教授们也依据该书对航空心理健康展开了广泛讨论，并惠及了世界各地成百上千的大学生。

自2006年以来，已经有超过20本相关主题的专著问世，这表明航空心理健康的理念正得到广泛关注。但直到2015年3月，这本书才真正引起了全世界的关注。当时博尔（Bor）和哈伯德（Hubbard）被来自世界各地的媒体记者团团围住，记者们想知道为什么一名商业航空公司飞行员会驾驶飞机自杀并害死了全部乘客，谁在审查飞行员，一名已知患有严重抑郁症的副机长怎么能被允许驾驶民航客机。美国、澳大利亚和欧洲都紧急召开了关于飞行员心理健康评估的会议，目的是确定航空公司应采取哪些措施以防止类似事件的再次发生。很明显，目前在保护乘客上航空公司做得还不够。

自2015年以来，心理健康专家、国际航空运输协会（International Air Transport Association，IATA）、欧盟航空安全局（European Union Aviation Safety Age，EASA）以及来自澳大利亚和美国的航空合作机构协作攻关，期望达成专业共识。经过大量的讨论和研究最终形成了《飞行员心理健康评估与支持：从业者指南》（Bor、Eriksen、Oakes和Scragg主编，Routledge出版，2017）。该专著的编者们详细讲解了如何对飞行员进行心理健康评估，临床心理学和精神医学之外的专家们也对航空心理健康提供了有价值的见解，体现了多学科交叉融合的学术价值。虽然飞行员心理健康评估与支持的理念已经形成，但博尔（Bor）和IATA、EASA的委员们仍打算编写一本专门介绍飞行员选拔的配套专著。主要原因是航空心理健康的理念太过宽泛，虽然上述专著为从业人员提供了职业指南，但并没有聚焦于飞行员选拔。

现在是出版这本书的好时机吗？关于这点可以问问乘客们的感受。乘客是否比通常人们所认为的更关心他们的安全？是什么侵蚀了他们的信任？2012年3月27日，捷蓝航空（JetBlue）的一名机长在飞行中突发精神疾病，原因不明。他来上班时状态就不太正常，衣冠不整，表情迷茫。尽管他向同机组的另一名飞行员坦陈他感觉不太好，但被忽视了。飞行中他解开安全带，走到客舱开始大喊大叫。好在乘客们控制住了他，副机长选择在最近的机场安全降落（路透社，2012年3月30日）。捷蓝航空发言人珍妮·德尔文（Jenny Dervin）在接受路透社采访时说："我们相信，我们的招聘方法和选拔政策是完善的，而且效果良好。"（路透社，2012年3月30日）三年后，德国之翼（Germanwings）航空公司的一名副机长发生了自杀式坠机事件。两年后，美国联合航空公司（United Airlines）的一位女机长身着便装，在起飞前用机舱广播向乘客抱怨她的离婚事件以及政治和性别的不平等，然后离机而去。美联航随后解除了她的飞行职务并开展了调查["内幕新闻"（Inside Edition），2017年2月13日]，而25名乘客则不得不在一头雾水中下了飞机。

我们认为，乘客、心理健康专家、航空公司管理层、飞行员和监管机构需要了解飞行员选拔过程，并质疑目前是否做得足够好。本书第一章根据我们预期的各专业人员的阅读兴趣，为读者提供了详细的阅读指南，这些专业人员包括：从事招飞和教学的飞行员、人力资源专家、人的因素和安全专家、职业健康医生、心理学专家和精神科医生、航空医生、其他从业者和研究者。当各专业的读者满足了各自的阅读兴趣后，我们还鼓励大家阅读这本书的其余部分。我们欢迎您给出真诚的意见和建议。本书列出了各章节作者的联系方式和个人简介，这会帮助您确定哪些人最擅长回答您的问题。希望这本书会对您有所帮助，也期望您喜欢这本书。

# 前　言

　　航空飞行充满了挑战和应激，飞行员所处的航空物理环境至少要面临空间定向、加速度、缺氧、冷热环境、噪声、震动和辐射等问题，而其所处的航空作业任务又带来了疲劳、信息加工、情境意识、人机相容和人际协作与沟通等问题。任何一处小小的瑕疵就有可能引发严重的后果。这些挑战对飞行员的素质提出了很高的要求。另外，培训飞行员需要高昂的费用，特别是一些心理品质难以通过训练提高的飞行员，因此飞行员心理选拔就显得尤为重要。

　　世界上最早的飞行员选拔实践是莱特兄弟于1903年通过"掷硬币"的方式完成的，但这种纯靠运气的选拔显然难以选出真正适宜的飞行者。因此，德、英、美、意、日等国率先开始了飞行员心理选拔的研究工作。回顾整个飞行员心理选拔史，大约经历了"创始"（第一次世界大战及以前）、"缓慢探索"（两次世界大战间隙）、"迅速发展"（第二次世界大战期间）、"谨慎前行"（二战结束到20世纪80年代）和"综合发展"（20世纪80年代至今）等5个发展阶段。百年的发展，各国飞行员心理选拔工作呈现出一些共同的特征。首先是研发技术路线逐渐趋同，大致分为4步：①通过工作分析确定飞行员所必须完成的"关键事件"；②确定完成这些"关键事件"所必需的知识、技能、能力和人格特质，即KSAPs（knowledge、skills、abilities、personality traits）；③确定测量这些KSAPs的技术方法；④确定各指标的评判标准（cut-off score）；其次是心理选拔的基础都是要先界定清楚飞行员的"适宜素质"（right stuff），这与各国的航空实际和国情文化紧密相关；最后，各国几乎都逐渐采取了对能力素质"选入"（select-in）和对非能力素质"选出"（select-out）的策略开展实际心理选拔工作。

　　目前飞行员心理选拔处于综合发展阶段，但这一阶段至今已长达40余年。这40年来，随着国际格局的变化和科学技术的进步，特别是计算机、大数据、人工智能、虚拟现实和心理测量等技术快速发展，一方面推动了飞机性能的不断提升和操纵逻辑的不断变化，另一方面又为心理评估和人员选拔方法的优化奠定了技术基础。面对不同机型和不同飞行任务，飞行员的"适宜素质"也不尽相同，"选入""选出"的技术手段也需要不断升级，可以说飞行员心理选拔是只有起点没有终点的一项工作，必须每隔一段时期就对选拔体系进行总结和优化。

但令人吃惊的是，除了零星的综述性文章或是一些专著的部分章节涉及飞行员心理选拔，长期以来，一直没有一本飞行员选拔的权威专著。

面对这种局面，2019 年空军招飞局组织了空军招飞心理选拔专家对自空军成立以来的招飞心理选拔工作进行了梳理和总结，撰写了内部使用的材料《招收飞行学员心理选拔：理论与实践》，并于 2020 年获得了空军军事理论优秀成果一等奖。不谋而合的是，国际著名科技出版商——CRC 出版社也于 2020 年出版了《飞行员选拔：心理学原理与实践》（Pilot Selection：Psychological Principles and Practice）一书，而且两书的书名高度相似。但前者主要关注空军飞行学员选拔，而后者的内容则更全面、更丰富、更细致。

正如本书的导论所介绍的那样，本书最主要的特点是其全面性和实用性。本书不仅涉及飞行员选拔，还对空中交通管制员、航空维修技师、航天员和无人机操作员等的人员选拔进行了系统的介绍；不仅对人员选拔的心理学原理进行了探讨，还对各项选拔技术和选拔各阶段的工作进行了细致描述，甚至连如何撰写评估报告也专门设立了一章进行了指导。此外，本书还具有较高的权威性和代表性，本书的编写团队由来自欧洲、美洲、亚洲和大洋洲等多个地区的权威专家所组成，其中既有心理学家、精神病学家和人因专家等，还有飞行员和从事航空管理的专业人员。如此广泛且权威的编写团队，全面反映了当前世界范围内飞行员心理选拔的过往，以及最新的实证性成果。

我们团队多年从事飞行员心理选拔的教学、科研和实践工作，也参加了《招收飞行学员心理选拔：理论与实践》一书的编写工作，但总觉意犹未尽。世界各国的同行已经、正在和打算做什么？有什么可以借鉴之处？我们只知大概，不晓详情。如果能有一本全面介绍招飞心理选拔的专著就好了。机缘巧合，我们发现了这本书，真是久旱逢甘霖！随即组织人员进行翻译，并联系清华大学出版社办理引进、出版事宜。为了保证翻译质量，力争"信达雅"，大家分统结合，群策群力，较快较好地完成了翻译工作。但由于本书涉及学科面广，特别是很多章节涉及飞行操作、航空管理、民航法规和工程工效等内容，这对我们来说是一个巨大的挑战。需要专门说明的一个情况是：原书第 21 章"飞行员选拔中心理测验的伦理（Ethics in Psychometric Testing for Pilot Selection）"主要从哲学和伦理视角，以思辨的方式探讨了西方道德的起源和发展，特别是道义主义和功利主义的博弈。考虑到该部分与中国文化背景差异较大，且过于抽象，经翻译团队的多次论证，最后决定删除该章节。对此部分感兴趣的读者可以查阅原文。

　　我认为，对本书最感兴趣的读者应该主要是从事飞行员选拔工作的相关人员，其次可能是从事航空管理、航空人因、飞行训练和航空医疗领域的专业人员。当然，本书也会对其他行业的人力资源、心理学和精神病学领域的专业人员有重要的借鉴价值。具体的阅读指导请读者参考本书的导论部分，该章节有针对不同专业背景人员的详细阅读指导。如果对航空人因领域不太熟悉的读者，可以先阅读我们团队2022年出版的另一本翻译专著《航空人因学——深刻理解航空飞行的心理行为》，然后再阅读本书，这样能更深刻地理解本书的内容。

　　由于我们团队的专业背景相对比较单一，在对一些概念和术语的翻译上一定会存在着不够规范、精准甚至错误，恳请各位读者能及时给我们指出。

　　在我们完成翻译即将付梓之际，在又一次的机缘巧合之下，偶然获悉海军特色医学中心的田建全主任医师团队也有意翻译本书，遂邀请其加入我们的翻译团队，并参考他们的翻译稿对我们的翻译稿进行了修订完善。在此对田建全团队的重要贡献和无私帮助表达深深的敬意和感激。此外，还特别感谢清华大学出版社的吴洁老师对我们的帮助，以及她为本书的引进和出版所做的重要贡献。

肖　玮

空军军医大学军事医学心理学系航空航天心理学教研室主任

2023年2月

# 目　录

# 第一章
# 飞行员选拔绪论

Robert Bor, Carina Eriksen, Todd P. Hubbard, and Raymond E. King

商业航空是世界上最大的行业之一，其安全运行涉及诸多专业领域和相应的专业人员之间的协同配合，其中包括：飞行员、交通管制员、机务人员、调度员、经理、乘务员、医护人员和其他专业人员。尽管目前整个行业中已有很多专门的人员选拔系统和程序在实际使用，但令人吃惊的是，近三十年来一直没有一本关于航空领域专业人员选拔的权威著作。人们不禁会问：这些选拔系统都同样有效吗？都安全可靠吗？所有的飞行员都一样吗？飞行员选拔程序真的能为航空增效吗？真的选拔出了最佳的申请者吗？这些选拔程序真的遵循了"选入"（select-in）和"选出"（select-out）准则吗？当前使用的方法符合现代和未来航空业的发展吗？为了探讨和回答上述这些问题，我们汇集了最权威和最新的航空领域研究与实践成果，并且遵循行业伦理编撰了这本专著。本书主要以商业航空飞行员选拔为核心内容，并兼顾了其他航空专业人员的选拔。

商业航空面临的问题复杂多变，这导致飞行员的招聘、选拔、培训和留用等环节都充满了挑战。目前全球范围内都普遍缺乏商业航空飞行员。按照目前规定的退休年龄估算，预计未来 5 ~ 10 年内退休的飞行员人数将会大于补入的飞行员人数，如果再结合未来航空业的发展规划，则飞行员的缺口将更大。其中一个原因是，飞行员职业目前仍以男性为主导，全世界只有不超过 5% 的商业航空飞行员是女性，甚至一些航空公司的所有飞行员都是男性。因此有必要采取紧急行动，坚定而持续地推动女性进入飞行员队伍，这一措施将有助于扩大申请者范围。此外，亚洲和中东等地区航空业的快速发展，导致飞行员的全球流动性增加，一些国家和地区的飞行员流向了这些快速发展地区，从而造成了本国和本地区飞行员的短缺。一些飞行教员和高年资副机长跳槽到了有更好晋升机会和更优厚待遇的公司，从而导致原公司出现了"熟手"的短缺。民航飞行员最初主要是从军队招募而来，发展到今天，飞行员的工作已经发生了深刻的变化。最初"杆舵操控技能"（stick-and-rudder skills）是最重要的能力，而在由两名飞行员、一名领航员和一名机械师所组成的驾驶舱层级管理模式下，权威的个性被认为是最适宜的飞行员人格特征。而随着航空自动化程度的不断增加和自动导航的出现，飞行员的非技术技能，如领导力、机组资源管理，以及善于通过与乘客的互动从而提升航空品牌美誉度和收益率的能力则越来越受到重视。这些变化使得飞行员岗位成为需要不同技能和能力的愈加复杂的工作。国际上，负责航空安全和监管的航空管理部门要求航空公司要加强关注飞行员及其他员工的心理健康问题和选拔问题，以确保飞行员和航空公司互相"契合"。因此飞行员选拔不仅关注申请者的飞行能力，而且还关注他们与公司或组织的相宜性。飞行员在组织文化下的工作能力与他们的飞行表现及发展潜力受到同等重视。心理健康与心理稳定性、个性与认知表现在飞行员评价与选拔程序中的权重也越来越高。众所周知，一种方法并不能适用于所有的情况，与过去相比，飞行员选拔已经发生了深刻的变化。

随着科技、商业和旅游业的迅猛发展，飞行员的职能范围在不断扩大：无人机（unmanned aerial vehicles，UAVs）驾驶需要飞行员通过二维显示来实现对飞机三维运动的遥控，当然飞行员并没有真正地在空中飞行，因此这需要独特的驾驶技能；直升机飞行员有时需要在充满挑战和不利条件的环境下驾驶直升机将石油天然气工人送往海上钻井平台；丛林飞机飞行员（bush pilots）往往需要在恶劣的自然环境下，依靠简陋而不可靠的导航以及不及时的天气信息来执行飞行任务。总而言之，尽管不同飞行员在能力、技能和气质方面有一些共同点，但并不存在单一的通用飞行员模板。

无论是民航还是军航，高效的飞行员选拔和培训对于飞行安全、效率、成本结构和公共形象方面都起着基础性的作用。航空业从莱特兄弟时代发展到如今，飞行员选拔变得越来越复杂和重要。100多年前的1903年，世界上第一次飞行员选拔是通过掷硬币完成的：哥哥威尔伯·莱特（Wilbur Wright）在掷硬币中获胜，获得了首飞的资格，但遗憾的是首飞并没有成功。三天后奥维尔·莱特（Orville Wright）驾驶飞行器成功飞行了59秒，852英尺（1英尺=0.3048米）远。从此以后，航空业进入了襁褓阶段，是实验性的，同时又是充满希望的。

在第一次世界大战中，飞行员都是从骑兵军官中挑选出来的。这么做的基本假设是：骑兵军官可以一边骑马，一边使用武器，这就意味着其具有高超的同时执行多任务的能力。如今，无论是民航还是军航飞行员，在许多方面已与他们的前辈不同。民航飞行员与军航飞行员在飞行任务的很多方面也完全不同。现代飞行座舱里布满了自动化设备、显示屏和数字化内容，而不再是一堆机械操纵设备和仪表。现代飞行员除了需要高超的计算机技能外，还需要具有与其他飞行员之间，以及与空中交通管制员、公司调度员、公司经理等外部团队间优秀的协调和沟通能力，还要具有领导和团队管理能力。

几十年来，在进行飞行员的初始培训选拔和岗位聘用时，心理学理论、工具和技术一直被用于评估申请者是否具有成为一名合格飞行员的能力（ability）、能力倾向（aptitude）、适宜品质（right stuff）和个性。近年来，心理学评估和工作表现评估的方法已经扩展应用于职业发展潜力和职业适应性评估等方面，比如从副机长晋升为机长前就必须接受评估。2015 年德国之翼（Germanwings）航空公司飞行员"自杀式谋杀"（murder-suicide）坠机事件发生后，人们对敏感而复杂的飞行员心理评估更加重视了。而且评估内容扩展到心理健康和心理稳定性方面，甚至认知神经科学的一些检测手段也在一些特定情况下开始使用了。这一事件影响深远，世界范围内的航空管理部门都意识到"为岗位挑选合适的人"（the right person for the job）的重要性和艰巨性，以及为机组人员提供心理评估和心理支持服务的必要性。

目前，在选拔和雇用商业飞行员时所面临的主要挑战有：

（1）不同机构采用了不同的心理测验，测验内容各不相同，这些测验的编制、标准化和效度验证理应严谨，但目前这些测验的预测质量差异较大。

（2）一些新开发出来的心理测验常常缺乏飞行员常模，导致这些测验用于飞行员群体时还存在问题。

（3）一些心理测验并不适合飞行员心理选拔，但也被使用了。

（4）由于申请者太多，考官在选拔时常常会采用简化策略，即在作录用决定时，可能不会利用申请者的全部信息，例如病史、学校记录、临床表现和工作史等信息常常被忽略；有些机构的选拔程序是采用单项淘汰策略，而不是由选拔委员会将所有信息进行汇总后比较，因此一些申请者可能在某一特定阶段或入门时就被淘汰了，导致一些潜在的优秀申请者在选拔过程的早期就失去了机会。

（5）简化策略可能导致过度依赖信度和效度都不高的在线筛选测验。而且在线测试也缺乏身份核实和安全性检查，因此难以保证是申请者本人独立完成了测验。

（6）有时没有聘请经过专业培训和经验丰富的心理学专业人员来进行测验的施测、结果解释和结果反馈，这样的做法一是违反了心理测验的伦理要求；二是会对申请者、选拔流程以及选拔组织者的形象造成潜在的不良影响。

（7）现代飞行员选拔所涉及的心理评估领域非常广泛，包括先天能力和飞行能力、个性和心理健康、领导能力、团队合作、决策、空间意识、沟通技能、多任务能力和认知神经功能等，而几乎没有哪个机构有使用这些心理评估技术的全面经验。

考虑到飞行员的培训成本很高，为了防止在培训期间和职业生涯中因心理原因造成的人员流失，飞行员选拔方法必须要具有安全、道德、可靠、有效、相对便宜（考虑到申请人数较多）、易于管理和考查全面等特点。

虽然医学、航空、人格、心理学和人力资源等专业期刊上发表了许多关于飞行员选拔的学术论文，但目前还没有一本关于这一重要领域的现代、权威、实用的学术性专著，甚至没有针对从业者使用的实用性专著。因此，本书定位于实用性专著，针对的读者群包括：从事招飞和教学的飞行员、人力资源专家、人的因素和安全专家、职业健康医生、心理学专家、航空医生，以及从事飞行员选拔相关工作的研究人员和从业人员。

本书试图从实践的角度来描述如何进行飞行员招募、选拔和心理评估。为扩大本书的吸引力，还有一些章节是涉及相关领域的，如空中交通管制员、机务人员和航天员等，因为我们推测，这些岗位的选拔工作也会吸引一些读者的兴趣。我们还设置了几章用于探讨一些热点问题，如无人机飞行员、飞行员停飞和人格评估等。总之，我们的目标是为广大读者提供一本实用的高质量专著。本书主要有如下一些特点：

（1）全面性和实用性。

（2）科学性。本书全面反映了心理学在航空领域高风险岗位人员选拔实践中的最新和实证性成果。

（3）权威性。本书的作者由来自多个国家、多个相关领域的资深专家所构成。

（4）平衡性。本书撰写时一方面要保证心理测量评估的严谨性和有效性，另一方面也要兼顾如何在面对海量申请者时选拔的效率问题。

（5）伦理性。本书倡导在飞行员选拔中使用符合伦理的、友好的和具有人文关怀的评估方法和程序。

我们的目标是为广大读者提供一本能够反映飞行员及其他航空专业人员评估和选拔全貌的，包括各种特色选拔技术和方法的权威专著。非常感谢所有的参编作者及工作人员，他们都是经验丰富但工作繁忙的从业者或研究者，他们为本书贡献了宝贵的专业知识和大量的工作时间。在时间紧、任务重的情况下，所有作者以热情、严谨和谦逊的态度开展了撰写工作，并全部按期交稿。他们的专业精神和职业素养让我们感动。

## 对读者的建议

本书每一章都从一个不同视角对飞行员选拔工作进行了介绍和讲解，因此读每一章都会有不同的收获。当你看目录时，你会发现本书分为五个部分。下面我们为从事招飞和教学的飞行员、人力资源专家、人的因素和安全专家、职业健康医生、心理学专家、航空医生、招飞工作人员和科研人员提供了一些阅读建议。

1. 从事招飞和教学的飞行员

如果你不熟悉心理专家选拔飞行员的方法，那么我们建议你从第二章"飞行员选拔的历史"开始阅读。卡雷塔（Carretta）和金（King）两位作者将会带领你领略从飞行员选拔的开端到目前现状的全部历程。这之后我们建议你接着阅读布彻（Butcher）编写的第十章"飞行员选拔中的心理健康评估"，以及莫尔（Moore）编写的第十一章"能力、能力倾向和绩效评估"。接着你可以阅读梅萨罗索瓦（Mesarosova）的第十八章"飞行员选拔和训练中的人格物质"和达尔斯特罗姆（Dahlström）的第十九章"人格对飞行操作和训练的影响"。相信你已经意识到了退休常常给飞行员带来情绪上的困扰，对于这个问题，我们推荐你读读达尔斯特罗姆（Dahlström）和卡梅伦（Cameron）的第二十九章"退休"。最后，作为启发思路，我们推荐你读读哈伯德（Hubbard）和乌尔夫（Wolfe）的第三十章"飞行员选拔中的评估判断、决策和直觉"，这章系统地介绍了从莱特兄弟时期到当前的飞行员选拔中判断与决策领域的发展变化。

2. 人力资源专家

我们认为每个专业的人都应该阅读卡雷塔（Carretta）和金（King）的第二章"飞行员选拔的历史"，因为从历史视角来审视飞行员选拔将有助于你理解这项工作是如何演变成今天的模样的。接下来，我们建议你阅读迪更斯（Dickens）的第五章"与飞行员访谈的技巧"，然后阅读福布斯（Forbes）和斯塔摩（Starmer）的第七章"向申请者提供反馈"，以及弗朗西丝（Frances）的第九章"航空公司和经营商对飞行员及其选拔的法律责任"，这章会帮助你了解相关的法律问题。而格雷（Gray）的第十七章"评估报告的撰写"将有助于你预先了解编写报告时可能会对员工产生哪些不利影响。如果要从航空公司的视角来看飞行员选拔工作，我们建议你阅读第四篇"特殊飞行员选拔"的全部内容。

3. 人的因素和安全专家

我们建议你关注第一篇"飞行员选拔及流程"的所有章节。人因专家应该会对齐恩（Zinn）、戈尔克（Goerke）和马格拉夫 – 米歇尔（Marggraf-Micheel）的第三章"驾驶舱人员的选拔"，迪更斯（Dickens）的第五章"与飞行员访谈的技巧"，斯塔摩（Starmer）的第六章"评估中飞行模拟器的使用"，以及福布斯（Forbes）和斯塔摩（Starmer）的第七章"向申请者提供反馈"，卡尔（Carl）和阿里安娜（Arianna）的第八章"飞行员选拔原理"感兴趣。卡尔（Carl）和阿里安娜（Arianna）就如何开发一个有效而可靠的选拔程序提供了专家建议，以解决选拔程序的成本、收益和管理问题。我们还建议人因专家阅读有关人格的三章：斯克拉格（Scragg）、博尔（Bor）、埃里克森（Eriksen）和欧克斯（Oakes）编写的第十三章"航空中的人格障碍及临床评估"，梅萨罗索瓦（Mesarosova）的第十八章"飞行员选拔和训练中的人格物质"以及达尔斯特罗姆（Dahlström）的第十九章"人格对飞行操作和训练的影响"。安全专家可能会感兴趣于弗龙（Front）和迈特（Might）的第四章"安全敏感岗位人员选拔：控制反应失真"，哈伯德（Hubbard）和乌尔夫（Wolfe）的第三十章"飞行员选拔中的评估判断、决策和直觉"以及第四篇"特殊飞行员选拔"，因为不同航空航天领域的安全问题是有很多区别的。

### 4. 职业健康医生和航空医生

我们建议你从第二篇"飞行员选拔中的心理评估"开始阅读。即使你的专业不是心理学，你也会发现布彻（Butcher）的第十章"飞行员选拔中的心理健康评估"特别有趣。此外，莫尔（Moore）的第十一章"能力、能力倾向和绩效评估"将会探讨从事航空职业的利弊问题。博尔（Bor）、埃里克森（Eriksen）、金（King）和阿克尔（Arkell）的第十二章"飞行员选拔中的心理健康评估"将会介绍临床心理学家是如何在飞行员选拔中开展工作的。斯克拉格（Scragg）、博尔（Bor）、埃里克森（Eriksen）和欧克斯（Oakes）的第十三章"航空中的人格障碍及临床评估"会告诉你，当一名患者出现与人格障碍相关的症状时该如何处置。麦肯齐·罗丝（Mackenzie Ross）的第十四章"神经认知评估"也会对你有所帮助。阿瑟顿（Atherton）的第十五章"酒精及其他物质滥用评估"将会介绍如何帮助成瘾的飞行员。史蒂文森（Stevenson）的第十六章"飞行员医学鉴定"将会介绍出具医学鉴定的过程。

### 5. 心理学专家

本书的书名已经清楚地表明，每一章都会对你有所帮助。当然，我们也意识到并不是每名心理学专家都具有航空各领域的经验：有些飞行员不会告诉你，作为民航飞行员他们需要定期接受并必须通过一级体检；尽管德国之翼航空公司知道那个进行"自杀式谋杀"的副机长患有抑郁症，但公司并不知道在悲剧发生前两周，该副机长的心理医生让他去医院接受治疗，而他对此却不予理会。因此，即使你希望保住一名飞行员的职业生涯，你也更有义务确保公众的安全。我们建议你从博尔（Bor）、埃里克森（Eriksen）、金（King）和阿克尔（Arkell）的第十二章"飞行员选拔中的心理健康评估"开始阅读，该章的作者们深刻剖析了评估程序。接下来，你可以拓展阅读博尔（Bor）、埃里克森（Eriksen）、欧克斯（Oakes）和斯克拉格（Scragg）（Routledge，2016）撰写的"飞行员心理健康评估与支持：从业者指南"一文，该文对心理健康评估进行了更深入的讨论。我们还建议你阅读阿瑟顿（Atherton）的第十五章"酒精及其他物质滥用评估"，因为我们发现仍然有飞行员在酒精和其他物质滥用后飞行。最后，我们建议你阅读格雷（Gray）的第十七章"评估报告的撰写"。

6. 科研人员

本书几乎所有章节所涉及的评估工作都需要继续研究和优化。例如，佩切娜（Pecena）、盖劳德（Gayraud）和爱必非德（Eißfeldt）的第二十六章"更高的目标：最大化空中交通管制员选拔的预测效度"中，系统总结了选拔中所使用的方法。而哈伯德（Hubbard）和乌尔夫（Wolfe）的第二十章"飞行员选拔中评估判断、决策和直觉"指出，评估飞行员如何决策可能会是未来飞行员选拔的重要方向。唐宁桑 – 泰特（Donnithorne-Tait）的第二十八章"无人机"则指出，也许有一天，飞机将不再需要人类飞行员。

不管你从事什么职业或有什么爱好，只要你对飞行员选拔的某个方面感兴趣，这本书就适合你。此外，本书的所有作者都欢迎你提出问题，并希望你与我们联系。我们希望大家能在这个重要的领域将讨论一直继续下去，从而促进它的进步。欢迎你的参与！

# Part 1

## 第一篇

# 飞行员选拔及流程

# 第二章
# 飞行员选拔的历史

Thomas R. Carretta 和 Raymond E. King

飞行员选拔（pilot selection）开始于第一次世界大战之前，并主要集中于军事飞行员的选拔。1903 年 12 月 14 日，莱特兄弟（Wilbur Wright 和 Orville Wright）通过掷硬币决定谁将驾驶飞机进行首次飞行。威尔伯（Wilbur）掷硬币赢了，但并没有成功起飞。在修复飞机遭受的轻微损伤后，奥维尔（Orville）成功首飞。

# 一、第一次世界大战及之前

第一次世界大战前不久，由医务人员、生理学家和心理学家开始了飞行员选拔方法的研究（Damos，2007；Dockeray & Isaacs，1921）。虽然我们目前在医学检查和能力评估之间作出了区分，称之为"选出"（select-out）和"选入"（select-in），但当时并没有如此区分，也很少有人关注飞行员选拔。事实上，美国陆军部（U.S. War Department）发布的一份技术手册（TM8-320，1941）曾指出：

航空医学（Aviation Medicine）专业是第一次世界大战的产物。但直到第一次世界大战开始后，人们也只是在提高飞机的机械效能上下功夫，却几乎不怎么关注那个负责驾驶飞机的人。

据费茨（Fitts，1947）考证，德国在 1910 年为飞行员制定了特殊的医学标准（Armstrong，1943），紧随其后，美国在 1912 年也制定了相应标准，之后德国在 1915 年修订了该标准。英国皇家军团（The UK Royal Corps）于 1916 年成立了医学选拔委员会，随后法国也于 1917 年成立了相应组织（Anderson，1919；Armstrong，1943）。斯特拉顿（Stratton，1919）指出，第一次世界大战时的协约国在使用体检、医学检查、职业检测和智力检测基础上，又补充使用了心理物理法来对飞行员进行评估。尽管航空医学界早就意识到精神因素会影响飞行绩效，但直到 1917 年 5 月，才系统地对飞行员申请者进行潜在精神问题的筛查（Anderson，1919；Damos，2007）。

1915 年，德军建立了用于选拔汽车驾驶员的首个心理测验中心。在第一次世界大战期间扩大了测验的使用范围，包括选拔防空炮手（antiaircraft gunners）、飞行员和声音探测器操作员（sound detector operators）等。

多克里（Dockeray）和艾萨克斯（Isaacs）（1921）指出，在第一次世界大战之前，意大利率先开展飞行员选拔研究。意大利研究人员首先在注意力、情绪控制力[①]和心理运动能力等几项测验中比较了成功的、中等的和不成功的飞行员群体。基于这些初步的研究，多克里（Dockeray）和艾萨克斯（Isaacs）得出结论：

一个好飞行员要具有足够的感知能力、注意广度与分配能力，心理运动活动的稳定性、精确性和协调性，以及足够的情绪反应抑制能力，以确保不会出于情绪刺激而使上述能力受到干扰。（p.116）

随后意大利研究人员又对注意（attention）、情绪稳定性（emotional stability）、平衡（equilibrium）、肌肉感觉/肌肉力量感知（muscular sensation/perception of muscular effort）和反应时（reaction time）进行了测量。注意是通过各种测验来对其集中、分配、广度、强度和变化进行测量的；情绪稳定性是通过刺激引起情绪反应导致循环系统、呼吸和手的细微颤动变化进行测量的；肌肉力量感知是基于这样一种假设进行研究的，即飞行员需要意识到操纵飞机控制装置产生预期结果所需的压力大小；简单选择反应时（Simple and choice reaction time）是利用视觉和听觉刺激进行测量的。

在意大利的研究中，通常不会因为一次测验就取消飞行员申请者的资格，恰恰相反，研究发展形成了一个整体的选拔观。虽然飞行员在不同机型（驱逐机、运输机、轰炸机）之间存在一些差异，但一般而言，好的飞行员会表现出对自身姿态的感知、始终如一的快速反应以及情绪刺激的抑制力（Dockeray & Isaacs，1921）。尽管做了这些研究，但当时盛行的观点却是理想的飞行员应该是精力充沛（high-spirited）和随遇而安的（happy-go-lucky）。美国陆军部（1941）在《技术手册》（Technical Manual）8-320 条中指出："起初，勇气被认为是驾驶飞机唯一的必备品质。"（p.218）在航空领域，"人格是成功的关键"这一观念根深蒂固。

相比之下，法国和英国在飞行员选拔方面做得不够全面。法国的研究仅限于情绪稳定性和反应时，并依据测验结果将飞行员申请者划分为五类。有两类申请者被认为不能接受飞行训练：①情绪反应过度夸张，反应时变异性大；②情绪反应虽不过度，但反应时极不规则（Dockeray & Isaacs，1921；Koonce，1984）。

英国人主要对研究高空飞行的影响、简单运动协调性测验和飞行员"疲劳"（staleness）感兴趣，而不是对飞行员申请者进行能力倾向的考查（Dockeray & Isaacs，1921；Koonce，1984）。他们的许多研究都涉及生理数据的采集，如血压、呼气力量及时间。运动协调性测验包括：睁眼或闭眼单脚站立15秒；鞋跟接鞋头走直线，然后单脚站立转身；测量手和舌头的震颤情况等。研究发现，这种震颤与飞行能力差有密切相关（Dockeray & Isaacs，1921；Koonce，1984）。

1917年之前，美国没有商业航空（民航机场、民航飞行员或商业航空公司）（Damos，2007）。到1917年，即美国加入第一次世界大战的那年，军队只训练了139名飞行员，其中合格的只有26名（Gorrell，1940）。早期的飞行员选拔工作主要集中在与飞行有关的体格方面。尽管医学标准（medical standards）已经确立，但在第一次世界大战开始时基本上被忽视了，由此造成了灾难性的后果（Anderson，1919）。早期的飞行员选拔方法并不能很好地表明谁能成功完成飞行训练，或者谁需要更多的时间来完成训练。据汉蒙（Henmon，1919）的调查，尽管审查委员会和体检委员会淘汰了50%至60%的申请者，地面学校（ground school）淘汰了15%的学员，但仍有8%至10%的人因飞行不合格被淘汰或被调离飞行岗位。降低训练经费和飞行事故率是美国发展飞行员选拔体系的重要动因（Damos，2007；Henmon，1919）。

1917年5月，美国陆军航空部（The U.S. Army Air Services）采用了更严格的体检标准，包括对一般视觉、听觉、触觉敏感度和心理运动能力（力量、耐力、速度和精准协调性）的评估（Stratton，McComas，Coover & Bagby，1920）。大约30%的飞行员申请者未能通过上述体检项目的一个或多个（Armstrong，1943）。航空心理问题及空军招飞测验委员会授命选择和开发精神和心理测验，以此作为飞行能力倾向的指标（Yerkes，1919）。该委员会的首要工作目标是确定哪些测验能反映飞行能力，第二个目标是开发与飞行期间飞行员的精神和生理状态相关的测验。最终形成了由23项测验组成的成套测验（Yerkes，1919），评估了体格、生理、认知、心理和心理运动等多种特质。大约75名学员接受了测验，但由于许多学员在完成地面学校学习后被派往海外，效度验证未能完成。耶基斯（Yerkes）报告，一项由斯特拉顿（Stratton）主持的独立研究，对50多名学员进行了心理测验，测验内容包括视听反应时（auditory and visual reaction time）、灵活性、情绪稳定性、稳定和持久性（steadiness and standing）、对身体逐渐倾斜的感知（perception of the gradual tilt of the body）以及不完全图形辨别能力（the ability to visualize segments of curves presented visually）。结果表明，综合得分最低的六名飞行员中，先后有 5 人因飞行不合格而未能通过飞行训练。

斯特拉顿等人（Stratton，1920）随后还研究了几项测验的预测效度，这些测验包括曲线判断（judgment of curves）、相对速度判断（judgment of relative speeds）、复杂反应时（complex reaction time）、复杂路径学习和回忆（learning and recall of complicated pathways）以及肌肉力量和耐力（muscular exertion and endurance）。参与者是两组飞行员，效标是飞行评级（aviation ratings）。由于两个样本的培训程序不同，因此分别对其进行了效度验证。在相关分析的基础上，斯特拉顿等人得出结论，最可能确定航空能力的测验是相对速度判断、曲线判断和复杂反应时。基于此，斯特拉顿等人建议追加研究，以根据飞行评级确定测验的最佳综合加权得分。

汉蒙（Henmon，1919）报告了一项效度验证研究的结果，该研究所涉及的几项测验在先前的研究中被认为可以预测飞行能力。测验包括对情绪稳定性（emotional stability）、倾斜知觉（perception of tilt）、视觉和听觉反应时间（visual and auditory reaction time）、平衡反应（equilibrium reaction）、平衡差异（equilibrium differential）、心理警觉性（mental alertness）和曲线估计（estimates of curves）等的测量。参与者包括 50 名飞行表现优秀的学员、50 名飞行表现差的学员和 50 名无飞行成绩的学员，以及数量不详的训练不合格的学员。训练绩效由主管教官依据塔台指挥（the stage commanders）和训练进度卡（progress cards）提供的信息进行飞行能力评级。相关性依据 Shepard 公式进行计算，相关性最强的是情绪稳定性（0.35），而后依次是心理警觉性（0.35）、倾斜知觉（0.23）和摇摆知觉（0.22）。在另一项研究中，桑代克（Thorndike，1919）检验了心理警觉性测验（Mental Alertness Test）[②]的效用，这是一种预测飞行训练表现的一般智力测量方法。桑代克报告称，测验分数和地面学校成绩之间的相关性为 0.50，与此对比，受教育年限和地面学校成绩之间的相关性仅为 0.25。心理警觉性测验分数也与一般军官能力（$r=0.30$）和飞行训练绩效（$r=0.30$）相关。

## 二、第一次世界大战后

第一次世界大战后，欧洲和日本对航空心理学的兴趣超过了美国。到 1937 年，大多数国家的飞行员申请者选拔程序都包括严格的飞行体检、背景调查、书面表达和面试（Hilton & Dolgin，1991）。

塞尔兹（Selz，1919）的一项研究认为，德国发生的飞机事故主要是由飞行员的心理和身体障碍导致的。日本也拓展了其航空研究项目，增加了智力／能力和心理运动能力测验。

第一次世界大战后，德国开始重建军队。1920年，德国战争部（the German War Ministry）发布命令，要求在军队中发展心理学。于是，心理测验和选拔程序在20世纪20年代后期（Koonce，1984）建立起来。到1927年，所有接受军官训练的申请者都要进行心理测验。1937年，德国空军在陆军测验程序的基础上，开发了一个新的测验系统（Ansbacher，1941）。据费茨（Fitts，1947）的总结，除了一些专门测验，1942年选拔德国空军军官所用的方法基本上与1927年研制的选拔地面军官的方法相同。这一项目结束后，飞行员申请者的甄选工作改由各地的招募官和体检官进行考核，通过纸笔测验、体育考核、面试和申请者的个人资料审查等方式，来评估其一般特征、智力、人格和技能。

德国研究人员还研究了人格在飞行员选拔中的效用（Harrell & Churchill，1941）。1927年至1928年，德国军官申请者必须通过人格检测（Simoneit，1940）。

在第一次世界大战时期，耶基斯（1919）和桑代克（1919）证明了智力测验是能否成功通过飞行员训练的有效预测因素。弗拉纳根（Flanagan，1942）观察到，在两次大战之间，美国航空选拔测验本质是测试理解和推理能力的一般能力倾向测验。1920年，美国陆军航空队（U.S. Army Air Force）要求申请者必须是高中学历或同等水平（通过考试确认）。到1927年，学历标准提高到大学二年级或同等水平。

第一次世界大战的大部分研究都反映了斯皮尔曼（Spearman，1904）的智力二因素理论，该理论指出一般智力因素和特殊智力因素的存在。瑟斯顿（Thurstone，1938）的因素分析工作使他反对单一的一般智力的概念，并提出了七种主要的心理能力（言语理解、言语流畅性、数字能力、空间视觉化、联想记忆、知觉速度和推理能力）。这项工作的影响使研究重点从斯皮尔曼的智力二因论转变到多因素理论。多因素理论后来在多套测验中得以反映，如能力倾向差异测验（Differential Aptitude Tests）（Bennett，Seashore & Wesman，1982）、一般能力倾向测试（General Aptitude Test Battery）（Dvorak，1947；Hunter，1980）、军队职业能力倾向测验（Armed Services Vocational Aptitude Battery，ASVAB）（Segall，2004）和空军军官资格测验（Air Force Officer Qualifying Test，AFOQT）（Drasgow，Nye，Carretta & Ree，2010）。

一些国家也对仪器测验进行了研究。美军这一领域的早期工作大多是由医学研究人员完成的，主要关注耐力、抗定向障碍能力以及对视觉和听觉刺激的反应速度和准确性（McFarland，1953）。据拉兹伦（Razran）和布朗（Brown）（1941）的总结，多个国家开展了不同复杂程度的杆舵仪器测验（stick-and-rudder apparatus tests）

的研究，包括加拿大的林克训练机（Link trainer）、英国的卡林格舱（Carlinga's cockpit），以及丹麦、德国、意大利和美国等国家。

## 三、第二次世界大战

第二次世界大战激起了人们对飞行员选拔的新兴趣。美国陆军（DuBois，1947；Flanagan，1942，1948；Melton，1947）和海军（Fiske，1947；Viteles，1945），受多因素理论（Thurstone，1938）的影响，测量了申请者的多种能力以甄选和分类为不同的训练专业，如飞行员、领航员和投弹手，主要包括对智力、机械理解、心理运动、个性和空间能力的测量。1941年，美军开始用纸笔测验和仪器测验来评估飞行员的能力。飞行学员资格测验（The Aviation Cadet Qualifying Exam，ACQE）由几个测量智力和飞行能力的纸笔测验组成。空勤人员分类成套测验（The Aircrew Classification Battery，ACB）由几个仪器测验组成。飞行学员资格测验（ACQE）是基于飞行学校学员失败原因的分析和经验丰富的飞行员对战斗机或轰炸机飞行员重要成功因素的分析研制而成的（Hilton & Dolgin，1991）。由此确定了5个主要因素：①注意分配能力；②决策速度/反应时；③情绪稳定性；④判断力；⑤动机。随着更多数据的获得，两个测验都进行了相应修订。

1941年，美国海军与民航局（CAA）的飞行员选拔和训练委员会（Committee on Selection and Training of Aircraft Pilots）合作，开始开发一种称为"飞行能力评定测验"（Flight Aptitude Rating，FAR）的飞行员选拔成套测验（Hilton & Dolgin，1991）。飞行能力评定测验由普渡传记问卷（Purdue Biographical Inventory）和贝内特机械理解测验（Bennett Mechanical Comprehension Test）发展而来。另外，一般智力由航空专业分类测验（Aviation Classification Test，ACT）评估，该测验基于温德利人事测验（Wonderlic Personnel Test）发展而来。飞行能力评定测验和航空专业分类测验都在1942年开始投入使用（McFarland & Franzen，1944）。

英国（Parry，1947）和加拿大（Signori，1949）使用了与美国相似的测验。希尔顿和多金（Hilton & Dolgin，1991）发现，德军使用的能力测验和盟军使用的相类似。吉尔达德（Geldard）和哈里斯（Harris）（1946）调查了"二战"时日本的飞行员选拔系统，发现他们使用了美国陆军阿尔法测验（American Army Alpha）中的语言和数学测验来测量智力。

这时，许多国家使用杆舵仪器测验来评估心理运动协调性。除了心理运动协调性外，仪器测验也被用来评估能力。例如，美国陆军航空兵使用运动图片测验（motion picture tests）来评估飞行员对目标速度和方向的判断、图像识别、空间转换和其他能力（Thorndike，1947）。美国海军出于成本原因，没有使用仪器测验来评估飞行员的能力（North & Griffen，1977），但包括加拿大、德国、英国和日本在内的许多国家都使用了某种形式的仪器测验（Hilton & Dolgin，1991）。1941 年，加拿大皇家空军（Royal Canadian Air Force）用更真实的林克训练机取代了杆舵测验。美军也考察了用林克训练机代替仪器测验的可行性，但得出结论认为，对于大规模测验来说，它太昂贵并过于费时（Flanagan，1948）。

在德国，仪器测验用于测量几种心理品质。和其他国家一样，杆舵仪器测验除了用于评估心理运动协调性外，还用于测量其他心理品质：将受检者固定在一个大的垂直旋转轮上，通过测验来评估其听觉和视觉识别能力；倒转眼镜（lens inversion glasses）用来评估申请者视觉转换的速度和准确性；申请者坐在巴氏转椅（Barany chair）上旋转，同时要求解答数学问题或使用听觉和视觉线索重新定向自己，以评估他们对定向障碍的抵抗能力。还可以在仪器测验的压力情境下，通过观察面部表情、言语和声音来评估申请者的人格和领导力，压力下的反应时间被用作评价申请者是否具有适合飞行的人格特征（Gerathewohl，1950）。

桑代克（Thorndike，1949）报告了一项预测效度验证研究的结果，1036 名美国陆军航空兵飞行学员在参训前已经完成了一组实验性飞行员能力倾向成套测验，但并没有使用测验成绩对他们进行筛选。测验成绩与训练成绩的相关性为：机械原理（Mechanical Principles）（0.44）、一般信息（General Information）（0.46）、复杂协调性（Complex Coordination）（0.40）、仪表理解（Instrument Comprehension）（0.45）、算术推理（Arithmetic Reasoning）（0.27）和手指灵活性（Finger Dexterity）（0.18）。从 5 项测验中得出的飞行员标准九分数（Pilot Stanine score）与训练成绩的相关系数为 0.64。桑代克还报告了战争结束时合格飞行学员（1036 名学员中的 136 名）的相关系数。由于该组分数分布较窄，相关性的强度明显较低：机械原理（0.03）、一般信息（0.20）、复杂协调性（−0.03）、仪表理解（0.27）、算术推理（0.18）、手指灵活性（0.00）和标准九分数（0.18）。只用"合格"学员组（136 人）的数据进行效度验证，测验的预测效度将被严重低估。

一些国家调查了在飞行员选拔中使用人格 / 性格（personality/character）测验的情况。美国陆军航空兵发现，商用人格纸笔测验对申请者在飞行学校表现的预测效度很低（Guillford & Lacey，1947）。对人格的研究在其他国家开展得更为广泛，日本、德国和其他欧洲国家对飞行员申请者的动机、压力下的情绪控制、个人形象 / 优势等性格特征进行评估。在德国，性格理论（Character Theory）和价值观密切相关，几乎所有德国的人事测验都包括人格测验（Hilton & Dolgin，1991）。费茨（Fitts，1947）认为理想的飞行员人格应以一战时德空军王牌飞行员曼弗雷德·冯·里希特霍芬（"红男爵"）（Manfred von Richthofen，"The Red Baron"）为样例，飞行员申请者越像他，就越有可能成为一名成功的飞行员。这一时期，由军官和医务人员组成的委员会进行面试是一种常见的评估方法（Hilton & Dolgin，1991），面试通常依据传记式面试提纲进行。在美国海军，面试是评估申请者飞行员训练适应性的重要组成部分（Jenkins，1946）。海军心理军官最初仅负责纸笔测验的实施和评分，后来，他们加入了审查委员会，这有助于结构化面试（structured interviews）的发展，以及减少偏见和选择偏差（Jenkins，1946）。在日本，面试的目的是发现不适于飞行训练的性格缺陷、动机缺乏和怪异行为。根据吉尔达德（Geldard）和哈里斯（Harris）（1946）的总结，面试评分不仅要依据申请者的应答内容（常识和判断力），还应依据应答方式（即机敏性和反应性）。

# 四、第二次世界大战后

两次世界大战为包括飞行员选拔在内的人员选拔与分类提供了经验。但在第二次世界大战结束后的 25 年里，飞行员选拔方法几乎没有变化（图 2.1）。

大多数国家专注于开发新形式的纸笔综合能力倾向测验，其中一些还开发了诸如多重任务等操作测验（Gopher & Kahneman，1971）。人格测量领域的研究创新最多（Dolgin & Gibb，1989）。"大五"（Big Five）人格理论，即神经质（Neuroticism）、外向性（Extraversion）、开放性（Openness to Experience）、宜人性（Agreeableness）和责任心（Conscientiousness）的兴起促进了人格评估在人事选拔中的使用。基于"大五人格"和工作分析可以形成一套飞行员人格特质模型（King，2014）。

图 2.1 《技术手册 12-260》序言中的插图——人员分类测验（美国战争部，1946 年）

1942 年至 1945 年间，仪器测验是美国空军（USAF；1947 年以前称陆军航空兵）空勤人员选拔和分类程序的一个重要组成部分。在 1955 年停止使用之前，一些测验设备已经提供了可靠的感知和运动技能测量方法，这些方法有助于甄选申请者，并将合格的申请者分配至机组训练专业（飞行员或领航员），同时也可预测初步的飞行训练表现（Passey & McLaurin，1966）。这些测验与初步飞行训练效标的二列相关（biserial correlations）系数范围为 0.20 ~ 0.40，优于同期使用的纸笔测验的预测效度。仪器测验应需单一测验地点、仔细校准设备、统一管理程序，但当测验分散至几个地点实施时，常常难以保证管理程序的一致性和设备的仔细校准，从而降低了测验的信度和预测效度。因此，美国空军决定停用仪器测验。直到 1993 年，随着基本素质测验（Basic Attributes Test）和飞行员申请者选拔方法（Pilot Candidate Selection Method）的实施，心理运动测验才作为美国空军飞行学员选拔的组成部分重新被启用（Carretta & Ree，1993，2003）。

在停用仪器测验后，美国空军依靠纸笔测验对军官和空勤人员的能力进行评估。空军军官资格测验（Air Force Officer Qualifying Test，AFOQT）第一版于 1951 年施行（Rogers, Roach & Short，1986；Valentine & Creager，1961），它的起源可以追溯到"二战"时期的测验，如飞行学员 - 申请者资格测验（Aviation-Cadet Officer-Candidate Qualifying Test）。1953 年，军官活动量表（Officer Activity Inventory）、态度调查（Attitude Survey）和个人信息问卷（Information Inventory）被列入空军军官资格测验。多年来，美国空军军官资格测验历经了许多内容和版本变化（Drasgow 等人，2010）。

1970 年以后，对多元能力和心理运动能力的研究（Carretta，1990，2000；Imhoff & Levine，1981）成为热点，详细的回顾见希尔顿（Hilton）和多金（Dolgin）（1991）以及亨特（Hunter）（1989）等的论文。

1982 年，欧洲 - 北约空勤人员选拔工作组（Euro-NATO Aircrew Selection Working Group，ACSWG）成立，用以记录有关飞行员申请者选拔程序的信息并推荐最佳做法。ACSWG 撰写了几份报告，详细说明成员国飞行员申请者的选拔和甄选程序，以及关于其空军使用的选拔工具的详细信息（即管理程序、一般技术特征、理论基础、心理测量数据）。ACSWG 的早期工作之一是分析确定高速喷气式飞机飞行员的 27 种能力和个性特征的相对重要性（Carretta, Rodgers & Hansen，1996）。评分最高的特征依次是情境意识（situation awareness）、记忆力（memorization）、成就动机（achievement motivation）、推理能力（reasoning）、知觉速度（perceptual speed）、时间分配（time sharing）、宜人性（agreeableness）、选择性注意（selective attention）、反应调整能力（response orientation）、注意分配（divided attention）、情绪稳定性（emotional stability）和心理运动协调性（psychomotor coordination）。基于这 27 个特征的排名，来自加拿大、丹麦、荷兰、挪威、英国和美国的航空心理学家审查了成员国当时使用的选拔工具，并对计算机成套测验的研制提出了建议。他们认为虽然成员国研制了成套测验，但没有完成正式的预测性效度验证研究。

除了传统的多元能力倾向成套测验外，一些国家还研究了使用工作样本法（job sample approach）的模拟器仪器测验（simulator-based apparatus tests）的效用（Gress & Willkomm，1996；Long & Varney，1975；Spinner，1991）。模拟器仪器测验类似于在工作中执行任务（例如仪表飞行），因而具有直观的吸引力。美国空军飞行员能力倾向自动化测量系统（Automated Pilot Aptitude Measurement System，APAMS）（Long & Varney，1975）一次只评估一名受试者，并且在模拟俯仰（pitch）、滚转（roll）和旋转（yaw）动作方面受到限制。APAMS 基于美国空军 T-41 轻型飞机［单引擎高单翼机（single engine high-wing monoplane）］训练大纲，收集 5 小时飞行训练样本进行评估，主要评估申请者学习效率、多任务整合、心理运动能力和压力下的表现。但该系统并不用于训练飞行员技能。对 178 名飞行学员进行了一项预测性效度验证研究，效标为基于飞行训练标准对 T-41 和 T-37（初级喷气式飞机）训练成绩进行的二分制分数打分：将学员的 T-41 飞行成绩评为"淘汰"或"优秀"，将心理测验成绩评为"好""一般"或"不足"，将二者进行相关比较；将 T-37 初级喷气式飞机（双涡扇双座喷气机）训练成绩形成两个二分变量（毕业学员与总体不合格学员；毕业学员与仅"飞行训练不合格"的学员），然后与测验成绩进行相关分析。APAMS 评分的平均多重相关系数：T-41 为 0.49；T-37 为 0.30。尽管 APAMS 对训练绩效有良好的预测效度，但由于多中心测验成本高、效用差，美国空军决定不进行全面推广实施。

到 20 世纪 70 年代中期，加拿大军队有意更换自"二战"以来就开始使用的可视化林克训练机（Visual Link Trainer），于是借鉴美国空军飞行员能力倾向自动化测量系统（APAMS），开发自己的全自动检测装置，称为加拿大飞行员自动化选拔系统（Canadian Automated Pilot Selection System，CAPSS；Okros，Spinner & James，1991；Spinner，1991）。这是一种可移动的轻型单引擎飞机模拟器。该系统可记录每个申请者多达 25 万个仪表读数。测验需要在两天半内完成 5 次，每次 1 小时的模拟飞行。除了测验用时外，申请者还须花时间学习说明书和飞行计划以准备每次测验，在 5 次测验中，他们需要接受指导、练习、接收反馈，并执行 8 种基本飞行操作。施平纳（Spinner，1991）研究了 CAPSS 分数对 172 名学员初级飞行训练（preliminary flying training，PFT）结果（合格 / 不合格）的预测效度。初级飞行训练包括课堂教学和 27 小时的 CT-134 "火枪手"机型的飞行训练，结果显示：多重相关系数为 0.47。利用判别分析（discriminant analysis），欧克罗斯等人（Okros et al.，1991）随后研究了采用 CAPSS 分数识别在初级飞行训练（使用施平纳 1991 年的样本）和基本飞行训练（basic flying training，BFT，初级喷气式飞机训练课程）中合格和不合格学员的效用。CAPSS 评分可对 75% 的初级飞行训练学员（172 人中的 129 人）和 80% 的基本飞行训练学员进行正确分类（192 人中的 154 人）。

FPS 80 是基于模拟器的飞行员能力倾向测验的另一个例子（Gress & Willkomm，1996），这是德国空军采用的多阶段、序列选拔系统的一部分（Hansen & Wolf，2000）。第一阶段为军事能力倾向和学术素养检测，包括计算机认知测验、演讲、小组讨论、写作、身体素质，以及由两名军官和一名心理学家进行的面试；第二阶段为心理和医学选拔，包括另外的计算机测验（认知、人格、心理运动）、评价中心活动（由两名心理学家和一名军官进行行为评估）、再次面试和进一步体检；第三阶段为 FPS 80 测验，包括空气动力学、导航、FPS 80 系统的授课和测验。

FPS 80 是基于比亚乔（Piaggio）149D（单引擎低位单翼机）制造的单引擎螺旋桨飞机的低仿真模拟器，有一个控制中心和两个座舱，申请者需要在两周内完成四次 FPS 80 任务。在执行任务之前，申请者必须完成两门关于空气动力学基本原理的课程，并得到一份包含即将执行的飞行任务的详细指南。在第一次 FPS 80 任务之前，申请者必须先通过与任务相关的书面测验。FPS 80 绩效的评分包括：（1）飞行检验（check ride）数据，由计算机自动生成；（2）航空心理学家的行为观察评分。心理学家基于几个因素，如，积极进取（aggressiveness）、专注（concentration）、协调（coordination）、抗压（stress tolerance）、训练进步（training progress）等，对每个申请者进行评分。结合计算机生成的分数和基于观察的分数，计算出四次任务的综合分数。格雷斯和维尔科姆（Gress 和 Willkomm，1996）研究了 FPS 80 和飞行学员甄选基本心理选拔测验的效度。效标包括学术成绩（$N=310$）和最终飞行成绩（$N=267$）。结果显示，基本心理测验对学术成绩和最终飞行成绩的未校正效度分别为 0.24 和 0.30。当 FPS80 评分与基本心理测验一起使用时，效度增加到 0.42 和 0.54，这与元分析结果一致（Schitt & Hunter，1998）。尽管格雷斯和维尔科姆对效度验证结果感到鼓舞，但他们指出了在飞行员选拔中应用模拟器测验的几个障碍，包括测验系统成本和实施的成本（如需要集中测验，且实施时间过长）。

在 20 世纪 70 年代，应美国空军训练部（USAF Training Command）的要求，为了改进飞行员训练能力评估，开始了一项为期多年的研究项目（Kantor & Bordelon，1985）。项目的两个重要目标是研究如何利用最先进的计算机辅助测验技术对心理运动能力进行评估的，并研究如何使用这些心理运动测验来改进飞行员能力评估。研究首先对两项心理运动测验对飞行员训练完成情况的预测效度进行了验证，并检验了它们与空军军官资格测验（AFOQT）和传记数据（biographical data）在内的其他能力测量方法一起使用时的增益效度（incremental validity）（Bordelon & Kantor，1986）。然后根据文献回顾（Imhoff & Levine，1981）和实验研究，开发了更多的计算机化（computer-administered）的认知、心理运动和人格测验，由此得到了包括 13 项测验的基本特征测验（Basic Attributes Test，BAT）。随后的研究检验了基本特征测验的心理测量特性，最终形成了飞行员申请者选拔方法（Pilot Candidate Selection Method，PCSM）（Carretta & Ree，2003）。PCSM 分数是由空军军官资格测验总分、几个基本特征测验分数和飞行经验分数回归加权后得到。PCSM 分数已被证明可以预测飞行员训练绩效的一些指标，包括训练完成度、学术和飞行成绩以及班级排名（Carretta & Ree，2003）。尽管随后空军军官资格测验内容发生了变化，并以基本航空技能测验（Test of Basic Aviation Skills，TBAS；Carretta，2005）取代了基本特征测验，但从 1993 年起，PCSM 分数就被正式使用，其仍是飞行员训练绩效的有效预测指标。

　　自 20 世纪 90 年代以来，基于计算机的飞行员能力测验已经非常普及（如 Bailey & Woodhead，1996；Burke，Hobson & Linsky，1997）。英国皇家空军（UK Royal Air Force，RAF）采用了"以领域为中心"（domain-centered）的思路来开发成套测验。测验的重点是首先确定特定职业（例如飞行员、武器系统操作员、空中交通管制员）的能力域，然后选择一个或多个测验来测量关键能力域。根据任务分析的结果，英国皇家空军确定了机组人员的 5 个能力域：注意力、思维速度、心理运动能力、推理能力和空间能力（Bailey & Woodhead，1996）。随着其他研究的完成，这些能力域会定期进行审查和更新。贝利（Bailey）和伍德黑德（Woodhead）在校正统计偏差（statistical artifacts）后，报告英国皇家空军飞行员能力测验对基础飞行训练结果的预测效度为 $r=0.52$。截至 1997 年，英国皇家空军飞行员能力测验已被用于英国所有的军事飞行员选拔中（Burke et al.，1997）。最近，英国皇家空军使用同样的"以领域为中心"方法，为无人机系统操作员开发了专门的成套测验。

　　虽然已经取得了许多成就，但仍有许多工作要做。虽然女性越来越多地出现在航空领域，并被认为具有与男性同行相似的特征（King，McGlohn & Retzlaff，1997），但飞行员选拔技术仍只建立在男性基础上。此外，如上所述，飞行员选拔的历史主要产生在军事领域，而不是民用领域。戴蒙思（Damos，2015）认为，这种情况不会改变（至少在美国是这样），尽管有证据表明飞行员选拔很有价值，但航空公司仍更注重训练而不是选拔。

虽然自第一次世界大战以来的心理学理论和测量方法都有了进步，但被测量的因素基本没有变化，包括医学／体格健康、认知能力、学业成就、生活经验（包括航空经验／知识）、心理运动能力和个性。这些因素很可能将仍然是飞行能力倾向的重要指标。

## 注释：

①情绪刺激指为引起考生反应而设计的行为（例如开枪时发出的噪声）。

②汉蒙（Henmon，1919）报告，心理警觉性测验（Mental Alertness Test）已被审查委员会（Examining Boards）采用，作为检查程序的常规部分。

原书参考文献

# 第三章
# 驾驶舱人员的选拔

Frank Zinn，Panja Goerke，and Claudia Marggraf-Micheel

　　德国航空航天中心（German Aerospace Center，DLR）自 1955 年以来就实现了驾驶舱人员（cockpit personnel）的选拔。德国汉莎航空、奥地利航空、德国途易航空和土耳其航空等主要航空公司以及德国警察和紧急医疗服务公司（如 ADAC 公司）的直升机部门都属于其客户。除了驾驶舱人员，DLR 还为德国空中交通管制部门 DFS 进行人员选拔。德国航空航天中心的航空航天心理学部（Aviation and Space Psychology Unit）是选拔航空人员的主要技术中心之一，每年检测 5000 ~ 13 000 人。

## 一、发现适合的能力

　　为了符合航空公司和航空管理部门安全准则，并确保通过的申请者能够很好地融入该组织文化，因此有针对性地选拔有前途的驾驶舱人员是首要措施。选拔适用于初始申请者（ab initios，为了获得民航飞行员执照进行培训的申请者）和有执照申请者（ready-entries，持有民航飞行员执照的飞行员）。特殊的认知能力和人际能力对于申请者驾驶商用飞机和管理机组人员的职业生涯有着重要的意义。

　　确定工作相关能力的系统分析是高质量选拔的基础。工作分析（job analysis）用于发现成功完成工作的人员所具备的相关（心理）特征。进行工作分析有多种不同方法。一般通过应用关键事件技术（critical incident technique，CIT）来对领域专家（subject matter experts）（Flananan，1954）进行调查，从而识别和确定胜任工作所包含的技能。通过 CIT 可以系统、客观地识别和描述与工作相关的关键事件、相关的可能行为及其后果，或者也可以采用工作分析调查的方法。首先，我们对影响人员选拔内容的关键因素进行历史性回顾。

对飞行员进行系统工作分析调查的主要工具是弗莱什曼工作分析系统（Fleishman Job Analysis Survey，F-JAS；Fleishman，1992）。在 20 世纪 50 年代，弗莱什曼在行为分类学领域开始了他的研究（Fleishman，1967）。在 20 世纪 80 年代，他开发了由 4 个类别、52 个评分量表组成的弗莱什曼工作分析系统（F-JAS）。除了身体能力和感觉能力这两种医学导向的类别外，弗莱什曼还确定了两种心理导向的类别：认知能力和心理运动能力。包含 21 个量表的第 5 个类别的互动能力（interactive abilities）在接下来的几年中得以开发，最终在 1996 年被添加到弗莱什曼工作分析系统（F-JAS）中（Eißfeldt，2010）。但早在 1994 年，德国航空航天中心的航空航天心理学部就根据当时机组资源管理（crew resource management，CRM）的各种因素（Goeters，Maschke & Eißfeldt，2004），设立了互动能力领域。1997 年，德国航空航天中心使用改进的 F-JAS（含有 5 个类别）对 141 名代表不同驾驶舱角色和机型的民航飞行员进行了工作分析。马施克（Maschke）和高特尔斯（Goeters）（1999，2003）对民航飞行学员与飞行员的总体特征进行了比较研究。证明增加的互动能力领域是非常有必要的：互动能力领域在工作分析中排名最高，18 种互动能力中有 14 种被评为与工作相关或高相关。只有认知能力领域具有与互动能力领域相似比例的相关或高相关（23 种能力中有 15 种相关或高相关）。

德国航空航天中心的选拔程序在不断演进，另一项进步是评估飞行员机组资源管理能力的 NOTECHS（non-technical skills，非技术能力）系统的开发。"这个系统的开发源于 20 世纪 90 年代中期欧洲联合航空局（European Joint Aviation Authorities，JAA）的一个愿景，即在所有 JAA 成员国和 JAA 运营商中实现非技术能力评估的通用方法。"（Flin et al.，2003，p. 96）该项目于 1996 年至 1998 年进行，由欧洲联合航空局和德国航空航天中心共同开发，包括 4 个类别：合作（cooperation）、领导和管理能力（leadership and managerial skills）、情境意识（situation awareness）和决策（decision making）（van Avermaete & Kruijsen，1998），并建立了行为标记（behavioral markers）以便于评估和汇总。NOTECHS 系统虽然是为机组资源管理培训设计的，但也对我们的选拔程序产生了影响。

通过大规模的汉莎航空公司飞行安全调查（1997—1999 年）形成了一个质量保证体系，包括技术（飞机的手动控制、系统知识、自动化设备的使用），程序（程序知识、遵守程序）和汉莎航空人际关系能力（沟通、领导和团队合作、工作负荷管理、情况意识和决策）。赫尔曼（Hoermann）、伯格（Burger）和内布（Neb）（2003）对 NOTECHS 和汉莎航空人际关系能力的内容进行了比较，结果显示出高度一致性，表明两者质量都很高。

几年后的 2007 年，国际航空运输协会（International Air Transport Association，IATA）成立了一个由全球近 50 个组织构成的国际工作组。其目的是"建立一种新的方法，用于开发和实施一项名为循证训练（Evidence-based Training，EBT）的定期训练和评估项目"（ICAO，2013，p. V）。该项目制定了基本行为框架（基于技术和非技术的知识、技能和态度），将其分为 8 项核心能力，并于 2013 年被国际民航组织（ICAO）采用。这些核心能力首先作为一个评估框架，包括程序应用、沟通、飞机航迹管理（自动和手动控制）、领导和团队合作、问题解决和决策、情境意识和工作负荷管理（ICAO，2013，p.II-App 1-1）。欧洲航空安全局（European Aviation Safety Agency）将"知识"补充为一项额外的核心能力（EASA，2015，p.7）。

上述工作分析和框架清楚地表明，在驾驶舱人员的选拔过程中应考虑哪些要求。为确保涵盖所有能力范围，选拔过程应直接以这些指标为依据（表 3.1）。

表 3.1　DLR 飞行员选拔——能力和工具

| | 能力 | 工具 | 初始申请者 | 有执照申请者 |
|---|---|---|---|---|
| 认知和心理运动能力 | 专注力、注意和感知 | 计算机测验 | × | × |
| | 记忆 | 计算机测验 | × | × |
| | 空间理解 | 计算机测验 | × | × |
| | 心理运动协调性 | 计算机测验 | × | × |
| | | 初始飞行模拟器 | × | |
| | 多任务处理能力 | 计算机测验 | × | × |
| | | 初始飞行模拟器 | × | |
| 基础知识 | 英语 | 计算机测验 | × | × |
| | 数学推理 | 计算机测验 | × | × |
| | 技术推理 | 计算机测验 | × | × |
| | 航空知识 | 计算机测验 | | × |
| 技术技能 | 手动控制 | 全动飞行模拟器 | | × |
| | 自动驾驶 | 全动飞行模拟器 | | × |
| | 程序知识 | 全动飞行模拟器 | | × |
| 互动（非技术）技能 | 领导 / 决策 | 团队绩效评估、角色扮演、双人协作测验、面试 | × | × |
| | 团队工作 | 团队绩效评估、角色扮演、双人协作测验、面试 | × | × |
| | 沟通 | 团队绩效评估、角色扮演、面试 | × | × |
| | 工作负荷管理 | 团队绩效评估、角色扮演、双人协作测验、面试、全动飞行模拟器、初始模拟器 | × | × |

续表

| 能力 | | 工具 | 初始申请者 | 有执照申请者 |
|---|---|---|---|---|
| | 遵守程序 | 团队绩效评估、角色扮演、双人协作测验、面试 | × | × |
| | 情境意识 | 双人协作测验 | × | × |
| 人格和态度 | 人格 | 气质结构量表（TSS） | × | × |
| | 驾驶舱管理态度 | 驾驶舱管理态度问卷（CMAQ） | | × |

# 二、寻找合适的工具

为了能准确评估涵盖职位要求的各个重要方面，应仔细筛选选拔方法。施密特（Schmidt）和亨特（Hunter）进行了各种人员选拔方法的元分析（meta-analysis）（1998），为选择工具提供了一个良好方向。元分析综合了多项研究的结果，是对选拔领域已有研究成果的系统评价。施密特（Schmidt）和亨特（Hunter）的效度研究（测量工具测出所希望测量内容的程度；最小 =0、最大 =1）显示：认知能力测验、工作知识测验、工作样本测验和结构化访谈具有高效度（$r=0.51 \sim 0.54$）。此外，评价中心（assessment centers，AC）、非结构化访谈和传记资料（biodata）显示出一般水平的效度（$r=0.35 \sim 0.40$）。除了这些方法之外，人格测量是选拔过程的有益补充，一项元分析综述的结果强烈建议，在人员选拔中使用人格测量（Ones，Dilchert，Viswesvaran & Judge，2007）。

选拔工具的实施有完善的指南和标准，可提高所选工具的质量。认知能力测验、工作样本测验和人格问卷测量应遵循测验理论，符合测验质量标准。除效度系数外，效度背后的效标的客观性（效标评价应独立于评估者的性格、价值观或其他条件；效度值最小 =−1、最大 =1）和信度（精确性、可重复性；最小 =0、最大 =1）使用者必须系统地关注。对于评价中心方法，《国际评价中心任务组指南》（International Task Force on Assessment Center Guidelines，2015）为必要的实施步骤提供了良好的指导。对访谈的元分析研究表明，问题的结构水平和评分的结构性可以提高访谈的信度和效度（Huffcutt & Arthur，1994；Huffcutt，Culbertson & Weyhrauch，2013，2014；Marchese & Muchinsky，1993）。

评价中心方法引起了很多研究者和实践者的兴趣。该方法是一种用于评估申请者与组织效能相关的各种属性或能力的方法（Shornton & Rupp，2006）。其关注点在于测量互动行为。一般来说，评价中心由几个模拟工作组成，以提供多种机会来观察和评估实际工作相关行为。然而，根据其定义，评价中心还可能包括其他测量方法，如心理测验、问卷调查、情境判断测验和结构化访谈等（《国际评价中心任务组指南》，2015）。

《国际评价中心任务组指南》（2015 年）后来发展成为《国际评价中心操作指南和伦理》（International Guidelines and Ethical Considerations for Assessment Center Operations），为评价中心的发展和使用提供建议和指导。它给出了提高评价中心质量的 10 个基本要求：①通过系统的工作分析来确定行为结构；②行为分类；③多个评价中心要素；④行为结构和评价中心要素之间的联系；⑤模拟任务；⑥评估者；⑦评估者培训；⑧行为记录与评分；⑨数据整合；⑩标准化。按照这些标准进行人员选拔，既保证了良好的预测效度，又为申请者提供了客观公正的选拔条件。

评价中心方法广泛应用于公共和私营机构（Spychalski, Quinones, Gaugler & Pholey, 1997）。它也成为人们在航空领域越来越感兴趣的主题，在 20 世纪 90 年代，成为欧洲和亚太航空公司飞行员选拔程序的重要组成部分（Damitz, Manzey, Kleinmann & Severin, 2003；Bartram & Baxter, 1996）。自 1994 年以来，德国航空航天中心一直与汉莎航空公司合作建立飞行员评价中心方法（Hoeft & Pecena, 2004；Hoermann, Manzey, Maschke & Pecena, 1997）。评价中心是以行为为导向的，由不同的任务组成，如角色扮演、无领导小组讨论、计算机化团队任务和工作样本测验（见下文）。根据评价中心的质量不同（Thornton & Rupp, 2006），其效度可能有很大差异。研究人员使用不同的元分析方法（如 Arthur, Day, McNelly & Edens, 2003；Gaugler, Rosenthal, Thornton & Bentson, 1987）对评价中心的效标效度（预测效能）和模拟任务进行了汇总（Hoffman, Kennedy, LoPilato, Monahan & Lance, 2015）。结果表明，德国航空航天中心实施的评价中心具有较好的心理测量学特性（Damitz et al., 2003；Hoeft & Pecena, 2004）。

## 三、我们怎么做

德国航空航天中心（DLR）的选拔程序体现了国际民航组织（ICAO）和欧洲航空安全局（EASA）对航空业发展的看法，也体现了本章第一节讲述的德国航空航天中心开展的工作分析的结果（Goeters et al., 2004）。人格因素和态度的考量也包括在 DLR 的选拔过程中，因为它们是机组人员表现的重要组成部分（Chidester,

Helmreich，Gregorich & Greis，1991；Goeters，Timmermann & Maschke，1993；Maschke，2004）。此外，对飞行事故分析结果也显示了人格因素（以及驾驶舱机组人员互动质量）对安全的影响（Maschke，2004）。

表3.1列出了已确定的能力及其相应的测量工具。所确定的能力分为5类：认知和心理运动能力、基础知识、技术技能、互动技能，以及人格和态度。对于初始的和有经验的申请者来说，必须在上述各方面都有适宜的表现。然而，由于申请者工作经验的不同，对某一特定组成部分的测量方法可能会有所不同。

认知和心理运动能力等基本能力以及基础知识，采用计算机化测验来测量，初始飞行申请者还需要使用DLR初始飞行模拟器（DLR-ab initio simulator，固定基座）进行评价。国际民航组织所要求的对有经验申请者技术技能的评估由航空公司在全动飞行模拟器（full flight simulator，FFS）中进行。互动技能通过以下几种技术进行评估：团队绩效评估（group assessment of performance，GAP）、角色扮演、计算机化的团队评估（双人协作测验（Dyadic Cooperation Test，DCT））、两种模拟器检测（初始水平和有经验水平）和面试。此外，还可使用问卷评估人格和驾驶舱管理态度。

我们遵循多方法评估的原则，采用了不同的测量方法和多种评估工具，包括使用标准化题目和标准化结果处理的计算机测验（基本能力以及人格和态度问卷），以及采用具有互动性质的评价中心任务（角色扮演和团队绩效评估）、工作样本测验（双人协作测验和模拟器检测）和面试等多种任务和行为观察程序进行行为评估（见后续章节）。

德国航空航天中心（DLR）飞行员选拔是多阶段进行的（图3.1）。首先，申请者的资质是否符合航空公司特定的标准要经过人力资源部门的核实。所有符合标准的申请者都会被邀请参加选拔程序，该程序通常分为两个阶段。第一阶段包括一般心理能力测验、心理运动和多重任务测验、知识测验和人格问卷等检测。根据第一阶段的结果，做出第一次甄选。第二阶段主要关注互动技能的测量，包括角色扮演、团队绩效评估和双人协作测验。此外，所有申请者必须完成一次模拟器检测，同时也须对心理运动能力、互动技能和技术技能进行测量。对有经验申请者来说，航空公司的飞行类型评级考官在第一阶段之后直接对其进行模拟器考核，然后根据表现进行第二次甄选；对初始申请者来说，在成功完成互动任务（角色扮演、团队评估和双人协作测验）后，进行DLR初始飞行模拟器检测。对于这类申请者，互动任务为第二次甄选，模拟器检测为第三次甄选。面试是选拔程序的最后一个步骤，主要测量互动技能和工作动机。面试结束后是最终甄选，即根据之前所有选拔步骤中收集到的相关信息进行最后录取决策。第二阶段检测由航空公司飞行类型评级考官和DLR心理学专家组成的专家选拔委员会实施。

上述所有测评工具都由 DLR 开发。该选拔程序反映了 DLR 对（未来）商用飞机机组人员的要求。由于各航空公司的特定要求不同，选拔的任务和步骤也会有所差别。

### （一）基本能力和个性测验

在飞行员选拔的第一阶段，申请者将参加一系列测验，以评估驾驶舱工作所需的基本能力倾向。这个基于计算机的选拔阶段历时一天，包括操作和知识测验，同时也评估心理运动能力、多任务处理能力和人格特征。为了提高测验效率，通过两项测验来对大部分的认知能力和心理运动能力进行评估。

基础知识测验是用一种特殊方法构建的。它为每个申请者所呈现的条目都是从一个较大条目池中随机选择的。例如，数学推理测验使用了来自 122 个条目池中的 21 个条目（条目难度已校准）（Zierke，2014，p.101）。测验难度和组成，与申请者的经验水平相匹配；初始飞行申请者回答基本技术和工程问题，而有执照申请者则是依据其飞行知识进行测验的。

人格问卷采用"气质结构量表"（Temperature Structure Scale，TSS），包括 11 个与需求相关的分量表（Maschke，1987）：成就动机、神经质、刻板、外向、进取、活力、支配、同理心、任性、灵活和开放。

有飞行经验的申请者已经拥有驾驶舱团队合作的经验。因此，采用一份关于驾驶舱团队合作态度的问卷来考察其相关特征。驾驶舱管理态度问卷（Cockpit Management Attitude Questionnaire，CMAQ，Helmreich，1984）由赫尔曼（Hoermann）和马施克（Maschke）（1991）根据 DLR 的需求进行了修订。问卷包括 4 个岗位要求：沟通和协调、领导力、对应激影响的认知和对程序的遵循。

我们对这些测验持续优化改进，并一直跟踪测验及条目的测量学特性，这些认知能力和知识测验以及人格问卷的信度都达到可接受的水平（Hermes & Stelling，2016；Mittelstädt，Pecena，Oubaid & Maschke，2016；Zierke，2014）。

### （二）角色扮演

角色扮演是种一对一的互动任务，通常由一名申请者和一个角色扮演者共同进行。角色扮演的内容和情境应能激发与工作绩效相关的行为反应。角色扮演者遵循剧本，激发申请者的实际行为。理想情况下，角色扮演者都受过良好的训练，其角色扮演既逼真又尽可能对所有申请者都一样（Thornton，Mueller-Hanson & Rupp，2017）。

在 DLR 的评估中，角色扮演是以冲突为导向的，设置一种两难的处境，要求申请者应对一个令人心烦的角色扮演者（训练有素的 DLR 工作人员）。根据申请者的资质，我们采用两种不同类型的角色扮演：初始飞行申请者由于没有任何飞行相关的工作经验，他们需要处置日常生活中的同伴间冲突（例如团队中的冲突）；有经验的申请者需要面对某虚构航班登机时因对当前处境非常不满而发脾气的一名乘客。

我们已经开发了大量相似的角色扮演任务，它们共享类似的模式和内容，以确保在所有场景之间具有高度可比性。所有的角色扮演者都接受了不同类型和场景的扮演训练。重要的是，角色扮演者具有对不同的行为做出标准化反应的技能，从而可以对申请者进行公平和有效的观察。

### （三）团队绩效评估

面对面的团队讨论通常是人际关系评估的核心。但是如何设计团队任务是对人际交往能力进行有效评估的真正挑战之一。首先，讨论的主题和行为要求必须能够激活反映其相关能力的行为（Tett & Burnett，2003）。其次，任务必须具有足够的复杂性。如果在低复杂性的情境下，申请者就会有足够的时间来分析和计划如何展现自己，从而出现更多的社会赞许性行为，而非真实行为。

因此，我们的团队绩效和行为评估包括 4 项任务，这 4 项任务包含了我们期望考察的能力和行为。其中两项任务侧重于规划能力，而另两项任务侧重于冲突解决能力。规划任务的要求很高，并有适度的时间压力，例如调整调度计划或处置有各种需求的乘客。冲突任务为对一条问题较多的航线以及职业晋升进行团体决策。这 4 项任务设置于一个总体框架故事内，给每名申请者呈现需求和缺点的比较资料表，并且都必须针对这个复杂的表格进行口头发言。

团队绩效评估（Group Assessment of Performance，GAP）采用对申请者和考官全数字化系统模式。测验管理员负责管理整个系统。所有的任务都通过独立的触摸屏呈现，以协助面对面的讨论。触摸屏是申请者的操作界面，用于处理讨论的协议和结果，例如在航班安排表上移动乘客或调整时间表。所有步骤都可以在考官的触摸屏上看到。除了团队任务之外，申请者还必须连续完成一项单人低水平匹配任务：比较两组一位数的加和，如果一致，需确认结果。这个额外任务的目的是增加心理负荷，也是为了减少社会赞许行为。

### （四）工作样本测验：双人协作测验和模拟器检测

工作样本测验包括一系列在生理和（或）心理上类似于执行任务的活动（Ployhart，

Schneider & Schmitt，2005；Roth，Bobko & McFarland，2005）。虽然罗斯（Roth）等人（2005）仅发现了 $r=0.33$ 的预测效度，没有证实亨特（Hunter，1984）的元分析结果（$r=0.54$），但更多的元分析结果还是强调了工作样本测验的高效度。此外，工作样本测验因其良好的表面效度（face validity）而被申请者高度认可（Hausknecht，Day & Thomas，2004）。因此，DLR 提供了两种不同的工作样本测验，一种侧重于互动技能（双人协作测验），另一种要求心理运动协调性和多任务处理能力（模拟器检测）。

双人协作测验模拟了驾驶舱中团队合作的关键特征（Stilrg，1999）。该测验要求申请者控制一个复杂系统，如交通管制系统。在初始阶段，申请者会独自工作，然后作为团队成员在各种场景中继续工作，并需要交替扮演调度员和助理角色。这不仅可以考察申请者在不同角色中工作的效率，还可以考察他们在角色之间转换时的灵活性。该任务的一个核心要素是申请者如何在各自的角色内协调自身的工作。模拟故障和任务分配使团队协作变得更加困难，从而增加了对团队协作的需求。此外，该任务还附加了绩效要求和时间压力。对申请者绩效的评估采用管理系统的数据，而团队协作则通过结构化的行为观察过程进行评估。双人协作测验的结果是互动技能评估的重要组成部分。

模拟器检测既是一个重要的评估组成部分，也是一个独立的决策层级。初始飞行申请者采用固定基座的初始飞行模拟器检测，模拟器由油门、操纵杆和飞行仪表组成。该系统利用三次仪表飞行来检测多任务处理能力。首先由考官向申请者介绍模拟器，然后要求申请者尽可能准确地跟踪由若干航向、转弯和高度组成的飞行路径，检测共90 分钟，合格的申请者可进入选拔程序的下一个也是最后一个阶段——面试。

如前所述，有飞行经验的申请者在进入评价中心选拔程序前会进行全动飞行模拟器检测（包括正常和异常程序）（图 3.1）。航空公司的类型评级审查员对飞行表现进行评定，并出具评估报告，用于最终录取决策。

## （五）面试

面试是申请者和选拔委员会之间的会谈过程。这种方法在商业招聘过程中几乎无处不在，因为它提供了一个机会来询问申请者关于他 / 她选择特定职业道路的动机，并能了解他们的生平、个人观点及态度。面试类型一般包括自由交流、半结构化和结构化面试。决定面试结构水平的因素包括问题的设定和预先确定的用于评估回答的标准。赫夫克特（Huffcutt）和阿瑟（Arthur）（1994）表达了对半结构化面试形式的偏好。他们的研究结果显示，完全结构化的面试不会给心理测量带来任何额外的益处，反而增加了研发成本，并对申请者的接受度会产生负面影响。

在 DLR 飞行员评估中，60 ～ 90 分钟的面试是选拔程序的最后步骤（图 3.1）。面试属于半结构化类型，并使用了一套指导原则。除了目前已收集的评估数据（基本能力、人格、评价中心、双人协作测验和模拟器），在最后的标准化面试中，评估者将探究申请者的生平、职业动机以及他们如何理解飞行员的工作。要求他们提供详细的自我评价。在这个过程中，申请者会被问及个人的优缺点以及他们在选拔任务中的表现。有执照的申请者还被问及他们在飞行员培训期间积累的职业经验和飞行经验。

| 面试，我们的做法 |
| :---: |
| 欢迎和寒暄 |
| 职业动机 |
| 飞行员培训和经验 |
| 当前的生活状况（如有必要） |
| 对飞行职业的认识 |
| 关键的行为维度：领导力、团队合作、沟通、适应能力、遵守程序 |
| 自我反思、准备情况 |
| 做出决定 |
| 向申请者反馈选拔结果和交流 |

图 3.1　面试结构

我们的面试是基于前期的研究假设构建的。面试内容聚焦于申请者得分较低的领域，双方可以对行为评估、人格评估或知识测验等结果进行讨论交流。

面试使申请者的能力得到更完善的展现。然后，选拔委员会以风险评估的形式对申请者的适宜性做出最终决定。

根据以往的经验，成功的申请者要么开始飞行员培训，要么加入航空公司担任副机长或机长。与申请者就最终结果进行沟通的一个核心部分就是对其优缺点提供全面反馈，以便在未来改进。如果申请者被淘汰，则不一定给其提供具体建议。

# 四、观察、评估和整合

第一阶段选拔全部基于测验，而在第二阶段，行为观察是评估能力的重要技术。在评价中心任务中采用不同的方法来记录观察到的行为。《国际评价中心任务组指南》（2015，p.9）要求"在观察时要应用系统的方法准确地记录行为"。我们采用的方法是记笔记和锚定技术，如行为观察量表和行为锚定评级量表。虽然不同的情况需要不同的技术，但采用这些方法的目的是最大限度地提高心理测量学质量。

对于评价中心的角色扮演和团队评估等任务，我们开发了一个计算机化的锚定编码系统（Anchor Based Coding system，ABC）。考官的触摸屏显示系列的锚定按钮，这些按钮反映了各评估阶段的每个能力的行为指标：领导力、团队合作、沟通、遵守程序和工作负荷管理。沃尔（Woehr）和阿瑟（Arthur）（2003）的研究表明，如果每次观察的能力数量不超过 6 个，效度就会增加。

为了确定适当的行为锚点，我们进行了两项研究。首先，我们要求所有选拔委员会的工作人员（飞行类型评级考官）对我们提出的能力框架的 105 种具体日常生活行为的重要性进行评级。其目的是确保只有重要的行为单元被后期采用。然后，我们将行为单元提交给所有选拔委员会成员（飞行类型评级考官和心理学专家），以行为频率法（Act-Frequency-Approach）（Buss & Craik，1983）进行评价。由此可以得到每个行为单元对五个能力领域的典型加权，最终形成一套与工作需求相匹配的能力和评估任务的行为指标。这些分析研究可以确保只评估重要行为。

在观察过程中，当观察到相应的行为时，考官可以点选锚定按钮，防止在观察过程中因为不断做笔记而分心。"行为检查单的优点在于它减少了评估者的记录时间，允许评估者更自由地观察。"（Reilly，Henry & Smither，1990）然而，特殊情况下也允许记笔记。

在团体评估中，锚定编码系统直接连接到检测计算机网络中，从而方便观察和打分（OUbaid，Zinn & Gundrt，2012）。三名考官的触摸屏不仅仅是一个打分设备，还构成了一个辅助系统，通过显示屏提供有关申请者行为结果的信息（如客观错误或额外匹配任务的表现），使考官能够很好地观察复杂的场景（Zinn，2011）。在传统的评价中心任务中，考官很少或根本无法获得这种正误信息，因为即使有可能即时评判这些信息，也会对观察造成干扰（Zinn，2008）。我们的系统允许考官可以在评分界面和申请者的任务表现界面之间切换，显示所有申请者对旅客或工作时间的调整过程；颜色编码用于显示哪些调整是合适的，哪些不是。

所有屏幕输入都实时传输到与考官评分相关联的数据库中。统计数据的整合是自动完成的，并形成考官评价的依据。在每项任务完成后，考官都会独立进行评估。考官的屏幕上能显示所有行为指标的出现频率和总分。每位考官都被要求根据结构化的评分指南，以六分制来评估申请者在每个能力单元的行为表现。同时，申请者要对自己的领导力和团队合作能力进行自我评估。所有的评分和观察到的行为指标都带有时间标记，并存储到一个中心数据库中。

对双人协作测验的观察和评估也遵循类似的逻辑，由一名训练有素的考官根据高度结构化的检查表进行评分。记录可反映潜在能力的行为指标，即可直接生成评级数字，而不需要任何进一步的评估步骤。在团队评估中，申请者也要进行自我评估。

角色扮演、团队绩效评估和双人协作测验这三个任务共同构成了一个决策级别，因此必须对结果进行整合。在这些任务中收集的所有考官评分经过整合后，自动形成数字和图表形式的结果。选拔委员会根据专业标准，在此基础上决定推荐哪些申请者进行初始飞行模拟器筛选以及哪些有飞行经验的申请者进行面试。

初始飞行模拟器观察和评估是飞行员选拔多方法评估的另一要素。在检测过程中，申请者将由一名持有 PPL（private pilot licence，私人飞行执照）的考官进行考察。不同的检测阶段有不同的标准，包括保持目标航向、高度和速度的能力。随后，选拔委员会中的民航机长对申请者的基本飞行技能进行最终评估。

面试是初始飞行申请者和有经验申请者选拔的最后一步（图 3.2）。面试结束后，选拔委员会获得了申请者的完整信息。以面试结果以及第一阶段（基本能力和人格）和第二阶段的结果（互动和技术技能）为基础，可形成录取该申请者的风险系数，据此最终做出录取决策。

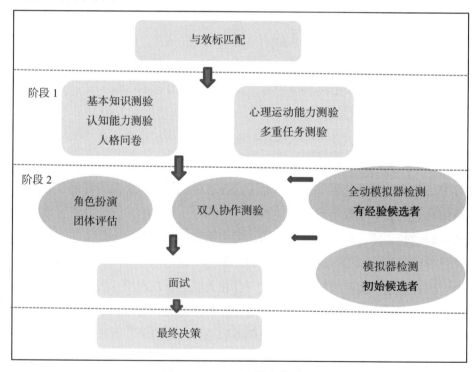

图 3.2 DLR 飞行员选拔过程

委员会对整个选拔过程全面负责。根据《国际评价中心任务组指南》（2015 年）要求，所有考官都要经过精心挑选，并接受为期两天的现场培训，包括使用计算机培训系统来提高考官的观察和评估的质量（Hoeft & Marggraf-Micheel，2007）。

## 五、信息策略和计算机化培训

我们的网站上有关于 DLR 选拔过程的所有阶段和组成部分的计算机培训单元和综合信息。对于第一阶段测验，申请者必须练习每一项能力和知识测验，以熟悉测验的内容和考核方式（Hermesetal，2019）。这将有利于减少测验中由于误解造成的错误，并使申请者的表现达到一个很难继续提升的水平。对于知识测验，我们还另外推荐了一些参考书。

对于初始飞行模拟器检测，我们的网站上提供了介绍所有组件的功能以及如何计算指南针角度的参考信息。

对于评价中心和面试，我们发布了所关注的能力信息，对行为样例以及选拔安排进行了解释说明。我们对考核内容和方式保持了最大限度的透明（《国际评价中心任务组指南》，2015）。

我们采用了开放的方式来帮助申请者进行选拔准备。我们还将尝试创建收费的测验和评价中心备考网站，以便付费用户更好地进行备考。如前所述，知识测验采用从题库中抽题组卷的方式，测验题目是从巨大的题库中依据难度分层随机抽取的。这较好地限制了那些只靠背一些有限的题目就"押宝"考试的申请者。

## 六、补充说明

一个选拔的过程应分为连续的决策层级，每个层级都以决定申请者是否继续进入下一阶段而结束。这节省了申请者的时间、精力和公司的运营费用。在 DLR 标准选拔过程的第一阶段（图 3.2）之后，有 32% 的初始飞行申请者和 58% 的有经验申请者进入下一阶段。在评价中心（初始飞行申请者淘汰率 13%，有经验申请者淘汰率 13%）和模拟器（初始飞行申请者淘汰率 5%，有经验申请者淘汰率 12%）选拔之后，15% 的初始飞行申请者和 33% 的有经验申请者进入评估的最后一步——面试。最终，有 9% 的初始飞行申请者和 28% 的有经验申请者通过了整个选拔。

在整个人员选拔过程中，最后一个也是在实践中经常被忽视的一步，是对选拔程序的评估。尽管一些元分析概述了不同选拔方法的心理测量学指标，但它们不能作为选拔程序有效（或无效）的保证。因此，所设计的选拔过程应定期评估其心理测量学指标。特别是效度验证是非常耗费时间和资源的，而且通常难以获得效标。还需要注意的是，在选拔过程中由于淘汰申请者引起的方差减少，会导致效度系数的降低。总的来说，以初始飞行申请者在飞行学校毕业为标准，我们的基础知识测验（第一阶段）的预测效度为 $r=0.55$（Zierke，2014）。我们的整个选拔过程（第一阶段和第二阶段）确保了 95% 的 DLR 合格申请者能够完成飞行训练并成功获得民航运输飞行员执照（Airline Transport Pilot License）（Hoermann & Goerke，2014；Zierke，2014）。

## 七、结论

　　成功的选拔系统在实际应用前需要长时间的研究和对所有组件的持续改进。设计和效度验证人员选拔系统需要基于几个连续的步骤（Robsenn & Smith，2001）。首先应通过工作分析来确定与工作相关的评估指标，然后根据结果，研发合适的人员选拔工具（基于质量标准）来评估这些已确定的指标，并应遵循"多方法"的原则；行为观察法只有在激发出足够多的工作相关行为，可以作为可靠的决策依据时才有用；计算机辅助观察技术非常有助于在复杂任务中进行高质量的观察；对评估人员（心理学专家和领域专家）和测验人员的严格选拔和全面培训可以提高选拔工作的质量；标准化的测验指导和观察程序是测验结果客观性的基础；计算机化的培训和整个选拔过程信息透明，总体上能增加接受度，减少误解，从而使申请者能发挥出他或她的实际能力水平；划分连续的决策层级可以节省所有相关人员的时间和费用。在选拔系统的发展和实施中的每一步都会直接影响心理测量学指标，从而影响选拔质量。因此，准确的评估和必要时对选拔模块的修订是必不可少的。总之，驾驶舱人员的成功选拔取决于本章所述的每个程序步骤，以及相关的学科和技术方法。

原书参考文献

# 第四章
# 安全敏感岗位人员选拔：
# 控制反应失真

Chris M. Front

安全敏感（safety-sensitive）岗位人员不仅要对自己的安全负责，还要对他人的安全负责，如执法人员、消防队员、涉核人员、飞行员和空中交通管制员等。政府监管机构已经意识到这些岗位对公共安全的重要性，因为如果这些岗位表现不佳可能导致公众出现严重的伤亡事件，这促使用人单位和（或）政府监管机构对这类人员提出了更高的要求。与其他岗位相比，这些岗位在人员选拔和在职监管方面有着更高的标准。例如，用人单位可能要求进行药物测试、职前体检、心理检测和安全背景调查等，虽然这些做法在其他岗位的招聘中可能会被认为是侵犯个人隐私。一旦录用，安全敏感岗位人员可能会受到监测，包括随机药检、定期体检和大多数工作中不存在的其他形式的审查等。

在为安全敏感岗位选拔人员时，需要考虑许多重要的因素，其中一些因素在本书的其他章节都有提到。本章将重点讨论在对安全敏感岗位人员的心理评估中出现的反应失真（response distortion）现象，无论是为了选拔人员还是后续的工作胜任度（fitness-for-duty）评估时都存在反应失真的现象。考官必须了解和管理这种反应失真的性质和范围，以便对航空公司飞行员和空中交通管制员进行有效评估。心理考官如果不了解安全敏感岗位评估中的反应失真，他们会得出看似准确的发现和结论，但其实很多情况下是错误的。

反应失真是一种极其复杂的现象，它的发生原因和表现形式多种多样。这一现象已在许多情境中被研究，并赋予了各种标签（如掩饰、印象管理、欺骗、社会期望效应、装病、装好、装坏等），从而产生了相当多的概念和名称。我们选择使用更具包容性的术语"反应失真"来概述，它既可以出现在心理咨询和面试期间的言语表达中，也可以出现在心理测验作答时。

有些失真是飞行员和空中交通管制员心理评估情境所固有的特点造成的，其他失真则与情境无关，而是源自与情境无关的自身特征。我们将首先探讨引起反应失真的情境特征。然后我们将探讨各类型失真的特点，并讨论这些失真是如何在心理评估过程中表现出来的。这一知识将使心理考官在整合评估各方面数据时，能够识别并正确解释反应失真，从而提高研究结果和结论的效度。

# 一、航空评估的困境和挑战

金（King，2008，2014）综述了与航空人员选拔相关的各种问题，特别是选拔过程中的"选入"（select-in）和"选出"（select-out）方面的重要区别，弗龙（Front，2014）在一篇评论中对此做了进一步的阐述。他们阐明了旨在识别出能在航空环境下训练成功的重要心理属性（选入）与不符合安全敏感工作岗位要求的心理属性（选出）的心理评估程序之间的区别。在讨论与选入和选出相关的各种心理评估任务时，他们对选拔文献中出现的"人格"概念的令人困惑的多重内涵进行了分析和澄清。他们指出，旨在评估成人人格正常变异的"选入"测量工具，如修订版 NEO 人格量表（NEO PI-R；Costa & McCrae，1989），通常被工业组织心理学家用于测量最有可能在航空环境中训练成功的正常人格特征，这些人格特征是通过工作分析得出的。相比之下，精神病理学的测量，如明尼苏达多相人格量表第二版（MMPI-2；Butcher，Dahlstrom，Graham，Tellegen & Kaemmer，1989）被临床心理学家用于"选出"，以识别或排除不适宜的人格特征、人格障碍和其他形式的精神病理学症状。

专家们一致认为，参与选拔的飞行员和空中交通管制员为了最大限度地提高被录取的几率，会小心翼翼地自我展现（Butcher，1979；Butcher & Han，1994；Butcher，Moffitt，Rouse & Holden，1997；Front，2014；Harris，2017；Hudson & Herbert，2017；Kay，Thurston & Front，2013；King，2008，2014）。重要的是要认识到，这种对自我表现的关注，贯穿于整个选拔过程即选入阶段和选出阶段。我们将先讨论由临床心理学家进行的选出评估。

航空界有一句谚语，大意是"医学是飞行员的天敌"。飞行员和空中交通管制员为了获得医学合格证书投入了大量成本。这两种岗位也都需要严格的培训，以达到他们各自的专业认证所需的知识和技能。此外，由于工作职责的安全敏感性，这两种岗位都需要医学合格证明才能实际上岗。无论专业发展和知识水平如何，不合格的身心条件会让飞行员或管制员永远无法从事其专业。因此，他们的体检，包括对他们的心理状况的评估，是极"高风险"的。飞行员和空中交通管制员有这么一种观点，即他们可能会收获很多，也会失去一切。

飞行员或空中交通管制员对监管部门关注的各种心理状况的熟悉和了解程度有限，这就加剧了这种威胁。他们对心理健康评估，以及可能构成心理障碍的经验、感觉或行为类型有着个人的、非专业/天真的认识。因为从事航空航天职业的人往往对科学和技术比对社会科学更感兴趣，他们通常很少接触社会科学方面的学术指导，他们对心理障碍的了解往往受流行文化、电影和新闻媒体的影响，而非正规教育。此外，大多数人都从同龄人或熟人那里听到过"可怕的故事"：一些飞行员或空管员由于"神秘无常"的心理状况不佳而没有通过医学评估。

考虑到与结果相关的高代价，以及他们相对缺乏心理评估和心理障碍方面的信息，飞行员或空中交通管制员自然会对评估持怀疑、谨慎的态度。他们普遍认为，"最安全"的策略是尽可能少地透露可能 "伤害"他们的信息。这种策略还包括受检者会对自认为可能对自己产生负面影响的信息进行修饰美化。航空航天人员往往比一般人更执拗、更守规则，为了同时满足"保持诚实正直"和"美化过往情况"这两种愿望，受检者往往在坦诚的大框架内有选择性地隐瞒某些信息。但这种选择性隐瞒有时会被有意识和无意识的歪曲放大。如果受检者有损害内省力的疾病（如物质依赖、人格障碍），以及那些具有人际关系操控症状的受检者，他们提供的信息几乎可以肯定是失真的。

作为雇用的基本条件，飞行员或空中交通管制员必须接受心理评估。因此，他们尽管是"自愿"进行评估的，但更希望不需要这样的评估，因为可能出现的最好情况就是获得或保留必须的医学合格证书，对自己没有什么明显获益，相当于"不赔不赚"（break even）。当然，最坏的情况是医学检查不合格。因此，他们陷入两难境地：至少最低限度地遵守规定，但又害怕透露的信息会使其无法获得（或保留）医学合格证。这自然会导致他们出现如下行为：隐瞒相关病史，在临床访谈中选择性透露信息以及在心理测验中反应失真，还有经常有意识地进行印象管理。

当然，受检者的目标是在尽可能少透露信息的情况下获得医学合格证明，这与评估专家的目标相矛盾，专家们希望识别或排除任何不符合资格的心理状况。实现这个目标取决于在规定时间内对受检者的心理进行尽可能准确和完整的评估。因此，航空航天人员的心理评估与法医的工作类似，而与典型的临床环境形成了鲜明对比。在典型的临床环境中受检者需要自我暴露以便于评估，因为他们希望得到理解和帮助，因此在临床访谈和完成心理测验时都会表现出痛苦的症状或不良行为。航空医学评估需要非常高的临床敏锐性，以及充分融洽的评估关系。这种融洽的关系可以减少有意识的反应失真（Finn，2007；Harris，2017），但正如我们所预见的，在任何情况下失真都无法避免。

## 二、由人为错误造成的失真

反应失真可能是由于一个人有意识、有目的地试图隐藏被认为可能令人反感或对目标（比如获得所需的医学合格证明）不利的信息而产生的。然而在更基础的层面上，这是由于人们在记忆和回忆方面的局限性所带来的不可避免的副产品。

大多数临床医生通常将受检者以开诚布公和没有防御性的态度提供的个人心理社会史和心理症状视为真实信息。然而，人们即使试图完全公开和准确地讲述自己的过去，其实也很难做到。研究表明，关于自己过去的基本事实信息回忆通常是不准确的。

作为"达尼丁健康与发展研究"（Dunedin Health and Development Study）的一部分，亨利（Henry）、莫菲特（Moffitt）、凯斯比（Caspi）、兰利（Langley）、西尔瓦（Silva）（1994）对 1037 名儿童进行了跟踪研究，从出生一直跟踪到 18 岁。研究人员每两年对儿童进行一次评估，并在 18 岁时，通过他们对以往的回忆和收集的数据进行对比调查。结果令人吃惊的发现，即使是有关不需要解释的事实，他们的回忆大多也是不准确的。例如，回忆 15 岁之前经历的搬家次数与实际的搬家次数之间有强相关（$r=0.76$）。但是，其他本应显著的、较好编码和相对容易准确记忆的事实，在回忆和实际记录之间也只有中等相关。例如，记忆中的涉警经历与实际的警方记录（$r=0.52$）；首次被捕年龄（$r=0.43$）；遭受重大伤害，如骨折或住院（$r=0.42$）。当需要人们对事件进行理解或解释时，比如对心理状态或障碍的回忆，准确性会更低。例如，对母亲抑郁状态的回忆与实际仅有 $r=0.20$ 的相关性。

值得注意的是，纳入知情人的报告也没能提高准确性。当将有抑郁或焦虑病史的孩子的病案记录与本人、教师和母亲的报告进行比较时发现，自我报告的相关性最低（$r=0.06$），而母亲（$r=0.11$）和老师（$r=0.12$）的回忆与事实的相关性略高一点。多动症儿童回忆的准确性更低，甚至与记录的事实基本不相关：自我（$r=0.05$）；母亲（$r=0.08$）；教师（$r=0.05$）。

对心理创伤、痛苦或疾病的回忆的研究也发现了类似的与事实的弱相关性。威多姆（Widom）和谢帕德（Shepard）（1996）以及威多姆（Widom）和莫里斯（Morris）

（1997）对 1196 名有遭受身体虐待、性虐待或其他虐待情况的 12 岁以下儿童进行了前瞻性评估，并建立了档案。在 20 年后将他们与匹配的对照组进行比较。研究者对他们进行了两个小时的访谈，包括对儿童期身体虐待和性虐待的结构化访谈，然后对比了回忆和法庭记录的一致程度。性虐待的回忆与事实仅有 $r=0.09$ 的相关，身体虐待的回忆与事实仅有 $r=0.10$ 的相关。

在那些通常被认为是"令人难忘的"的战斗经历发生 5 ～ 8 年后进行的一项实证研究（Wessely et al., 2003）仅发现了回忆与事实的中等程度的相关性，例如，目睹死亡（$r=0.56$），战斗负伤（$r=0.36$）。

巴斯基（Barsky, 2002）总结指出患者的病史报告并不可靠：

> "询问患者对他们过去症状、疾病和护理事件的回忆时，每次得到的回答往往都不一样。患者往往无法回忆（因此少报）以前症状和事件的发生率；倾向于将独立但相似的事件记忆成一件事；错误地回忆实际上并没有发生的医疗事件和症状。这种回忆的不可靠性受到人格特征和回忆时患者状态的影响。因此，当前的焦虑、抑郁、疼痛或身体上的痛苦会促使患者回忆起在舒适状态时没有想起来的症状和事件。最后，当前对健康、疾病本质和原因的看法也会影响对过去症状和疾病的回忆。"（p.981）

梅耶（Meyer, 2018）将回忆研究扩展到病史回忆之外，对涉及 100 多万名被试的 167 个元分析研究进行了总结，其中有 55 个元分析研究是关于同质异法效度（monotrait-heteromethod validity）的，例如，通过患者自我报告和临床医生评分来评估抑郁水平。梅耶（Meyer）研究的许多变量都与安全敏感职位的人员评估有关。他的发现与病史回忆研究发现的自我报告准确性类似，充其量只能达到中等相关。例如：工作缺勤（自我 vs. 记录，$r=0.61$）；自我控制（自我 vs. 信息提供者，$r=0.48$）；数学或语言学习成绩（自我 vs. 成绩，$r=0.45$）；心理健康症状（自我 vs. 临床医生，$r=0.42$）。若还涉及其他影响因素，则相关性更低，准确性更差，例如：DSM 轴 I 障碍患者（自我 vs. 父母，$r=0.24$），（自我 vs. 临床医生记录，$r=0.23$）；一般智力（自我 vs. 认知测验，$r=0.24$）；工作技能（评价中心任务 vs. 主管，$r=0.24$）；工作绩效（自我 vs. 主管，$r=0.22$）；以及"大五"人格维度（自我 vs. 熟人，$r=0.21$）。

重要的是，许多受试者产生了完全不可靠的回忆或自我评估。例如，受试者自我报告的自我控制与观察到的行为仅有 $r=0.08$ 相关。认知障碍的自我报告与认知测验基本不相关（$r=0.07$）。同样，自我报告的驾驶违规与官方记录不相关（$r=0.02$），自我报告的冲动性与认知测验结果不相关（$r=0.02$）。

实证文献包含了超出本章范围的额外证据。需要指出的是，大量的经验证据表明，即使人们尽最大努力诚实、准确地报告自己的过去和心理状态信息，但它们通常也是不准确的。如果心理考官认为受检者的自我报告传达了准确、真实的信息，那么他们得出无效结论的可能性就会增加。因此，心理考官必须将受检者自我报告获得的信息视为"数据"而不是"事实"，要知道这种形式的数据具有相当程度的、可预测的错误率。

由于自我报告数据的高错误率，因此采集个人生活史，对相关记录进行审查以及酌情对知情人进行访谈等作为评估的补充手段是非常有必要的。梅耶（Meyer）等人（2001）研究表明，利用不同的评估方法，包括通过"多方法"心理测验以补充临床访谈，可以最大限度地提高个体化评估的效度。此外，美国心理协会（American Psychological Association）（2015）发布的《职业强制心理评估专业指南》（Professional Guidelines for Occupationally-Mandated Psychological Evaluations）也提倡使用这些额外的信息来源。

# 三、反应失真的亚类型

对反应失真的研究和试图评估其在自我报告中的表现形成了普遍接受的反应失真分类。威金斯（Wiggins，1964）的早期研究使用因素分析法来检验一些社会期望量表（social desirability scales）。威金斯（Wiggins）将稳定出现的两个主要因素称为"Alpha"和"Gamma"。"Alpha"用来指代在没有特别要求的情况下，在人格量表中出现的"装好"模式，如爱德华兹社会期望量表（Edwards Social Desirability Scale，1957）中对与焦虑相关题目的主导反应。用"Gamma"来表示有意识的"社会期望角色扮演"，如马洛－克朗社会期望量表（Marlowe-Crowne Social Desirability Scale，1960）的得分。

保卢斯（Paulhus，1984，1986，1998）扩展了威金斯（Wiggins）的工作。他提出了一个类似的双因素模型来描述导致反应失真的社会期望反应，他还对无意识的、基于人格的自我欺骗和有意识的、目标导向的欺骗他人进行了区分。保卢斯（Paulhus）将失真的两种亚类型进行了概念化，并分析了不同个体的表现程度，以及两种亚类对失真总量的贡献率。他开发并验证了一个自陈式量表——保卢斯欺骗量表（Paulhus Deception Scales，PDS，1998），该量表可以可靠地测量每个亚类型对失真总量的相对贡献。保卢斯使用术语"自欺性提升"（Self-Deceptive Enhancement，SDE）来描述这种无意识失真，受测者会倾向于表现出一种基于自己积极品质的信念的反应，即认为这些反应是准确的、真实的、合理的，但实际上是对能力的夸大。他为保卢斯欺骗量表开发了"自欺性提升"分量表，该分量表设计了一些不太容易被意识到是威胁的想法和感觉类条目，否认这些想法和感觉被认为是一种无意识的自我欺骗，它根植于一种以自我为中心的防御机制，类似于自恋。

与之相对应，保卢斯（Paulhus）使用术语"印象管理"（Impression Management, IM）来描述为了提升自我形象而使用的有意识和故意的失真。保卢斯（Paulhus）注意到，印象管理与因素"Gamma"相对应，人们对其有不同的理解：①一种策略或战术性模拟，通过扮演社会期望的角色来获得力量或胜过他人的优势；②一种获得认可、喜爱和（或）钦佩的动机；③一种调整"自我展现"的技能，以适应感知到的社会情境和互动交流的要求。保卢斯（Paulhus）为"保卢斯欺骗量表"（PDS）开发了"印象管理"分量表，其中设计了提示受检者留意自己的外显行为的条目。其假设为，当受检者意识到自己的行为可被观察到，就会在真实地回答或有意识地掩饰中做出选择。保卢斯（Paulhus, 1984）证明，只有"印象管理"对社会环境的变化敏感；与"自欺性提升"不同的是，在社会/人际环境中的"印象管理"得分比在匿名环境中更高。"自欺性提升"似乎在不同的情境中更稳定，这为它是一个稳定的、特质性的结构提供了证据。

尼克尔斯（Nichols）和格林（Greene）（1988）报告了使用明尼苏达多相人格调查表（MMPI）对11个不同的非大学生样本进行的一系列分析，他们的研究支持了保卢斯提出的类型（失真的两种亚类型）。再标准化的MMPI-2于次年（1989年）发布，并继续作为飞行员和空中交通管制员心理评估的"金标准"（参考Butcher的章节）。此外，MMPI-2也是唯一符合《职业强制心理评估专业指南》（APA, 2015）要求的精神病理学自我报告测量方法，基于申请者人群建立的效度和信度标准也符合指南要求。因此，我们将在下文就MMPI-2详细探讨航空航天人员反应失真的各种表现。

## 四、航空人员共同人格特征导致的反应失真

安全高效的航空运输依赖于驾驶飞机的飞行员和空中交通管制员之间的合作，空中交通管制员为飞机提供放行许可、监视和引导，以确保飞机安全离开所管制空域。大量关于飞行员和空中交通管制员的研究表明，这两种相辅相成的职业所要求的人格特征非常相似（如Berg, Moore, Retzlaff & King, 2002；Butcher, 2016；

Caldwell, O'Hara, Caldwell, Stephens & Krueger, 1993; Christen & Moore, 1998; Dolgin & Gibb, 1989; Fulkerson, Freud & Raynor, 1958; Geist & Boyd, 1980; Karson & O'Dell, 1974a; Karson & O'Dell, 1974b; King & McGlohn, 1997; King, Retzlaff, Detwilcr, Schroeder & Broach, 2003; Maschke, 2004; Melton, 1955; Moore & Ambrose, 1998; Moore, Berg & Valbracht, 1996; Paullin, Katz, Bruskeiwicz, Houston & Damos, 2006; Retzlaff & Gibertini, 1987）。值得注意的是，女性航空人员 —— 通常占飞行员和空中交通管制员队伍的 6% 到 9%，相较于普通人群中的其他女性，她们在人格特征方面与男性同行更相似（如 Karson & O'Dell, 1974a; King & McGlohn, 1997）。因此，就人格特征而言，飞行员和空中交通管制员，无论男女，都可以被视为一个相当同质，但与普通人群有一致差异的人群。

所有使用人格五因素模型的研究（Costa & McCrae, 1989）一致性地发现，与普通人群相比，航空人员往往情绪更稳定（即不那么神经质）、更外向、更有责任心，他们在某种程度上也更随和，更乐于接受新体验。莱茨拉夫（Retzlaff）、弗龙（Front）和金（King）（未公开发表）对 5400 名申请在美国联邦航空管理局（Federal Aviation Administration, FAA）工作的空管员（Air Traffic Control Specialist, ATCS）进行了一项研究，发现空管员 MMPI-2 的标准分，包括效度、临床量表、内容量表、补充量表和哈里斯-林戈斯分量表（Harris-Lingoes subscales）等，与布彻（Butcher, 1994）获得的飞行员申请者的数据几乎相同。

对这两组标准 MMPI-2 结果进行仔细对比显示，FAA 空管员申请者和航空公司飞行员申请者具有共同的人格特征，且有助于提高他们在航空环境中的表现，包括：

> "认真对待测验；强大的自我力量形成的强应对和适应能力；良好的情绪控制力；良好的主导能力和独立行动的能力，同时也能作为一名有协作性的团队成员；精力充沛，喜欢社交；明确的社会责任感；不受环境和人际压力干扰的能力；对技术有兴趣和务实。"（Butcher, Front & Ones, 2018, p. 255）

因为飞行员和空中交通管制员上述的这些共同的人格特征和能力，往往会导致在用自陈式量表测量其人格特征时，他们的效度量表会表现出过高的防御性。因此对于评估他们的心理考官来说，对反应失真的识别和解释具有挑战性和复杂性。然而，这两个群体往往是由真正具有卓越品质的人组成的，他们确实有良好的应对技能，对抗情感混乱的心理韧性，头脑清晰（在紧急情况下保持冷静和解决问题），以及一种"我可以"的态度等。因此，这两个群体在常用的心理测验（如 MMPI-2、PAI、MCMI-Ⅲ / Ⅳ 等）中容易产生测验效度问题。当使用普通人群常模时，他们看起来比实际更 具 防 御 性（Front, 2014; Butcher, Front & Ones, 2018; Ones, Viswesvaran &

Reiss，1996）。由于 MMPI-2 仍然是评估航空人员潜在精神病理学自我报告测量方法的金标准，我们将会更详细地分析 MMPI-2 效度量表上那些特征表现。我们假设读者熟悉 MMPI-2 量表，因此若要了解更多有关航空航天人员 MMPI-2 的测验情况，请参阅布彻（Butcher）的章节。

尼克尔斯和格林（Nichols & Greene，1997）在他们关于欺骗和 MMPI-2 的杰出专著中讨论了在 MMPI-2 上用于评估欺骗和其他类型反应失真的各种量表。他们观察到，校正（Correction，K）量表是多维的，而说谎（Lie，L）量表是单维的。他们指出，在 L 量表上分数高的受检者要么缺乏否认这些条目的世故思维，要么故意以保卢斯提出的印象管理的方式来误导考官。相对比，K 量表得分的提高可能受多因素影响，包括：真正高于平均水平的适应和应对技能；社会地位优势［如较高的社会经济地位、受过高等教育和（或）被当做社会楷模］导致的被保护或缺少重大压力和挑战；诚实但错误的自我评价，即保卢斯的"自欺性提升"。基于这些原因，尼克尔斯（Nichols）和格林（Greene）得出结论，与 K 量表的高分相比，L 量表的高分更能归因于故意欺骗考官。

根据对航空人员的共同人格特征进行的扩展分析，我们可以发现飞行员和空中交通管制员在 K 量表上的分数升高是有意义的。该人群与普通人群有系统的区别，他们拥有略好于普通人群平均水平的应对能力，而且他们的人口统计学指标优于普通人群，实证研究表明这些指标与 K 量表得分升高显著相关。因此，与普通人群相比，K 量表中等程度的升高对于航空人员来说不太可能是出于防御的原因，更可能的原因是，它通常是强大的应对技能和情绪控制能力的体现。

为了找出诸多飞行员申请者 K 量表升高的影响因素，布彻（Butcher）和汉（Han）（1995）将飞行员申请者的 MMPI-2 反应与重新标准化的一般男性样本进行了对比，并提取出能区分两组样本的"自我展示"条目。他们将最终得到的量表命名为"卓越性"（Superlative，S）量表。由"相信人性本善""从容""生活满足""耐心和否认易怒和发火"和"否认道德缺陷"5 个分量表组成，S 量表得分高表示心理健康、生活满意以及与他人有效相处的能力（即有助于机组资源管理）。但当 S 量表得分过度升高时，则表明其夸大了个人的适应能力。总之，重要的是，航空人员在使用普通人群常模进行评分时，在 S 量表上产生中等程度升高是正常的。

现在，让我们再次回顾保卢斯的自陈式测量法的反应失真模型。回想一下，他区分了"印象管理"和"自欺性提升"，前者描述了有意识的、目标导向的失真，这种失真源于申请者试图掩盖已知的弱点和（或）为了给考官留下深刻印象；后者来自无意识的、基于人格的失真，诚实但错误的自我倾向偏见和对自我和他人判断的过度自信。有一些证据（Picano，Roland，Bluestein，de Leeuw & Williams，2011）表明，对于一般表现系统地超过普通人群的群体，"保卢斯欺骗量表"（PDS）中的 SDE 量表有所升高并不表示其是一个有问题的指标。在这种情况下，所谓的"提升"并不是自欺欺人，而是基于一种合理的经验，即始终观察到自己的表现高于平均水平。在这种情况下，SDE 的升高并不表示其采用了一种"自我欺骗"的提升，而是体现了其具有自信、"能行"的心态，这种心态来源于其在同龄人中出类拔萃的事实基础上。因此，与 MMPI-2 的 K 和 S 量表一样，"保卢斯欺骗量表"（PDS）中的 SDE 量表中等程度升高在航空人员群体中是正常的，并不是反应失真。值得注意的是，相比之下，皮卡诺（Picano）等人研究发现，在他们感兴趣的人群（即高风险军事行动部队）中，印象管理得分的升高与较低的选拔通过率相关。

这一观点与尤赛尔（Uziel，2010）的断言一致，即对于某些个体来说，社会期望量表（social desirability scales）作为防御性指标并不太准确，应该被理解为适应性指标。该量表应"重新定义为人际导向的自我控制量表，以识别那些表现出高水平自我控制力的个体，特别是在社会环境中"。我们发现航空人员在 SDE 量表上升高便是如此。由于这种局限性，应对特定人群采用专门的常模。下面我们将讨论这个问题。

# 五、故意失真和欺骗

有意识的、目标导向的，保卢斯（Paulhus）所指的"印象管理"增加了反应失真的复杂性。受检者在高风险的航空评估中试图管理考官对他们的印象，他们非常清楚，不佳的表现可能会导致他们不能获得医学合格证明。由于意图良好但错误的回忆、基于人格的无意识失真（SDE）和目标导向的有意识失真（IM）等原因导致真实数据和失真数据混杂在一起，难以区分。为了得出准确结论，分析每种失真对数据的相对贡献，对心理考官来说是一个相当大的挑战。

在一定程度上，受检者会有意识地试图抹去他们不讨人喜欢或明显不适应环境的方面。飞行员和空管员的人格特征强调遵守程序和规则，保持诚信，这使得有意识失真策略的使用相对有限。然而，重要的是要认识到，物质使用障碍和人格障碍是航空人员最常被发现的不合格原因（Porges，2013），这些障碍的共同特征是洞察力和执行力受损。因此，一部分受检者会有意识失真以应对心理评估。

在这种情况下，多方法评估的价值（Ganellen，1994；Meyer et al.，2001）不应被夸大，实际证据证明了两个令人担忧的重要发现：首先，辨别谎言的能力信心与辨别谎言的实际准确度无关（DePaulo & Pfeifer，1986）。其次，即使是训练有素的临床医生也不善于识别谎言。1991 年埃克曼（Eckman）和乌沙利文（O'Sullivan）的经典研究考察了各种专家（如精神科医生、法官、犯罪调查员、特勤局特工等）的表现。他们的职责之一是准确识别欺骗性陈述。该研究发现，除了特勤局特工外，每一类人员中只有少数人能够准确识别欺骗。表现较好的人员是精神科医生——这是一个几乎完全依赖临床访谈来获得评估数据的职业。值得注意的是，该研究中的大多数精神科医生在识别访谈中的欺骗行为时，只达到了概率水平（即 40% ~ 60%），只有略低于三分之一的精神科医生达到了高于概率水平的准确性。基于这项研究结果可以确定：不使用多方法评估而仅依赖访谈数据不仅不能识别出假阴性结果，而且具有潜在的灾难性。在高风险评估中应包含多种信息来源也是《职业强制心理评估专业指南》（APA，2015）中提出的标准之一。

考虑到与航空环境相关的任务和能力需求，几乎所有形式的精神病性症状都会对安全构成威胁，因而大多数监管机构都认为其不符合安全敏感岗位的资格条件。因此，在这些职业人群中识别精神病性症状至关重要。

美国联邦航空管理局（FAA，2012，2014）的空中交通管制员申请者的数据清楚地表明，严格评估反应失真是非常重要的，特别是当受检者表现出明显的、有意识的印象管理时。对最终因心理状况不佳而被取消资格的申请者进行的一项调查显示，近三分之一（30%）的申请者在 MMPI-2 的检测中出现了"防御性无效"（defensive invalid，DI，由于防御性指标过高而导致结果无效）的情况，从而需要进一步的评估（Front，2010）。那些产生"防御性无效"结果的人表现出明显的印象管理性反应失真，即 L 量表大于等于 10（原始分），而全部量表数据却没有表现出精神病性升高。因此，这些申请者被转诊到具有丰富心理评估经验和博士学位的临床心理学专家处进行多方法评估。这些心理学专家接受过专门常模、FAA 监管标准等方面的培训。多方法评估包括记录审查、社会心理 / 临床访谈、心理状态检查、一系列心理测验，有时还包括知情人访谈。布彻（Butcher）、莫菲特（Moffitt）、洛兹（Rouse）和霍顿（Holden）（1997）开发了一种有价值的再测验指导技术，该技术在重新进行 MMPI-2 和其他自陈测验检测之前使用，用于解决 MMPI-2 结果出现"防御性无效"的问题。该技术在 Butcher 的章节中有详细阐述。

研究结果表明，大多数出现"防御性无效"的申请者最终成功获得了医学合格证书。然而，重要的是，在评估中出现这种反应失真的部分申请者显然是为了掩盖心理精神问题。其中以物质使用障碍和（或）人格障碍最为多见，这类障碍的典型特征是在工作中会表现出洞察力和意志力受损。事实上，最终不合格的申请者中有 30% 是由于不可接受的反应失真水平（主要是印象管理）而被转到进一步的评估中，这与皮卡诺（Picano，2011）等人的研究结果一致。为了避免"假阴性"的结果，对航空人员进行选拔评估的临床医生最好严肃应对反应失真，特别是当印象管理是造成整体失真的重要因素时。

## 六、甄别反应失真：常模数据的重要性

既然航空心理评估中会不可避免地出现各种形式的反应失真，那么我们现在转向一个关键问题：多严重的失真才算严重失真？

首先要指出的是，要考虑上述各种失真类型对评估数据中反应失真总体的相对贡献。正如前面提到的，因为人类自身的局限性，以及伴随着记忆和回忆的正常失真，受检者即使试图做到诚实和准确，也可能会提供错误信息。接下来要考虑的是保卢斯提出的各种失真类型的相对贡献。基于上述论点，我们认为自欺性提升在航空人员中是可预期和可接受的，除非是极端的。相反，有意识印象管理的证据需要更仔细的调查和探索。然而，在所有情况下，探讨"多少才算太多？"必须以使用特定人群的常模数据为基础。

需要考虑的问题是，在相同的选拔环境下，与其他个体相比，申请者所表现出的反应失真的程度。常模数据包括民航飞行员申请者（Butcher，1994）和空管员申请者（Butcher，Front & Ones，2018）的 MMPI-2 分量表的平均值和标准差。空管员和飞行员申请者的常模与其他工作的求职者常模在 MMPI-2 效度量表上非常相似，与一般人群常模相比，这些效度量表都表现为反应失真。然而，重要的是，一名空管员或飞行员申请者的效度量表得分与一般人群相比较高并没有特别的意义，除非这个分数不仅显著超过一般人群，而且也超过了其他同类申请者的分数。后者的情况才值得进一步审查，而且必须是基于特定人群常模计算的分数。

## 七、总结

本章重点讨论了安全敏感岗位心理评估中存在的反应失真，特别关注了飞行员和空管员的有关情况。心理评估专家必须了解和管理反应失真的性质和范围，以便对航空人员进行有效评估。我们认为，对安全敏感岗位评估中的反应失真抱有轻视态度的

心理评估专家会得出看似准确，但在很多情况下是错误的结论。

我们还探讨了一些失真是由于飞行员和空管员心理评估中固有的情境使然，这是受检者和考官在评估情境中为了各自目标而博弈的结果。其他的失真并不是由情境驱动和产生的，而是来自受检者的内部特征。我们调查了几种失真类型，并讨论了这类失真是如何在心理评估中表现出来的，以及临床医生如何用常模数据来恰当地评估失真。这一知识将使心理学专家在整合来自各方面的数据时，能够正确地识别并解释反应失真，从而提高他们评估结果和结论的效度。

原书参考文献

Paul Dickens

# 第五章
# 与飞行员访谈的技巧

　　我曾在与本书相关的一篇文献中（Dickens，2017）撰写了关于临床访谈如何增强飞行员评估和干预过程的内容。但本章我将主要探讨选拔过程中的访谈，而不涉及干预过程，重点如下：

- 访谈在选拔和评估中的作用；
- 飞行员选拔访谈的目的；
- 访谈过程；
- 飞行员访谈需要考虑的问题；
- 提升访谈质量的建议。

　　本章不打算介绍访谈的入门知识，而是立足于飞行员选拔，以及在此背景下出现的特有的和具体的问题。有关评估中一般访谈技巧的全面介绍，请参阅安德森的论文（Anderson，1993）。然而，我这里先简要介绍一下访谈作为一般选拔过程的组成部分的效用和必要性。

## 一、访谈在选拔和评估中的作用

　　作为在人员招募过程中使用的评估性访谈，其困难之一是访谈设计和执行的多样性。这类访谈在结构、持续时间、提问方式、评估申请者反应，以及访谈内容和数据收集等各个方面都有所不同。访谈的方式对其信度、效度，当然还有公平性都有很大影响。与工作高度相关的结构化访谈的信度和效度较高。当然，信度、效度和公平性也会受到各种偏见和面试官评估局限性的影响。比如，昆达（Kunda，1999）提出了"访谈错觉"（interview illusion）的概念：

> 也就是说，人们总是错误地相信，我们有能力根据与某人的一次简短对话就能预测将来自己会如何评价该人……尽管毫无疑问我们有很多经验，随着我们对他人的了解程度的不断加深，我们的看法会逐渐改变，但我们仍会坚持自己的面试错觉。我们可能会认为，在一次简短的面试后，我们对一个人的反应可以成功预测对他们的印象，但其实我们根本没有意识到我们的感觉已经和面试时不一样了；我们相信我们一直都有目前的感觉。在多次错误地回忆起我们对一个人的最初反应与目前的反应相似后，我们可能会相信，我们第一次见到一个人时的反应可以很好地预测当我们非常了解这个人后的感觉。
>
> （Kunda，1999，pp. 179–180）

关于访谈在人员选拔中的效度问题早在几年前就有相当多的报道（如 Harris，1989）。通常这些研究要么着眼于访谈过程本身，要么将访谈与其他选拔方法进行比较。例如，皮尔比姆（Pilbeam）和科布里奇（Corbridge，2010）结合各种研究结果，总结了一些选拔方法的预测效度，即选拔技术能在多大程度上预测工作绩效。他们认为，非结构化访谈的预测效度只有30%，远低于评价中心、人格测验和能力倾向测验。然而，如果访谈的实施很熟练，结构化访谈的预测效度仅次于评价中心，为60%。由于访谈在招录选拔中应用的普遍性，已经有许多关于访谈过程和效度的研究，还包括一些元分析研究。例如，麦克丹尼尔（McDaniel）、韦策尔（Whetzel）、施密特（Schmidt）和毛雷尔（Maurer）（1994）进行了一项大型元分析研究，调查了招录访谈及其构成部分的效度。结果表明，访谈的效度取决于访谈的内容（情境、工作相关或心理），访谈的实施方式（结构化 vs. 非结构化；团体 vs. 个人）以及评价标准（工作绩效、培训绩效和任期；学术或行政级别）。情境式访谈的效度高于工作相关访谈，工作相关访谈的效度又高于心理访谈。结构化访谈比非结构化访谈具有更高的效度。

与非结构化访谈相比，结构化访谈在预测未来工作绩效方面具有公认的优势，因此有必要概述结构化访谈的特点。坎皮恩（Campion）和帕尔默（Palmer）（1998）认为典型的结构化访谈具有如下特点：

（1）访谈内容的基本构成是预先制定的结构化、涉及一系列关键能力的问题。

（2）对每个申请者都使用同一套标准化、结构化的问题。

（3）使用一套共同的、明确的评分标准来评估申请者的回答。

（4）限制面试官的追问。

（5）限制申请者的提问或额外表述。

（6）面试官使用详细且有锚定标准的评分表对申请者的回答进行独立评分。

（7）评分前不允许面试官进行讨论。

（8）对面试过程进行详细记录和留存。

结构化访谈的目的是尽可能消除昆达（Kunda）提出的面试错觉，创造一个公平公正、信息丰富的过程，通过该过程，面试官平等地对申请者进行评判，并将启发式主观评估的影响保持在最低限度。结构化访谈还减少了申请者可能使用的印象管理技巧的影响，这是我们在稍后的飞行员访谈中将讨论的主题。

当然，还有其他因素会影响访谈的效度，首先面试官的技能，坎皮恩（Campion）和帕尔默（Palmer）（1998）认为提高面试官技能是改善面试效果的最常用措施。面试官培训一般包括角色扮演、面试示范和视频反馈等。其次是访谈时长。上述作者回顾了一些研究，发现记录的平均面试时长为 39 分钟（$SD$=25.8），涉及 16.5 个问题（$SD$=8.7）。绝大多数结构化选拔访谈持续 30 ~ 60 分钟，包括 15 ~ 20 个问题。

## 二、飞行员选拔访谈的目的

众所周知，访谈仍然是包括航空公司在内的企业最常用的选拔方法，而且通常是唯一的方法，尽管其存在上述效度和结构方面的问题。事实上，访谈往往被企业视为选拔员工时的一种精神安慰，因为各企业往往认为使用访谈一直是传统的做法，而且毫无疑问，在准确选拔员工，预测潜在和未来的工作绩效方面，访谈可以提供有效的结论。凯（Kay）、瑟斯顿（Thurston）和弗龙（Front）（2013）报告了一些航空公司的做法：

> 一些退休的机长被聘为面试官。如果问这些机长，他们通常会说他们的工作是确定申请者是否"适合"航空公司。他们认为测验是不必要的。他们通常会采用非结构化访谈，目的是了解申请者"是否是那种自己愿意与之连续 3 ~ 4 天，每天在驾驶舱待上 8 小时的人"。（Kay, Thurston & Front, 2013, p. 44）

结构化访谈本身的标准化程度还应继续提升，这样才能作为系列选拔评估流程中的一个重要环节。一个选拔系统通常包括一系列的信息采集技术，如本书其他章节所讨论的，包括心理测验、评价中心、生平数据和模拟器检查等。访谈作为选拔过程的一部分，可以提供其他方法不易获得的信息，特别是关于申请者的动机、对所加入航空公司的了解、清晰准确的表达能力以及行为举止等。尽管之前已经提到了"面试错觉"的弊端，但有研究表明，经验丰富的面试官可以在观察中对申请者的"大五"人格特征做出有效推断（Gosling，2008）。最重要的是，访谈为申请者与航空公司之间的初始互动提供了机会，这对双方都有价值，因为它允许双方相互探索彼此的匹配性和适宜性。

在飞行员选拔和评估中有多种情况会使用访谈，包括：

（1）初始飞行员选拔。通常由飞行学员的培训学校或航空公司实施。在这种情况下，访谈可能会集中在动机、个人兴趣和航空知识等方面，并可以确认简历资料信息。

（2）有经验申请者的评估。在这种情况下，访谈可能会更加聚焦组织上的"契合度"和双方期望的相互探索，如薪酬、地点和排班等，以及技术知识和经验。

（3）机长选拔评估。在这种情况下，访谈可能更侧重于经验、个人领导技能以及行为和态度特征等。

（4）事件后评估。虽然不是严格意义上的招聘评估，但这种情况也需要访谈，特别是当事件涉及飞行员错误或判断失误时。在事件调查中，"认知访谈"技术的应用越来越多，目的是引出涉事飞行员对安全相关信息的回忆。

这些不同的应用场景，导致对飞行员的访谈目的也各不相同。

## （一）获取其他信息

狄更斯（Dickens，2017）详细描述了从飞行员中选拔飞行指挥员（Air Officer Commanding，AOC）时采用临床访谈方法来了解申请者基本传记信息的情况。随着欧洲新法规［欧盟委员会法规（EU）2018/1042 修订版 CAT.GEN.MPA.215］的发布，要求所有飞行员在开始航线飞行前必须进行心理评估。对每位飞行员进行深入的评估，意味着需要采用准临床访谈的方法。"可接受的符合性方法和指导材料"（Acceptable Means of Compliance and Guidance Material）文件最终版将明确这一点。考官们认为，这种面对面的访谈是对机组人员充分心理评估的必要部分，其作用是进一步明确和补充心理测量数据。这类访谈应包括详细的个人历史、航空背景和经验，所有心理诊断和治疗史，以及访谈期间的行为观察。

## （二）促进相互了解

萨默斯 – 弗拉纳根（Sommers-Flanagan，2009）将访谈看作申请者和面试官之间的互动活动，双方都试图在访谈过程中建立和维持一种有效关系。在访谈期间，面试官和申请者都会对双方的个人特征和背景做出判断。对初始飞行申请者的访谈可以判断其培养潜力，而对有经验的申请者的访谈可以衡量其团队契合度。

### （三）评估技术知识

在飞行员选拔时，访谈最常见的目的是评估航空技术知识，以至于有许多书籍和在线咨询网站为飞行员提供如何应对技术面试的建议。这类书籍中比较出名的是《在飞行员技术面试中脱颖而出》（Ace the Technical pilots Interview）（Bristow，2002），它为飞行员提供了"从轻型飞机到重型喷气式飞机操作的988个问题和答案、100个技术插图、11个技术类别和信息，以及对世界范围内25个主要航空公司的面试实践研究"。大多数考官都有一个结构化的面试流程，内容涵盖常规操作和申请者飞过的机型等关键知识领域。

### （四）确认测验数据

随着心理测验（尤其是在线测验）越来越多的使用，访谈提供了一个确认所获得数据的机会，尤其是关于人格特征的数据。通过直接质疑测验反应和结果或通过寻找辅助信息，特别是人格的行为标记来印证各种来源的信息。例如，一个飞行员测验成绩显示出高水平的外向性，他在访谈中表现出的行为类型是否符合这一评估？前一章提到了"大五"人格行为标记的应用，在访谈中可以直接观察这些行为标记，并与测验结果进行比较。随着航空公司越来越多地使用在线人格测验，面试可能是检查此类信息准确性和实现更准确人格判断的唯一方式（Gosling，2008）。

### （五）调查对事件的行为和反应

在事件后调查和评估背景下进行访谈是惯例做法，访谈内容包括获取飞行员在面对困难的情境下如何反应的信息，他们处置困难情境的实际经验（采用关键事件技术），以及在假设的困难情况下的判断和处置（采用情境判断测验）。这类访谈还经常用于有经验飞行员申请新岗位时的评估，也可以用于对某个真实事件的调查（采用认知访谈技术）。后者的访谈结果通常作为飞行员晋升机长的评估指标，也可用于特定事件后评估飞行员失误的程度。

## 三、访谈过程

如前所述，本章的目的不是要成为访谈入门指南。然而，为了给从业者有用的指导，有必要对选拔性访谈的影响因素进行梳理，特别是结构化访谈实施过程中的一些要求，这类访谈方法具有最佳的预测效度。我还将介绍两种前面提到过的具体技术——关键事件技术（Critical Incident Technique）和认知访谈（Cognitive Interviewing）技术。

## （一）什么组成了有效的结构化访谈？

坎皮恩（Campion）、帕尔梅（Palmer）（1997）在论文中对有效的结构化访谈和支持性研究进行了详细论述。他们概述了15个组成部分，分为内容和评估两个领域，并从信度、效度和使用者反应（包括面试官和申请者）方面考察了每个组成部分的影响。结构化访谈内容和过程的15个组成部分如下。

1. 内容

（1）基于工作分析设计问题。在航空公司，这意味着需要深刻理解申请者未来工作环境和机型的典型操作要求，并以工作说明书的形式体现出来。用于工作分析的信息来自通过对高绩效飞行员的内部调查而界定的各项特征，有效和安全操作飞机所需的最低标准，以及典型飞行操作的关键事件分析。

（2）向每位申请者提出完全相同的问题。这是有效比较申请者以及保持公平公正的基本要求。一般建议按相同的顺序提问题，但在特殊情况下，允许一定程度的灵活性，以确保访谈更自然地进行。访谈问题应表述精准、明确，这样面试官和申请者都能清楚地知道在问什么。

（3）限制提问、追问和解释问题。某种程度上，这似乎与访谈是两人或多人互动的特点相矛盾，然而，如果允许详细解释问题和追问，可能会让面试官产生偏差（比如问一些与工作分析无关的问题），也可能会让申请者产生偏差（比如用政客的方式回避问题）。在某些情况下，允许使用更一般的提问，如"你还有什么要补充的吗"？

（4）采用更好的问题。常采用的问题是针对飞行员在航空公司中所遇到的特定假想情境类问题，包括与安全相关的事件或一般的操作情境；问题也可能是过去特定经历下的行为，询问的细节问题来自关键事件分析；更一般的问题是关于个人历史、背景和飞行经验等方面的。在技术访谈中，问题会涵盖航空、飞机类型和航空公司运营方面的具体知识。

（5）延长访谈或提更多的问题。访谈的长度是一个基本且重要的结构要素，可以表现为时长或问题的数量。访谈的时长应保证面试官能够获得所需的所有信息，同时应对所有申请者的时长相同，以确保公平公正。通过提出相同数量的问题并严格控制所分配的时间可以基本保证访谈的长度，但访谈的长度也受申请者的回答的影响，啰嗦的申请者需要更长的时间回答问题。坎皮恩（Campion）和其同事们指出，长时间的访谈很可能会引起面试官和申请者的负面反应，他们认为冗长的访谈很烦琐，而且会产生过多的信息，影响面试官的决策效率。

（6）控制辅助信息。从本质上讲，这要求所有相关人员都基于相同的信息库，包括申请者可以获知相同的组织信息（职位描述、条款和条件等），面试官可以获知申请者的信息（简历、心理测验信息等）。如果不控制这些信息，可能会出现公平性问题，导致面试官很难根据申请者的表现做出准确的判断和决策。

（7）面试结束前不允许申请者提问。申请者自然会有关于职位和组织的问题，但在面试过程中问这些问题会破坏面试结构，并会引入不确定性从而降低访谈的标准化程度。在非结构化访谈中，申请者提出的问题本身就被视为一种信息来源！

2. 评估

（8）对每个回答进行评分或使用多个评分标准。在结构化程度最高的访谈中，每个问题都有一个评分标准，在访谈期间就会根据申请者的回答进行评分。然而，在实际操作中，考官在访谈结束时才会根据回答进行评分，或者给出一个与个别答案无关的综合评分。很多研究证据表明，对每个回答进行个别评分更可靠，而整体性评分可能来自启发式加工或存在偏差。

（9）使用详细的锚定评级量表。这条借鉴了成功的心理测量实践，可以确保每个面试官都清楚地知道如何评估申请者的回答。这些锚定等级可能是典型行为，也可能与内容相关，但不会是考官期望申请者所说的话，这些锚定评级量表可以准确地表明一个好的或坏的回答应该是什么样的。

（10）详细记录。这可以避免首因效应、近因效应和记忆消退，同时也确保了对申请者回答的持续关注。详细记录还有助于撰写对每个申请者的评语，并作为日后对某一决定有疑问时的证据。

（11）采用多个面试官。先前引用的那个退休机长的案例，其采用的是一对一的非结构化访谈。实际上，对申请者进行多考官访谈是更好的选择。多面试官模式既可以采用"面试小组"的模式，也可以是与不同面试官进行一系列一对一访谈。后者通常更可靠，因为它们可以对抗诸如少数派影响和群体思维等启发式信息加工。

（12）对所有申请者使用相同的面试官。这样可以保持一致性，并对申请者给予更大程度的公平公正，也可以让面试官对申请者采用相同的视角。

（13）不要在面试期间讨论申请者或其回答的信息。这避免了不相关信息混入访谈过程，这在小组面试中尤其重要。因此，在评分完成之前，不要对申请者做出集体判断。

（14）提供全面的访谈培训。培训通常包括一般访谈要求和特殊访谈要求。前者的重点可能是一般性技能，如倾听、有效提问和使用结构化访谈流程；后者可能更多是特殊访谈前的准备，包括熟悉具体的职位描述和对申请者的能力要求。大多数航空公司对有经验的飞行员的访谈往往由高级飞行运营经理和飞行员担任面试官，这些人在职业生涯中很可能没有接受过任何访谈培训，对他们来说一般访谈要求培训是十分必要的。

（15）使用统计数据而不是临床预测。从本质上说，这意味着考官要从"专家意见"或临床评估模式转变为基于访谈过程中得到的统计数据做出决定的模式。每个面试官给出的评分在所有访谈结束时会进行复审，并综合所有评分做出决定（Campion，Palmer & Campion，1997）。

以上 15 点阐述了一个有效的结构化访谈的理论特征。然后实际访谈时，可能只包含了部分特征，这要视访谈的组织工作、面试的职位性质以及是否有合适的人员来担任面试官而定。此外，不同航空领域的结构化访谈也不大相同，例如针对飞行员的技术性访谈。在前面章节中描述的临床访谈（Dickens，2017）在很多方面也与结构化访谈不同，它依赖于专家的判断和非结构化的方法来提出一系列问题。当然，两类访谈的目标是不同的，设计访谈流程的人必须清楚地认识到这一点。

### 3. 关键事件技术

这种获取飞行员信息的技术在以下方面特别有用：

（1）了解飞行员过去如何处理飞行中遇到的困难；

（2）评估他们未来处理类似情况的能力；

（3）获取其适应性和恢复力的一般和具体信息；

（4）评估现实生活中的情境判断。

关键事件技术（Critical Incident Technique）由弗拉纳根（Flanagan，1954）开发，可作为调查飞行员有效和无效飞行操作行为的一种方法，特别是可作为理解飞行员失误的一种手段。它广泛用于事故调查，也在飞行员选拔和评估中具有重要地位，因为它可以深入了解过去的真实情况，并提供飞行员如何处理困难事件、从中学习到了什么经验等信息，以及可以观察他们在描述事件时的态度和行为。

通常，该过程从一个一般性问题开始：

"我想请你描述飞行中发生在你身上的或者你参与的，印象深刻的一个事件。"

飞行员的回答会被记录下来，并归为以下四个方面：

（1）事件的起因、经过和结果；

（2）飞行员在事故中采取的动作和行为；

（3）事故发生前后飞行员的感受；

（4）得到的收获。

然而，作为评估和选拔过程的一部分，该技术有一个缺点，因为有时飞行员不能报告出具有特殊意义的事件。在这种情况下，可能需要一些提示，包括要求他们在飞行模拟器中进行回忆，并重现他们当时不得不处理的重大事件。如果这些方法都不能奏效，面试官则可以向他们提供一个假想的情况，并询问他们将如何处置。

### （二）认知访谈技术

为了对受害者、证人和犯罪嫌疑人进行有效的访谈，司法部门开发了一种有效可靠的实用方法——认知访谈（cognitive interviewing，Cutler，Penrod & Martens，1987）。通过广泛的研究已经证明了它可以有效提高情境回忆的质量（Köhnken，Milne，Memon & Bull，1999；Memon & Bull，1991）。随着美国国家运输安全委员会（NTSB）和国际航空运输协会（IATA）为事故调查人员提供了相关的基础和高级培训，它在航空事故和事件调查中的应用越来越多。

认知访谈基于两个主要概念：①对某一事件的记忆是由联想网络组成的，因此有许多方法可以提示回忆；②如果在检索时能够恢复与原始事件相关的情境，那么从记忆中检索信息将更加有效。通过联想，记忆的某些方面会引发其他方面，但其顺序无法预测，而且可能表现的杂乱无序。它主要是为了促进准确的回忆，因此与关键事件技术有相似之处。事实上，认知访谈与临床访谈也有很多相似之处（Dickens，2017），因为它在很大程度上是非结构化的，鼓励受访者以自由的形式回忆事件，没有标准化的问题或提示。同样，使用这种技术获取信息的关键因素是建立融洽的关系，就像在临床访谈中一样。认知访谈的主要组成部分之一是通过"情境还原"（context reinstatement）来增强回忆——鼓励受访者使用所有感官回到事件的情境和物理地点。然后，以倒叙的方式回忆事件，即从事后发生的情境到事件开始时的情境，面试官允许受访者自我陈述而不去打扰他，但需要进行记录，必要时进行录音。然后对得到信息的主题和模式进行分析。

在前面列出的两种情况下，认知访谈在飞行员评估中都占有一席之地。在机长选拔评估中，认知访谈可以诱发并获取飞行员如何处理非技术情况的信息，比如如何应对不守规则的乘客或难以相处的同事。在评估飞行员在事故中的反应时，经验表明，这是一种让人们回忆起事件准确细节的有效方法。

## 四、飞行员访谈需要注意的问题

无论选择哪种访谈方式来评估飞行员，非结构化访谈、结构化访谈、临床访谈，或使用特定的技术如关键事件或认知访谈，在从飞行员那里获取信息时，都存在一些需要注意的具体问题。

### （一）夸大表现

金（King，2014）在其关于飞行员选拔的一篇重要论文中，使用了"夸大表现"（response inflation）一词来描述积极印象管理（俗称"装好"）对飞行员评估的影响。他声称，这种现象在包括访谈在内的所有非认知评估中都是真实存在的，但往往不是出于欺骗面试官的目的，而是出于一种真实的动机，即希望表现得更好。因此，它可能是一种积极的特征，Ones 和 Viswesvaran（1998）指出，它可能是一种社会能力指标，而且对没有表现出某种程度印象管理的申请者，可能更应该质疑其职业适宜性。保卢斯（Paulhus，1998）在属于社会能力范畴的"印象管理"和他提出的"自欺性提升"之间做出了重要的区分。"自欺性提升"可能是一种诚实但错误和不切实际的自我能力评估。许多心理选拔专家在飞行员评估前，特别是访谈前，使用保卢斯的 PDS 量表，因为它可对飞行员自我拔高程度提供准确和可靠的评估。许多心理选拔专家使用评价中心作为选拔过程的原因之一是，它可以中和印象管理，因为申请者要参加不同类型的评估，因而不太可能始终保持过度积极的形象。使用上述标准的结构化访谈也可以在一定程度上控制这种现象。

### （二）性别差异

多年来，商业航空公司一直有女性飞行员职位，但实际飞行的比例只占所有飞行员的 5% 左右，2017 年的比例范围是从 1%（挪威航空）到 10%（印度航空）（McCarthy，2018）。许多人都在猜测为什么会出现这种情况，原因从薪酬差异到机组中突出的大男子主义文化，多种多样。米切尔（Mitchell）、克里斯托维克斯（Kristovics）和韦尔默朗（Vermeulen）（2006）报告了一项关于澳大利亚民用和军用飞行员认知能力性别差异的研究：女飞行员在飞行熟练度和安全取向方面得分较高，与女飞行员一起飞行会改变男飞行员对女飞行员在这两个方面能力的看法。作者还强调了男性对女性飞行员操作能力的看法会影响选拔，并使得性别不平等持续存在。在飞行员选拔中，以男性为主的工作环境也会影响访谈小组的组成，这可能会使他们倾向于选择男性申请者，或者可能对女性申请者反感。因此，面试官需要考虑这些因素，而结构化访谈提供了一种方法以确保评估的客观公正，可以消除性别偏见。更好的办法是确保访谈小组的性别平衡，尽管从实际情况来看——大多数资深飞行员和飞行运营经理都是男性——可能会使这一点较难达到。

### （三）语言问题

尽管航空通用语言是英语，但越来越多的飞行员申请者的母语不是英语。在评估和面试选拔中，这些飞行员相较于那些英语为母语的申请者一开始就处于劣势。重要的是，面试本身不是对语言水平进行评估——评估英语语言能力有独立的方法，通常在工作描述中对语言水平已有规定。国际民用航空组织英语能力水平是国际公认的标准，并有相应的测试（ICAO，2004）。然而，访谈时需要考虑到飞行员的英语表达和理解能力。清晰的问题是结构化访谈的关键特征，而问题的呈现需要考虑到申请者可能不是以英语为第一语言的情况。考官在提出问题，以及理解和评判回答时，应考虑语言因素，并需要在一定程度上对问题进行解释说明。当然，最需要考虑的关键点是，应对申请者公平公正。

## 五、对提升访谈质量的建议

那么，为确保一个有效且公平公正的飞行员访谈，需要考虑什么关键因素，以使考官和飞行员在本章讨论的各种情况下都能获得满意的效果？

（1）确保访谈者和被访谈者事先都做好充分准备，并掌握了必要信息。

（2）使用结构化访谈的方法，尤其是在评估技术能力时。

（3）机长选拔访谈时，混合使用结构化和非结构化访谈。

（4）考虑使用关键事件或认知访谈技术来评估飞行员对困难事件的反应。

（5）如果使用访谈小组，应指定一个访谈小组负责人，以确保遵循程序。

（6）在所有访谈结束时才对所有申请者进行评级和评估，而不是在每个访谈结束后。

（7）要注意飞行员高估能力的倾向——夸大表现。

（8）避免性别和语言偏见。

（9）对经常参与飞行员选拔的飞行员和飞行经理进行常规或特定的访谈技能培训。

（10）记录面试过程，以便持续改进和学习。

原书参考文献

# 第六章

# 评估中飞行模拟器的使用

Jessica Starmer

乍一看，飞行训练模拟器（Flight Simulation Training Device，FSTD）似乎是飞行员选拔的理想工具，因为它高度逼真地模拟飞机及其操作环境。然而，值得每名飞行员选拔设计者留意的是，透过仔细审视，就能发现其局限和缺点。将其用于选拔至少应考虑以下问题：在选拔中的地位、可以评估的心理品质、申请者情况、环节的设计和评分，以及作为评估工具一部分的考官。如果以轻率且未经培训的状态使用飞行训练模拟器，整个过程恐怕会变为一场与选拔无关的游戏，不仅成本不菲，而且会掩盖对评估人员真正有价值的部分。

本章将对飞行训练模拟器目前的使用情况进行概述，并具体介绍在飞行员选拔过程中采用飞行训练模拟器的优点、局限和缺点。然后讨论其在实践中所产生的问题。最后，我们将提出一套最佳实践原则，帮助选拔组织者最大限度地发挥飞行训练模拟器的潜力。

## 一、飞行模拟器的演变

第一架飞行模拟器是著名的林克训练机（Link Trainer），开发于 1934 年，用以帮助飞行员训练夜间与仪表气象条件（Instrument Meteorological Conditions，IMC）下的飞行。自那以后，飞行模拟器采用的技术不断发展。如今，飞行模拟器既可以使用与特定型号飞机有相同座椅、显示器、面板和飞行计算机的驾驶舱；也可以通过环绕式视觉显示器呈现机场动态三维（3D）画面，其细节程度可以看到行人和车辆的移动；液压千斤顶系统可以模拟飞行运动，以高度逼真地再现转弯、爬升、加速和颠簸的感觉。这些发展使制定模拟设备标准的国际民航组织（ICAO）文件自信地宣告："现代飞行模拟器的仿真度足以满足飞行员评估需求，并能确保将观察到的行为迁移到飞机上。"（ICAO，2009）

这句话暗示了发展飞行模拟训练设备背后的动机。自从模拟器问世以来，一直作为训练飞行员的工具，直到最近才被用来考察飞行员。在使用模拟器的其他行业也是如此，如军事、空中交通管制和医疗（National Academies Press，2015）。我们用模拟器来模拟特定的环境，因为这些环境要么成本太高，要么非常危险，要么两者兼而有之，所以无法在现实中进行训练。使用模拟设备训练的目的是帮助个人发展在现实中应对这些环境的技能。

几乎所有关于模拟器的文献都从训练工具这个角度来研究它们，而非我们现在所考虑的目标——模拟器对选拔的实用性。事实上，航空业在后者的运用是独一份的；在上面列出的所有其他行业中，模拟器纯粹用于训练。

目前，许多实践经验和研究都表明，训练和选拔会遇到一些共同的问题，例如，动作线索仿真度的局限以及随之而来的真实感损失，还有晕动病（motion sickness）隐患都有可能对训练者和申请者产生相同影响；无论观察还是记录两者的行为，都需要教练或考官有非常相似的技能。然而，本章将更加详细地探讨其中关注点上的差异和冲突，例如，当教练或考官不仅是观察和记录行为，而是进行分析时，即理解受训者为何能正确或不正确执行某动作，这与推断申请者潜在的身体和认知能力、人际交往能力和个性特征是非常不同的。目前，模拟器不断朝着越来越高的准确性和特异性发展，这对训练来说是有益的，但在未来，这种情况将对其作为选拔工具的使用形成挑战。以波音787和空客380等最新一代飞机为例，它们的驾驶舱高度信息互联，内置的电子飞行包（Electronic Flight Bags，EFBs）与飞行管理计算机、性能计算和飞机数字技术日志等系统连接。模拟器准确复制和模拟这些复杂的系统对训练来说是非常有价值的，但对于不熟悉这些系统的申请者来说，却需要大量准备和学习才能学会基本操作。因此在选拔中使用它们可能是不切实际的。

（一）航空训练和考核评估的现状

上述观点的另一面是，随着飞机越来越复杂且高度依赖精密的电子飞行控制计算机，对飞行员最重要的属性和技能的关注重点正从心理运动能力和技术知识转向"软"技能上，如团队合作、情境意识、问题解决和沟通协调。申请者的这些技能可以在不同型号的飞机上展现出来，而不需要其掌握具体的技术性知识。这种模式也许是最有希望将模拟器既作为训练工具，又作为选拔工具的融合之路。

最初，对飞行员考察完全集中在技术能力上，要求飞行员准确处置如起飞时遇到发动机故障等极端情况。机长和副驾驶轮流处理这些情况，不考察团队合作，仅根据飞机的物理状况（如前进方向、下降速率和速度）来判断成功与否。到了 20 世纪后半叶，人们越来越认识到航空事故主要是由于人因错误造成的。"人因错误始终是飞行事故的主要原因，因此，对人因的关注至关重要。"（IATA，2012）这种认识引发了多种举措，以探究哪些行为有助于防止错误，如美国宇航局（NASA）的"团队技能"和欧洲联合航空局（JAA）人因项目研究小组开发的"NOTECHs"行为标记系统（Flin et al.，2003）。这一方面的最新发展体现在国际民航组织（ICAO）的《循证训练手册》（Manual of Evidence-Based Training）中，该手册超越了以往的训练系统，将技术和非技术技能纳入了一个完整的"飞行员能力"框架中，将这个框架与当前已发生事故和事件数据结合起来，作为考察和训练的总体基础。这个基础的重点是那些可迁移到其他情况的能力，而不是处理一组特定情况的能力。

国际民航组织将飞行员能力分为 8 类（表 6.1），每一类都定义了一个有别于其他技能的领域。这些类别分别是程序应用、自动驾驶飞行线路管理、手动驾驶飞行线路管理、沟通、领导与团队合作、问题解决与决策、情境意识和工作负荷管理。可以看出，在这 8 项中，只有前 3 项可以被归类为"技术"能力，其余的都是"软能力"或"非技术"能力。每个类别都有几个"行为指标"（例如，"采用适当而及时的决策过程"），旨在为飞行教官和考官提供评估飞行员能力的客观参考标准。一名优秀的飞行员能够在需要时展现出所有指标规定的行为，因此，任何必需行为的缺失都会成为扣分和纠正的重点。

设计者认为，这些能力组成了一个全面而充分的所有必要能力清单，用于训练和考察飞行员以确保能够安全驾驶现代飞机。这些能力不局限于某机型或具体的操作能力，因此飞行模拟器可能是评估有经验的飞行员申请者的理想选择。

**表 6.1　核心能力和行为指标**

| 能力 | 能力描述 | 行为指标 |
| --- | --- | --- |
| 程序应用 | 利用合适的知识，根据已发布的操作说明和适用法规，确定并应用程序 | 确定操作说明的来源<br>遵循标准操作规程，除非更高级别的安全指令允许一定的调整<br>及时确定并遵守所有操作指示<br>正确操作飞机系统和相关设备<br>遵守适用法规<br>应用相关程序知识 |

续表

| 能力 | 能力描述 | 行为指标 |
|---|---|---|
| 沟通 | 在正常和非正常情况下，展示出有效的语言、非语言和书面沟通能力 | 确保接收方已准备就绪，能够接收信息<br>选择合适的沟通内容、时间、方式和对象<br>清晰、准确、简洁地传达信息<br>确认接收方正确理解重要信息<br>在接收信息时积极聆听并表达理解<br>提出相关且有效的问题<br>遵守标准的无线电通话用语和程序<br>准确阅读并解释必要的公司与航班文件<br>能用英语准确读取、解释、构建和响应数据链信息<br>根据操作步骤准确完成必要的报告<br>正确理解非语言沟通信息<br>使用眼神交流、身体动作和姿势传递并加强和语言一致的信息 |
| 自动驾驶飞行线路管理 | 通过自动化控制飞机飞行路径，适当使用飞行管理和引导系统 | 根据情况使用自动驾驶控制飞机准确和平稳地飞行<br>发现飞行轨迹偏离，并采取适当措施<br>将飞机控制在正常飞行包线内<br>管理飞行路径，实现最佳飞行绩效<br>飞行过程中使用自动驾驶保持预定航线，同时管理其他任务和事宜<br>根据飞行阶段和工作负荷，及时选择适当的自动驾驶水平和模式<br>有效监控自动驾驶，包括参与和自动模式的转换 |
| 手动驾驶飞行线路管理 | 通过手动控制飞机的飞行路径，适当使用飞行管理和引导系统 | 根据情况，准确和平稳地手动控制飞机<br>发现飞行轨迹偏离，并采取适当措施<br>将飞机控制在正常飞行包线内<br>仅通过控制飞机姿态、速度和推力之间的关系安全地控制飞机<br>管理飞行路径，实现最佳飞行绩效<br>在手动飞行期间保持预定航线，同时管理其他任务和事宜<br>根据飞行阶段和工作负荷，及时选择适当的飞行引导水平和模式<br>有效监控飞行引导系统，包括参与和自动模式的转换 |
| 领导与团队合作 | 展现有效的领导力和团队合作能力 | 了解并认可机组人员的分工和目标<br>营造开放交流的氛围，鼓励团队参与<br>在需要时，主动给予指导<br>承认错误并承担责任<br>预测并适当地回应其他机组人员的需求<br>做出指示时说明缘由<br>表达关注和期望 |

续表

| 能力 | 能力描述 | 行为指标 |
|---|---|---|
| 领导与团队合作 | 展现有效的领导力和团队合作能力 | 建设性地给予和接受反馈<br>在涉及安全的关键时刻果断介入<br>表现出同理心，对他人尊重宽容（此行为指标仅在循证训练结束后的简报环节使用，不作记录）<br>让其他人参与制订计划，根据能力公平合理地分配任务<br>以建设性的方式处理和解决冲突与分歧<br>在任何情况下都能自我控制 |
| 问题解决与决策 | 精确识别风险并解决问题，采用适当的决策流程 | 从适当的来源寻求准确和充分的信息<br>识别并验证出现的问题及其原因<br>采取适当的问题解决策略<br>在不降低安全性的情况下解决问题<br>使用适当和及时的决策流程<br>合理设立优先级<br>有效地识别并权衡选择<br>根据需要监控、考察和调整决策<br>有效识别和管理风险<br>在遇到不可预见的情况时随机应变，以实现最安全的结果 |
| 情境意识 | 感知并理解所有相关信息，并预测可能发生的影响操作的情况 | 准确识别和评估飞机及其系统的状态<br>准确识别和评估飞机的垂直和横向位置，以及预期的飞行路径<br>准确识别和评估可能会影响操作的总体环境<br>保持对时间和燃料的关注<br>保持对参与行动或受影响的人员的认知及是否达到预期表现的关注<br>准确预测可能发生的事情，能够计划并保持控制情境<br>根据潜在威胁制订有效的应急计划<br>识别并管理对飞机和人员安全的威胁<br>识别并有效应对情境意识降低的迹象 |
| 工作负荷管理 | 有效管理可用资源，在所有情况下都能及时执行优先任务 | 在任何情况下都保持自我控制<br>有效地计划、确定优先级并安排任务<br>在执行任务时有效地管理时间<br>提供和接受帮助，必要时授权，尽早寻求帮助<br>认真审查、监督和交叉检查<br>验证任务是否完成并达到预期结果<br>对中断、干扰、变化和故障进行有效地管理和恢复 |

注：［ICAO Doc 9995，《循证训练手册》，获得使用许可，安德鲁·拉金（Andrew Lucking），19 March 2019 at 07:52:07 GMT-6］

（二）飞行模拟器的等级

国际民航组织定义了飞行模拟训练设备（FSTD）的 7 个等级（ICAO，2009）。最高级别即 7 级是"全动飞行模拟器"（full flight simulators，FFS）。它再现了驾驶特定型号飞机的体验，包括运动、视觉和声音等环境线索，非常精密，可以进行"零飞行时间"（Zero Flight Time，ZFT）训练。即飞行员在模拟器中接受所有训练，然后就可以开始他的首次搭载乘客的商业飞行。

国际民航组织根据飞行模拟训练设备在不同特征上的仿真度将其分为四级：无（None）、通用（Generic）、典型（Representative）和特殊（Specific），分别简写为：N、G、R 和 S。依据三个主要特征对这四个级别描述如表 6.2 所示。

在表 6.3 中，按其仿真度、是否适用于执照培训和训练类型，对 7 个不同级别的飞行模拟器进行了分类。

航空公司需要"特殊"级仿真水平的模拟器来模拟某型飞机，因此他们使用 7 级全动模拟器来训练和考核他们的飞行员（表 6.3 中的"TR"或续期类型等级），那些使用飞行模拟器进行人员选拔的航空公司也倾向于使用 7 级全动飞行模拟器。然而，迄今为止，7 级全动飞行模拟器的建造和运行成本都是最高的。而且，正如前面所讨论的那样，在进行评估前，还需要大量的准备工作来向申请者介绍这个系统。使用较低级别的模拟设备可以降低成本，并使评估更容易进行，而且更公平，更能让申请者充分地展现其基本能力，因为低级别模拟器不依赖于特定飞机类型的技术知识。随着多人机组飞行员执照（MPL）课程越来越普遍，航空公司可能会更多使用 6 级飞行模拟器。而且，在飞行员类别等级训练的较早阶段，可以使用 5 级飞行模拟器（与更高级别的飞行模拟器相似，但没有任何运动线索，因此通常称为"固定基座模拟器"（Fixed Base Sims，FBS）。由于没有液压和运动软件，这些设备比全动飞行模拟器便宜得多，可以更高效地用于飞行员选拔评估。

（三）其他类型的模拟

"模拟设备"或"模拟"等词汇有时在飞行员选拔工作中指代其他类型的任务或技术，例如在分组任务环节中，申请者必须就"模拟"情境交流并决策，还有基于计算机的，用于评估心理运动技能的"模拟设备"，这种模拟设备通常由一个简单的键盘/游戏杆和其他与航空无关的软件组成。尽管在选拔过程中，使用这些类型的"模拟设备"可能非常有价值，但这些内容超出了本章讨论的飞行模拟器范畴。

**表 6.2 飞行训练模拟器仿真度分级**

| 分级 | 飞行器模拟 | 线索模拟 | 环境模拟 |
|---|---|---|---|
| 无 | 无要求 | 无要求 | 无要求 |
| 通用 | 不特定模拟某机型或类别 | 通用线索：通用的视觉环境和景观足够支持基本线索特征以在仪表进近时转换到目视飞行 | 环境关键特征的简单模拟 |
| 典型 | 代表一种等级的飞机，如四发涡轮螺旋桨飞机，不模拟某一具体型号 | 听觉和运动线索：最大限度地模拟某型飞机的情况。然而，由于当前物理条件所限，只能模拟典型线索，而非特定的线索 视觉线索：模拟真实世界中的典型视觉环境和景观 | 真实世界中的典型模拟 |
| 特殊 | 复制某型飞机 | 视觉线索：复制真实世界的视觉环境和（无限远）视景 | 适用于视觉线索 尽可能逼真地复制真实世界 |

注：ICAO 9625 号文件，"飞行模拟训练设备鉴定标准手册"（Manual of Criteria for the Qualification of Flight Simulation Training Devices），第三版，2009. 获得使用许可，安德鲁·拉金（Andrew Lucking），19 March 2019 at 07:52:07 GMT-6.

**表 6.3 飞行模拟训练器汇总**

| 模拟器类型 | 执照或训练类型 | 训练（T）或熟练度保持训练（TP） | 设备特征 | | | | | | | | | | | |
|---|---|---|---|---|---|---|---|---|---|---|---|---|---|---|
| | | | 驾驶舱设施及结构 | 飞行模式（空气动力） | 地面操作系统 | 飞行控制和动力 | 飞机系统 | 声音线索 | 视觉线索 | 运动线索 | 环境 – 空中交通管制 | 环境 – 导航 | 环境 – 天气 | 环境 – 机场和地形 |
| 7级 | 多人机组飞行员执照（MPL）4-高级训练 | T+TP | S | S | S | S | S | R | S | R | S | S | R | R |
| | 型别等级训练和检查（TR）航线运输飞行员执照（ATPL） | TP | S | S | S | S | S | R | S | R | S | S | R | R |
| | 起降近况（Re） | T | S | S | S | S | S | R | S | R | N | S | R | R |
| | 定期执照训练和检查（RL）定期操作训练和检查（RO）初始操作训练和检查（IO）持续资质认证（CQ） | TP | S | S | S | S | S | R | S | R | S | S | R | R |

续表

| 模拟器类型 | 执照或训练类型 | 训练(T)或熟练度保持训练(TP) | 设备特征 | | | | | | | | | | | |
|---|---|---|---|---|---|---|---|---|---|---|---|---|---|---|
| | | | 驾驶舱设施及结构 | 飞行模式(空气动力) | 地面操作 | 飞机系统 | 飞行轨迹和动力 | 声音线索 | 视觉线索 | 运动线索 | 环境-空中交通管制 | 环境-导航 | 环境-天气 | 环境-机场和地形 |
| 6级 | 多人机组飞行执照(MPL)3-中级训练 | T+TP | R | R | R | R | R | R | S | R1 | S | S | R | R |
| | 执照机型训练和检查(TR) 航线运输飞行员执照(ATPL) | | | | | | | | | | | | | |
| 5级 | 定期执照训练和检查(RL) 定期操作训练和检查(RO) 初始操作训练和检查(IO) | T | S | S | S | S | S | R | R | N | G | S | R | R |
| 4级 | 多人机组飞行执照(MPL)2-基础训练 | T+TP | R | G | G | R | G | R | G | N | G | S | R | R |
| 3级 | 类别等级评定(CR) | T | R | R | R | R | R | G | R | N | N | S | G | G |
| 2级 | 初始仪表等级(IR) | T | G | G | G | R | R | G | G | N | S | S | G | G |
| | 商用飞行员执照(CPL) | T | R | R | R | R | R | G | R | N | N | S | G | G(S) |
| 1级 | 多人机组飞行执照(MPL)1-核心飞行技能训练 | T | R | R | R | R | R1 | G | G | N | N | S | G | G |
| | 私人飞行员执照(PPL) | T | R | R | R | R | R | G | R | N | N | S | G | R(S) |

注：表中的MPL3课程和空中交通管制环境中的"S"级（其中包括具有多个代理的真实空中交通管制环境）以灰色显示，它们在本书出版时仍在开发中。国际民航组织9625号文件（2009）。获得使用许可，安德鲁·拉金（Andrew Lucking），19 March 2019 at 07:52:07 GMT-6。

## （四）飞行模拟器在目前飞行员选拔中的应用

在 2012 年的一项研究中，国际航空运输协会（IATA）发现，三分之一的航空公司只为有经验的飞行员（即那些已拥有至少 500 小时商业飞行经验的飞行员）使用全动飞行模拟器，而固定基座模拟器的使用少见，只有 8% 的航空公司将它用于初始飞行员（即没有 500 小时经验的人，包括尚未获得飞行员执照的人）的选拔。

在撰写本文时，本章作者在基于网络的非正式研究中也发现了类似情况。自从 IATA 开展模拟器研究以来，第三方招聘和训练机构（如 CAE 公司）不断发展壮大，它们为多家航空公司选拔和训练了大量零基础的飞行学员。这些机构中没有一家在飞行员选拔中使用飞行训练模拟器。现在，有一些（但不是所有）正在积极招募飞行员的航空公司声称，飞行训练模拟器评估将成为选拔过程的一部分。这样做的往往是规模较大的航空公司，如易捷航空（EasyJet）和联合航空（United Airlines），它们已经拥有独立的用于内部训练和检查的全动飞行模拟器。目前所有采用飞行训练模拟器检测的多阶段选拔系统，都将其安排在最后阶段进行。

这与 IATA 在其 2012 年研究报告（表 6.4）中发现的"典型"多阶段选拔过程一致。

表 6.4　多阶段选拔中各阶段检测内容

| 阶段 1：筛选 | 根据生平数据进行筛选，通常使用问卷（在线、邮寄或现场）收集数据，如年龄、家庭、教育、语言、数学、物理、计算机技能、科学兴趣、运动、爱好、癖好、飞行经验和执照 |
| --- | --- |
| 阶段 2A：选拔 / 筛选 | 基本心理能力（智力测验）<br>心理运动能力<br>飞行员特有的操作能力 |
| 阶段 2B：选拔 | 社交能力<br>人格特质 |
| 阶段 2C：飞行模拟器检测（仅用于有经验申请者、副驾驶和机长选拔） | 飞行技能评估与所需训练的确定 |
| 阶段 3 | 录取决定 |

注：摘自 IATA 指导资料和《在飞行员能力倾向测验获得最佳表现》2012 版，获得使用许可。

从对当前应用的研究来看，飞行训练模拟器评估在整个选拔过程中的功能和目的存在一些明显的差异。比如，一家航空公司在招募已有飞行类型等级执照的飞行员时，规定在选拔过程中，须先在教室进行团队任务和能力测验等"非技术检测"，而后进行着眼于"飞行技术标准"的"技术测验"，即飞行训练模拟器检测（易捷航空，2018）。然而，与此不同的是，另一家同时招募有等级和无等级执照飞行员的航空公司选拔经理表示，他们利用飞行训练模拟器检测来考察所有国际民航组织规定的飞行员能力，并给予每种能力相同的权重。其中手动控制飞行仅仅作为8项能力之一看待，并没有被视为凌驾于其他能力之上。

### （五）飞行模拟器的局限

飞行训练模拟器的目的是尽可能地模拟真实的航空环境，然而，这种模拟在各个方面都有局限。其中一些是固有的，另一些在未来则可以通过技术上的改进而减少或消除。每一种局限都会以不同的方式影响飞行员。考虑到这种情况，在判断飞行员在模拟器中的行为与他们在现实情境中的行为有多相似时，应该注意到这一点。

#### 1. 飞行训练模拟器只采用普通飞行包线

在撰写本文时，航空公司并不要求全动飞行模拟器准确模拟飞机在失速或严重超速等异常情况下的表现。法航（Air France）447和亚航（Air Asia）8501等航班发生重大事故后，为了开发有效的异常情况预防和恢复训练（Upset Prevention and Recovery Training，UPRT），一些航空公司开始扩展和更新全动飞行模拟器中的飞行包线。异常状况往往伴随着意外感（surprise）和震惊（startle），这也是上述两起事故的显著特征（BEA，2012；Komite Nasional Keselmatan Transportasi，2015）。由于以上原因，模拟意外和震惊已经成为循证训练的必要项目（ICAO，2013），对于机组人员如何处理这些情况，航空公司变得比以往更感兴趣。某些人格类型是否能更快地从意外/震惊中恢复过来？压力和疲劳等其他因素对反应的影响有多大？是否有可能训练机组人员来应对这些问题？如何训练？这都是目前亟待研究的领域（Martin，Murray & Bates，2012）。

如上所述，航空公司开始更加关注他们的飞行员申请者如何应对意外和震惊。目前，飞行训练模拟器在模拟异常情况方面的局限，对于选拔工作的影响没有对训练工作的影响那么大。飞行员申请者不需要了解和恢复某种特定故障，也不需要熟悉飞机的状态。一个设计良好，需要精确操作的模拟器训练任务，即便不超出正常飞行包线，也会给申请者带来一定程度的意外和震惊感受。事实上，这一特点正是飞行模拟器的优势之一，我们后面将讨论到这一点。

#### 2. 空中交通管制环境并不逼真

现实的空中交通环境的特征是在任一给定频率下，多架飞机与一名管制员通话。每个通话者都可能有不同的口音、语调、语速、英语流利程度以及对标准用语的使用度。在一些繁忙的频率上，信息传输几乎是连续不断的。单靠一个飞行训练模拟器考官不可能模拟这种环境：既扮演空管人员发出飞行指令，又扮演机组应答，这样的做法往往既令人困惑，又让人觉得有点滑稽，更不用说操作飞行训练模拟器的同时还要观察和记录机组人员的行为。对于考官来说，工作量太大了。目前正在尝试开发的软件将可以提供一个仿真的空中交通管制环境，相关信息见图 6.2。

这一局限会在一定程度上影响飞行模拟器在评估申请者时的有效性。在"闲"频率上，与使用标准用语、能够立即做出响应的空中交通管制员进行交流，比在现实飞行情境中容易得多。沟通技能、优先顺序和工作负荷管理的压力也会比较小；不过，经验丰富的飞行训练模拟器考官应该能够通过其他途径对这些特征进行考察。

3. 情境剧本化且缺乏真实性

模拟设备只能模拟那些设计好的故障，然而，现实飞行中，由于无法预料或"本不可能发生"的故障而导致的事故不胜枚举。最著名的例子可能是法航 AF447 事故，多种情况共同导致飞机失速。包括作者自己在乘坐空客 A320 时遭遇没有任何先兆的引擎故障在内的许多经历，这些情况发生时，没有任何"应有"的通知、电子中央监视器（Electronic Centralized Aircraft Monitoring，ECAM）信息或"预设"的行为。而且，导致发动机控制计算机故障的原因也没有记录在任何手册上。纳西姆·尼古拉斯·塔勒布（Nassim Nicholas Taleb）在他的同名著作中不仅强调了"黑天鹅"事件（那些意想不到的、被认为几乎不可能发生的事件）的重要性，而且认为"黑天鹅"事件必定会出现："世界被极端、未知和极不可能的因素所掌控。"（Taleb，2007）

在航空领域，从考察处理一系列具体事件的能力向考察应对变化的能力的转变，就是为了应对这种不确定性和不可预测性。一个有经验的飞行训练模拟器考官可以想出各种新奇场景或不寻常事件的组合，但他们永远无法复制真实飞行中真正的意外。这是飞行训练模拟器的先天局限。对于训练来说，这是一个关键的局限。也就是说，飞行员在现实生活中遇到真正意外和困惑的东西之前，永远不会在模拟设备中提前接触到它们。不过，这可能不是一个很大的选拔局限。申请者对飞机和特定类型程序的陌生在一定程度上使得他们会将每一种情况都视为新奇的体验。

4. 在模拟器里没有真正的危险

与上面的情况相类似，这是飞行训练模拟器的一个关键且先天的局限。事故报告中，现实情况与训练设置的情况截然不同的例子随处可见，法航 AF447 是其中最经典的一个，还包括亚航 QZ8501 和土耳其航空 TK1951 的事故（Dutch Safety Board，2010）。意外 / 震惊和惊恐情绪密切相关，共用相同的神经网络；压倒性的恐惧会阻碍飞行员摆脱本能的惊恐状态并进行理性思考。

对招募飞行员的航空公司来说，了解申请者对恐惧的反应是非常有益的。经典的"战、逃、僵"（fight，flight or freeze）反应模型表明，申请者的反应既是强烈的，也会出现屈服或攻击这两种极端情况。航空公司使申请者处于一种涉及前途的高风险情境中，这种环境对他们来说能够唤起一定的焦虑情绪。作为选拔的一部分，航空公司会评估他们在这种情境下的能力表现。但是，目前仍然没有证据表明，人在诸如面试这种高度受控情况下的态度和焦虑水平与不受控情况下的恐惧反应有关。这是一个逻辑缺陷。

### 5. 缺乏对环境线索的仿真模拟

飞行训练模拟器可以很好地模拟真实世界的环境，但总是受到表面纹理、周边视觉、横向与高/负 "g" 运动线索和天气效果等方面的限制。所有飞行训练模拟器中的环境模拟都是为了 "欺骗" 飞行员的大脑，让他们认为自己实际上是在真实的环境中，因此可以通过是否成功欺骗了飞行员来判断这些局限 "严重" 与否。作者通过在模拟器中的训练发现，在模拟的仪表气象条件（IMC）下，飞行员经常在飞行中忘记他们驾驶的不是真正的飞机。起飞、降落、复飞这些有较高负荷的工作也让他们 "行动在当下"，将呈现在他们面前的虚拟世界当作真实。只有在执行滑行等地面活动或起落航线飞行等低负荷工作时，飞行员才会意识到他们处于模拟环境中，比如：评价一下视觉模拟的效果，或者转过身来看向教官或与教官交谈。

由于离地面的距离和工作负荷这两个变量，相对于受训者而言，申请者更容易被 "欺骗"，这是因为申请者的大多数任务都是在空中进行的，加上申请者驾驶陌生飞机的工作负荷更高。为了能让评估取得更好的效果，建议设定云层高度，以保证大多数任务都处于仪表气象条件（IMC），在进近着陆时也能较晚看到陆地。

## 二、飞行模拟器的缺点

### 1. 设备的硬件和操作人员成本很高

根据型号和规格的不同，全动飞行模拟器的价格为 1000 万～2000 万美元，固定基座模拟器稍微便宜一些，大约需要 400 万美元。除购买和运营成本外，工程支持和备件，容纳它们的环境（全动飞行模拟器至少需要三层楼的空间）、电力和持续认证也很重要。

虽然在技术上非飞行员担任飞行训练模拟器考官是可行的，但出于一些需求，如向申请者传授操作陌生机型的基础知识，构造一个真实的航空情境，同时观察、分类和评估申请者的行为等，飞行训练模拟器考官不仅需要是现役飞行员，而且还要是一名型别等级考核官。一些公司还会邀请人力资源专家或心理学家来现场指导。由于模拟器中飞行员席位数量的限制，每次操纵飞行训练模拟器的申请者人数在两人以内，与考官形成 2∶1 或 1∶1 的比例。包括情况介绍和练习在内，每次评估都最少需要几个小时。

这些成本让航空公司不可能仅为飞行员选拔而购买全动飞行模拟器或是固定基座飞行模拟器，他们会和第三方签订租赁 / 外包协议为自己的飞行员进行定期考察，并在合同中"附带"选拔条款。对于那些拥有飞行训练模拟器的航空公司，尤其是那些有但几乎不使用，但还能用的旧型号模拟器的航空公司，他们可以在模拟器"空闲"的时间里安排选拔工作，这不失为一种经济高效的方式。

2. 希望申请者学习复杂的系统和操作程序是不切实际的

正如上文提到的波音 B787 和空客 A380，现代飞机一代比一代复杂，越来越多的系统相互关联：飞行控制计算机的程序控制着自动驾驶和飞行指示的模式，从而控制自动油门的运行和飞行包线保护。正如法航 AF296 在哈布斯海姆航展（Habsheim Air Show）上坠毁的悲剧背后透露出的那样，即使是经验丰富的飞行员，也会被这种相互关联的情况所困扰。

申请者只能听取一小时左右的情况介绍，也许练习几分钟。在这种情况下，不能指望他们能够操控那么复杂的飞机。因此，他们没有机会展示自己在程序遵守或技术学习上的正常水平。尽管不是有意的，但任何评估或多或少都测试了他们获得新知识的速度，而不是他们已有的驾驶技能，这其实是有危害的。

3. 申请者已有的机型经验会导致评估的不公平

飞行员申请者如果具有所要评估的机型或非常相似的机型（如 B747 和 B777）的经验，他将具有很大的优势。他们需要做的只是扫视仪表上的信息，以及根据肌肉记忆调节不同机动动作所需的输入量和类型。

4. 申请者过去在飞行训练模拟器中训练和评估经历（尤其是负面的经历）可能会影响他们在评估过程中的表现

在飞行员选拔中，对模拟器检测感到焦虑是一种普遍现象，这种现象有时会很严重。这种情况已经进入了英国民用航空管理局（CAA）对考官的正式指导文件中，不过，只是用干巴巴的公文语言对其进行了描述："大多数飞行员会对检测产生不适。一些申请者可能会变得紧张，这可能会影响他们的表现。"（CAA，2018）一位临近退休的飞行员讲述了近 40 年前，他在第一次类型评级训练中出现的状况：教官因为他做错了一个动作而突然扇了他一巴掌，从那以后，他每次进行定期模拟器检查时，脑海中都会浮现出这段记忆。

紧张和焦虑可能会对表现产生不利影响。参与飞行训练模拟器评估的申请者可能经受着不同程度上的焦虑，这种焦虑与人格或日常的唤醒水平无关。如前所述，糟糕的经历会产生强烈而持久的影响。模拟器检查的氛围在不同航空公司和各个考官之间也有很大差异，有的考官轻松友好，注重训练和鼓励；有的考官则被学员描绘成随时准备对其未来职业生涯挥舞斧头的刽子手。

5. 申请者来自有着不同标准操作程序的公司

除最特殊的情况外，所有航空公司几乎都有自己的标准操作程序（Standard Operating Procedure，SOP）。有时甚至是完全不同的。例如，在一些航空公司，一名飞行员负责进近，另一名飞行员负责降落；在另一些航空公司，一名飞行员既进近又降落。有的航空公司规定，在非正常情况下，主控飞行员也需要负责无线电通信；有的航空公司则是由监控飞行员负责。

在介绍时间有限的情况下，希望申请者了解所申请航空公司的标准操作程序很不现实。不难看出，当两个来自不同航空公司的申请者组队进行模拟器评估时，他们很容易搞不清谁该做什么，缺乏条理，从而被认为团队合作和沟通能力差。相反，来自同一家航空公司的两名申请者将会有很大优势。

## 三、飞行模拟器在选拔中的长处和优势

1. 与现实的各种活动相比，飞行训练模拟器都能更好地模拟商业航空运行的复杂性和需求

尽管存在上述局限，但飞行训练模拟器，特别是全动飞行模拟器模拟航空环境的仿真度非常高，在某些情况下足以使飞行员忘记他们不在一架真实的飞机上。根据飞行员能力要求，商业飞行员需要能够根据自己所处的情况灵活、恰当地调用很多不同的技能。有些能力之间甚至是相互矛盾的，例如"及时识别并遵循所有的操作指令"和"遵循标准操作规程，除非更高级别的安全指令允许一定的调整"。不同的情况需要不同的技能——或遵循标准操作程序，或适度偏离标准操作程序——只有准确地模拟这些情况，评估人员才能看到申请者是否具有所需的能力，以及能否根据情况采取正确的措施。

2. 飞行训练模拟器检测的是飞行实际真正需要的技能，而不像其他一些任务检测的是无关技能或无关认知能力

飞行员安全驾驶飞机的技能理论已经发生了变化，而且很可能会继续变化：从本章前面介绍的团队技能，到非技术技能（NOTECHs），再到飞行员能力，多年来不

断演变进化。设计的评估任务必须按照理论模型来进行，如基于计算机的手眼协调任务或团队合作任务，而这些理论模型实际上可能并不能保证最终实现最安全的飞行操作。比如，过去把果断、坚定不移视为领导力的体现，而询问别人被认为是弱点。那么如果一个人在任务中迅速做出决定并坚持己见，那么就会在领导力上得高分。然而，特内里费岛的荷兰皇家航空 KLM4805 事故中不幸丧生的人们会告诉我们：现实中，面对航空运营的复杂情况，我们期望的行为有时是错误的。对飞行员能力最有效的检验，不是看他们是否符合最新的行为指标理论，而是看他们是否保证了飞机的安全。而只有在飞行训练模拟器中，才能检验后者。

3. 可以在时间压力下同时评估多项技能

飞行员未能通过考核或是出了状况，往往不是缺乏某方面的技能，而是缺乏在压力和多种要求下展现技能的能力。例如，一名飞行员可能在没有其他任务的情况下能够完美地进行手控仪表着陆（ILS），但要同时监控空管通信或考虑低油量状态、恶劣天气或面临改变航线选择时，他们的手控飞行技能可能会变得一塌糊涂。有考官指出，一些飞行员没有通过考核的原因不是缺乏手动控制飞机的能力，也不是缺乏知识，而是注意力转移、优先排序、工作负荷管理和资源协调方面出了问题。也只有在飞行训练模拟器中才能评估这些技能。一家大型航空公司的选拔经理表示，模拟器检测不可或缺，有时其他选拔阶段看来是完美的申请者也会在模拟器中"崩溃"：他们能单独展示所有必要的技能和行为，却不能将这些技能结合在一起。

4. 申请者组成的两人团队接受评估的方式与实际飞行方式相同

在许多飞行员选拔中，都会在某一阶段进行小组任务，但其他大部分阶段都是以个人身份进行操作和评估。然而，绝大多数的商业航空飞行都是在两人（机长和副驾驶）一组的情况下进行的。众所周知，有太多天才难共事的例子，苹果（Apple）和皮克斯（Pixar）的创始人史蒂夫·乔布斯（Steve Jobs）就是其中之一。很明显，尽管这些人在某些领域取得了巨大的成功，但他们可能不适合从事航空飞行，航空飞行的每个阶段都需要合作、协商和协调。

5. 飞行训练模拟器是检测申请者在飞行中情绪控制能力的最佳方式

飞行中会出现的情绪状况包括震惊（startle）、意外感（surprise）、恐惧（fear），甚至是恐慌（panic）和迷惑（confusion）。上一节讨论了飞行训练模拟器在诱发飞行员处于真正危险的情况下出现情绪反应方面的局限性，尽管不完美，但它仍比目前任何其他可用方法更能激发申请者的上述情绪。一个飞行员即便拥有世界上所有的技能，但如果他 / 她在面对潜在威胁时僵住了，而且无法从这种状态中抽离，那么这些技能将毫无用处。模拟器检测作为选拔的重要环节，可以让考官了解申请者在面对威胁时如何管理自己的情绪反应。

## （一）将飞行训练模拟器用于选拔需要处理的问题

如前所述，虽然飞行训练模拟器在选拔中具有独特价值，但在使用上也存在一些麻烦和困境，现在讨论那些所有选拔程序的设计者都需要面对的问题。

### 1. 有必要用飞行训练模拟器进行评估吗？

如上所述，飞行训练模拟器评估一般只用于有经验的飞行员，即使如此，也不是所有的人都能使用，这种方式可行，但非必需。对于初始飞行员申请者来说，这种做法并不可取。要让没有飞行经验的人驾驶飞行训练模拟器需要大量的情况介绍和训练，既费事又费力，而且最后很可能只是评估了学习速度和快速接受信息的能力。这些能力虽然也有价值，但这些能力可以通过其他成本更低的方法进行评估。

由于购买或专门为此租借飞行模拟器的费用高到令人望而却步，航空公司是否有这个设备决定了他们是否使用飞行训练模拟器来评估有经验的［"准入"（ready-entry）或"直入"（direct-entry）］飞行员。不用全动飞行模拟器而用固定基座模拟器可以降低成本，还能提供有用的数据（虽然没有运动线索，飞行员可能会意识到他们不是在真正的飞机上，但仍然需要使用航空技能来操控它）。使用较老、较简单机型的飞行训练模拟器不仅节省成本，而且使评估更容易且更有效。

安全永远是航空业的重中之重，没有飞行训练模拟器评估，航空公司可能会录用不适合的飞行员。虽然最终不太会影响安全，因为他／她必须在新航空公司接受全面的训练，那时没有被发现的弱点都会展现出来。一些申请者能通过其他选拔阶段，但一旦进入真实的航空环境就会出现问题。但如果航空公司使用了飞行训练模拟器评估，就可以防止这样的人浪费训练成本。

### 2. 飞行训练模拟器评估应如何评分？

有的航空公司只把飞行训练模拟器评估作为技术评估的手段，而有的则看重全面能力，平等衡量。在这个过程中，有的以模拟器检测"合格／不合格"作为整个评估程序的最后一道关口，即所有通过模拟器评估的人都会获得工作；有的公司则以模拟器成绩加上其他阶段的成绩来共同决定是否录取。

在具体评分上应采用多样化的方式。例如，因为手动驾驶飞机的能力是工作的核心和必要条件，一个不符合手动飞行技能标准的飞行员，无论他／她有什么其他的优势都不应该被录用，而一个在解决问题等方面较弱的飞行员，就可以用他／她强大的沟通能力和团队合作技能来弥补这一点。这种情况下，就应该把手动飞行进行合格／不合格评判，而对解决问题的能力进行多级量表评分。

《国际航空运输协会飞行员能力倾向检测手册》（IATA's Pilot Aptitude Testing manual）（IATA，2012）建议，为了展现足够的细节情况，应至少采用五级量表对能力进行分级。数值分级方便与其他选拔阶段的数据结合分析。例如，一项能力的等级可能从5分（最差）到1分（最好），5分为不合格，其他为合格的不同等级。其中，4分是及格水平，评估组织者可以规定，得4分的能力指标超过一定数量（如8项能力中超过3项为4分），则总体为不合格。而获得较高合格等级的能力指标，用于在合格的申请者中选出最适宜者。

飞行训练模拟器评估应该从全面的工作需求入手，与选拔中的其他部分一起设计，相辅相成。对此，国际航空运输协会（IATA）建议，最好基于现行的能力要求（国际航空运输协会制定，各航空公司可据此调整）考察应聘者基本身体和心理素质，并辅以人格特征的评估。选拔的不同阶段应评估不同的能力，以便对申请者有一个完整的了解。初筛和计算机测验阶段主要评估基本能力，面试和（或）团体任务主要评估人格特征，而飞行训练模拟器主要评估操作能力。

3. 飞行训练模拟器的评估需要哪些人员？

为了进行模拟器评估，考官需要同时设置和操作模拟器，模拟空管通信和指令，观察两个申请者的操作能力，并根据当时航空环境的需求进行评分。这个工作要求非常高，但好的一点是，它基本上与型别等级考核官（Type Rating Examiner，TRE）的工作完全重合。所有拥有飞行训练模拟器（或租用的）的航空公司都应该有自己的型别等级考核官，他们是理想的、最合适的评估人员。国际航空运输协会表示：

"标准化操作和观察人员的素质很大程度上决定了（全动飞行模拟器或固定基座飞行模拟器）工作样本的价值。如果由训练有素、经验丰富的专家执行，那么由于其真实性，所获得的工作样本将更有价值。"（IATA，2012）

还有一个好的举措是邀请人力资源专家参与评估。"第二双眼睛"可以控制不同型别等级考核官之间的标准化程度。他们的加入可以减低因个性冲突或无意识偏见而导致的评分偏差，以及降低歧视和不当行为出现的可能性。如果申请者与以前的考官有过不愉快的经历，或与现在的考官在种族、性别、宗教、年龄和社会阶层等方面有差异，有另一个人在场会让他们安心。显然，增加人员参与所有评估会增加选拔成本，而且除非他们也持有商业飞行员执照，否则他们不太可能判断观察到的行为和现象是否是适宜的。

4. 应该包括哪些任务？

评估任务的设计应以能力，而不是以事件为基础。检测的任务应与当前的训练保持一致（ICAO，2013）。缺少情境设计和不够标准化会导致评估有效性的降低，

"最低效的选拔方式是只根据开放式谈话和非标准化的模拟器检测就做出录用决定"（IATA，2012）。

实际工作中，组织者应首先决定他们要评估哪些能力（如上所述），据此设计情境，然后对这些能力进行评估。在评估过程中要充分考虑申请者以往的飞行经历，以及他们可能对评估用的机型和程序并不熟悉等情况。

例如，考官想检测申请者的手动飞行等技术性技能，他可以选取所有飞机都相似的操作让申请者执行，如，不使用自动驾驶仪或自动油门的仪表降落下滑；那些因不同机型而操作方式不同的任务，如着陆，最好避免让申请者演示。

对于希望全面评估申请者能力的考官来说，评估的设计更具挑战性。虽然不能考察申请者的特定机型知识，但通过准确模拟空管环境，可以测试申请者对空管程序和规则的了解和遵守情况。为了评估其领导力、团队合作或决策能力，考官可以让申请者们在没有统一的标准操作程序的情况下一起工作；还可以设置一个情境，比如一个失去知觉的乘客。在这种情况下，飞机知识并不重要，而且航空公司一般没有关于如何处理这种情况的规范性程序；设置技术故障处置任务时需要小心，因为，哪怕是一个液压系统的故障，其后果的严重程度会因机型的不同而有很大不相同；而飞行中间阶段的襟翼故障对不同机型有相似的影响，设置这个任务可以用来评估申请者的情境意识（即他们对故障影响的理解和预判能力）和工作负荷管理技能。

5.当申请者以团队形式工作时，如何对他们进行单独评分？

相信型别等级考核官一定很熟悉这个问题，因为他每次对两人机组进行考察时都会面临这个情况。这不是一个简单的问题，这也是另一个为什么强烈建议使用有经验的型别等级考核官作为飞行训练模拟器考官的原因。

当申请者A同一个非常优秀的申请者B搭档时，申请者A很容易看起来比他们原本更好，因为优秀的申请者B会采用平静的语气、开放的气氛和稳定的节奏，利用问题促使申请者A预先思考，让他比自己一个人时做得更多；相反，如果与一个较差的申请者搭档，比如此人有较强的攻击性，另一个人就很难表现出他们的正常水平；再比如，一名较差的申请者担任机长，做出了不当决定且拒绝更改，这将会给另一名申请者带来非常大的困扰。两人间的互动包括质疑、建议、主张或干预。但如果担任机长的申请者抗拒并开始变得心烦意乱或咄咄逼人，他们就必须决定，是让机长继续执行不太理想的行动方案，还是引发驾驶舱内的全面对抗，到底哪种方式最有利于安全？再加上知道自己的行为正被观察和打分，他们的想法就更加复杂了（比较好的那一方可能会尽力让他们的搭档表现得更好）。考官既要有丰富的飞行知识，才能判断申请者的主张和干预的程度是否适合当时的情况；又要有洞察力，才能看到这些行为背后的其他想法和行动计划。

## （二）应向申请者介绍多少特定机型知识？

这同样是一个不简单的问题。申请者需要对即将驾驶的机型有一定了解才能操作，但他们又不可能对一切了如指掌。越是简单的飞行训练模拟器，飞行时需要的机型知识就越少。因为人脑一次只能吸收有限的新信息，在评估前花太多时间介绍情况，可能会让申请者在检测前就感到疲惫。在检测前发送自学材料也是一种选择，但这样做可能会使那些不善于从书面材料中学习的申请者处于不利地位。他们作为飞行员，在平时的工作中，可能是通过其他非常高效的方法进行学习的。向申请者介绍情况的指导原则应该是，给他们提供绝对必要的最低限度的飞行任务知识即可，同时，选择的任务应不需要太多的专门知识。

### 1. 申请者应该使用什么标准操作程序？

这个问题可能也无法轻松解决。如果允许来自不同航空公司的申请者使用他们自己的标准操作程序，而不试图统一它们，那么可能会发生混乱，无法进行有效地评估。即使是有经验的飞行员也要经过多次的自学和训练，才能适应新标准操作程序，因此，向申请者介绍新航空公司的标准操作程序，并希望他们按照新标准操作程序飞行是不切实际的。

如果两个申请者都来自同一航空公司，那就比较简单，因为他们可以使用自己公司的标准操作程序；对于航空公司来说，这样安排评估是一个好办法，便于实际开展工作。由于无法避免申请者来自不同公司，与其试图硬性规定，不如由考官在简要介绍时主动提出有关标准操作程序的问题，并协助申请者找到他们认为最可行的方法。显然，这必须巧妙进行，以确保评估尽可能地公平。这种沟通有一个积极的附带作用，就是让考官有机会了解申请者对公司的标准操作程序有多深的认识和理解。

### 2. 考官是否应该考虑申请者不同的经验水平？

有经验的申请者来参加评估，他们的经验水平可能会有很大的不同：一名申请者可能只有 500 小时飞行经验，而另一名可能有几千小时；一名申请喷气式飞机飞行员职位的申请者，可能只驾驶过一种完全不同类型的飞机，例如涡轮螺旋桨飞机；而另一名申请者可能已经有了几年的该型飞行训练模拟器的飞行经验。

如果不考虑以前的经验，这可能对没有经验的飞行员不公平。实际工作中，一个已经具备驾驶技能的申请者，比一个看起来有很好的先天潜力但还不具备特定机型技能的申请者更受欢迎，有密切相关的经验者会更有优势（航空公司更愿意招募那些已经达到机型等级的申请者来填补空缺，因此经常会将申请者限定在这个范围内）。其实更应该遵循的原则是，既然航空公司需要的是经过大量训练后可以有效飞行的飞行员，所以更应该评估的是申请者的潜力，而非现在的驾驶技术。这就需要考官要谨慎评估，严谨推测。

3. 模拟器评估时，考官应该对申请者的选拔分数了解多少？

从上述情况可以看出，考官至少应该了解申请者的工作经历。他们是否需要知道更多，可能要看所使用的评分模式。

如模拟器评估的结论为合格／不合格，则考官最好在进行飞行训练模拟器评估前了解各选拔阶段的结果，如果考官观察到申请者的弱点在其他阶段也都很明显，则该弱点很可能是一个稳定的特质，值得关注；反过来说，如果申请者的某些方面，如决策能力，在飞行训练模拟器评估中的表现不尽如人意，但在其他阶段却表现出优势，那么考官就可以确信，飞行训练模拟器中的行为可能是由于注意力不集中，或者是由于特定情况和其他容易再培养的因素，如其前公司的文化等造成的。总体而言，他仍然是一个很好的人选。

不过，在做出最终录用决定前，如果飞行训练模拟器评估的结果为等级分数，并需要将这个等级分数与其他选拔阶段的分数相加，就可能会有一些争议。一些观点认为，这种情况下，考官不应知道以前各阶段的结果，以便飞行训练模拟器评估能够提供独立的交叉验证。

4. 是否可以只用飞行训练模拟器评估，而不用其他选拔方法？

如前所述，评价有经验的飞行员的实际飞行能力，飞行训练模拟器评估可能是最好的方法。然而，它无法检测很多其他心理品质，但这些心理品质对飞行员也很重要。国际航空运输协会的《飞行员能力倾向检测指南》指出："全动飞行模拟器评估……是补充而非取代能力检测的宝贵工具。"（IATA，2012）

飞行训练模拟器检测充其量只能提供对申请者潜在的认知或心理运动能力的推断，而对态度或人格特质的测量很少，甚至没有。根据表6.2，最好用其他方法来测量这些属性。该表颁布以后，欧洲航空安全局已经强制要求管辖的航空公司在选拔程序中增加对心理健康的评估（EASA，2018），如何很好地完成这项工作，将在本书的其他部分讨论。

成本效益决定了选拔中应该首先进行成本最低的检测，这样随着进入后期和成本更高的阶段，申请者的数量也会逐渐减少。由于飞行训练模拟器评估在大多数情况下是选拔中成本最高的阶段，所以它应该放在最后。

## 四、最佳实践原则

以下建议的最佳实践原则总结了前几节的结论：

（1）飞行训练模拟器评估是一个选拔有经验的飞行员的理想方法。然而，由于费用、设备和人员上的困难，因而对一些使用单位来说，其实际应用性较弱。

（2）模拟器检测应该安排在多阶段选拔中的最后一个阶段，而且应允许所有申请者都参加该检测，然后结合前几个阶段的结果来评定其职业适应性。

（3）使用单位应明确希望评估哪些技能或特质，并应确保能准确地针对这些技能或特质进行评估。任务的设计应以能力为基础并实现标准化。

（4）在撰写操作能力评估报告时，建议采用国际民航组织飞行员能力模型或各航空公司据此修订的模型作为最佳框架进行描述。

（5）为了评估团队合作性，评估时应让两名申请者作为同一机组，轮流担任领导者。必须要让他们清楚地知道他们需要合作，同时考官会分别评估他们。

（6）飞行训练模拟器检测考官的工作要求很高，需要专业的技能，包括向申请者介绍情况并完成准备工作、操作模拟器、观察和评判表现。最理想情况是有一名型别等级考核官（TRE）来担任考官，如果不能，考官至少应该是一名受过与型别等级考核官同等培训的现役飞行员。

（7）在评估申请者时，考官应考虑到各种可能影响其表现的因素，包括：飞行训练模拟器复制真实飞机的固有局限性；飞行训练模拟器环境对申请者可能产生的负面影响；申请者缺乏特定机型的知识；申请者对标准操作程序（SOP）可能产生的困惑；以及以往经验的影响等。

## 五、总结

本章介绍了飞行训练模拟器在飞行员选拔中的应用情况。它是强有力的工具，但不一定适用于所有情况和各个单位。飞行训练训练模拟器检测可能会长期是对现实中的航空作业表现预测效度最高的检测方法。然而，飞行模拟器用于选拔确实有一些固有的局限，这是由于其原本是以训练为目的而设计制造所形成的。当其在选拔飞行员这一替代性目的上使用时，便带来了挑战和困难。其中有一些问题没有简单或普遍适用的解决方案，如果草率和不严谨地使用这种方法进行选拔，它有可能是无效的，甚至会适得其反。

如果能够遵循如下建议，航空公司就会发现飞行训练模拟器检测对于选拔的价值和意义：了解飞行训练模拟器的优势和局限；在情境设计、标准化和考官技能方面进行必要的投入；用前期的选拔阶段和后期的新录用飞行员训练来弥补飞行训练模拟器的局限。

原书参考文献

# 第七章
# 向申请者提供反馈

Andrew Forbes 和 Jessica Starmer

 对全球航空业飞行员的需求与即将退休飞行员数量的中短期预测显示，由于需求大量增加，因此航空业会录用大量初始飞行员。国际民航组织的"下一代航空专业人员"（Next Generation of Aviation Professionals，NGAP）计划的建立就是因为"人们已经认识到，在不久的将来，将出现航空专业人员的短缺"（ICAO，2009）。该计划预言："100 座以上的飞机每天需要 67 名新飞行员。"加拿大航空电子设备公司（Canadian Aviation Electronics，CAE）的研究报告"航空公司飞行员需求展望"预测 2017—2027 年全球需要增加 25.5 万名飞行员（CAE，2017）。可以从这种供需平衡的预测变化看出，航空公司目前认为的"申请者总是多于机位"这一理念可能在不久的将来改变。这意味着申请者争夺工作岗位的情况会减少，而航空公司争夺申请者的情况会增加。航空公司已经发现这一情况不仅已出现在招录有经验飞行员的身上，在招录初始飞行员时也出现了这样的状况。在这种情况下，无论为申请者提供反馈还是采用其他方式，"投资"潜在的适合申请者都变得更加必要。"这种前所未有的需求将对目前的飞行员招募渠道和发展方案提出挑战。"（CAE，2017）

 此外，还需要确保招募"网"尽可能大。飞行员队伍缺乏多样性，女性和少数族裔明显不足。人们已经认识到，为了满足需求，还需要做更多的工作，以确保飞行员不仅仅从社会中的白人男性群体中招募。"确保女性有平等的机会从事航空业，以及确保全球民航网络取得足够的人力资源，对可持续地应对未来几年巨大的飞行员增长量至关重要。"（ICAO，2017）目前情况的背后有很多复杂成因，没有一个单一举措可以解决这个问题。然而，对申请者提供反馈会对此有帮助，下一节将进一步讨论这个问题。情况不同，反馈的过程和方式也有所区别。在飞行员选拔中，它有两个含义。一方面，它可以指潜在雇主为完成评估的申请者提供信息。无论是否成功通过选拔评估，这些信息将提供他们在航空公司的标准上的整体表现，对申请者起指导作用，可以使用口头、书面、当面、电话或其他方式提供反馈；另一方面，反馈指组织内部更为科学的质量保证流程，将成功申请者的纵向数据反馈给招聘部门以评估选拔程序的效用。以下简称"申请者"反馈和必要的"内部"反馈，本章将主要讨论前者。

作者发现，在飞行员选拔中，这两种反馈都被习惯性地忽视了。本章旨在解决这一问题，即就适当的反馈内容和如何提出最合理的反馈建议进行讨论。国际民航组织（ICAO）、国际航空运输协会（IATA）、欧洲航空安全局（EASA）、美国民航局、独立研究者以及其他机构已经发表了大量关于飞行员训练和资质的理论、管理和指导材料。然而，文献综述中关于飞行员选拔的内容很少，关于申请后的反馈更是少之又少。由于学术先例的匮乏，作者在回顾当前的惯例和实践时，参考了对从业者的访谈和其他密切相关的资料。资料来源涉及广泛商业领域的反馈实践和最佳做法。有人认为，飞行员的训练和检测所形成的评级本身就是一个反馈。飞行员训练部门也不是独立的，而应被视为严格选拔程序的一部分，是在"为有效的安全管理系统的基础浇筑水泥"（IATA，2012）。

简要介绍目前做法和其他行业的有效先例后，我们将讨论飞行员选拔中航空公司为反馈做出的资源分配，以及关于最佳做法的建议。从申请者视角如何看待这个问题不是本章的重点，因此我们仅简单讨论一下。因规模和运营类型的不同，飞行员选拔的目的和资源分配在不同的航空公司之间会有所不同，本章不可能讨论所有的情况，我们将主要从雇用和招募大量飞行员的大中型航空公司的角度来展开讨论，另有一节将讨论小型运营商和第三方招聘者的程序有何不同。

# 一、反馈：航空公司视角

根据航空招聘实践的全球调查（IATA，2012）结果显示，各航空公司对申请者的反馈各有差异。虽然反馈的详情并不清楚，但知道的是反馈工作并未普遍开展。大约只有一半的申请者仅得到了通过／不通过的信息，这些信息是以书面形式提供的。在获得更详细反馈的申请者中，三分之二的申请者获得了关于其优势和劣势的描述，三分之一的申请者获得了关于其评估结果的情况简介，这些反馈都是以口头形式提供的。数据保护法在国与国之间有很大差异，而且会随着本国法律的变化而调整。要了解各国适用法律的最新情况，我们建议航空公司接受专业的法律咨询。IATA 建议，欧盟外的航空公司也应以欧盟数据保护法为指导，"因为它是公平、合法地处理数据的最低要求法规"（IATA，2012）。《欧盟通用数据保护条例》（EU General Data Protection Regulation）（EUR-Lex，2016）赋予了申请者权利，可以让他们获取求职过程中航空公司收集的信息。申请者有权查看有关自己的所有数字或纸质面试记录，也有权获得关于评估系统的足够信息，以使其能够读懂记录。这对航空公司的影响是，他们必须应申请者的要求提供这些信息，因此要确保所有记录易于理解且合乎法律依据。然而，该条例并没有要求航空公司对信息进行任何形式的处理或分析，使其成为那种更加个性化和有意义的"反馈"报告。因此，航空公司这么做并不是出于法律义务，而是对申请者的道德义务。

航空公司对申请者的需求和态度可以区分为初始（ab initio）和直入（direct-entry）两类［"直入"（direct）或"准备"（ready）飞行员，即使在同一国家，不同的航空公司对这两个词的定义也不尽相同；在本章中，它指的是至少有 500 小时飞行经验的飞行员］。在许多航空公司的面试中，初始飞行员的申请者数量庞大，而直入飞行员的人选十分有限，必须努力争取到最好的人选。这一观点可以从一项全球调查的数据中得到证实。该调查显示，2008 年的受访者中，初始飞行员的招录比例为10.9∶1，而直入飞行员（调查分为三组进行）的比例为 1.7∶1（IATA，2012）。一家航空公司的调查结果表明，对于初始飞行员，他们只会提供不同阶段评估的通过 / 不通过信息，而不提供其他反馈信息；但是，对于没有成功通过最后评估的直入飞行员，他们会提供电话反馈，从评估过程的汇总结果中分析他们的优势和劣势。在更广阔的商业世界中，给予个人反馈是"对时间和精力的投资"［哈佛商业评论（Harvard Business Review，2014）］。当航空公司从有限的申请者中进行招聘，并希望不要错过潜在的适宜申请者时，他们会看到进行这项投资的更多价值。一些申请者虽然在第一次选拔中不符合他们的标准，但如果帮助他们发展特定领域的技能，他们可能会成为适宜的申请者。

### （一）提供评估反馈的弊端

向申请者提供评估反馈有什么弊端？关于这个问题的公开资料非常稀少，作者对在英国经营的许多跨国公司和中小型企业进行了调查以了解面试后反馈的情况。普遍认为，虽然提供反馈意见在道德上值得称赞，但考虑到提供反馈的人力成本，以及担心反馈意见会被用作歧视性投诉的法律证据，用人单位极不愿意提供反馈意见。一些公司对反馈请求不予理会，而另一些公司虽然承诺会在要求时提供反馈，但其中绝大部分反馈都是匿名反馈，只是笼统地介绍一些情况，并且基本上都经过了人力资源部门对材料的法律适宜性检查。一家著名跨国软件供应商经理透露，反馈"非常有限"，如果申请者要求的话，他们会给出测验成绩，但人格测验是"一个非常不好处理的领域"。一项针对英国的航空公司的调查也发现了类似的情况。不愿提供反馈的原因有多种，如成本、担心成为歧视投诉的法律证据、难以将对某人的"感觉"转化为具体的文字，以及害怕暴露有关评估过程的信息。这些原因将在支持与反对为申请者提供反馈的部分详细探讨。

1. 成本

航空公司表示"反馈成本太高了"。不可否认，为申请者提供反馈会给航空公司增加成本，主要体现在分析和沟通所需的人力资源上。在经营竞争激烈的行业中，航空公司希望降低成本是完全合理的，但这种愿望应该与反馈找到一个平衡点。有一些方法可以帮助航空公司最大限度地降低提供反馈的成本：航空公司可以提供基本的反馈；给申请者"结果＋分数＋原因"的成本比只给"结果"的成本高一点点，却至少可以让他们知道下次需要努力的地方；将反馈"设计"到选拔中，也可以降低成本，例如，在评估的每个阶段使用同一套能力标准，要求考官记录评估结果时应包括分数和观察到的评分依据。熟练的考官能够据此简单、快速地得出对申请者的全面评估。

2. 歧视索赔

航空公司担心申请者以歧视为理由，对公司进行法律上的报复。担心法律索赔是一些航空公司不提供反馈的原因，这种对法律的担忧被英国等国家的大众媒体广泛报道（Davis，2012）。一个跨国 IT 集团的高级经理说经常会遇到这种情况：有几个申请者都符合工作要求，但只有其中一个人"感觉最合适"。在这种情况下，很难进行反馈。可见，招聘人员未经审查的直觉和偏见很可能使公司面临法律索赔。在航空业这样一个飞行员和招聘人员缺乏多样性的行业，情况尤为明显。

设计合理、科学、准确和可辩护的评估程序是减少索赔的最好办法，这样做可以符合航空公司的最大利益。正如前面提到的那样，错过合适的申请者非常可惜，而雇用不合适的申请者则有可能造成灾难性后果。如果评估过程是有理有据的，提供反馈实际上有助于避免法律索赔，因为申请者不必去猜测和推断他们未被选中的原因。

3. 困难因素

航空公司的另一个抱怨是客观的反馈很难实现，甚至是不可能的。这一观点与上面那位 IT 经理的经验如出一辙。如果选拔过程不科学，是基于无意识的、可能有偏见的评估，那么确实很难进行反馈，因为招聘者甚至可能没有意识到他选择或拒绝申请者的原因。然而，如果这个过程合理、记录良好，反馈就容易得多。事实上，这个过程的许多部分可以自动实现。这一点将在本章的建议部分加以说明。

*4. 产权顾虑*

申请者如果分享他们的经验会不会导致测验内容泄露，使未来所有结果受到影响？一些航空公司将他们的测验过程和结果视为产权信息（Hunter & Burke，1995），并担心申请者过多了解测验过程会让他们在申请中"造假"。

我们认为这不是一个值得在意的问题，理由如下：

（1）要么是通过申请者将测验信息告诉其他人，要么是商业机构通过收费为申请者提供测验信息，无论怎样，测验信息都会流传出去（IATA，2013）。如果航空公司试图限制信息，并假设申请者不了解流程，那这是在创造一个不平等的竞争环境。在这个竞争环境中，特定的"圈内人"申请者——那些家人或朋友已经在航空业中的人或有足够的资金来支付评估准备课程的人——比其他人有优势。这只能使航空业缺乏人才多样性的现状永久化。

（2）设计良好的测验可以评估申请者潜在的心理能力和技能，不会给申请者"假装"具有他们不具备的能力的机会。只有较差的测验（只评估"表面"特征，如事实知识或自我宣称具有某种技能）才会发生假性合格的情况。

（3）飞行员在社会上是一个引人注目的职业，在流行文化中，有许多关于什么是飞行员"正确特质"的传说，这往往与实际的技能要求形成鲜明对比。例如，最经久不衰的著名航空电影《壮志凌云》（Simpson & Brookheimer，1986）中将飞行描述为"全靠直觉，无法预测"，还有"你没时间去思考，你思考就死定了"。这在一定程度上有悖于全球飞行员能力标准中所说的优秀飞行员要"营造开放的沟通氛围，鼓励团队参与""提供和接受协助，必要时授权，以及尽早寻求帮助"（IATA，2013）。航空公司在招募飞行员时，如果隐瞒必要的信息，就会助长这些传言，造成一些不良影响。潜在的优秀申请者可能会因为他们认为自己"不具备条件"或不适合，而放弃选择从事航空业；取而代之的是那些寻求风险刺激的不合适人员。这样的申请者在学校和大学中不会发展出正确的技能和能力，即使是培训合格进入工作岗位，也会对乘客安全和职责持不恰当态度。

还有人担心测验不具有防作弊功能，从而让不合适的人进入岗位。这种想法与上述观点有相似之处。然而作者认为，这种担心也是不必要的，原因如上所述：只有设计不好的测验才会让考生有机会假装自己具有所不具备的能力。

## （二）向飞行员申请者提供评估反馈的好处是什么？

在商业领域中，人际反馈是改善员工行为和技能的有效方法。

1. 保护声誉和品牌形象

开诚布公的反馈不会降低航空公司的声誉，也不会让品牌蒙羞。航空公司需要明白的是，被拒绝的申请者仍是潜在的申请者，而且他们可能会将自己的看法传递给几十个人（或在社交媒体上传递给成千上万的人）。那些不提供反馈的公司也承认，提供反馈在道德上是值得称赞的事情，航空公司不仅要对客户负责，也要对股东负责（Kynge，2017）。商业航空是一个竞争激烈的领域，客户往往可以在同一条航线上的多家航空公司间进行选择。在这种情况下，航空公司可以考虑将向申请者提供反馈的投资作为其广告策略的一部分，这会让他们比那些不反馈的航空公司更具竞争优势。

2. 创造二次机会

航空公司应该给失败的申请者第二次机会。对于飞行员招募来说，航空业是一个有很强周期性波动的行业，这意味着在"低谷"年份只招收极少新员工，而在"高峰"年份则以最大份额进行招募。目前的情况是，飞行员申请者已经不再充足。如果反馈可以让落选的申请者感受到良好的对待，那么在需求旺盛的年份，即航空公司难以找到足够的合格申请者时，他们更有可能再次申请。此外，提供反馈会有助于他们在空窗期继续发展技能，从而使那些处于合格边缘的人变为合格，这实际上扩大了航空公司的可用飞行员的人才池。

3. 激励被选中的人

反馈有助于成功申请者为后期训练做准备。虽然本章大部分讲述了向未成功的申请者提供反馈，但事实上反馈对成功者也有用。对航空公司来说，训练一名新飞行员耗资巨大，成本在25 000美元左右，提供额外训练或者训练一名最终未能进入航线的飞行员都会大大增加这些成本。因此，航空公司通常以成功通过训练并进入航线的新飞行员比例和所需的额外训练量来衡量选拔的成功与否。如果能提供反馈信息，帮助申请者在面试和训练之间的时间里巩固优势、弥补不足，他们就有可能准备得更好，额外训练时间更少，最终成功进入航线，而这一切都为航空公司节省了成本。

4. 信息透明

一个透明的反馈系统有助于防止歧视索赔。反对提供反馈的人认为反馈可能为申请者提供索赔的"弹药"。如上所述，当申请者怀疑自己可能因种族、宗教、性别或其他原因而被拒绝时，反馈信息就可以证明他们被拒绝的真实原因是缺乏工作必需技能。他们提出歧视索赔的可能性反而会大大降低。

5. 利于多样性

透明的系统可以让公司为所有申请者敞开大门。在一定程度上，它能吸引更多多元化的申请者进入航空业，并让他们更有可能获得成功。同样，这也反驳了航空公司需要对其选拔过程信息进行保护的说法。航空公司将其需要的飞行员特质传递出去，将有意义的反馈信息提供给那些无背景获取"内部消息"的申请者，告诉他们怎样发展这些必要的技能。这本身虽然不会改变飞行员缺乏多样性这一事实，但它在某种程度上也会促进这一改变。

### 6. 正确之举

除了上文所讨论的名誉和品牌收益之外，我们也不该低估提供反馈这件事本身的正确性。人类需要道德。历史上，围绕着什么是对，什么是错，我们在宗教和世俗领域都建立起了巨大的社会结构。在一些情况下，我们甚至会为那些正确的事而甘冒生命危险（如在战争或危险地区提供援助）。很多我们认为"正确"的事情都被编入了法规（如员工权利、责任义务、环境保护等），公司也应遵守这些有时有悖于自身经济利益的法规。就像在为申请者提供反馈这件事上，虽然相关的道德要求还没有编入法规（截至撰写本章时），但我们并不应该忽略它。

在本书的另一章中，雪莉（Sherry）认为，与人类所有领域的努力一样，在飞行员选拔中，健全的道德框架至关重要。同样，桑德尔（Sandel）认为，道德不是人类社会的附加物，不是一个小细节，也不是过时的哲学分支，它对理解和解决当今社会许多紧迫问题有着不可或缺的作用（Sandel，2010）。雪莉（Sherry）认为，道德甚至可能在航空业中具有更大的作用，因为在高压情况下对相互竞争的事宜进行优先排序常常是一个困难的抉择，而道德是其中的关键因素。同时，信任和责任的道德观念，以及有效的公正文化，这是所有航空公司安全管理系统的基本组成部分（Dekker，2007）。在飞行员选拔中充分考虑伦理道德"将对这一动态系统的其他部分产生积极的创新性反作用"（Sherry，2018）。

## （三）向申请者提供评估后反馈的有效性

在互联网上稍微搜索一下就能找到几十种教管理者如何更有效地提供反馈的书。这些书一般都侧重于老板与员工或员工与员工之间的反馈上，并提出诸如"反馈对话的目标是强化积极行为或提高绩效"（《哈佛商业评论》，2014 年）等目标。他们对自己推荐的行为的有效性充满信心。"寻求反馈……与更高的工作满意度、更强的工作创造力、更快地适应新的组织或角色以及更低的（员工）流失率有关。"（Stone & Heen，2015）那些方法论背后隐含着这样一个观点，即反馈的有效性或多或少取决于各种因素；他们讨论了诸如给予反馈的最佳时间和地点、如何创造"反馈文化"，给出了如何进行反馈沟通的提示，也讨论了不破坏反馈有效性而应该避免做的事情。

这些细节各不相同，但对影响反馈沟通有效性的基本原则都有一定的共识：员工应该期待并积极接受反馈；反馈必须以尊重的方式进行，应考虑到员工的感受；反馈应以商定的事实为基础，只涉及与工作说明有关的行为；反馈不应成为孤立事件，应经常进行，并作为整体绩效管理战略的一部分；反馈最好是当面，并且私下进行；它应该是一种双向对话，反馈者不应对行为的原因做出假设，而应提问和倾听；解决方案应由双方协商，而不是强加在员工身上（《哈佛商业评论》，2014）。简单思考一下就会发现，虽然有一些与向飞行员申请者提供反馈有关，例如基于事实和与工作相关的行为进行反馈；但有一些显然不相关，如反馈应当持续频繁；另一些可能因时间或成本所限而难以实施，如当面进行和共同商讨解决方案。在本章中，商业导向的反馈原则应包括：①虽然没有经过科学验证，但仍应重视上述通过商业实践所总结出的反馈有效性经验；②申请者的动机是影响反馈效果的重要因素。飞行员申请者获得反馈的动机是在下一次工作申请中获得成功，他们可以从反馈中受益；③上述原则中的一部分确实可以在向飞行员申请者提供反馈时采用。

## 二、反馈：飞行员申请者视角

接受评估反馈有什么坏处？申请者可能会付出一些"代价"。比如负面的反馈可能会让他们感到不安，这种情绪上的影响可能会阻碍他们继续追求飞行员职业。他们认为是否有必要为了获得反馈而投入更多的时间和金钱在安排和行程上，取决于他们会获得什么样的反馈。他们可以将申请失败视为"沉没成本"（sunk costs）。如果申请者已经不再对飞行员职业感兴趣，他们可能对获得反馈也不感兴趣。然而，总的来说他们可能会认为这些成本超过了潜在好处。

接受评估反馈有什么好处？对有抱负的飞行员来说，得到尽可能详细和个性化的反馈的好处不言而喻；如果不成功，详细的反馈也可以让他们知道他们是否确实不适合这份工作，避免再浪费时间和感情；或者可能会告诉他们非常接近成功，这可以鼓励他们继续努力，也让他们知道下次需要提升哪些方面才能成功；如果他们被录用，有效的反馈将帮助他们自我发展，为航空训练做好更好的准备。

接受评估反馈的有效原则

与提供反馈的情况类似，关于如何接受反馈的商业书籍和文章也层出不穷。他们给出的建议在细节上有所不同，但大体上的主题是一致的。一篇文章建议："①不要急于做出反应……自我意识强的人会给自己几天甚至几周的时间从复杂的反馈中反应过来再决定下一步该怎么做；②获取更多数据……在真正理解反馈之前不采取行动。"（Eurich，2018）另一篇建议："①抑制你的第一反应；②记住获得反馈的益处；③倾听理解……仔细聆听……重复你听到的内容……专注于理解他或她的意见和观点；④表达感谢；⑤提出问题，解构反馈…用问题替代辩论，找到实际问题的根源和解决这些问题的方案。"（Lindsay，2018）

申请者学习一些技巧和行为可以帮助他们从反馈中获得最大的收益。以愤怒、防御性的态度拒绝任何批评，不太可能产生积极的行为改变；被反馈"击败"，简单接受所有意见而不进行任何提问，不去了解为什么和如何改变，反馈也会无效。"教会管理者如何给予反馈——如何更有效激励——才可能产生效果。但如果接受者不愿意或不能够吸收反馈，那么只能不断沟通，并采用更有技巧的反馈方式才能奏效。"（Stone & Heen，2015）

虽然航空公司向有抱负的飞行员提供反馈对公司有好处，但申请者本身才是主要受益者。很明显，从双方互动中获得尽可能多的收益符合申请者的需求。为了获取更多收益，申请者可以学习如何有效地接受反馈，并将这些建议转化为具体行为：如何控制自己的第一反应，积极倾听等。做到这些很有挑战性，建议可以寻找接受和回应反馈的情境来练习这些技能。

# 三、其他视角

## （一）小型航空公司

对于一家每次只招募少量新飞行员的航空公司来说，专门设计和管理选拔系统的成本可能会高得令人望而却步。许多小航空公司的做法非常不规范，如仅采用与飞行员经理的自由会谈这种单一方法就决定是否录取。虽然这样的流程比较节省成本，而且如果由该领域的专家来进行面谈可能也会非常有效（IATA，2013）。但这种方式确实存在缺陷，比如专家可能会离开航空公司，或者随着时间的推移专家的认识跟不上现代的步伐，面试内容逐渐与工作所需能力和技能相脱节。因为面试官将与新员工一起工作，"看起来合适"而录用某人的做法在小公司很常见，但这也使航空公司有可能面临歧视指控，而且可能会限制招募来自特定社会阶层、背景、种族或宗教的申请者。

在基于个人的主观意见的非正式选拔后，向申请者提供反馈与前述所讨论的情况有很大区别。比如，不能对申请者的优势和劣势做出全面和合理的总结，也根本不存在任何自动化的反馈结果（如一系列测验的评分），但这种情况下也能提供有效的反馈。在小公司里，面试官是唯一决定是否录用的人，他的看法虽然可能主观、不科学，但他也可以给申请者提供反馈，以下两点都会增加反馈的作用：①面对面反馈；②面试后尽可能早地反馈。

小航空公司不太需要正式的内部选拔反馈程序，因为在大多数情况下，选拔成功与否在个人层面上显而易见。招聘新员工的人会密切关注入职者后续的训练和职业发展，将他们的进步与面试时的评估相比较，因此不需要一个正式的程序。然而，当一个经理既负责选拔又负责监督时，就可能存在"确认偏差"（confirmation bias）的问题。即经理对自己选的人有个人情感投入，因此他们不希望看到后续出现问题；他们可能还会因为享有这种选拔方式的"使用权"，而抵制对这种方式的批评或改变。

因此，建议所有此类航空公司建立选拔质量保障机制。具体构成因航空公司的规模而异，但最简单的做法是由航空公司另一部门的经理独立审查并比较面试结果与训练和工作的数据。

此外，建议小型航空公司应减少选拔的主观性，使之更加科学化，这将提高选拔的准确性，并可为申请者提供有意义的反馈。采用合适的方法可以显著地降低成本：使用开放资源而非雇用专家或自己研发选拔系统。例如，国际民航组织公布了一套通用的飞行员能力（见第6章表6.1），大型航空公司会根据自己的情况进行调整，而小型航空公司可以简单地"原样"采用即可，从而省掉耗时的工作分析过程。还有，航空公司可以聘请第三方公司来完成整个选拔过程或只完成早期阶段的一些工作，如问卷评估和心理测验。

### （二）第三方招聘人员

选拔和初始训练的外包都在逐年增长，这是近年来航空业的一个显著特点。CAE等国际公司每年在全球范围内训练数十万名飞行员（CAE，2018）。这种情况对飞行员选拔的普遍影响将在本书的其他部分进行讨论。结合本章主题，我们将简单地分析这对申请者和内部反馈的影响：

（1）由于第三方公司为许多不同的航空公司服务，他们必然会基于胜任力需求使用通用的飞行员能力（CAE，2018）。这样就可以很容易在共同的概念框架内向申请者提供与工作相关的技能反馈。

（2）庞大的业务规模意味着流程是复杂、正规和自动化的。提供"结果+分数+原因"级别的反馈相对容易（见上文反馈类型），但提供高于这一级别的个性化反馈就没那么容易了。

（3）为申请者提供反馈的成本／效益分析显示该工作存在不协调之处。首先第三方公司承担提供反馈的成本，但他们不会获得拥有更高质量员工的收益；其次第三方公司也不太关心由于拒绝了申请者而导致影响了航空公司品牌和声誉。这两点都意味着，第三方公司向申请者提供反馈的动机要比航空公司低。

（4）更加自动化的反馈流程将使正式的内部反馈工作的质量进一步提高。然而，申请者工作绩效数据的获得常常仅限于飞行员在第三方公司训练的情况，通常也只能获得基本的执照训练数据，最多包括型别评级的数据。后续飞行员在航空公司工作的绩效数据不太可能提供给第三方的招聘机构。

（5）第三方招聘公司与申请者和航空公司签订合同的细节差异，会影响其实施严格的内部反馈机制。比如，合同中若规定，如果航空公司发现第三方招聘公司选拔的申请者不适合，则由其承担所有成本，这就会给第三方公司带来很大压力，从而促使其尽可能准确地进行选拔；另一种情况是，初始飞行学员要承担所有费用，而不论其是否被录用或是否成功获得飞行执照。这种情况可能会给不道德的招聘者错误的激励，使他们在选拔上不严格，甚至鼓励明显不适合的申请者与他们签订昂贵的训练合同。

# 四、关于申请者反馈标准化模式的建议

## （一）建议提出的背景

无论是与一般行业，还是与医生或律师等其他专业群体相比，航空公司飞行员都显得与众不同，他们经常（至少一年两次）要接受检查和培训的反馈，这几乎成了这项工作的一个关键特征。所有飞行员都认为他们接受检查之后应该收到反馈，如果想继续从事飞行工作和保住执照，他们必须根据反馈做出调整。同样，对考官来说，反馈有一套非常明确的原则和做法。这些原则和做法虽然仍不断发展，但因已趋于一致而编入了法规：国际民航组织的《循证训练手册》（Manual for Evidence-Based Training）中的相关章节有"引导技巧""如何通过评估报告有效引导的建议"和"评估报告技巧"（ICAO，2013）。英国民航局发布的《考官政策与指南》（Policy and Guidance for Examiners）包括"评估报告结构""评估报告理念"和"引导"等章节（CAA，2018）。这些指导意见源于航空机构多年实践和理念，即反馈将有效地"促进必要的改变……提高飞行人员个人和机组表现"（CAA，2018）。

本章作者认为，向申请者提供反馈信息对于航空实践特别重要。反馈的内容根据飞行员所需的具体能力而量身定制，反馈的方式则需不断演变，以适应航空公司的运营环境，还要符合飞行员的典型人际互动方式和期望。随着选拔和训练更加紧密地融合，申请者和受训者之间的相似性会越来越大。反馈建立在反馈者和接受者所共知的飞行员能力标准上是确保反馈有效的基础。（这种选拔和训练所需能力的一致性对于有效的内部反馈也非常重要，这一点将在后面提到。）

在飞行员训练和考核中反馈的相关情况可以总结如下：

（1）向飞行学员提供反馈和申请者反馈高度相关，在实践上是一个成熟领域，但也有一些实际和成本方面的限制。

（2）采用行业胜任力标准是申请者/学员有效反馈的关键，也是内部反馈中数据有效性的关键。

（3）可以自主训练和检查的航空公司就拥有现成的飞行员考官，他们能够给予飞行员基于胜任力的反馈。

本章将充分借鉴飞行员训练报告的范例，就如何有效地给予申请者反馈提出建议。

本章余下部分将就如何提供有意义、标准化和具有性价比的反馈给出一个"基础"模板。为了说明它如何运作，首先，我们将使用一个行业标准训练指南中的案例，来介绍一次典型的训练后如何评估飞行员的能力。然后，采用一个表格说明不同级别的反馈以及如何提供这些反馈。随后，我们将通过一个简略的国际航空运输协会（IATA）多阶段飞行员招募流程指南，来提出如何将这三方面的内容纳入评估后反馈。如前所述，我们在文献回顾中只发现了少量科学证据，因此有必要在这一领域进行大量研究。我们可以先从对航空公司招聘人员、人力资源和训练部门的正式调查开始，不断修正和完善主张。进一步完善反馈模式后，我们必须在不同机构中进行结构化追踪。

## （二）案例研究——飞行学员的情况报告

下面的例子说明了对标准、能力和行为框架的共同认识如何决定了反馈的效果。

珍妮（Jenny）作为一名直入飞行员加入 × 航空公司。在第一周，她接受了为期两天的机组资源管理（CRM）课程，她还需要学习该航空公司版本的 ICAO 飞行员能力以及如何达到这些能力要求（见第 6 章表 6.1）。

例如，在"解决问题和决策能力"培训时，珍妮学习了该航空公司的首选决策工具，以及如何在现实的航空环境中运用该工具。她还学习不同的决策理论（如自然决策、基于规则的决策和分析性决策），了解到何时该用何种决策，以及一些影响决策的启发式策略和偏差。她还通过真实的航空案例研究，了解到严格检查的重要性。

这些学习为珍妮在日后的型别等级考核和在这个航空公司的职业生涯打下基础。在每次训练活动后（如在她半年一次的模拟机考核和年度航线考核后），考官都会根据观察到和未观察到的行为指标在每个能力领域上为她打分。

各个能力领域也是珍妮如何获得反馈的关键。在每次训练活动中，她的教官都会努力发现相关的行为指标。对于任何不理想的结果，她的教官都会从能力方面寻找薄弱环节及根本原因，并向珍妮反馈如何改进。例如，不稳定的进近和复飞可能是由于缺乏情境意识，没有注意或理解顺风对飞行最后阶段的影响。珍妮的教官可能会建议她今后多留出时间来进行进近简报，并邀请同事加入进来，以便更好地掌握"准确识别和评估可能影响操作的总体环境"和"准确预测可能发生的情况，在情况出现之前制定计划并保持"的行为。在她的训练记录上会有这样的标注："希望珍妮在下次考核前能提高她的情境意识"。这个行为指标清单让她获得了非常具体的帮助，从而可以让她知道该怎样努力以提高这方面的能力。

## （三）反馈水平

表 7.1 显示了反馈的不同水平。随着细节和技术分析的增加，反馈的效果也会增强，但提供反馈的成本也会增加。

表 7.1　给予申请者反馈的不同水平

| 反馈类型 | 举例 | 反馈形式 | 费用 | 有效性 |
|---|---|---|---|---|
| 仅结果 | 只告知申请者申请成功与否 | 书面 | 低 | 低 |
| 结果＋分数 | 除了总体的合格／不合格信息外，还将给申请者提供不同阶段的得分明细 | 书面 | | |
| 结果＋分数＋原因 | 除了上述信息外，还给申请者提供他们得分的原因，例如"在小组练习中，你多次打断别人说话，还误解了别人，因此你的沟通得分是 2 分" | 书面或口头 | | |
| 全面 | 对各个阶段的信息进行整理和分析，形成申请者在胜任力和行为标记上的优势和劣势的总体情况，如果必要的话，用举例的方式和他们讨论。例如，"你在解决问题和决策能力方面表现出一些问题，特别是在使用适当及时的决策程序以及监控、审查和调整决策的行为方面。比如你在小组练习中，非常迅速地做出了×这个明显不可行的决定并坚持做下去" | 口头 | | |

| 反馈类型 | 举例 | 反馈形式 | 费用 | 有效性 |
|---|---|---|---|---|
| 全面＋重点 | 除上述情况外，提供反馈的人还会告诉申请者他们如何发展其薄弱领域。就上述例子而言，提供反馈的人可能会推荐一本书或一项活动，来帮助申请者发展所需的问题解决和决策技能 | 口头 | | |
| 引导 | 给予反馈者以上所有的信息，但他们不是简单地告诉申请者，而是用引导的方式帮助申请者形成自己对优劣势的认识，也帮助申请者了解自己可以做什么来发展自己。比如"在小组任务中，你们所有的人都想立刻做同一件事。你认为为什么会发生这种情况？……是什么思维过程导致你用这种方式处理问题？……你能想出一种效果更好的不同方式吗？……你有没有听说过其他人发展和练习这种技能的方法？" | 面对面 | 高 | 高 |

### （四）预构选拔程序

为说明如何从选拔中容易地形成反馈，我们有必要做一些假设。在本章中，我们使用了国际航空运输协会在《飞行员能力倾向测验指南》中的典型模型，该模型在第6章的表 6.2 中，本章针对选拔过程做出了进一步假设。

#### 1. 人员

阶段 1 到阶段 2B 都由专门的选拔小组进行评分，该小组由人力资源经理、飞行员、飞行员训练经理和（非必需的）职业心理学专家组成，他们都接受过本航空公司招聘程序的专门训练。阶段 2C（仅适用于直入飞行员）将由持有型别等级检查员资格并接受过额外招聘训练的飞行员来执行和评分。上述所有人员组成的团队将共同做出录用决定（第三阶段）。

#### 2. 评分系统

国际航空运输协会建议采用数字评分系统，每项能力有五个等级：一个不及格等级和四个合格等级，按能力等级递增。例如，1 ～ 5 分，其中 1= 不及格，2 = 及格，3 = 一般，4 = 良好，5 = 优秀。招聘人员还需为每个分数记录理由，如"言语推理：4 分，测验得分 83%"或"情境意识：5 分，能针对所有因素正确提出问题，并提前预测了所有可能发生的意外情况"。

#### 3. 各阶段进程

只有成功通过上个阶段的申请者才能继续进入下一阶段。第一阶段将以书面形式进行。阶段 2A 和阶段 2B 将在公司指定地点进行，时间为一天（上午和下午）。阶段 2C 将在另一天进行，使用公司用于训练飞行员的全动飞行训练模拟器。第三阶段将以信函方式通知申请者。

### 4. 业务能力

国际民航组织的《循证训练手册》引入了国际航空运输协会（IATA）和国际民航驾驶员协会联合会（IFALPA）采用的一套国际飞行员能力标准。因此，这些标准将涵盖和取代"飞行员特殊操作能力、社会能力、人格特征和飞行技能评估"等指标。预计航空公司已经或在不久的将来就会采用这些标准（根据需要进行修改，适应其具体的业务类型），并用于所有飞行员训练和考核评估。因此，在选拔过程中所测量的内容可以简化为：背景资料、基本心理能力、心理运动能力和飞行员能力。

## （五）向申请者反馈的建议模式

根据上述情况，建议采用以下方法向申请者提供最经济而有益的反馈。每个阶段的申请者人数在不断减少，但人员的适宜性越来越高，因此阶段不同，方法不同。例如，在阶段 2C 失败的申请者已通过了前面所有检测，接近航空公司的标准，在这一阶段提供高水平的反馈就是一种良好投资。只要稍加提高，申请者就可以重新申请，下次就可能获得成功。

### 1. 阶段 1

这一阶段评估的属性非常基本，反馈也应最基础。通知落选结果的信中应简要告知他们被拒绝的原因。例如，"你的申请不成功的原因是你的学历不足"或"……你的证据没有充分证明你对飞行的兴趣，而且你的书面交流能力也没有达到要求"。

### 2. 阶段 2A 和阶段 2B

选拔当天当面通知未能通过阶段 2A 检测的申请者，未通过的申请者不再参加下午的检测，阶段 2B 落选的申请者则以信件形式通知。两种情况下都应该告知申请者可以得到反馈，并让其知道如何得到反馈。这一阶段最起码应该获得书面"结果 + 分数 + 原因"反馈。反馈应简单汇总申请者的每个能力 / 技能评估的分数和原因，这些内容都有记录，因而很容易获得。拥有更多资源的航空公司也可以考虑提供更高层次的反馈，例如，提供招聘团队成员的联系电话，与申请者讨论分数，回答申请者的问题。

### 3. 阶段 2C

阶段 2C 由一名熟练掌握引导性反馈技巧的考官实施。因为申请者数量较少（可能是两名申请者对一名考官），所以应在评估后立即提供引导性反馈。由于检测和反馈时间非常接近，且由具有飞行经验和反馈技能的人亲自提供，这会大大提高反馈的效能，对航空公司来说成本也不高（它可以做为选拔专家当天工作的一部分）。这个阶段还没有做出录取决定，因此反馈不能包括结果，也不应包括分数，避免申请者对结果进行猜测。反馈应该采用口头分析的方式，鼓励申请者根据航空公司的飞行员能力和行为指标进行自我分析，例如："你对不采用仪表降落系统（instrument landing system，ILS）而采用区域导航（Area navigation，RNAV）进近很惊讶。你为什么这么觉得？……你要问什么问题，什么时候问合适？怎么才能让你的副机长提供更多的意见？"考官还可以酌情指点申请者的自我发展，例如："有一份有价值的事故报告，说明了在压力下没有保持有效沟通的影响，你可以在……找到它。"

4. 阶段 3

在告知结果的信中，应告知申请者无论成功或失败都可以得到反馈，还可以选择反馈的方式。这种反馈至少应达到"全面"的水平，一般由招聘小组成员使用电话，或进行面谈来进行。这样会给航空公司带来一定的成本，很可能要花费一个半小时来准备和传达反馈信息，但考虑到申请者要么非常接近录取，要么已被录取，很快就会开始在航空公司的训练，因此，反馈是非常必要的。根据提供反馈的人的知识、技能和时间，所有对自我发展或自我分析的指导都会使反馈更加有效。

## （六）建议的局限性

建议的应用程度还会受到一些限制。对于训练者来说，反馈通常在训练结束后立即当面提供；但对于申请者来说，这不太现实，因为对其合格 / 失败的决定要基于整个申请和检查过程，还要经小组审查，因此反馈就不会在一个检测阶段结束后立即给出。成本和实际限制（申请者的居住地和申请的公司甚至不是一个国家）很可能会让亲自反馈变得不切实际。航空公司拥有的训练资源（如内部资料、计算机训练或选修课程）可以帮助训练者在弱势的领域发展，而申请者只能利用公共资源。

此外，因为数据保护、透明度和信息自由要求在不同的管辖区之间有很大差异，所以要在所有国家建立标准化的申请者反馈协议，就需要严格考虑各个国家的法规要求。文化和社会规范也决定了绩效反馈的可得性和直接性。作者认为，为了完善这一模式，就必须进行广泛的试用，从而克服这些障碍。

由于各种内部的利益竞争冲突，在一个组织内，遵守敏感数据处理协议在很大程度上依赖于自我管理。然而，如何公平对待外部申请者则是一个稍具挑战性的问题，要确保公司遵守协议并不容易。可行的做法包括：扩大航空监管机构的监管范围，将招聘工作囊括在内；扩大英国平等和人权委员会（U.K.Equality and Human Rights Commmission）或类似的其他机构的职权范围，将所有公司的面试后反馈包括在内；

制定自愿的、可考核的航空业行为准则。

# 五、内部反馈：类似解决方案

与世界各国对飞行员的常规训练和检查的高度监管不同，民航管理部门对航空公司如何进行招聘程序的关注较少。管理部门一直采取的做法是，如果有不适合的申请者开始接受飞行训练，各种执照考核"网"就会被他们"抓"出来，从而确保安全。然而，国际航空运输协会训练和资格认证倡议（IATA Training and Qualification Initiative，IQTI）将飞行员选拔制度纳入了航空公司飞行员的整体质量保证范围；"为了进一步降低事故率，改善先前教育、选拔和训练是最有成效的抓手"。到目前为止，这还没有形成法规，但其指导意见明确地表达了其建议："绩效反馈和持续改进对有效的能力倾向测验过程至关重要。在实施能力倾向测验方案的同时，必须建立一个有效的、基于数据的对测验的评估程序。从训练/业务部门到外部申请者评估小组之间持续开放的数据沟通联系，将确保随着时间的推移，以越来越高的可靠性识别和选择合适的申请者……业务部门对选拔的持续反馈对于不断改进至关重要。"（IATA，2012）

作者在其轶事调查中发现，尽管有些航空公司正在制定这些程序，但没有任何航空公司为其飞行员选拔方案制订了正式的质量保证反馈程序。有的反馈是临时性的，而且是个人对个人的，没有系统的监督。国际航空运输协会的全球调查也发现了这一点，"不幸的是，如今大多数航空公司仍然没有有效的反馈系统来分析选拔的淘汰率情况"（IATA，2012）。

支持和反对内部反馈的原因都比较简单。成本问题是反对建立一个能够准确评估选拔系统的唯一理由。与此相对应的好处是，从长远来看，航空公司将获得更高质量的员工（更低的缺勤率、更好的守时性和更高的客户满意度），并将节省误用不适合员工的成本。由此产生的最好情况是，只增加了一些额外训练的成本；但最坏的情况是，在一个75%的事故是人因错误导致的，甚至发生过飞行员自杀式谋杀的行业中，可能会导致数百人丧生和航空公司破产。在这种情况下，建立内部反馈程序的理由非常清楚，但在撰写本章时，许多航空公司还没有意识到这种改进的必要性："因此，在设计训练方案时，必须要同时建立内部的绩效反馈机制来推动选拔工作，从而使整体质量体系充分发挥作用和改进。"（IATA，2013）

### 建议采用的内部反馈模式

根据选拔系统的结果进行内部反馈几乎不用增加费用。如果在飞行员选拔和训练中使用同样的飞行员能力体系和评分系统，那么就很容易将一个人在选拔期间的得分与随后的训练期间的得分进行比较，以验证选拔过程的准确性。例如，一个飞行员选拔时在工作负荷管理方面得了 5 分（优秀），但后来发现他在初始和常规训练中很吃力，这可能表明对这一特定能力的选拔检测是无效的。

使用数值型分数不仅可以很容易地描述个体，而且也便于对数据进行有意义的统计分析。飞行员训练和招聘团队之间需要分享数据，如上所述，至少有一名飞行员训练经理在招聘团队中，这将更有利于双方的沟通。飞行员选拔的内部反馈应是一个正式过程，应由多人参与。例如，招聘团队中的高级成员应每隔三个月开会一次，审查近期训练和选拔的数据。选拔的数据也应该被纳入航空公司更大的质量保证体系中，例如，如果通过飞行员的训练分数或实际事件发现某名飞行员情境意识方面存在问题，那么就应查阅选拔数据，以明确相关的行为和原因。

## 六、结论

给予和接受反馈是现代商业世界中有效人员管理的重要手段。虽然形式略有不同，但反馈也深深扎根于飞行员常规训练和检查中。然而，到目前为止，这一手段只在飞行员选拔中零星地被使用，原因包括出于成本的考虑、申请者数量众多，以及由于不科学的选拔程序而导致对诉讼的担忧等。然而，这种情况正在发生变化，原因包括：日益严格的数据保护法、申请者的文化期望、全球飞行员供需平衡的变化、飞行员训练和考核的新规定，以及航空公司和监管机构对飞行员选拔的兴趣日益浓厚，已将其作为提高航空安全性的手段。作者认为，通过比较支持和反对航空公司向申请者提供反馈的理由和对申请者自身利益的考虑，得出的结论是，所有申请者都应该得到某种形式的有意义的反馈，但要以尽可能经济的方式，并使成本与潜在利益成正比。这一结论与马施克（Maschke，2004）的结论一致，他认为无论成功或失败，都应该向所有申请者提供反馈。此外，所有航空公司都应该对选拔实施某种形式的内部反馈，错误录用的潜在最坏后果虽然不太可能出现，但一旦出现，却是灾难性的。

本章介绍了一些如何提供反馈的先例，并从这些先例中吸取了最佳做法。提出的建议包括如何使用选拔中的数据和人员，用尽可能小的成本实现对申请者的有益反馈。航空公司在考虑对招聘中的内部反馈进行投资时，应考虑飞行员未来的供需情况。理想的选拔过程会让每一个适合工作的申请者通过，让每一个不适合的申请者落选。无论出于何种原因，评估过程中的任何缺陷都会使评估偏离这一理想状态，要么不合适的申请者通过了选拔，要么拒绝了合适的申请者。我们讨论了航空公司通过不合适申请者的成本和风险，以及拒绝合适申请者的人力成本。拒绝潜在的合适申请者的人力或实际成本，传统上并不为航空公司所关注，因为他们认为自己能够从充裕的人才池中招聘到"精英"。然而，如果人才供给开始衰减，对航空公司来说，确保他们不会仅仅因为缺乏申请者和内部反馈程序而错过合适的申请者将变得更加重要。

原书参考文献

# 第八章
# 飞行员选拔原理

Carl Hoffmann 和 Arianna Hoffmann

## 一、前言

作为科学家，我们有一套工具和方法来了解航空公司飞行员做好工作所需的特征，以及如何从有兴趣做这份工作的人身上识别这些特征［《员工选拔程序通用指南》（Uniform Guidelines on Employee Selection Procedures，1978）；美国心理学会（American Psychological Association，2018）］。其原理或逻辑基础很明确，可简化为4个基本步骤。第一，需要调查清楚飞行员需要在什么条件下做什么任务？第二，需要搞清楚能够很好地完成这些任务所需的知识、技能、能力和人格特质（knowledge、skills、abilities、personality traits，KSAPs）是什么？第三，如何测量 KSAP，并将它们与工作绩效直接联系起来？第四，一个飞行员需要具备什么水平的 KSAP 才能胜任工作？不过，在实际工作中，这个原理也需要考虑商业因素。我们服务于航空公司的决策层，他们往往具有丰富的职业经验，多年的工作使他们形成了鲜明的个人观点；我们的工作也应考虑公司的预算和利润，因为成本和效益是选拔成功的关键。飞行员选拔的原则应立足于解决实际问题。我们已研究了几十年飞行员的工作，扪心自问：如何才能获得优秀的飞行员？这一切需要多少费用？工作完成后飞行员和公司是否会有更好的发展？如何衡量选拔的好处？这项工作会有什么风险？本章将从商业和科学的角度来论述这些基本原理。

航空公司以有竞争力的价格、合适的时间安排，将乘客安全送往目的地来赚取利润。飞行员是航空公司运营的关键，没有他们，飞机就无法起飞。当他们驾驶这些飞机时会专注于实现 4 个基本目标。

（1）安全：飞行员必须保证乘客的安全。

（2）准时：确保乘客及其行李准时到达是飞行员的职责。

（3）经济：飞行员能够在节奏快、安排紧的系统中优化人员和设备的部署，这对公司的盈利能力至关重要。

（4）服务：飞行员可以通过协调机场运营、登机口和廊桥以及天气影响，来平衡乘客的保障需求，从而可极大地提高乘客的舒适度和好感度。

照常理来说，机组实力越强，航空公司的业绩则越好。但是，飞行员只靠自己无法实现这四个目标。飞行员是一个高度结构化的角色，需要与许多相关机构和工作人员协调来实现这些目标。

盈利能力对安全很重要。如果没有足够的资金，航空公司就无法保障至关重要的安全要素：最新的设备、所需的维护、必要的培训，以及我们重点关注的高能力员工的招募。因此，除了安全外，成本效益分析也是设计飞行员选拔程序的主要考虑因素。设计、实施和维护飞行员选拔过程的成本是多少？这个过程的效率如何？需要评估多少申请者才能获得所需数量的新员工？评估将花费多少时间和金钱？新员工学习飞机系统和航空公司程序的速度如何？他们在驾驶舱的工作能力如何？他们是否可靠、高效、易于管理？

本章将讨论以下主题。首先，我们将描述飞行员工作的环境。从事飞行员选拔工作的专业人员应感谢利益相关者和机构所构建的复杂的航空工作网络，他们为飞行员工作设定了各种参数标准。这些利益相关机构由飞机制造商、政府监管机构和航空公司组成，共同致力于实现安全飞行。制造商使他们生产的飞机安全、易于学习和操作；监管机构规定了空域的使用、机场的运行，并规定了飞机在空域的飞行路线，还对航空公司的训练方式进行指导监管；在这些标准框架下，航空公司形成了自己的管理理念，并确定了最大限度地利用机组人员技术以实现 4 个基本目标的程序。航空公司将工作结构化、标准化，并花费大量精力进行培训，以确保飞行员能够很好地执行任务。

但是，在这种高度结构化的周密环境中，也会出现意想不到的情况。通过一个虚构案例，我们来看看航空公司飞行员的工作到底需要什么。驾驶一架重量超过 387 吨、搭载 350 多名乘客、时速超过 500 英里、满载 4700 加仑航空燃油、在海拔 7 英里（1 英里 =1609.34 米）以上的繁忙空域飞行 17 个小时以上的飞机，飞行员需要承担非常重大的责任。为了这些责任，飞行员必须做大量的工作。这个例子说明即使是常规操作，也是一项艰巨的任务。天气、疲劳和航线飞行等各种因素混杂在一起，即使是非常有能力的飞行员也会感到压力。这个例子不仅说明问题可能会随时出现，还说明所有飞行员都应具备一些重要素质才能避免事故的出现。

在深入地工作分析和界定飞行员角色之前，我们先探讨一些不利于制定科学严格的飞行员招募标准和程序的因素。对任何一家航空公司来说，制定完善的飞行员选拔程序都是一个不断积累经验的过程。这种经验积累过程也是破除陈旧的"如何成为一名优秀飞行员"观念的过程。为了成功改进或实施新选拔程序，技术人员必须与飞行业务领导和飞行员建立信任关系。

破除了可能会遇到的典型偏见后，我们将分析和定义航空公司飞行员的角色，明确如何在选拔过程中测量相关特征，以及如何通过评估飞行员的表现来验证这些特征指标。评估飞行绩效比较困难，但却至关重要。一个精心设计和执行的选拔程序是否被航空公司接受取决于航空公司是否因此招募到了更好的飞行员；换句话说，这取决于新的选拔系统是否比过去的选拔系统更好。我们还将花时间讨论如何利用研究来设计一个既高效又有实际效果的招聘、筛选和选拔程序。

## 二、制造商、监管机构和航空公司如何确保安全和定义飞行员角色

过去 70 年里，商业客运航空为安全所做的努力取得了巨大的成功。事实上，这种成功促使人们质疑飞行员选拔在航空业中的作用，或至少质疑飞行员选拔是否需要严格的标准。因此，我们先来介绍一下飞行员工作的背景。

在雇用飞行员之前，飞行安全工作就开始了。安全条件是一个由飞机、机场、技术、组织、规章、管理结构和人员组成的精心设计、严密安排的运行网络所构建的。

制造商一直在积极地设计他们的飞机和航空电子设备，使拥有不同经验、知识、技能和能力的人能够在很短的时间内学会操作他们的设备。这一策略不仅是为了安全，也是为了节省成本，因为这种策略能够增加可胜任飞行工作的劳动力储备，同时降低了训练成本。制造商使用人因分析来设计人类容易理解的飞机功能界面，以帮助飞行员迅速了解飞机状态，以及需要他们完成什么任务和如何迅速完成这些任务。自动化可以为许多常规操作服务，减轻了飞行员的工作量，使他们专注于重要的事情。自动化和预警系统还能提供飞行员表现的反馈，帮助预防和解决错误。在适当的条件下，拥有先进的飞行管理系统和航电设备的现代飞机，即使在天气条件恶化或飞行员在无辅助的情况下无法着陆时，也能由自动化系统主控进行着陆。

国内和国际监管机构负责监管航空公司运营的整体安全性。他们制定规则，规定

如何使用空域，并建立飞行航线和机场进近路径，以确保交通的分流排序，使事故的可能性降到最低。空中交通管制员（Air Traffic Controller，ATC）监测并引导空域交通以确保安全。监管机构不仅指导和监督飞行员训练、发展和管理，还负责管理从基础的私人执照到航空公司对其飞行员的训练、认证和监督的方式。此外，这些机构还负责调查严重的事故和事件，查明事故和事件原因以及如何防止进一步的问题，并向制造商和航空公司提供分析报告。

最后，航空公司为了保障乘客和货物安全、舒适、准时到达，花费大量的金钱、时间和精力制定了标准操作程序，并培训飞行员如何操作飞机和管理驾驶舱。从机长和副机长的职责定位，到飞行的每个阶段要完成的任务；从计划和准备，到航班降落后滑行和关车，等待下一趟机组和飞行；所有操作程序都有相关规定。在整个机队中，这些高度标准化的操作程序确保飞行员在每个飞行阶段都遵循相同的程序，对工作的共同理解促进了飞行员之间的密切协作。操作程序标准化的目标是，根据共同工作方法和对彼此职责的理解，同一设备和岗位上的飞行员可以互换，两个从未谋面的飞行员能立即一起进行有效工作。设置检查清单可以强化对需要处理事务的关注。航空公司也希望建立特有的管理文化理念，通过定义每名飞行员在每次飞行中的角色（操作飞行员——负责飞机操作的飞行员；监控飞行员——负责观察和保障飞行的飞行员）来促进团队合作。飞行员在执行客运任务前必须接受有关航空器系统、程序、操作等方面的训练，并通过模拟器进行演练。初始培训结束后，新飞行员在经验丰富的航线检查飞行员的督导下进行航线飞行。航线检查飞行员要指导新飞行员进行实际航线飞行，监控他们的职业发展，最后认证他们的飞行资格。只有这样，新飞行员才能成为定期机组的一员。最后，独立的安全部门对飞行运行进行监控，识别问题的发生，与飞行运行部门合作，处理所有危及飞行操作的情况。

基于以上的设备设计、运营管理、工作定义和训练规划，有一种观点认为，与操作设备、空域管理和飞行员培训管理相比，飞行员本身的能力不是最重要的。《纽约时报》发表的一篇关于飞机自动化的文章就提出了未来是否需要飞行员的问题（Maroff，2015）。确实，制造商、监管机构和航空公司都在不遗余力地减少异常情况出现的概率，其中一些情况飞行员必须依靠训练和技能才能应对。一些人提出质疑也有其合理性，即随着自动化和人工智能的不断发展，飞行的标准化程度越来越高，明确定义的程序越来越多。那么飞行员除了学习系统和程序，执行一系列明确规定的行动之外，还需要什么能力？在这个由制造商、监管机构和航空公司组成的网络中，飞行员的招募和选拔扮演着怎样的角色？

## 三、这项工作比简单服从命令要复杂得多

我们刚才所描述的是以上三方所努力的目标。实际操作和环境中存在的压力给飞行员带来了很大负担，因为他们要处理相互冲突的目标。在过去的 70 年里，虽然致命的坠机事故数量一直在急剧下降［航空安全网（Aviation Safety Network，2017）］，但导致事故和事件的风险仍然存在。事实上，有人认为，这些针对安全性的努力给飞行员的飞行带来了新挑战。飞机自动化程度的提高可能意味着飞行员会变得自满（complacent），从而与飞行进程相脱节。这种情况下系统出现故障时，飞行员往往会被吓一跳。而现代飞机的复杂性意味着诊断和解决问题变得更加棘手。为了更好地服务客户，许多航空公司采用轮辐网络（hub and spoke networks）模型来密集安排飞行时间表，旨在优化人员和飞机的利用率，这给飞行员带来了很大的压力，飞行员要在满足时间表的同时还要优先考虑安全问题。同样，在高峰期，空域的飞机数量给空中交通管制和机场运营带来了安全和效率压力。天气、设备故障、通信、疲劳或执行不力等作为行动链条上的一个小环节，都会引发一连串事件，这给飞行员的训练和基本能力要求带来挑战。从这一点上看，飞行员的能力至关重要。我们可以用一个例子来说明，即使在设计良好、控制严格的商业航空环境中，飞行员也必须能够适应和控制一些特殊情况。下面我们将花一些时间来深入探讨一个能说明这些挑战的案例。

## 四、案例研究：恶劣天气、延误和有效的空中交通管制

由于目的地下雪，飞往一个主要枢纽机场的航班延误。该航班上的许多人需要转机，他们担心自己能否赶上下一趟航班。飞行员保障的是当天最后一趟航班，他们已经在之前的航班上处理了一整天的天气问题。经验丰富的机长和副驾驶讨论并计划，如果目的地天气恶化可能会出现的情况：

（1）机长是操作飞行员，副驾驶（first officer，FO）是监控飞行员。副驾驶主要负责与空中交通管制和乘务员的沟通；

（2）他们沟通了备降机场的情况，以及何时和如何做出备降的决定；

（3）他们讨论了他们可能使用的跑道，将分配什么样的进近航路，以及跑道在

恶劣天气下降落飞机的条件。配备有低能见度设备的Ⅲ类盲降跑道可以引导飞机自动降落，不需要飞行员目视舱外线索。Ⅰ类盲降跑道的功能较差，需要飞行员在降落前看到跑道。

由于目的地正在下雪，航班在登机口耽搁了很长时间才允许起飞。距离目的地40分钟时，天气仍然不好。飞机要在雪中降落，并有侧风。他们抵近机场时再次被延误，塔台要求飞机保持盘旋直到允许降落。10分钟的盘旋后，他们的燃料越来越少，已经接近需要决定是否备降另一个机场的临界点。就在这时，空中交通管制要求飞机直线进场着陆于功能较差的Ⅰ类盲降跑道。几乎没有讨论，机长接受了指示，快速陡降飞机，以便在正确的高度和位置进近。快速陡降导致副驾驶对乘务员的态度生硬，并且在监控和核对检查单时分心了。尽管要进入Ⅰ类盲降跑道，但他还是要求使用Ⅲ类盲降检查单。机长拒绝了这一请求，继续着陆。这时，副机长说："也许我们应该复飞"，并建议放弃着陆。机长没有理会，最后成功着陆。

我们可以从这些叠加的小问题中获取什么启示？最终结果是安全着陆。飞行员的个人选择和忽略细节，结合环境和情势的因素，便会在一个安全冗余的系统中产生漏洞。由于冗余的作用，个别问题没有超出可控的范围酿成大祸。但是，如果再增加一些小压力源，或一个更大的压力源，灾难就可能发生。更困难情况的发生又会对飞行员的适应能力和压力下的操作能力提出更高要求。虽然每个决策或行为本身并不那么重要，但每一步都有潜在的累积效应，可能会危及飞行安全。这被称为"瑞士奶酪效应"（Swiss Cheese Effect），即微小的行动会在确保安全飞行的操作网络中产生漏洞，而这些漏洞一旦连在一起就会造成灾难（Reason，1990）。

我们可以从这个案例中了解到飞行员的工作和所需要的能力。下面我们将对这场危机事件进行分析，这种分析就是确定一项工作所需职责和能力的工作分析技术。尽管飞机设计良好，有足够的能力应对恶劣天气，机组人员经验丰富，训练有素，空管也在努力地妥善处理一系列困难情况，但飞行可能已经处于危险之中。虽然天气、疲劳、空中交通管制指令和时间压力都是造成这些事件的原因，但机组人员对所发生的事情负有最终责任，他们本可以避免其中一些问题。

导致这架航班岌岌可危的原因有以下几点。

（1）计划：尽管对飞行进行了详细的规划和讨论，但机组人员没有根据目的地的恶劣天气和预计滞留时间加足燃油。这给机组人员增加了压力，使他们决定接受空管指示直接降落，而没有时间讨论其他措施，如继续盘旋并与空管协商更好的进近航路，或者等待空管为其安排能更好应对恶劣天气的跑道，以备不时之需。

（2）决策、领导力、沟通和认知储备：机长没有与空管或副驾驶进一步讨论替代方案就决定接受非计划的快速进近的方式。虽然这个决策可能是由于燃料不足和为了满足乘客按时抵达目的地而做出的，但机长如果能向副驾驶说明自己决策的原因和期望，给副驾驶提问和说出担忧的机会，副驾驶可能会最终支持机长。这种沟通不会花费太多的时间。副驾驶对指示的确认会使机长有信心继续执行决定。由于没有采取这个简单的步骤，机长削弱了副机长积极参与的权力。最终，副机长不堪重负，只能靠边站；结果，机长独自承担了降落飞机的全部责任。一方面，机长糟糕的决策、领导和沟通能力会使飞行处于危险之中；另一方面，他的技能、认知储备和飞行经验又保证了安全降落。然而，机长很可能已经达到了他工作负荷的极限。

（3）团队合作、沟通和认知储备：副驾驶显然是超负荷工作，但他没有明确告知机长这一情况，以及请求更多的指导。这可能是由于疲劳或任务饱和导致的认知缺陷。虽然条件和标准程序都表明应该考虑复飞，但他并没有坚决主张复飞。这表明该名飞行员作为副驾驶缺乏应有的独断性。事后机长被解雇也从侧面反映出他的工作负荷已达极限或不愿合作的倾向。

从这段情节中，我们看到一个飞行员所需要的知识、技能、能力和人格特征。

（1）知识：

　　① 操控飞机执行所要求的机动动作的能力；

　　② 从等待航线模式到着陆的导航原理；

　　③ 有效领导和团队合作所需的步骤；

　　④ 对规范沟通的目的和执行的理解。

（2）技能和能力：

　　① 空间和情境意识；

　　② 认知储备；

　　③ 分析和决策；

　　④ 粗大和精细运动技能；

　　⑤ 言语能力；

　　⑥ 注意；

　　⑦ 耐力。

（3）人格特征：

　　① 领导力；

　　② 抗压力；

　　③ 心理弹性；

　　④ 责任心；

⑤ 自信；

⑥ 独断性；

⑦ 同理心。

我们将在后面定义这些特征，并探讨如何测量和证明它们与飞行员在驾驶舱中的表现有关。但首先，我们想讨论那些可能需要解决的压力，这些压力导致发展出了一种科学严谨的方法来分析飞行员的角色，并推动了选拔工作。这些压力来源不同，有些是为了满足日益增长的市场需求而雇用飞行员，有些则是基于想当然的"如何成为一名优秀飞行员"的观念，这些观念很主观，多来自坊间传闻，或者是基于航空领域过去的情况而不是现状。

# 五、为什么我们要花这么多时间和金钱来选拔飞行员？

## （一）与科学相悖的观点

从事飞行员选拔的研究人员想当然认为《通用选拔准则》（Uniform Selection Guidelines）背后的逻辑是：通过严格的工作分析获得对工作的深刻理解，包括工作内容、结构和效标效度验证。然而，雇用飞行员和经营航空公司的管理者往往也是飞行员，也很聪明，在航空方面很有经验。但他们不是工业和组织心理学方面的专家，可能不了解制定有效的选拔程序所需的工作。他们往往会提出一些直接而尖锐的问题，他们有自己的观点，通常是基于他们的经验和观察之上的固执己见。作为飞行员选拔的专家，我们需要做好工作分析和效度验证研究来回答这些问题。

**问题 1：这个工作并不难，飞行员可以获得很多硬件和系统上的支持，那么飞行员选拔有多大价值？**

许多航空公司面临着驾驶舱人员配备的压力，这让负责人不禁要问："在现代航空业中，飞行员选拔的目的是什么？"航空公司需要飞行员来维持运营。他们的观点是：现代飞机更安全、可靠和容易操作；空中交通管制员的能力和技术可以确保飞行员安全；四年制的航空大学课程都是获得官方认证的，美国联邦航空局认可这些课程的学习时间可以冲抵飞行经验时间；飞行学院不仅有全面的教学大纲，而且还宣称能够选拔出可以胜任工作的申请者；飞行员在允许驾驶大多数客机之前，他们都要通过"航线运输飞行员"的资格认证；此外，航空公司还与监管机构合作，花费大量的金钱、时间和精力来确保飞行员的安全操作。有了上述这些举措，飞行员选拔还有什么价值呢？

有一派观点认为，现代飞机的设计、空域的结构加上空中交通管制的监督，使飞行不仅更加安全，而且更容易学习和操作。年长的飞行员常将那些缺乏现代自动化设备的老式飞机戏称为"蒸汽机"，和老式飞机比起来，新式飞机可以说自己会飞。然而，正如我们在案例中看到的那样，超出适应范围的多变量因素的复合影响仍然需要飞行员具有高度的镇定、技能和能力。

**问题 2：靠执照颁发和执照监管还不够吗？**

随着行业发展和飞行员的退休，增加了对飞行员的需求，这给公司带来了压力。在快速增长的市场中，一些区域性航空公司经常引用的一句话是："要么雇用符合法定最低标准的人，要么就取消航班。"优秀的研究和科学的标准可能会限制航空公司雇用到的飞行员数量，但如果拒绝给符合最低法定标准的飞行员职位，就会招致强烈的反对。这是一个非常现实的问题，任何制订或修改飞行员选拔计划的人都必须要面对。然而，忽视"合格"飞行员的明显问题又会给航空公司带来大麻烦。科尔根（Colgan）飞行事故很好地说明了这一点，美国国家运输安全委员会（National Transportation Safety Board，NTSB）的结论是：机长的培训记录表明他不应该在航空公司工作（National Transportation Safety Board，2010）。

**问题 3：培训不能弥补符合基本标准的飞行员的能力缺陷吗？**

由于航空公司对航空科学的要求降低，因此培训飞行员的方式和对飞行员的能力要求也相应发生了改变。随着飞机越来越先进，机场和空域的运行和监控越来越好，也导致了训练的变化。过去训练部门爱说的一句老话是："我们希望飞行员能够觉察每一个流经或越过飞机的空气分子。"虽然现代飞机可能不需要这种水平的知识，但完全放弃这些知识，又会影响一名飞行员解决问题的能力，以及许多重要的执行能力。这些知识都是可定义和测量的，可以纳入飞行员的选拔中。当飞机系统发生故障或失效时，需要有丰富的知识、解决问题的能力、认知能力和团队合作能力，正如法航坠机事件中由于设备故障而出现的高空失速，就是在这方面出了问题（法国民用航空安全事故调查与分析局，2012）。

训练部门已经适应了将不同能力特点和个人条件的学员都打造成飞行员的工作，他们也因此而感到自豪。他们有能力将不同背景的学员按统一标准进行培训。然而，训练那些只达到最低合格标准的飞行员对他们是一个巨大挑战，这是许多训练部门的共识。现代培训技术和对熟练度培训的重视强化了这种看法。我们曾参加过一些工作分析会议，教官们提出虽然一个飞行员进来时可能有缺陷，但他们可以让这个人达到标准。这些教官声称："我能训练这类人达到标准！"然而，正如一家大型航空公司的培训主管在谈到这种态度时所说："他只是在评价自己的教学能力，而不是在分析申请者的问题。"因此，对于那些不能快速学习飞机的系统、程序和操作并在这些训练之间保持熟练的飞行员，在进行工作分析和效度研究时，不能仅看他们是否通过了训练，还应将他们在培训和再培训上花费的时间纳入研究中。

**问题 4：这份工作我做了很多年，我一眼就知道谁是好飞行员，难道我的意见不重要吗？**

航空主管们的经验和观点值得认可。任何开发基于科学选拔程序的专业人员都必须与航空公司高管合作，因为高管们承担着研究经费，并决定如何使用研究成果。几乎所有高管都有成功的长期职业生涯，接触过背景各异、接受多样培训的飞行员。他们有自己的教育、培训和工作经验，经历了航空业和经济的各种变化。那些已取得个人成功的高管们会认为自己的成功源于自己的经验。虽然这些经历给了他们很多启发，但也会产生一些过于主观的判断。这些判断是建立在传闻经验的基础上的，所以不具有普遍性，也不能反映当前的现实。

尤其是与飞行业务领域的高管打交道时，研究人员应该认识到三个现实问题。第一，他们接触过各种不同背景和培训的飞行员，优秀飞行员的特征给他们留下了深刻的印象。这些印象可能导致了刻板印象，作为过滤器，影响了高管们的决策方式。第二，人们通常依靠心理捷径和经验法则来做决定。这对那些需要在时间紧迫的情况下，和某些罕见情况下做出决策的职业来说特别重要。然而，在开发、实施和保持一个可持续的飞行员选拔系统的过程中，这种模式可能会起到反作用。第三，主观印象会导致人们错误估计一个决策的价值。我们将在后面详细讨论一个常见的争议，即商业航空公司聘用退役歼击机飞行员的价值到底大不大？讨论这个争议就是为了说明这一点。背景本身只有在与其他因素结合在一起才有价值，这些因素可以使飞行员能够在一个高度紧密结构化的环境中胜任运载乘客或货物的工作。

因此，有时有些高管会对好飞行员的特质有明显的个人信念，正如我们经常听到的那样"我看一眼就知道他是个好飞行员"。然而，不同的人有可能会对同样的特征或背景产生截然相反的看法，如果不顾事实、逻辑和对他人感受的敏感性，就会导致激烈的争论。但对于制定客观、现代和严谨的选拔程序所需的分析来说，只有其中一些争论值得详细剖析。

军事飞行员，特别是歼击机飞行员，是否适合作为航空公司的飞行员，常常引起争论。一派认为，他们已经证明了自己有能力在极限操作条件下驾驶非常复杂的飞机。他们的训练是一流的，军事飞行训练中的淘汰率意味着只有最好的人才能通过。一般来说，军方会将航空大学期间飞行训练成绩最好的飞行员分配到歼击机上。因此，他们已经证明了自己的飞行技术，并对飞行能力足够重视；另一派观点认为，这些飞行员傲慢自负、不善沟通、没有团队精神，做决定时从不考虑他人意见。他们指出，训练记录往往显示，这些飞行员需要在机组概念和商业运营训练上花费更长时间，并且会遇到更多困难。

这些争论有助于明确实施严谨的飞行员招聘的必要性。工作分析和客观研究可以阐明和平息这场争议。首先，只注意优秀飞行员的一个特征而忽略所需的其他能力会导致错误。是的，歼击机飞行员是非常有能力的飞行员，但他们可能具有其他影响对航空公司适应性的人格特征；另外，某人是一名优秀的歼击机飞行员并不意味着他们不具备其他必要特质，也不意味着他们不能适应民航工作。重点是需要定义和测量构成优秀飞行员的所有特征，并赋予适宜的权重。分析结果显示，歼击机飞行员最初确实需要更长的训练时间，但至少在一项专门研究驾驶舱内团队合作的研究中发现，那些有 10 年航空公司工作经验的歼击机飞行员在机组资源管理方面比有民用或军用多机组背景的飞行员表现得更好（Hoffmann，Hoffmann & Kay，1998）。其次是如何更仔细地考虑和定义什么算是成功的雇用？是培训歼击机飞行员的短期成本，还是雇用合适的歼击机飞行员的长期利益？争论并不仅仅涉及军事飞行员与民用飞行员之间，还延伸到飞行员培养的大学学位的价值，大学的飞行课程与商业飞行培训课程的价值，或者特定机型培训的价值。工作分析和飞行员成功特征的效度研究是解决这些争议的关键。

**问题 5：听起来就很麻烦，而且成本很高。这样做的好处到底是什么？**

研究人员面临的另一个挑战是说服管理层，让他们相信建立一个基于工作分析的选拔程序的成本和努力是值得的。美国心理学会、平等就业机会委员会（Equal Employment Opportunity Council）和履行合同办公室（the Office of Contract Compliance Programs）的《通用选拔准则》详细而严格地列出了步骤，包括：

（1）分析飞行员在航空公司中的角色。

（2）寻找或开发可以测量申请者是否能胜任该工作的工具。

（3）验证这些测量是否能预测工作绩效。

不过，航空公司也需要确保招聘、筛选和选拔飞行员有合理的成本预算。

建立相关的法律法规是关键的推动力，但这些工作需要研究人员的大量工作和专业知识加上管理层的合作和支持才能完成。高管们想知道的是这些成本和努力是否值得？航空公司会变得更好吗？会更安全吗？他们的飞行员会表现得更好吗？他们的培训和管理成本会下降吗？他们能否更好地了解飞行员在驾驶舱内的表现，并知道该如何改进？这些都需要通过工作分析和研究来回答。因此，项目的设计必须明确地以实现这些要求为重点。

**问题6：和不同的研究人员交谈获得了矛盾的信息，我该相信谁？**

学术研究虽然很严谨，但关注重点往往比较局限。不同的公司往往关注不同的主题，但大多都集中在"好飞行员的特质"的某个主题上。以下每一项都有令人信服的证据：一般能力或智力（Carretta & Ree，1995）；个性（Butcher，1994；Chidester，Kanki，Foushee，Dickinson & Bowles，1990；Fitzgibbons，Davis & Schutte，2004）；认知能力（Taylor，O'Hara，Mumenthaler & Yesavage，2000；Yakimovich，Strongin，Govorushenko，Schroeder & Kay，1995）；空间和情境意识（Damos，1993；Endsley，1995）；心理运动能力（Street & Dolgin，1994；Fleischman，1956）。还有其他一些测量方法用于招募有经验的飞行员（Hoffmann & Hoffmann，2017）。但哪些测验和测量方法是有效的？我需要测量所有特质，还是只需要测量其中几项，甚至一项？学者们并不擅长提供如何浏览所有研究报告的指导。

而且，对效度的概括总结会使人更加困惑。每个航空公司都有必要进行这些具体工作吗？一项元分析研究（Schmidt & Hunter，1981），以及其他20世纪80年代初的学者们认为，如果在大量的研究中都有充足的证据一致地表明某种测量方法可以预测工作绩效，那么就不需要在当地或特定情境下再进行效度验证研究了。飞行员选拔的文献已经在一些指标上显示出一致性的结论。责任心、适应力、一般智力和认知能力的测量对飞行员的表现有一致的预测作用。此外，不同航空公司在测量标准化方面已经统一。那么，为什么每个公司都要另起炉灶呢？我们认为，一般来说，测验分数和工作绩效的相关性在各公司间是大体相似的，但将各测验分数综合起来去预测一个申请者到底是不是一个好飞行员，在不同的航空公司之间可能有很大的差异。正如本章后文所示，区域性航空公司里，飞行员在早期阶段的绩效可能主要依赖于快速学习和适应商业航空的能力；而在大型国际航空公司的飞行员可能更依赖于他们的经验、决策和执行功能。不同公司对驾驶舱管理有不同的理念。有些公司非常依赖程序，严格规定飞行员的具体工作方法，而另一些公司则只规定操作的总体原则，而将飞行管理的细节留给机组人员处理。因此，前一种理念所需的能力和个性可能并不适用于后一种飞行操作方法。各航空公司的培训方法也有差别。有些公司更强调飞行员独立学习和训练准备。因此，分析飞行员在每家航空公司中所扮演的角色至关重要，而这需要进行工作分析。

# 六、工作分析与验证选拔标准

## （一）工作分析概述

工作分析可以从方法学上和工作细节上回答上一节提出的许多问题。同时，它也应该是一种管理层和机组人员的对话方式。管理层以这种方式了解机组的需求，阐明科学研究是为了了解他们的工作，确保所雇用的飞行员符合公司的运营需求。为了引入新的选拔程序，航空公司需要为变化做好准备。根据我们对基本原理的定义，我们会说明流程中每个步骤的理由和做好每个步骤可以为公司带来哪些好处。以飞行员选拔为目的的工作分析可以对航空公司内飞行员的工作进行有规律的整体检查，其中包括以下内容（Gael，1988）：

（1）工作条件，包括管理结构、飞行包线、监管要求等。

（2）工作的有形和无形回报，以及潜在的负面影响。

（3）飞行员的工作内容。

（4）能力（成功执行这些工作内容所需的知识、技能、能力和人格特质）。

（5）测量申请者是否具备这些能力的最佳工具。

有多种方式可以收集上述前 4 项的信息：

（1）对现有的工作描述和选拔工具，以及操作、教育和培训手册及材料进行文献研究。

（2）对行政、管理人员和飞行操作及培训和标准方面的领域专家（subject matter expert）进行访谈。

（3）研究对象应是不同飞行业务群体的代表性样本，例如，不同机型的机长和副驾驶。

（4）直接观察工作过程。

（5）关键事件技术（Critical Incident Technique），对事件报告进行分析，方法与本章前述案例分析类似，重点了解特别具有挑战性情况发生的原因，以及解决该情况时哪些地方做得好，哪些地方做得不好。

（6）飞行员调查，以确认工作内容并根据重要性赋予权重，评估工作条件，以及工作的积极与消极方面。

虽然有现成的工作分析调查，但这些调查的性质过于笼统，特别是应用于航空这样独特的操作环境时，过去的工作分析无法回答这项工作所需的详细情况。

精心设计的工作分析除了确定活动、能力和测量这些能力的工具外，还有 4 个目标。首先，它为管理层提供了考察飞行员驾驶舱管理的基本假设和想法的机会，从而可以了解飞行员的普遍期待；第二，它为飞行员们提供了一个论坛，来让他们对各种概念的理解达成共识；第三，它提供了基于事实的评估手段，可以据此对飞行员的工作进行描述、教授、测量和加强；第四，它提供了一个展望未来的机会，可以在工作分析时预测飞机、程序和操作的未来变化，以及为了适应这些变化应在哪些方面做出改变。总之，通过工作分析可以检视过去如何进行飞行员招聘和选拔，以及未来需要做出哪些改变。

### （二）工作分析的步骤

工作分析所采取的方法很重要。飞行员选拔的发展越来越呈现类临床化特征，与飞行员所处的环境脱节。和所有组织一样，飞行操作需要机组人员依靠信任、人际关系和共同信念才能做好工作。但工作分析、选拔技术的设计和效度验证侧重于事实、晦涩难懂的统计模型和数学，这会让飞行员们感觉很陌生、望而生畏，与他们每天的经历相去甚远。尽管工作分析的重点是飞行员和他们的工作，但分析的方式会让人觉得分析员们并不是对人感兴趣，不对奇妙的工作主体感兴趣，只是对工作的剖析感兴趣。因此重要的是，工作是各方协作形成的成果，管理层和飞行员要形成这样一个理念：工作是他们一起完成的，而不是飞行员为管理层完成的。他们必须深刻理解和接受工作的内容，这可能会挑战一些基本想法和前面已经讨论的先入为主的观念。所以，工作分析不仅仅是客观、严谨地列出飞行员所从事的活动，确定执行这些活动所需的能力，并找到测量这些能力的工具。工作分析时也需要倾听公司的意见，用管理者能理解的方式回应他们关心的问题，讨论这些问题的处理方式。

接下来我们将介绍工作分析的最佳方法。包括使用前面列举的数据收集技术，每一种都有自己的优势。这些方法在操作层面有所不同，我们将按照从优到良的顺序详细描述每一种技术的使用过程和目的。每个步骤都会通过报告对获得的信息进行反馈，并允许管理层对收集的内容提出质疑和讨论，并让分析员处理可能影响工作分析的事宜。

但是，对人类活动的测量是有风险的，几乎不可能避免测量效应。当研究者采用访谈、焦点小组（focus group）或观察某人的工作时，这些过程都会对所测量的东西产生影响。访谈或调查中所提出问题的措辞会使受访者猜测研究者想知道的东西。除非暗中观察，不然研究对象会意识到正在被观察，从而影响他们的表现（Landsberger，

1958）。这种影响可以用一些方法减轻，但几乎不能完全消除。采用多种方法来收集和验证工作活动是确保工作被准确描述的重要举措。

第一步：建立指导委员会。飞行员选拔服务于管理层，但管理层的观点和目标往往并不一致。新员工要在训练部门接受教育和指导。训练结束后，由飞行标准检查员对他们在航线上的表现进行评估。然后飞行计划部门会遵循效益最大化的原则编排飞行计划表和飞行员的轮换。飞行员必须与飞行员搭档、机务维护人员以及客运、货运部门高效合作。这些团体都对什么是好飞行员以及什么是好的飞行员行为有自己的看法。我们在前面的讨论中所涉及的问题都来自这些利益相关者。我们认为，最好建立一个正式的管理构架，来讨论大家的需求和关注点，监督进展，促进资源和数据的收集；财务部门最好也加入进来，从而可以了解这项工作的成本和收益；人力资源部门也希望了解工作分析的过程，这有助于确保他们能更好地实施招聘和选拔程序；信息技术部门可能对技术支持条件、测验、数据整合、报告和安全性感兴趣。指导委员会应建立定期会议制度，这将促进合作并解决可能出现的问题。更重要的是，它将加快形成共识，促进建立新的选拔程序。

第二步：背景调查和管理层访谈。重要的是要理解航空公司希望从研究和升级选拔程序中到底想要得到什么。如果航空公司认为研究团队不能做出实质性的改进，那分析员就无用武之地了。但哪些地方需要改进？航空公司的关注点或痛点是什么，他们想实现什么目标？可能是他们觉得目前的选拔过程太长、成本太高；可能是他们对招聘后训练的淘汰率或成本不满意；可能是由于飞行员的能力或个性造成了事件或事故；可能是他们的管理有问题，需要增强纪律性或提高生产力；可能是他们担心飞行员短缺，担心申请者质量下降，担心如何应对这种人员短缺；可能是他们预计到未来训练、未来飞机的要求或航线结构的变化，他们认为对新招飞行员的能力要求也要相应改变；也可能是需要应对新的监管要求。工作分析人员不仅需要研制出与工作相关且有效的选拔系统，而且新选拔系统还必须满足公司的商业目标和期望。

一个好的开始是首先分析现有的工作描述、选拔程序与结果、训练程序与评级办法、操作手册、机队与机队任务。这可以让分析人员了解一个航空公司的基本管理理念，了解航空公司对待飞行员选拔、训练和管理的态度。

然后可以对管理层进行访谈，内容应包括飞行员选拔、训练、标准、调度、安全、人因、飞行操作和法律法规的遵守情况等方面，据此可以明确管理层的期望，具体化他们想要的成果。战略层面的讨论有助于确认项目目标，确立飞行操作和驾驶舱管理的理念。努力发现和解决由于对项目的不同期望而产生的问题；战术层面的讨论应该集中在确定完成工作所需的人员、数据和设施等方面。这些问题必须明确，并提出具体操作建议。最后，应明确说明实施该研究可能涉及的风险，并说明如何降低这些风险。具体步骤及结果如下：

（1）工作目标和成功的定义。

（2）项目计划，包含人员配置、重要节点、所需资源和沟通方式等。

（3）问题确认和解决流程。

第三步：通过对领域专家的个别访谈建立初步的工作任务清单。这一步对于第一次做飞行员工作分析的人来说非常重要，即使是那些非常熟悉飞行操作和飞行员工作的人员也能从这些很花时间的访谈中受益。这样做是为了：

（1）用航空公司的内部语言制定飞行员所从事活动的初步清单。

（2）讨论飞行员所遵循的管理理念。

（3）讨论不同机队的差异和他们面临的挑战。

（4）定义工作的各项特征：

① 操作环境；

② 他们认为工作中有价值的和没有吸引力的方面。

（5）征集机组人员的问题和关注点。

这一步首先要遴选优秀飞行员来担任领域专家。这可以由经理和主管人员来完成，也可以通过同行提名完成。这些专家应该从那些长期积极从事这项工作的人中挑选。来自训练、飞行标准或管理部门的飞行员可能会过于关注工作内容应该是什么，而不是工作的常规执行方式。对领域专家的访谈应从收集飞行员的基本背景信息开始，然后转到飞行员一天的生活上。飞行员来机场前都做了些什么，然后一步一步，考察他们在这一天中完成的所有活动。因为飞行员的工作非常有条理，所以这一部分的访谈比较容易，但却能获得非常详细的信息。"常规操作"的每个阶段都有非常明确的规定，即从机组人员登机前的计划和准备、登机口操作、离开登机口、滑行到跑道、起飞、爬升、巡航、下降、进近、降落、滑行到登机口和关车。

当"常规操作"被打乱时，工作就展现出不常规的一面了。设备故障或失灵、天气状况或其他外部因素都可能导致异常操作出现。在这种情况下，机组人员必须诊断出问题原因，确定并执行最佳行动方案来解决问题。这种情况一般发生在离地面数千英尺的地方，此时飞机以极快的速度在飞行，而飞行员需要全力保障这架满载乘客的飞机安全。异常操作大大增加了飞行员的情绪压力、认知和身体负荷。

虽然飞行员工作的重点是飞行，但还有其他对工作很重要的活动需要在机场以外进行。首先，他们要进行体育锻炼来保持身体健康；他们要专心休息，以便在到达工作地点时处于良好的精神和情感状态；其次，他们要努力更新自己关于程序和设备的知识，掌握机场和飞行操作的新变化；最后，他们还要准备和完成定期训练的有关活动。所有这些活动都需要分析人员记录下来，因为它们对飞行员执行工作的能力非常重要。

工作分析不只是记录活动。它不仅应该包括正在做的事情，还应该包括如何做和为什么做。这些问题确立了驾驶舱的管理理念，确定了飞行员期望开始和结束某项活动的标准。工作分析关注飞行员相关的思维过程和决策，以及飞行员在执行过程中的自由度。例如，开始滑行和从跑道上起飞的行为可以看作一系列规定步骤的一部分，也可以看作一个专门的决策过程。在这个过程中，飞行员要对飞机正确配置、正确设定起飞速度、建立爬升曲线以及两名飞行员要协作完成起飞和爬升。此外，了解飞行员执行的不同角色也很重要，如机长或副驾驶，操作飞行员或监控飞行员，还有接班飞行员（relief pilot）。这些讨论不仅仅是为了执行任务本身，还明确了飞行员的责任和目标，这可以把通常认为是默契共识的目标和理解外显出来。最后，讨论对不同机型的理解、飞行员的任务，以及学习和操作这些机型的相关特殊要求等可以将飞行员的全部活动、责任和目标具体化。

所需的访谈次数主要取决于几个方面。例如：①航空公司所使用的不同飞机的数量可能会导致所执行的任务、执行方式和驾驶舱文化的差异。②所期望的执行工作的标准化程度。如果每个专家都用同一种工作方法，并进行沟通和实践，那么在三到四次访谈后，就不会有什么新的内容了。如果专家们在描述他们的工作时有很大的分歧，则需要多次访谈。而各个机队和专家的工作标准化程度的差异本身就是一项重要发现。

使用航空公司已经为训练制定的任务清单可以加快初始访谈的速度，但使用这些任务清单也可能导致一些问题。访谈过程有可能演变成了让受访者根据清单确认他们会遇到的问题，而不是让他们报告他们是否真的做了，如何做的，以及任务中遗漏了什么。另外，为训练制定的任务清单过于具体，在操作系统或工作流程的细节上过于详细，导致将完成任务所需的能力混淆为学习工作流程和服从指挥的能力。

在通常情况下，通过访谈可以获得横跨飞行准备和飞行过程的所有阶段的 200～300 项活动。航空公司的管理理念可以解释如何完成和管理这些活动。然而，根据一个有 300 个条目的活动清单来管理飞行员是很困难的。工作分析的一个重要部分是将这些任务进行分门别类来反映驾驶舱的活动和管理理念。不同的管理理念会导致对重点活动和如何完成这些活动的认识有所不同，这反过来又会使航空公司关注飞行员的不同能力。因此，接下来的重要步骤是建立一个由管理层和领域专家组成的权威委员会，将这份含数百项活动的清单缩减为一套更高层次的概念系统，从而反映航空公司对飞行员角色的整体设计理念。这个意义更明确的活动清单更便于交流，并让大家聚焦于飞行员选拔的总体目标和策略。在我们早期的论文中已提出了这个分类系统，以下进行简要介绍。

（1）基本飞行技术：

① 操控飞机；

② 导航和与飞机系统的交互；

③ 有效沟通。

（2）组织和管理：

① 保持对任务的胜任力；

② 规划和准备；

③ 飞行管理活动；

④ 遵守规章制度、程序和许可。

（3）执行功能：

① 警觉、分析和情境意识；

② 决策和领导；

③ 团队合作。

前三项是飞行员职能的经典需求。飞行，即驾驶飞机；导航，即知道你在哪里和如何到达你需要去的地方；以及沟通，即能够与团队沟通协调。然而，现代航空业的许多工作是通过各种系统和团队成员之间协调来进行的，因此组织和管理非常重要，包括：计划、工作负荷管理、遵守法规以及执行功能，如警觉和分析、决策、领导和团队合作。我们发现，不同的航空公司对这些活动中的每一项都有不同的要求，这反过来又对做好这些工作所需的能力和个性特征产生了不同的要求。这项工作的成果应该提交给管理层以供讨论和批准。

第四步：通过焦点小组讨论确定知识、技能、能力和个性特征。一旦确定了任务清单，下一步就是将这些任务与所需的知识、技能、能力和个性特征（KSAPs）联系起来。我们认为最好由系列的焦点小组讨论来完成这项工作，这些小组应由来自同机型、同岗位的高同质性飞行员组成。相同背景的飞行员构成小组可以使他们将讨论主题集中于自己的特殊要求上，避免了花时间谈论甚至争论他们的机型和任务的差异。因为那些需要在空中连续飞行十多个小时的长程航班机长与在一天之内起降多次的短途航班机长相比，他们会强调不同的能力是很自然的事。

在会议开始时，主持人需要向小组成员介绍被选中的原因，活动目的和收益，还有小组的讨论范围。然后，主持人介绍什么是 KSAP，以及小组需要完成的会议流程。

首先，介绍、讨论和验证每个阶段的飞行活动。然后，与会者需要用自己的语言列出完成该任务所需的 KSAP，围绕着需要的能力和它们的意义进行非常开放自由的讨论。起初的过程会比较缓慢，但一旦小组适应了这个流程，建立了共同的交流，它就会变得相当快。

重要的是，要用飞行员能理解的表达方式来完成这步工作，而不是强迫他们使用心理学文献中更正式的概念。像注意、记忆、决策、倾听、领导力等概念飞行员们也经常使用，但他们对这些概念的理解与学术文献可能有所差异。因此分析人员应对此进行翻译，而不应该强加给不熟悉这些微妙差别的飞行员。也就是说，分析员需要注意飞行员使用的术语。对"领导力"的理解就是一个很好的例子。驾驶舱内的机组人员不多，而且是由训练有素的专业人员组成的，他们往往具有相同的能力。因此，这是一个在由同行组成的紧密小团队中实施领导的类型；此外，领导力还体现在要对负责乘客安全和服务、负责飞机维护、服务和供应等很多部门的协调上，他们往往需要将不同的完成情况报告给不同的指挥系统，这些部门的任务完成情况可能与飞行员的任务完成情况相冲突。这种情况下，领导力就体现在，在没有上下级关系的情况下协调各部门确定共同目标，统一行动。而且这个工作有严格的时间限制，基本不超过 1小时。这种领导力与有确定指挥系统的大型组织不同，甚至与一个长期合作的项目团队也不同。

第五步：观察飞行员的工作。观察是了解飞行员在做什么和如何做的最有效方法之一，应该使用前面描述的飞行阶段活动清单。研究人员应该确认飞行员是否按照描述和记录的顺序进行每个飞行阶段的活动。观察这些任务的执行方式同样重要。例如，在飞行前的简报中，机长只陈述了飞行计划和对机组人员的一系列要求，还是征求意见并处理有关计划、天气、服务和飞机供应的问题？机长如何回答这些问题？通过观察，我们可以发现该机组到底是合作的工作文化还是独裁的工作文化。同样，是将进近计划简单输入飞行管理系统中进行验证，还是对替代方案、导致改变的条件以及可能危险进行讨论？机长和副驾驶采取什么措施来建立合作和开放的工作关系？机组成员们是否超越了他们原本驾驶舱内长时间巡航和换班的程序，以一种促进积极参与活动的方式相互支持？在连续多日飞行的情况下，机组如何处理休息、饮食和第二天的准备工作？所有这些观察都是确认飞行员活动的关键，也是确认文化的关键，据此可以确认支持这种文化所需的 KSAP。

第六步：与管理层进行确认。在完成焦点小组讨论和记录之后，将工作活动的分类与按职位和机型的 KSAP 提交给飞行主管审阅。这一步骤不仅可以确认公司的要求，也有助于确认机组人员的做法是否与管理层的理念和期望一致。航空公司关于驾驶舱的管理理念对确定招聘时需要考察何种能力至关重要。有些航空公司对飞行活动采取的是所谓的"设备操作员"的理念，他们强调程序，详细定义如何执行每项活动，定义多种情况以及在每种情况下应采取的行动；另一些航空公司则认为他们无法预测飞行员会遇到的所有情况，因此强调飞行操作的原则，以及在安全包线内决策和采取有效行动的重要性。后者通常将绩效的抓手放在飞行员身上，而前者则将绩效的抓手放在程序的定义和完整性上；一家希望雇佣新的无经验飞行员的航空公司可能不得不对每项活动和程序进行详细描述，而一家以有经验的飞行员为目标的航空公司则可以更多地依赖于经验丰富的飞行员的既定能力和判断。每种理念都会给航空公司带来长期的影响。我们的经验是，主要责任放在飞行员身上会使飞行员积极参与飞行，因为飞行员需要为自主决策的后果负责；相反地，因为行为后果被认为是遵循规定程序的结果，飞行员会按部就班地遵循详细的操作流程而丧失参与感和责任感。每种情况所需要的能力和个性是有很大差异的。

第七步：与机组人员进行确认。由领域专家组成小组来定义和描述飞行员活动是最好的方式，也可以利用调查时接触的广大飞行员做这项工作，从而在更广泛的群体中确认这些活动。航空公司了解飞行员的态度和行为对于飞行安全至关重要。调查可以捕捉到飞行员是否按照管理层的意图优先执行某些活动，以及他们如何根据操作飞行员和监控飞行员的角色来执行分工。调查还有助于了解是什么激励了飞行员积极投入工作中。然后，将这些活动特点与符合的人格特质建立起联系。最后，系统地收集公司内广大飞行员的信息，可以建立起对飞行员如何处理工作中的不利因素的了解，这些不利因素包括：打乱他们睡眠和个人生活的工作时间表，反复起飞和降落的工作安排，紧张的时间限制，以及在一个高度一体化的组织中工作的压力。对航空公司运营所需的工作进行彻底的分析，不仅可以确定所需的技术知识和认知技能，也可以确定做好飞行员工作所需的人格特征。同样，这项工作的结果应该提交给管理层，他们需要了解机组人员是如何完成工作的，以及机组人员从工作中得到了什么回报，以及如何处理工作中的不利因素。

第八步：与安全部门确认对关键事件的分析。美国联邦航空管理局已经制订了航空安全行动计划（Aviation Safety Action Program，ASAP）。该计划的目标在于通过鼓励员工自愿、不追责地报告需要引起注意的安全问题和事件，来预防事故和事件的发生。安全部门收集和使用这些报告，通过与机组人员的沟通，确认这些行为是否具有系统性。然后，有些问题可以通过训练加以解决，有些问题则需要与相关飞行员一起分析到底发生了什么，并以建设性的、非惩罚性的方式加以处理。

这些报告是一个丰富的关键事件库，可以挖掘出知识、技能、能力和其他特征方面导致问题的缺陷。弥补这些缺陷，或采取措施建设性地处理这些事件，或防止将来再次发生相似的情况。将这些安全报告与从访谈、焦点小组讨论和观察中得出的KSAP进行比对确认，或许还能发现一些前面没有想到的重要KSAP。

第九步：将KSAP和测量工具结合起来。有很多方法可以测量申请者的知识、技能、能力和人格物质，这些都是成为一名优秀飞行员的重要指标。下一步就是将这些测量标准与工作分析中得出的KSAP联系起来。通过这个步骤，不仅可以考察公司目前可能正在使用的工具和步骤，还可以考察一系列已公布的评估飞行员绩效的工具和方法。我们建议按如下内容创建一个参考表。下面，我们使用尽责性这个与飞行员表现高度相关的人格特质为例进行说明。

（1）重要KSAP的正式定义。尽责性的定义为："具有组织性、目的性、自律性和达成目标动力性等特点的人格特质。"

（2）相关文献整理，以获得支持性的发现和（或）对概念进一步定义，重点放在航空领域上，例如，自满和注意力与尽责性有关。

（3）采用前面提出的分类法，确定活动清单中各项活动所需的KSAP，活动包括：

① 保持工作胜任力；

② 遵守法规、程序和许可；

③ 计划和准备；

④ 飞行管理活动；

⑤ 警觉、分析和情境意识。

（4）补充其他密切相关的KSAP：例如，尽责性需要智力和程序性知识的支持。

（5）列出测验或选拔标准：

① 申请标准：适宜的教育背景、稳定的职业发展和不断增加的责任。

② 人格测量：测量"大五"人格特质，如"大五"人格问卷（NEO PI-R），其中包含尽责性量表。

③ 结构化访谈：我们会询问他们如何准备训练或飞行，如何处理教育或职业中的挫折，目的是获得他们如何实现目标的详细情况。

④ 情境化评估工具：寻找能够评估他们分析和解决问题能力的工具。

通过上述分析可以对公司目前的做法进行评估，并对飞行员选拔的替代工具和流程提出建议。收集到这些信息后，我们可以开始回答三个重要问题：

（1）公司是否认为某种类型背景的申请者是最佳申请者？

（2）公司在申请书筛选中是否得到了最大的收益？

（3）公司是否使用了最合适、成本最低的评估工具？

最后，可以在效度验证阶段检验现有方法和拟采取方法的有效性。

这一阶段的最后一步是向指导委员会提供反馈和建议：当前的选拔程序中哪些方法是有效的，可以继续使用；哪些方法应该停止使用。其他建议还包括增加新的选拔工具和程序，对实施和维护新系统的项目成本进行估算等。提供详细情况报告是获得管理层认可并愿意为此买单的关键。

### （三）确定选拔的最佳方法——效度验证

现在来到了终极问题：我们能识别出一名优秀飞行员吗？工作分析已经确定了我们需要测量的 KSAP 以及评估这些能力的方法。现在我们需要看看它们是否有效，以及如何把它们整合起来放入一个整体的程序中。要做到这点需要先回答两个问题：

（1）我们怎么知道我们选择的评估飞行员 KSAP 的方法能否预测飞行员雇用后的绩效，从而实现了公司对我们的期望？每个航空公司都有一些选拔飞行员的方法，我们如何证明我们提出的改变建议会比公司一直使用的方法更好？

（2）当将整个过程的收益与投资相比时，我们如何确保是最大化地利用了资源？

第一个问题的答案是：将最初与公司管理层的访谈中确定的结果可操作化，然后建立统计模型，将选拔过程中收集的测量数据与这些结果建立数学上的联系。这种联系也将决定某种测量方法能否被采用；然后将这些被采纳的选拔方法结合起来用于预测，最终确定的选拔方式还会受到测量成本的影响。最后，还需要确定一个分数线来区分可能成功的申请者和可能无法获得成功的申请者。统计模型可以帮助确定什么指标对预测聘用后的表现最重要，但确定分数线则需要平衡多方面的需求。数学可以提供选择信息，但最终如何平衡这些选择则需要管理层来决定。

#### 1. 管理目标

下面这个案例可能可以很好地说明选拔工作与实现多样化的收益之间的关系。一家区域性航空公司想要改善他们的选拔程序。他们有几个目标：首先，他们希望雇用那些在训练和工作中表现更好的飞行员，同时他们还想通过使用最有效且经济的程序来降低选拔的成本；其次是增加选拔过程的收益，他们想知道如果使用一套不同的选拔系统，过去拒绝的申请者会不会被成功录取；最后，他们想知道能否只专注于某种特定背景和资格的申请者，他们是否更可能在选拔和训练中获得成功？

#### 2. 研究方法

这家区域性航空公司首先考虑的是直接使用一家大型航空公司已经验证过的一套测验。他们的想法来自效度概化（validity generalization），实际上是假设该地区飞行员所做的工作与大型航空公司的工作没有什么不同，所以采用同样的程序来寻找他们需要的飞行员是合理的。在开始前，他们还进行了工作任务确认，以确定大型航空公司的活动与区域性航空公司的活动是一样的（我们将在后面的分析部分看到，虽然区域性飞行员正在进行的活动与大型航空公司飞行员正在进行的活动相重叠，但区域性航空公司最成功的新飞行员的能力与大型航空公司所依赖的能力有所不同）。他们进一步分析了测验内容是否也适合于处于职业生涯早期阶段的飞行员。他们对区域性航空公司目前的选拔程序和大型航空公司的选拔程序进行了正式的比较，以确定两者在哪些方面有重叠，哪些方面有不同。

为了评估潜在的新选拔程序的有效性，最佳方法是让所有申请者都参加两套测验。通过其中任何一套测验的申请者都将被录用。所有的测验数据都保留下来，包括那些被拒绝的飞行员数据。随后跟踪被录用的飞行员，从初始训练开始，直到他们成为合格飞行员。然后对比两套测验的有效性。为了能够进行统计学处理，需要测试和聘用足够数量的申请者。我们还研究了第三种测验方法，即通过统计模型来建立一种基于已有全部测验的新的评分模式，以及新的划界分数是否能更好地满足区域性航空公司的目标（Hoffmann，2013）。

3. 结果

我们发现大型航空公司使用的选拔模式比区域性航空公司使用的模式要好，这使得训练中出现一个或多个问题的新飞行员数量减少了10%。研究结果还提示区域性航空公司应停止使用耗时且昂贵的飞行训练模拟器检测作为其选拔程序的一部分。如果对大型航空公司的测验系统采用一种新的分数权重合成模式，将使新聘飞行员的问题数量减少23%。这种模式还有其他一些优点。分析表明，两类公司所采用的模式某种程度上限制性都太强，没有达到预期效果。而新模式可以多出40%的申请者，同时还可以提高训练中的绩效。可以说，在特别紧张的招聘市场上，这甚至比人均选拔成本的降低更重要。

区域性航空公司的新飞行员往往是第一次接触喷气式飞机和商业航空公司的运营要求。我们认为，如果使用新模式招聘飞行员，就必须依靠 KSAP。KSAP 的重点是申请者的快速学习和适应能力，以及对教官信息的接受能力。大型航空公司的招募对象往往是有经验的飞行员，他们认为这些申请者已经具有了相关的经验知识，有自己的一套成熟策略来应对工作。他们假定这些新员工全部来自军航或在区域性航空公司工作过，具有良好的工作基础，因此在分析、领导和决策等执行功能上提出了更高的要求；而区域性航空公司需要花更多的时间在基础训练上。统计模型清楚地表明了这一点，与该航空公司管理层的访谈也证实了这一点。

在区域性航空公司学习工作和适应运营的速度和节奏的压力是很大的。由于利润率很低，区域性航空公司不能在训练计划上有过高的投入，而且训练时间很短，要求很高。毫不奇怪，这些没有经验的雇员需要严格遵守程序，听从更有经验的机长的指示。因此这类航空公司对决策、领导和分析等方面，不像大型航空公司那样重视。

对于一个利润微薄的区域性航空公司来说，节约是很重要的。新的选拔程序不仅有更高的正确录用率，而且在选拔和录用后的训练成本之间，平均每个录用者可节省900 美元。根据他们的招聘量，这种节省转化到每年超过 30 万美元。

### 4.确定划界分数

我们刚才描述的好处主要通过两个步骤实现：统计程序提供预测模型，将基于选拔分数的预测表现与聘用后的实际表现进行比较。这种比较是确定划界分数的开始。具体步骤见图 8.1。我们在这里没有篇幅讲述统计学和方法学问题，我们所介绍的是与该过程相关的概念的简要总结。

（1）预测性统计模型。

预测的问题 = $A \times$（"$X$"认知能力测量）+$B \times$（"$Y$"航空知识/问题解决测量）+ $C \times$（"$Z$"人格测量）

（2）统计模型预测的绩效与新飞行员实际绩效的比较。

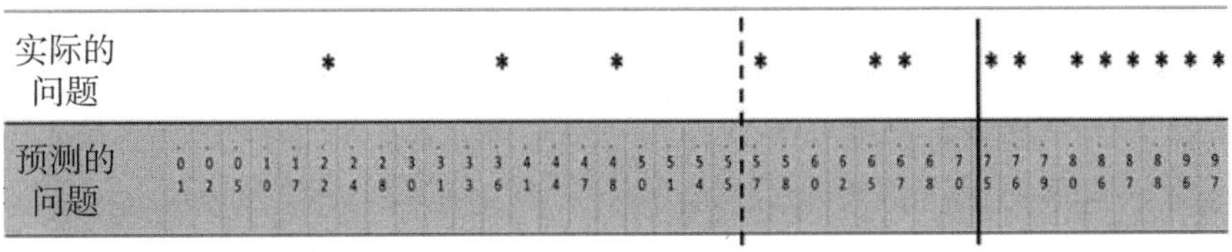

（3）优化成本效益。

| 实际发生率 | 预测训练中的问题 | | | |
| --- | --- | --- | --- | --- |
| | 以虚线为划界分数 | | 以实线为划界分数 | |
| | 虚线以上 | 虚线以下 | 实线以上 | 实线以下 |
| 出现问题 | 3 | 11 | 6 | 8 |
| 没有问题 | 17 | 6 | 22 | 1 |

**图 8.1 根据统计模型确定划界分数的具体步骤**

第一步：为了便于说明，我们提出了一个人为简化的回归方程的例子来预测结果。在这里，我们预测的是申请者在训练中是否可能出现严重问题（包括各种可测量的结果：重复训练次数、未能完成训练、缺勤、训练中或航线上的行为问题，以及每个人的成本）。

第二步：研究中的每个对象都按照他或她的预测值以及训练的实际结果的顺序排列。图 8.1 中，我们有 37 个观察对象。如果这是一项真正的研究，我们希望至少有

300 ~ 400个观察对象。

第三步：对可能的划界分数进行研究。图中我们提出了两个选择。总的来说，在我们假设的研究中，37名飞行员中有14名在训练中存在严重问题，即38%。如果我们选择拒绝得分在0.56分及以上的人，我们将雇用37人中的20人，仅占所有受测者的54%，但公司将只需要处理3名有训练问题的飞行员，占被雇用者的15%。如果我们选择拒绝0.71分及以上的人，我们将雇用更多的飞行员，即28名飞行员，占所有受测者的76%，但训练中出问题的人也翻倍了，即6名，而不是3名。

现在就需要权衡利弊做出决策了。如果公司选择了第一个划界分数，就意味着他们可能不得不加做一项或多项工作，这些工作都需要成本：

（1）面试和测验更多的申请者，以获得所需的雇用人数。

（2）有针对性地进行招聘和申请筛选，选拔更有能力通过测验的申请者。

（3）可能没有足够数量的申请者能够通过这个水平的门槛，导致出现没有飞行员可用的情况。

如果公司选择了第二个划界分数，就意味着他们必须加做一项或多项工作，这些工作同样需要花费成本：

（1）对有问题的人进行额外的训练投资，这种情况可能导致成本翻倍。

（2）改变训练大纲以应对能力不足的新飞行员群体，因此需要大量投资以及监管机构的批准。

（3）导致风险增加，某些飞行员未来可能需要增加大量的训练和监控。

成本和效益可以针对这些因素进行计算，但归根结底这是一项管理决策，它由风险承受能力和对解决方案的投资意愿所决定。

## （四）确定选拔的最佳方法——构建程序

一个公司如何将他们从工作分析和KSAP模型中得到的所有知识应用到选拔方法中，从而建立一个高效的选拔程序？这是本章开头讨论的关键需求之一，必须加以解决。飞行员选拔可以分为三个不同的阶段：申请筛选、个体评估（包括测验和面试等环节）以及试用。随着选拔的进行，每个阶段相关的费用也大大增加。申请筛选的费用不高，而且非常有效。面试和测验非常有效，但需要耗费时间和成本。但是，在试用期内或试用期过后，解雇一个糟糕雇员的成本无疑是最高的。因此，做好前一步工作，就会使下一步的工作更有成效。良好的筛选可以提高进入第二阶段的申请者在测验和面试中的成功率，从而减少成本浪费。而且，正如我们在区域性航空公司的例子中看到的，针对航空公司需求的测验可以大大降低测验和训练成本。

1. 申请筛选

一个能够获得申请者详细信息的结构良好的申请筛选至关重要。申请者职业发展的基本组成部分是教育、训练和人生经历。这些资料表明他们在正规教育和训练期间接触过所需的内容，已经成功地做过类似的工作，或至少有成为一名成功的专业航空公司飞行员的先决条件（如飞行的机型和小时数）。而且，对申请的详细考察可以得到更多信息。平均成绩、完成正规教育和训练的时间以及职业发展情况也可以侧面证明一个人会认真对待自己的发展。拼写错误和申请表上项目的完整性可以表现申请者在工作中是否一丝不苟、谨慎细致，这是学习知识和工作准备所必需的能力。工作经历中的问题可能表明申请者缺乏符合规范和标准的能力，雷蒙德金（Raymond King，2014）将其称为"职业缺陷"的佐证。

申请筛选可分为两个阶段。首先，由自动化程序对教育、训练和工作历史等客观情况进行评分，因为这些情况可以预测选拔过程中的表现和（或）聘用后的表现；其次，由训练有素的专家审查员进行更全面的评估。自动化程序可以用来筛选出不太可能通过全面评估的申请者，节省审查员的宝贵时间，并能更快地获得更好的申请者。全面评估也应该有客观的测量方法和评分标准，因此，应为教育、训练、工作经验和职业发展等条目制定明确的评分准则。不过，这种评分也需要审查员的主观判断。熟悉航空领域和飞行职业的人可以看到一个人的整体表现，发现其难以量化的优势和劣势。这些审查员还可以评估申请者是否细心地展现了自己的职业资质，以及他们的飞行技能和责任心是否在工作期间有明显的提高。最后，他们可以发现申请者的教育、训练和职业经历中与申请表其他部分不一致之处。

2. 选拔测验和面试

采用良好的统计模型可以使测验和面试更有效。工作分析表明，在选拔工作中可以采用若干测验方法。但在有其他测量方法的情况下，有许多测验并没有显著改善对成功率的预测。例如，解决问题的工作知识测验与一般智力测验的预测能力显著重合，而且受文化影响较小；包含空间定向和探查规则在内的认知测验与考察空间关系的测验显著重合；高度结构化的行为面试可以检测人格特征在内的大量内容，与许多测验的功能也重复了。用于评估领导力、决策和团队合作等指标的行为面试或评估工具，可以由资深飞行员来实施，不仅可以发挥其专业经验，同时也最大限度地减少了个人偏见。建立预测模型，不仅可以发现哪些测验可以预测成功，还可以将测验和面试进行组合，以提高预测性，并可减少评估工具的使用。有一个选拔系统就将原先的 11 个选拔测验减少到只有 3 个（Hoffmann，Spetz & Hoffmann，2011）。最后，可以将评估工具的成本引入回归方程，以确定最低成本和最有效的测验组合。例如，可以通过考察测验所增加的额外成本与训练成本降低的差异量，来确定是否值得为测验投资。

建立一个由数学或统计模型得出的方程式，也可以减少被错误拒绝的申请者数量。每项测验都建立一个划界分数会导致巨大的人力资源浪费。这种模式下，申请者必须在所有因素上都很出色才行。然而实际上，飞行员可以使用不同的知识、技能、能力和其他特质来做好他们的工作。这点在我们为客户建立的统计模型中得到了证明。我们在图 8.1 中引用的公式允许飞行员在 1 个或 2 个因素上具有优势，而在其他方面则可以不那么出色。比如一个飞行员可能有深厚的航空知识，其人格特点也有利于团队协作，但认知储备（cognitive reserve）不足；而另一些人可能航空知识薄弱，但有很好的认知储备，能够在压力下解决问题。我们发现，一般来说，这种基于统计模型合成分数的方法比使用个别指标要好，人才浪费也少。不过，也需要谨慎对待这种模式，我们必须在每个测量工具上都设置门槛，从而可以剔除那些在一两个检测项目上表现非常优秀，但却不能补偿到其他检测项目上的申请者，因为这表明他们可能不能很好地完成工作。

3. 飞行员发展的不同阶段需要不同的选拔方法

我们在此没有篇幅详细讨论如何针对飞行员职业生涯的各个阶段调整程序。我们在本节前面讨论了区域性航空公司和大型航空公司之间的差异。有必要简单讨论一下参加初始训练的零基础申请者。初始训练有一定挑战性，因为我们需要预测短期内申请者是否具备通过训练的 KSAP，以及从长远看，他们是否有兴趣将这个职业作为自己的事业。15 年前，当这个行业处于危机之中，初入飞行员的工资很低，可以肯定任何自愿接受训练成为飞行员的人都对这个行业本身感兴趣，因为它没有多少经济回报。现在，由于有竞争力的薪酬和终身的可观收入，许多进入该领域的人可能不是被飞行员本身和其生活方式所吸引，而是被金钱所吸引。一个年薪 25 万美元的无聊而不快乐的飞行员不会是一个积极从事该行业的安全飞行员，而且不快乐的飞行员很少能以同样的收入水平转行到其他职业。因此，不快乐的、参与度低的飞行员可能会感觉"被职业所困"。

大型航空公司通常只雇用有军航或民航背景的有经验飞行员，因此可以考察飞行员过去的职业生涯，即他们作为专业人员成功工作和发展的每个阶段，依靠那些工作和既往事实对飞行员进行评估。大型航空公司也有足够的能力来推断申请者对企业运营和文化的适应度。为了应对飞行员短缺，大型航空公司采取了控制飞行员供应链的方法，通过雇佣有发展潜力的申请者进入初始训练项目，引导他们进入职业道路，最终在大型航空公司长期供职。对这些没有飞行经验的申请者，航空公司不仅要预测和测量他们想成为飞行员的激情，而且还要评估在发展的每个阶段所需要的不同 KSAP。

# 七、结论

从一开始我们就指出，飞行员招聘中需要重视以下几个关键点。首先，寻找科学、有效和可靠的选拔程序，预测哪些申请者在被雇用后能很好地完成工作。其次，我们还认为负责制定和实施新选拔程序的人必须关注实施的成本，以及管理层对这种变化的想法和担忧。我们已经证明了这两个基本原则是可以高度兼容的，即可以在关注商业和盈利下进行科学选拔，为管理层提供想要的结果。最后，即使在商业航空这种高度规范和控制的环境中，也可以根据不同公司的运营环境，通过充分研究来定制选拔方法，从而提升选拔的价值。这些改进将对安全有益无害，并可以满足严格的管理层的期望。

原书参考文献

# 第九章

# 航空公司和经营商对飞行员
# 及其选拔的法律责任

D. Anthony Frances

　　航空业是一个引人注目的行业——自 1903 年 12 月莱特兄弟制造并操作的 "莱特飞行者 1 号" 首次进行动力飞行以来，航空业迅速发展。从那时起，航空工业发展壮大，成为世界领先的技术和工程产业。自从活塞发动机作为第一架飞机的动力装置问世以来，制造商如劳斯莱斯、通用电气、普惠和其他公司已经开发和生产了庞大的涡轮风扇发动机，为宽体飞机提供动力，包括目前最大的商用飞机——空客 A380-800，目前大多数大型国际航空公司都在使用该型飞机。

　　技术和工程的进步使航空变得比几十年前更安全，对于使用涡轮螺旋桨或喷气发动机的国际航空运输协会成员来说，2017 年是航空业最安全的年份之一，因为这一年没有一名商用飞机乘客死亡（或机身受损）。遗憾的是，2018 年并没有延续这一趋势。

　　航空业最引人注目的地方之一就是其技术发展的速度，以及机组人员不断变化的角色和他们与飞机的交互。一些公司，如泰利斯（Thales）和空客（Airbus），正积极努力减少飞行员的工作量和压力，特别是在长途飞行以及解决日益严重的飞行员短缺问题方面。整个航空业争论最多的就是机组人员缩减（即机组人员由三人改为两人）及其不断变化的角色（更多的监控和更少的实际操控）。此外，从新加坡起飞的澳洲航空（Qantas Airways）QF32 航班事件也证明了具有高复杂性和高技术性的飞行座舱经验与手控飞行能力之间衔接的重要性。那次事件中，澳洲航空的机组人员承受着巨大的压力和工作负荷，他们要处理航班上发生的多次故障（最终形成了系列技术故障），而这些故障是由灾难性的引擎故障引起的。由于优秀的飞行经验和训练，他们克服了多次故障，成功返航，将飞机降落在新加坡，没有造成任何人员伤亡或损失。

无论是商业客运还是企业航空，下一代飞机缺乏经验丰富的飞行员这是航空业共通的问题。与此同时，全球的航空公司和企业航空公司的规模却在不断扩大。他们都在采取各种措施以满足未来对飞行员的需求。此外，实施飞行员商业飞行的最低飞行时数（即作为安全措施所设置的 1500 小时）政策也减少了可供雇用的有经验的飞行员的数量。因此，航空公司和运营商正通过诱人的待遇、薪酬和工作条件来争夺数量有限的经验丰富的飞行员，这对航空业产生了巨大的影响。

商业和企业航空的飞行员选拔也发生了变化。在 20 世纪 90 年代，飞行员供过于求，加之当时的经济危机，航空公司也不愿扩张。许多航空公司直接从本国空军中招募飞行员以降低初始训练的固定成本。这样做也是基于这样一种观点，即这些飞行员更有经验。与此同时，由于准入成本高昂，加之政府过度监管，许多"低成本"航空公司发现很难渗透进航空市场并与那些主要航空公司竞争，这些主要航空公司经常性压低机票价格从而消灭竞争对手，如罗盘航空（Compass Airlines）在 20 世纪 90 年代早期进入澳大利亚国内航空市场，最后以失败告终。此外，还有长期存在的劳资关系和运营问题，尤其是在 20 世纪 80 年代末的澳大利亚等国家；这样的问题很突出。这意味着许多飞行员决定到海外工作，或者被列入了"黑名单"，这也使得吸引年轻飞行员成为一项非常困难的任务。

20 世纪 90 年代，航空市场放松了管制，许多新进入者（尤其是在欧洲），如易捷航空（Easyjet）、捷行航空（Go）和瑞安航空（Ryanair）进入了市场，并通过采用"低成本"模式大幅增加了机队和市场，使航班更便宜。对"窄体"飞机和短途（即 4 小时以内）飞行的需求也在非常短的时间内迅速增加了。此外，尤其是欧盟货币"欧元"在 21 世纪初开始广泛使用后，诸如君主航空（Monarch Airlines）和汤普森航空（Thompson Airways）等其他一些包机运营商也开始扩大机队规模。当时，与美元和英镑相比，欧元非常便宜，这鼓励了更多的人乘机旅行。

到了千禧年，经济形势向好，航空业亦是如此。互联网时代也给乘客提供了"在线"订票和议价的途径，以帮助乘客出行。还有许多"在线"虚拟旅行社，它们对机票进行了大幅打折，因为它们没有传统"实体"办事处，从而降低了成本。更多的需求被创造出来，从而对飞行员和飞机也有了更大需求。

然而，在不幸的纽约"9·11"事件之后，这一切都改变了。世界陷入了停顿，航空业也因此受到震荡。人们认为，航空业很可能在许多年内都不会复苏。然而，许多国家的政府对事件的反应和他们的自由经济政策，世界经济又开始发展和繁荣，这主要源于中国的经济发展以及印度、南美和中东等新市场的开放。

此外，许多跨国公司在后"9·11"时代决定宁愿让高管们乘坐商务机，也不愿冒着失去他们的风险让他们乘坐公共客机，虽然这是客观风险还是主观感知的风险有待商榷，但在当时的背景下，这种担忧也可以理解。不仅如此，许多要客还认为，由于"9·11"事件后各国政府实施的国家安全程序改革带来了更多的安全问题，公务机反而是一种更方便、更经济的旅行方式。这在欧洲和美国十分普遍。

从2002年开始，随着经济的快速扩张，许多商用飞机制造商,如湾流(Gulfstream)、庞巴迪（Bombardier）和巴西航空工业公司（Embraer）的商用飞机订单不断增加，且多数来自欧洲和中东。这反过来又增加了对飞行员和航空专业人员的需求。当然，许多要客和商务机运营商都想要更有经验的飞行员，并为他们提供有吸引力的薪酬和工作条件。因此，许多飞行员离开了主要的航空公司，为这些新的运营商工作。这进一步增加了对有经验飞行员的需求。

此外，中东运营商"三巨头"——阿联酋航空（Emirates Airline）、阿提哈德航空（Etihad Airways）和卡塔尔航空（Qatar Airways）的快速增长，也导致了对有经验飞行员的大量需求，很多飞行员被中东的福利和生活方式所吸引。此外，美国、欧洲和亚洲许多低成本航空公司的创建，如西南航空、捷星、香料航空、维珍集团、阿拉伯航空、亚洲航空、捷蓝航空和迪拜航空，也增加了在世界航空市场搜罗和留住技术精湛和经验丰富的飞行员的压力。

如上所述，在过去的20年里，民航客运和企业航空的飞机数量都出现了快速增长。然而，经验丰富或训练有素的飞行员数量并没有增加到满足需求的水平。因此，许多航空公司现在都在为其日益增长的业务和机队努力寻找经验丰富的飞行员。

下面我们将进一步探讨这个问题。鉴于上述情况，本章主要讨论经验丰富的飞行员的短缺、飞行员选拔以及对航空业的医疗和心理健康等问题的潜在影响。

# 一、最近发生的事故——飞行员健康状况

在对飞行员选拔、心理健康和驾驶责任进行任何分析之前，有必要先对最近发生的一些与飞行员身体和心理健康相关的事故进行分析，探究这些事故为什么会发生？是怎样发生的？事故和飞行员健康状况间真的存在联系吗？

航空业和其他许多行业一样，在最近几十年里，技术发展迅速，这反过来不可避免地增加了事故的风险，因为任何新技术通常都有一段适应期——而且许多技术的真正风险往往在实际使用之前是未知的。因此，这不仅是航空领域的问题，也是整个技

术领域的问题。

以航空业为例，2006 年，一架 ExcelAire 公司的巴西航空莱格赛（Embraer Legacy）600 商务机与巴西高尔航空（Gol）的一架波音 737-800 在巴西上空相撞。调查报告发现事故主要原因是机组人员的能力不足，以及对飞机的操作和程序不熟悉——尽管机组人员认为他们有能力飞行，但其实他们不完全熟悉飞机和新技术的使用。这起事故的原因是人的因素。

显而易见，许多事故的"根本"原因要么是机械故障，要么是人的因素。人的因素包括但不限于飞行经验、驾驶舱资源管理、飞行员（身体和心理）状态和任何诸如毒品和酒精等外部影响。在最近的航空事故和事件中，似乎没有一个单一因素是"突出的"。越来越明显的是，心理健康、医疗状况正在成为最近事故的相关因素（见下文）。

虽然航空公司和监管机构〔如美国联邦航空局（FAA）或欧盟的欧洲航空安全局（EASA）〕已经根据国家法规或监管机构法规对药物和酒精使用进行了严格监管，但"心理健康"问题此前一直未受到重视，直到最近才获得了应有的监管。"心理健康"是一个容易被忽略的因素，一系列事故提升了这一因素在航空业中的地位。

以下是一组最近的例子，其中飞行员的心理健康是起因。

## （一）美国孟加拉航空公司 BS-211 航班

这起事故涉及一架从达卡飞往加德满都的庞巴迪 Q400 飞机，在第二次尝试着陆时坠毁。大部分乘客死亡，仅 20 人幸存。虽然官方报告尚未公布，事故原因也未公布，但据称该航班的机长处于心理应激状态，而且在飞行过程中没有遵守正确的操作程序。《每日星报》（The Daily Star）的一篇网上报道称（援引一位"机密"消息来源）：

> 调查员在报告中写道："在我们分析驾驶舱语音记录器上的对话时，清楚地意识到机长隐藏了存在严重精神压力这一点。由于睡眠不足，他似乎很疲惫。他曾哭过好几次。"

该报道还说道：

> 根据报告，苏丹（Sultan）随后点燃了一根香烟，而当时飞机只有不到 3 分钟的时间就要起始进近了。报告称，这表明该飞行员的自满态度和对程序规定的严重忽视。

如果上述报告是准确的，那么这就是一起典型的由于飞行员心理健康问题和糟糕的飞行员选拔（或监督不当）对安全造成灾难性影响的例子。尽管如此，值得注意的是，

《每日星报》的报道一直存在争议。

### （二）德国之翼航空公司 9525 航班

2015 年 3 月 24 日，德国之翼航空公司一架空客 A320-211 航班在从巴塞罗那飞往杜塞尔多夫时坠入山区。事故的可能原因如调查报告所述，是副驾驶员安德烈亚斯·卢比茨（Andreas Lubitz）的蓄意行为：①他故意将机长锁在驾驶舱门外（在其去上厕所时）；②他通过使用自动驾驶仪使飞机进入受控下降状态，飞入法国阿尔卑斯山区。

事故发生后，对卢比茨的背景和健康状况进行了大量调查。调查报告得出结论，卢比茨患有精神疾病，而且由来已久。这不是偶然事件。据当时的其他报告称，他的雇主事先知晓他的健康状况。

由于德国之翼的事故（以及其他著名事故），航空业（包括欧洲航空管理局和美国联邦航空管理局）成立工作委员会进一步分析飞行员的身心健康状况。这次事故促进了航空业对心理健康的监管，从而直面这一"隐藏"风险。虽然这一举措令人鼓舞，但目前还不清楚新增的举措到底能在多大程度上降低这一"隐藏"风险。

### （三）莫桑比克航空公司 TM 470 航班

2013 年 11 月 29 日，一架莫桑比克航空的 E190 型客机在从马普托飞往安哥拉的途中坠毁，据称是由于一名飞行员在飞行期间的蓄意行为。没有确凿的证据表明机长当时的精神状态。调查报告指出：

（1）人的因素。调查中没有证据表明，生理因素或失能影响了机组人员的表现。

（2）可能起因。机长进行了自动飞行系统的输入，并且独自一人留在驾驶舱中，而副驾驶离开驾驶舱前往盥洗室，飞机由巡航模式转为持续控制下降，随后在地面撞毁。

（3）促成因素。不遵守公司程序，仅一名机组成员留在驾驶舱中。

有各种各样的理由可以解释机长的行为，但调查显示心理健康和压力是导致这一情况出现的部分原因。因此，该事故是心理健康对航空飞行和安全具有潜在影响，以及需要合理监管、谨慎选拔飞行员的又一个例证。

### （四）埃及航空 990 航班

1999 年 10 月 31 日，一架波音 767-366ER 在从洛杉矶（经纽约）飞往开罗的途中坠入大西洋。机上所有人员罹难。

埃及当局对事故的可能原因存在争议，但根据驾驶舱语音记录器和相关数据记录，调查人员得出结论，由于副驾驶加米尔·阿尔－巴图提（Gamil Al-Batouti）的动作和飞行控制输入，导致无法纠正的俯冲动作，最终使得机上所有人员遇难。美国国家运输安全委员会（NTSB）也无法解释副驾驶对飞机操作的反应。

> 可能原因。美国国家运输安全委员会认为，埃及航空 990 航班事故的可能原因是飞机偏离正常巡航飞行，随后由于副驾驶的飞行控制输入而冲入大西洋。对于副机长所作动作的原因尚不清楚。

如果上述"结论"是正确的，那么这就进一步证明了飞行员心理健康状况不佳的潜在"隐患"，最终结果是灾难性的事故。

## （五）丝绸航空 185 航班

1997 年 12 月 19 日，一架从雅加达飞往新加坡的波音 737-300 飞机坠毁，无人生还。关于事故可能原因的各种文章和分析指出，机长因个人和家庭问题而导致其出现心理问题；其他报告还表明他与航空公司之间长期存在矛盾。技术报告显示可能的原因是飞机方向舵的电源控制单元多次失灵。

印尼国家运输安全委员会（NTSC）的调查报告如下：

> 对机长的总体意见。NTSC 的结论是，财务状况和其工作相关事件的组合可能是机长的压力源。然而，NTSC 无法确定这些压力源的大小及其对机长行为的影响。

人们对事故进行了各种分析，但对事故的根本原因还没有得出决定性的结论。尽管如此，如果心理健康确实起了作用，那么这是影响航空安全这一关键问题的又一个例证，同时涉及飞行员的选拔和监管。

那么，这一切意味着什么？

上述五起事故（假设事故报告和可能原因准确）清楚地表明，存在造成所有这些飞机损失的主要是人的因素（而非机械故障）。这些都指明飞行员心理健康状况不佳或生理问题是导致飞机失事和乘客死亡的原因。但这一原因具有"内隐"性，在事故发生前通常难以意识到其危害。

鉴于上述情况，我们现在开始讨论飞行员选拔（包括监管）问题，以确定可以采取哪些措施来减少这种风险（如果有的话）。

# 二、飞行员选拔的实际问题

## 飞行员短缺和培训不足

虽然飞行员选拔存在各种实际问题，但必须对航空业进行更广泛的背景分析，更重要的是对飞行员选拔的风险和决策模式进行分析。此外，全世界都缺乏有能力和经验的飞行员，这是一个共识。

航空业曾经是一个"危险的行业"。然而，最近的研究表明，它显然是一种安全的交通方式。

随着过去的二三十年间航空操控和计算机化技术的高速发展，新一代飞机的驾驶舱现在已经高度数字化，而且更加复杂。例如，新型空客和波音飞机（如空客 A380 和波音 737-800 MAX）的航空电子设备提高了安全性，但在飞行管理方面仍属于劳动密集型，同时也诞生了"驾驶无用论"的观点。

"驾驶"技术在某种程度上已经发生了变化：飞行员从三四十年前直接驾驶飞机，逐渐演变为"监控角色"，某些航空公司要求飞行员"直接飞行"的时间只有 30 分钟。这是因为一些航空公司有这样的规则，即由自动驾驶和相关的飞行管理系统让飞机"飞"到一定的高度。然而，有一些事故就是由于飞行员对系统的误解而发生的，比如过度使用自动驾驶系统或不了解飞行管理系统。比如 2013 年 7 月亚洲航空公司（Asian Airlines）的 214 号航班（B777）在旧金山坠毁就可能出自这个原因。当时，机组人员误解了飞行管理系统显示的读数和信息，因此导致飞机在下降阶段失速，飞机在离跑道不远处撞地，部分乘客丧生。

然而，也有相反的情况发生。其中一个案例是 2008 年 10 月澳航的 QF72 航班，该航班为空客 A330，从新加坡飞往珀斯。途中遭遇了电脑故障，几乎导致飞机失事。澳大利亚交通安全局（Australian Transport Safety Bureau，ATSB）的调查报告称，惯性参考系统存在技术问题，导致自动驾驶仪断开。在那次飞行中，机组人员凭借飞行经验克服了多次失败，成功地将飞机降落在新加坡。这表明，在当前的飞行技术时代，对飞机系统的仔细监控（以及何时"手动接管"自动化系统）是飞行的基本技能。

随着飞行控制技术的进步，一些历史和经济因素对航空公司、飞行员选拔以及飞行专业知识产生了重大影响。例如，在 20 世纪 80 年代，由于对航空业管制的放松，新的民营航空公司出现了爆炸式增长——尤其是在美国。加拿大、英国和澳大利亚也出现了很多大规模放松管制的例子。新入局的公司试图与传统（国有）航空公司竞争，虽然多数并未获得成功，但却在一段时期里引起了对飞行员的巨大需求。然而，由于缺乏飞行学校和学员培训规划（许多飞行员是从空军招聘而来），再加上航空公司在飞行员培养方面投资不足，进一步导致了飞行员的短缺。

遗憾的是，在此期间（以及 20 世纪 90 年代末的经济低迷时期），航空公司并没有在招募飞行员方面投入大量资金，其影响甚至在今天依然可见。在 20 世纪 80 年代和 90 年代，那些狭隘的战略决策不幸地在行业中留下了一个巨大的人才缺口，这反过来导致了总体上飞行员的短缺，特别是有经验的飞行员。但许多人认为这只是由于现有飞行员飞得还不够多导致的。

尽管如此，为了扭转上述飞行员短缺的局面，航空业采取了很多措施试图解决这个问题，包括优化招聘流程，主要航空公司提供实习岗位，以及从 2002/2003 年的繁荣时期和"9·11"事件以后加大了行业投资等。

不幸的是，资深飞行员（其中很多人现在已经退休）和那些在小型航空公司长期服役的飞行员也一直短缺（许多人跳槽到薪酬和条件更好的大型航空公司）。随着技术的进步，优秀飞行员短缺的时代已经到来。

## 三、这对航空公司 / 运营商和飞行员选拔意味着什么？

所有航空公司都必须遵守有关运营和飞行员聘用的法规和行业标准。当然也包括飞机的注册和行业的监管。例如，正在飞行的飞机的注册国为英国，任何驾驶该飞机的飞行员（从监管角度来看）都将受到英国民航局和欧洲航空安全局的监管。因此，能否被聘用首先取决于能否成功地向该国民航监管机构提出申请。此外，还会受到"执照机型"评定的限制。飞行员只能驾驶"执照机型"的飞机。他们必须接受训练，并接受所飞机型的类型评定。在目前的航空市场上，制造商和机型的数量庞大，这意味着需要更多的飞行员来驾驶不同的机型。由于航空公司拥有飞机的机型和制造商多种多样，这无疑增加了可用飞行员的压力。一般来说，一个飞行员不能驾驶同一制造商生产的两种以上型号的飞机。

### 航空公司内部缺乏忠诚

在过去的几十年中，飞行员在同一家航空公司或运营商开始他们的职业生涯直至结束是很常见的。但这一历史职业轨迹（与许多行业一样）现已发生了显著变化，特别是许多航空公司现在通过更优越的条件（包括免税福利和较宽松的航班计划和时间表）来诱使飞行员离开目前的运营商。

现在，飞行员普遍缺乏对任何一家航空公司或运营商的忠诚度。对于航空公司/运营商而言这是不幸的，也是一个风险因素。

此外，一些较新的航空公司的晋升阶梯更快，飞行员不仅有机会更快地晋升为"机长"，而且他们还可以接受到对更新式飞机的培训并驾驶——特别是宽体空客和波音机型。这对有抱负的年轻飞行员很有吸引力。

## 四、然而，这在法律上有问题吗？

除了飞行员更换雇主可能给航空公司或运营商带来的人力资源问题外，飞行员或雇主并不存在"固有的"法律风险。然而，这个论断显然没有考虑到任何其他"行为"或"操作"因素，这些因素可能是导致飞行员"离开"上一份工作的原因之一。

虽然工作推荐信和飞行员的飞行经历对新雇主很有价值，但这也无法保证新雇主不会受飞行员能力或其"不为人知"的特点的影响。了解飞行员的医疗或精神病史信息可能会受到限制，这取决于该飞行员的注册状态，以及他/她从哪里获得的商业飞行执照。这种情况主要见于那些在国外出生但在本国工作的飞行员，他们可能会为第三方国家的新雇主工作。因此，这要求航空公司/运营商需要对其背景和尽职情况进行进一步的调查，以确定飞行员的任职经历、经验和飞行能力，以及他们是否有犯罪记录或处罚。然而，这些并没有明确的标准——员工的尽职调查也只是直观的判断，但没有明确的法律条款。如果飞行员的记录中没有明确的记载，也很难评估。因此，建议航空公司和运营商通过一个严格的试用期和机组人员"团队协作"，来考察和监控新入职的飞行员，以确保他们遵循程序并表现出最好的飞行技术，这也符合航空公司或运营商的最大利益。

需要进一步考虑的一点是"合同制"飞行员。通常情况下，航空公司在其他飞行员的假期期间可能会与飞行员签订一个航运季的聘用合同，或当运营商"湿出租"（wet leases）一架飞机——有时称为"打包"出租（出租人提供飞机、机组、维修和保险）。在这种情况下，运营商/航空公司不可能或者说极不可能对新飞行员进行广泛的尽职调查——特别是当他们是紧急或短期聘用时。对于承租人或招募航空公司来说，这是一种"交易风险"。除非对这些"合同制"飞行员进行同样的尽职调查或检查，否则航空公司/运营商可能会对那些通常不可能被该航空公司聘用的飞行员承担额外和不必要的责任。那些被航空公司拒绝的飞行员又通过"湿出租"的方式被该航空公司"雇佣"的情况并不少见。如果出现了事故或事件，这会让航空公司陷入实体和法律责任的困局之中。

## 五、文化差异，男性 / 女性的选拔

许多航空公司现在都是在国家制定的关于种族、年龄和民族歧视法案框架下，更积极地开展招聘工作。根据法律规定，公司不能因种族、性别、年龄、残疾或类似因素而出现歧视行为。雇用必须基于公平的水平和经验标准。在某些情况下，这可能会给航空公司和运营商造成重大问题，因为他们对其人员、航班和乘客负有重于一切的安全保障义务。

然而，在上述情况下，许多国际航空公司现在不得不采用男女组合的机组，还要控制好他们之间的文化差异。这是一个相对较新的现象，部分原因是许多国家劳动力和人口结构的变化。

比如，到目前为止，波斯湾地区的许多航空公司都难以见到女性飞行员。这项政策现在已经改变了。此外，以前从未听说过全女性机组，但这一点最近也改变了。最近一个全女性机组的例子是文莱皇家航空公司（Royal Brunei）于 2016 年，在阿拉伯航空公司中率先推出了全女性的波音 B787 机组。

目前，任何法院都不会认可对女性机组的歧视，所有航空公司或运营商都必须牢记这一点。现在，所有飞行员都必须面对同样的能力和经验检测和考察。因此，航空公司和运营商无法再基于许多他们过去认为"正当"的理由进行"歧视"。如果他们今天还这样做，他们可能将面临歧视诉讼。

## 六、人力资源问题、雇用合同、种族、肤色等

自航空公司变得具有吸引力（对于员工、机组人员和地勤人员）以来，航空公司职位一直受到重视，尤其是在国际航空公司工作带来的社会地位。

自从工会和航空业的重大劳资纠纷（如 20 世纪 80 年代司空见惯的美国和澳大利亚飞行员罢工）出现以来，航空公司被迫采取更加"中立"的劳资关系政策并渐渐成为主流。因此，航空公司必须在飞行员和工作人员的雇用方面采用相同的政策，包括

反歧视政策和平等就业机会政策。

最近的一些案件涉及飞行人员雇用、着装和雇用条件。某些国际航空公司已将这些问题摆在了首位。除非该国航空监管机构出于安全和安保原因,否则航空公司不再需要"特定类型"的员工。任何员工都必须根据能力和认证来接受雇用,欧盟和美国法律不允许"其他因素"成为部分或构成任何接受或拒绝机组人员的依据。

此外,工资福利在相同经验水平但不同性别员工之间不能存在差异,只允许基于年资的差异。最近,主要在英国出现的"零工时"合同再次将同工同酬和同等条件问题提上了航空业及其支持行业的日程——这种情况在机组人员中确实存在,聘用不应分性别、种族或背景。

对于不遵守现行法律法规的航空公司或运营商而言,上述所有事项都有潜在的法律风险。

# 七、人的因素、驾驶舱资源管理(CRM)问题

曾经有几十年,世界各地的航空公司和运营商只接受前空军飞行员,因为他们被认为是世界上最有经验的飞行员。但这被证明是一个错误的假设,从下面的证据就可以明显看出来。这种只由航空公司和运营商雇用空军飞行员的态度在 20 世纪 80 年代和 90 年代发生了变化,此前对许多飞机事故进行了分析,结果表明这些飞行员之间缺乏"合作"(或后来称之为机组资源管理),他们之间冲突往往是造成飞机失事的重要原因。因此,许多事故的根源可能往往和空军军衔及文化地位有关。高级军官和初级军官常常一起受聘并接受"在职培训"。在飞行的关键阶段,许多初级军官甚至在发现高级军官的差错时也仅仅是"保持安静"或"无所作为"——这主要是因为他们被训练得更顺从,而不是"敢于挑战"。这也是 1999 年在斯坦斯特德(Stansted)机场发生的大韩航空 KAL092 号货机事故的主要原因。当时,一位非常资深的空军上尉和一位初级军官驾驶着这架从英国起飞的波音 747 货机,由于驾驶舱故障和机组人员缺乏合作而在起飞时坠毁。与资历有关的文化问题被认为是事故发生的原因之一,在飞行的关键时刻,副驾驶未能"说出来"告知机长飞机仪表上的错误,以及在飞机明显处于危险时也未能控制飞机,继而飞机在急速爬升时坠毁,机上人员全部遇难。

值得庆幸的是,这种态度现在已经随着驾驶舱机组资源管理程序的引入而改变,这些程序已被广泛实施以应对此类问题。

另一个缺乏适当的机组资源管理可能是事故原因的例子是 1972 年在伦敦希思罗机场发生的英欧航空公司 BEA 548 航班事故，该事故再次证明了机组资源管理可能是一个影响因素。调查报告中总结的直接原因包括副机长（first officer）和接班飞行员（relief pilot）经验不足，以及在确定关键安全决定和补救行动方面缺乏经验。由此将故障演变为飞机坠毁，机上人员全部遇难。

因此，从以上例子中不难发现，操作能力和心理能力应是飞行员选拔的基本指标。即使在巨大的压力下，机组人员也必须解决他们之间的分歧，协同工作。对于今天的飞行员而言，这是一个关键的有利因素。

问题是运营商或航空公司如何确保选拔出了正确的申请者？不幸的是，没有神奇的公式——只有指导性指南。

## 八、飞行员行为的保密报告——酗酒、吸毒、妨碍飞行操作的行为

在 20 世纪 80 年代和 90 年代，在面对飞行事故的诉讼指控时，航空公司和运营商都会依据与飞机操控和管理运营相关的一般性法律法规（通常是法定文书或附则）进行处置。关于事故和事件的"问责文化"使得航空公司很难帮助有过错的飞行员进行自我辩护，并且对机组人员、经验和飞机技术之间的相互关系的理解也不够。飞行机组人员的心理健康与幸福感并不是航空公司普遍关注的问题，也并未真正被理解为"隐性风险"。

20 世纪 90 年代出现了飞行员"保密报告"（confidential reporting）的做法，这是一种行业"举报"（匿名）系统，飞行员可以匿名地对操作、行为、事故和事件进行保密报告，以促进安全和安保。这一做法是为了评估和训练飞行员，而非归咎责任。这种做法今天仍然存在。虽然这个系统帮助航空公司和运营商进行安全评估，但它并没有完全纳入心理健康等问题（因为这通常很难由外行评估）。

然而，随着对这类状况的医学理解的不断加深，监管机构现在正加大力度去解决飞行员的那些在行为、医疗和心理健康方面低于驾驶的"可接受"标准的情况。

最近，欧洲航空安全局关于在欧盟国家选拔外国飞行员的规定发生了变化（无论某飞机的注册状态在或不在欧盟国家），导致当地监管机构对外国航空公司和飞行员提起诉讼。

新近的一个例子是，日本航空公司的一名副驾驶在驾驶一架从伦敦希思罗机场飞

往日本东京的日本航空 B777 航班时，被发现多次饮酒超标，他被指控犯有酗酒驾驶飞机罪。

飞行员因饮酒（在操控飞机时）而受到严厉处罚的另一个例子是英国航空公司的朱利安·莫纳汉先生，他本来要驾驶一架 B777 从英国飞往毛里求斯，在被同事向警方举报饮酒后被判入狱 8 个月。

这些例子表明，来自当地监管机构、机场工作人员和同事的干预和"举报"有助于防止飞行员在受酒精和毒品影响的情况下驾驶飞机。然而，吸毒和酗酒容易被识别（如上面的例子），但健康和心理健康问题却不是。这需要进一步的分析，因为它更难评估。药物和酒精滥用可能由许多精神问题引起，但也不一定如此。

我们现在转而讨论飞行员选拔和医疗 / 心理健康方面的法律问题。

# 九、相关法律问题

关于航空和航空公司责任（包括乘客索赔）的法律起点是 1929 年的华沙公约（Warsaw Convention，WC）。该公约仅在签署国之间就商用飞机乘客的死亡和人身伤害的法律责任限额和赔偿达成一致，货物和行李限额也列入了这项公约。它得到了一些国家的认可，并成为所有国际旅行航空责任索赔的基础。当然，它不适用于某国国内发生事故的情况，其国内相关法规规定了事故责任认定。

根据《华沙公约》（全称为《关于统一国际航空运输某些规则的条约》）规定，责任限制在 25 万法郎以内，除非乘客能够证明航空公司的故意不当行为（即第 25 条的索赔），当然这需要非常高的举证标准。在发生几起飞机事故和突破了第 25 条规定之后，航空业和各个国家（包括欧盟）同意了各种新的协议和公约，以增加责任赔偿限额，同时减少航空公司及其保险公司为防止向死者及其家属支付巨额赔偿而采取的防御措施。华沙公约规定的初衷是降低航空公司因一次事故而破产的可能性。由于国际航空保险公司的出现，对航空公司和运营商有很高的保险赔偿限额，现在这种情况已不太可能发生。

1955 年的《海牙议定书》（Hague Protocol）提出进一步提高赔偿限额，并在一些国家和地区之间达成共识，这反过来也提高了死亡和人身伤害的赔偿限额，减少了死亡或人身伤害案件的诉讼数量，但并非完全没有。

还有许多国家通过其国内法律（如日本）来解决责任限额的问题，并在机票中加入了更高的限额。然而，直到 20 世纪 90 年代末，一些国家才最终达成了另一项国际责任公约，并确立了航空责任的基础。航空公司的防范措施仍然存在，但只允许采取一切合理措施来避免损失或损害。

1999 年的《蒙特利尔公约》（Montreal Convention）最终于 2000 年在缔约国之间生效。这一公约已被绝大多数国家所接受，并在很大程度上规范了今天的损失和损害责任。

虽然航空公司对乘客有严格的"限制"，但这种限制并不能保护制造商或第三方免于乘客的索赔。《蒙特利尔公约》并不直接适用于这些实体。此外，乘客（或家属）必须表现出严格限制以外的过失，才能获得超过限额的损害赔偿。在实践中，这需要通过评估运营商或航空公司应该做的与实际做的之间的差别来确定。

对于这样的分析，出发点将是事故的起因，以及如何通过遵循各种操作和飞行手册来"克服"这一问题。当然，机组人员的作为和不作为将被详细审查。第一步一般是简单检查飞行清单和机组人员所遵循的操作程序。下一阶段通常是对飞机维修和飞行员背景的调查。这些检查往往可以发现明显的证据，从而成为旅客或家属提出索赔或要求的基础。

关于飞行员心理健康和相关疾病问题，如果"发现"下列任何一项（并非详尽清单）是造成飞机失事或乘客死亡或受伤的原因（或有部分因果关系），那么可以说，航空公司或运营商（及其保险公司）可能会发现自己将面临巨额索赔和赔付：

（1）机组人员在体检中发现存在问题。

（2）在飞行员培训、考核、更新、执飞"机型"审查和更新等方面有技术缺陷。

（3）雇用前后所出现的心理健康问题，未得到解决或未成功完成再培训的长期问题。

（4）其他工作人员、朋友、医生或亲属发现的行为问题，但未得到解决或寻求治疗。

（5）对飞行员身体或精神状态产生质疑的社交媒体问题。

（6）导致的事件或事故的操作缺陷或不符合标准的操作。

从以上可以明显看出，大额赔偿将取决于家属证明航空公司或运营商未能履行其对乘客的职责。检测是客观的，但往往只检测航空公司知道或应该知道的内容，或者在机组人员或航空公司的行为疏忽导致了事故后才进行检测。当然，飞行员的精神和医学状况也将受到审查。

虽然最近没有就"心理健康"责任本身作出判决的案例，但已经有一些案例值得研究（见下文）。它们为法院将来可以如何处理此类案件提供了指导，例如某名工作人员未能披露自己的某些情况该如何处理，并进一步提供了一些指导：①飞行员是否可以在某些情况下向雇主索赔损失和损害；②航空公司或运营商针对飞行员的医疗和心理健康状况（披露或未披露）而采取的作为或不作为应承担什么样的责任。

在休森（Hewison）起诉子午线航运服务有限公司一案中，休森此前故意谎报健康状况从而获得了工作，现对其未来的收入损失提起诉讼。由于病情（癫痫，正在接受药物治疗）和疏忽，他在海上工作时对第三方造成了伤害。法院裁定他无法获得赔偿，因为有明确的规定，索赔人不能依靠非法行为来获得损害赔偿。在休森案之后，还有摩根（Morgan）诉布莱森物资回收有限公司案，焦点集中在因碰撞而产生的索赔上，但索赔人未能更新其车辆 MOT（Ministry of Transport）年检，进而导致其保险无效。在该案件中，法院裁定摩根（索赔人）不能要求赔偿更换一辆汽车的费用，因为他不可能在不触犯刑法的情况下驾驶涉事车辆。

法院在阿格海蓬（Agheampong）与联合制造（伦敦）有限公司案中也表达了类似的逻辑。法院驳回了由未投保车辆引起的索赔，索赔人不仅证明自己愿意在未投保的情况下违法驾驶车辆，而且愿意接受欺骗政府道路交通管理局的违法行为带来的后果。法院裁定，该行为属于通过欺骗和虚假陈述获益，构成严重刑事犯罪。

上述案例的逻辑显而易见，也同样适用于"航空环境"中，飞行员不能依据由于自己不披露的医疗或心理健康状况而导致损失的情况起诉其雇主或第三方。这是一个公共政策问题，并遵循普通法的一般原则。航空公司或运营商的问题是，他们在多大程度上意识到飞行员的作为/不作为或披露/未披露？在飞行员给任何第三方造成损失和破坏时，这就会成为一个问题。

此外，作为一项公共政策，可以看出，如果有故意误导或提供虚假信息的行为，法院将不会支持提出索赔的一方（如飞行员）。在下述案例中也遵循了同样的逻辑：

在格雷（Gray）诉泰晤士列车有限公司（Thames Trains Limited）案中，一名因拉德布罗克格罗夫（Ladbroke Grove）列车相撞事故受伤的乘客向列车运营商提出了特殊和一般损害赔偿的索赔。虽然事故是由列车操作员疏忽导致，索赔人也只受了轻伤，但他后来患上了创伤后应激障碍（PTSD）和相关疾病。这导致格雷在另一起无关事件中刺死了一名行人。他被起诉并承认了过失杀人罪。由于其患有创伤后应激障碍，因此减轻罪责，被判处在医院服刑。法院认为，一个人不能因犯罪行为被判刑而获得损害赔偿，在这方面，他们遵循克兰尼斯（Clunis）诉卡姆登和伊斯灵顿（Camden & Islington HA）案。

在克兰尼斯案中，原告出院，由被告照顾。原告患有精神疾病。在被告照顾他期间，原告在一次无端攻击中杀害了第三方。原告被控谋杀，但后来由于患有精神疾病减轻了责任，指控减为过失杀人罪。原告随后以被告（1）疏忽及（2）违反以合理小心的技巧对待他的普通法义务向被告提出索赔请求。他的论点的基础是，如果被告在原告过失杀人日之前对原告进行评估，那么原告就会被扣留或同意接受治疗，因此就不会犯罪。

被告提出申诉。法院认为，基于公共政策，原告不能依据自己的犯罪行为来进行过失索赔，除非他不知道自己行为的性质和后果，或者不知道自己的行为是错的。尽管法院提出了减轻原告责任的意见，但他还是无法逃避犯罪的事实。被告胜诉了。然而，法院确实对普通法义务做了一个有意义的注释。法院指出，原告提出的普通法义务与被告的法定义务并存的意见不能得到支持，因为根据 1982 年《精神健康法》（Mental Health Act）第 117 条，看护人提供善后护理的义务与医生和患者之间的关系有着根本的不同。

从航空公司的角度和采用的原则来看，这些案例表明：他们在监督和管控飞行员，而非第三方的乘客方面具有责任和义务。可以说，法律赋予了航空公司 / 运营商积极的责任，以确保其飞行员遵守所有的法律法规。他们必须充当"监督者"的角色，确保员工和飞行员遵守规定。航空公司或运营商有积极的法律义务，由可以胜任且身心健康的机组人员进行飞行操作，并确保飞行安全。因此，航空公司或运营商对于危险迹象或飞行员在心理健康或医疗方面低于规定的标准的状况，不能简单地声称"不知情"。

此外，关于曾罹患（或仍患有）精神疾病的人的责任，还有一系列案件值得借鉴，尽管不是涉及航空的案件，但从中可以了解法院是如何处置这类案件的。

在格里菲斯（Griffith）诉萨福克郡警察局长一案中，死者的子女提出了损害赔偿的要求，因为被告谋杀了他们的父母，而被告患有精神疾病，曾在英国国民健康服务委员会（National Health Service Trust）接受过治疗。法院的结论是，国民健康服务委员会（对被告进行过治疗）断定被告（企图自杀）不符合 1983 年《精神健康法》规定的强制住院标准方面并非疏忽大意。在此基础上，法院的结论是，国民健康服务委员对被告在不久之后谋杀原告的父母不承担责任，其也没有义务提前警告死者或警察。

法院进一步澄清了原告对被告的第二项关于经营责任的指控，即国民健康服务委员会未能采取措施保护死者和被告免受伤害，从而给公众带来了风险。法院否定了这一说法，并进一步表示，已经考虑并拒绝对被告使用强制控制权。此外，还考虑并实施了一项护理计划。

本次讨论中最令人感兴趣的问题是，被告认为：国民健康服务委员会应根据被告有低到中等的自杀风险，判断被告对普通公众存在风险。但法院的结论是：没有任何依据可以得出被告的判断。

已经对被告采取了合法的相关保护措施，因此没有理由要求通知警方或采取措施保护公众。有意思的是，法院考虑了《保护人权和基本自由公约》（Convention for the Protection of human Rights and Fundamental Freedom）第 2 条和第 8 条的影响，指出：

> 公共部门不得干预该权利的行使，除非是依法进行干预，并且是民主社会为了国家安全、公共安全或国家经济福祉、预防混乱或犯罪、保护健康或道德所必需的，或为了保护他人的权利和自由。

上述案件必须与塔拉索夫（Tarasoff）诉美国加州大学董事会案的决定形成对比，在该案中，医生被认定有责任未能提醒受害者及其家人注意被告在医疗期间潜在的伤害威胁。这一法律标准现在已经扩展到更多的案例中，这一标准不要求识别具体人员，而是要求识别一类人或一般公众。此外，员工关于心理健康问题的索赔，通常很难成功。

当然，上述案例（取决于法院将遵循哪些法律先例）可能会赋予航空公司和运营商（在一定程度上）承担法律责任，以确保其员工和飞行员身体和心理健康，并相应地处理任何意思相反的告知（必须合理且适当）。航空公司或运营商不能简单地忽视飞行员的任何此类精神或医疗问题的投诉或迹象，因为安全是这些实体的首要目标。然而，任何这种审查都必须是适度和合理的。在任何分析中，还必须考虑医生对隐私的保护和披露问题。

在马龙（Malone）诉罗德·艾德沃凯特（Lord Advocate）一案中，原告向被告索赔因失去工作而造成的损失和侵害。案件主要基于程序性理由，但有趣的是，原告的案件是以一种独特的方式提出的。

原告称，从 2012 年 4 月至今，她一直患有复发性抑郁症，这是由于难以忍受的工作条件造成的。原告认为，被告雇主知道或应该知道原告在工作中承受着压力，这对原告的心理健康构成威胁，雇主应该采取某些明确的措施来帮助原告。

此外，法院还认定，雇主本应向原告进行个人风险评估，这将披露原告目前的医疗状况。该案件争论的另一个问题是，如果被告雇主在 2013 年 2 月之前实施了这些措施，就可以减轻或避免原告的压力，并使她能够继续就业。对于航空公司或运营商来说，这是一个值得借鉴的案例，他们应考虑对飞行员应负的责任和他们在这种情况下应该采取的补救措施。法院的判决表明，航空公司或运营商需要采取有利措施，在影响员工工作能力和工作场所的问题上降低风险，确保安全。可以认为，其中应包括身体健康和心理健康问题。

在巴克莱银行（Barclays Bank Plc）诉各索赔人案中，各索赔人对被告银行提起诉讼，要求被告银行赔偿因一名医生对其实施性侵犯而遭受的损失，该医生与该银行就为银行雇员提供保险所需的体检报告签订了服务合同。法院认为，被告银行对该医生在对该银行现有和未来雇员进行体检时实施的性侵犯负有替代责任（vicariously liable）。

双方的律师就医生的作用表达了大量的意见，还对医生与被告银行的关系进行了广泛的审查，被告银行提出该医生是独立承包商，因此银行不承担责任。法院驳回了该陈词，并称该医生的行为是代表银行进行的，是为了银行的利益并且是其业务活动的一个组成部分。就医疗评估的性质和报告的完成而言，该医生在银行的控制下工作，并且银行更具有补偿受害者的能力，可以为承担此类责任投保。

法院进一步指出，这些行为与银行对医生的准雇佣有足够密切的联系，认为银行承担替代责任是公平和公正的。因此，法院遵循了考克斯（Cox）诉美司法部案中建立的原则，即司法部对囚犯从事带薪厨房工作的过失行为造成的伤害负有替代责任。

鉴于上述情况和银行医生特殊的雇佣方式（可能类似于航空公司的医生或指定的体检或心理健康检查人员），如果体检和评估通常由航空公司的医疗团队或他们"指定"的人进行，航空公司或运营商可能会处于非常困难的境地（并承担相应的法律责任）。根据这一案例，在发生由"已知"的医疗或心理状况引起的事故或事件时，航空公司或运营商几乎不可能表明他们不知道飞行员的医疗或心理状况。从本质上讲，体检医生或心理健康专家的知识也属于航空公司或运营商的知识。因此，这一系列案例（基于一般原则）表明航空公司或运营商对其飞行员的身体和心理健康状况应保持警惕和监督。

英国最近另一个有借鉴意义的案例提出了一些原则，这些原则可能有助于评估航空公司或运营商对其雇员保持关注义务的"标准"。在安德鲁斯（Andrews）诉英国航空公司（British Airways Plc）案中，一名空乘人员提起了损害赔偿诉讼。在受雇期间，她因飞机的严重颠簸而受伤。这个案件的关键点取决于当时机组人员所采取的实际行动。然而，由此引出了一个有趣的主张，即法院的结论是，飞行员在驾驶飞机时保持了恰当的谨慎，也考虑到了风险，采取了绕着大风暴飞行的行为。由于索赔人无法证明被告航空公司没有采取相应行动，因此索赔失败。这个案例很有趣，因为它为机组人员是否疏忽提供了一个"评估基础"，同时也考虑了他们的心理健康。即他们做了什么，什么时候做的。法庭如果遵循安德鲁斯的观点，无疑只会关注实际事件、操作以及机组人员所做或可能应该做的事情。仅仅有"小错误"或对危急情况的错误判断是不够支持索赔主张的，需要严重偏离程序和操作从而造成损失才行。

我们现在转向涉及飞行员及其与责任有关的行为的案例（作为诉讼的一般原因和

责任的基础）。这些案例表明，在评估潜在责任和考虑到所有周围情况时，对其进行判断的严格标准。

在巴尔（Barr）诉民航局案中，一名飞行员因未能在一个偏远的着陆跑道上进行适当的飞行准备而被控犯罪行为和违反规定。

> 如果有检查手表准确性的方法和手段，但在这种情况下，飞行员在孤立的简易跑道上操作，除了手表没有其他计时器，也没有检查其准确性的手段；因此，该判决应被撤销。

关于飞行员和其他工作人员对于事故的"自我"披露（包括关于心理健康和其他状况的披露），以下案件也与飞行员及其雇主（对于操作）的潜在责任有关。

在苏塞克斯郡警察局长和交通大臣案中，法庭必须处理刑事诉讼和披露相关材料的问题。法庭认为：

> 当法庭对工作进行适当的衡量时，向英国航空事故调查处（Air Accidents Investigation Branch-UK，AAIB）所作的陈述可能演变成被命令做出披露，这几乎是不可想象的。这将产生严重而明显的"寒蝉效应"（chilling effect），阻止人们以必要的坦率回答英国航空事故调查处（AAIB）的问题。这将严重妨碍今后的事故调查和通过吸取可能有助于防止类似事故的经验教训来保护公共安全。要求这种披露也是不公平的：英国航空事故调查处（AAIB）的权力不同于警方拥有的可以要求强制回答问题的权力。因为访谈的目的是在事故调查中获得尽可能充分的信息，因此对被访谈者没有明显的提醒并不奇怪。要求披露飞行员陈述的申请被驳回了。

在卡斯利（Casley）诉 GMP 证券欧洲有限公司案中，索赔人的家属要求赔偿因父母在飞机事故中死亡而造成的损失和损害。法庭的结论是：

> 卡斯利的雇主对其负有普通法义务，应为其提供安全的工作场所和工作系统，库克（Cook）诉 Square D 有限公司案可做此案援引。乘坐私人包机前往偏远地区是卡斯利工作的一部分，而他的雇主也有不委派他前往的义务，即在他受雇期间，应对他的旅行给予合理的关注，以确保他的安全。

法庭进一步陈述如下：

> 承租人已经履行了他的责任，在飞行前已经收集了许多关于承运人的资料。但不知道该承运人在"被禁"名单上，而且在没有提供某些信息的情况下继续运营，这没有什么不同。其他资料的存在并不意味着所收集到的资料不够充分。卡斯利已经采取了合理的步骤，以确认自己的承运人是适当的，之前的成功飞行是其做出决定的一个重要因素。承租人没有义务调查细节，比如飞行员打算以何种

方式执行飞行任务，只是有义务识别和评估计划的飞行是否存在特定风险，并选择一家有信誉的承运人，事实上已经这样做了。

从以上案例中可以看出，法院对飞行员、雇主（包括雇主的替代责任）以及第三方在有关航空操作、健康状况和一般责任上有不同的看法。他们认为，只有在严重违反规章或操作程序的情况下才应承担责任。因此应考虑航空公司或运营商和飞行员的作为和不作为。简而言之，一方必须合理行事且遵守规则和条例，才能对索赔或投诉进行辩护。

相反，关于旅客伤亡责任，还应指出，作为一般规则，航空第三方旅客索赔的重点是旅客是否因"事故"而死亡或受伤。《华沙公约》作为 1999 年《蒙特利尔公约》的前身，仍然被一些国家所采用，它在第 17 条中定义了"人身伤害"（bodily injury）这一概念，包括对大脑或神经系统的伤害，或由这种伤害导致的生理表现，但不包括精神疾病、休克、恐惧、焦虑或痛苦。在涉及赔偿责任时，这是一个重要问题，赔偿条款本身只认可在最有限的情况下造成的"精神"伤害。

在任何情况下，都需要对事故进行适当的评估，以查明造成损失或损害的原因以及航空公司、运营商和机组人员有哪些作为或不作为。重点视索赔类型而定。

以上阐明了法庭可如何处理航空公司及运营商与飞行员的心理和医疗健康、责任和飞行员选拔有关的责任问题。现在我们来谈谈最近行业在飞行员医疗和心理健康方面的动向，以及行业如何应对这些"隐患"。

## 十、欧盟航空安全局航空心理健康的发展

德国之翼 9525 航班事故在英国和欧盟引起了巨大关注，许多业内人士开始审视心理疾病对航空和飞行员的影响。其实从十多年前开始，心理疾病就已开始被关注了。

各行业机构审查了心理健康问题以及相关的医疗状况，并根据德国之翼 9525 号航班失事和马来西亚航空 MH370 航班的失踪，为行业制定了指导准则和注意事项。美国联邦航空管理局（FAA）2015 年的报告为航空公司 / 运营商的日常操作（包括双人驾驶舱规则）制定了一系列建议和程序，并得出结论：航空业需要专业的医学检查人员。

欧盟航空安全局（EASA）借鉴法国对英国欧洲航空公司（BEA）相同事故的初步调查经验，成立了一个特别工作组，对德国之翼 9525 航班事故进行调查，并为航空公司和运营商提出改进建议。这些建议是有深远影响的指导准则，包括双人驾驶舱

规则（即两名机组人员任何时候都必须同时在驾驶舱）、飞行员入职前的心理评估检测、对医学检查人员及其工作绩效进行更严格的监督和评估、飞行员支持系统、国家监管病人保密与公共安全的平衡问题，以及建立航空医疗数据库，以解决飞行员对自己的身心健康状况不透露或"部分"透露的问题。

基于上述 EASA 特别工作组的报告起草了欧盟航空安全局意见（EASA Opinion），并最终通过了欧盟立法，实施期为两年。该意见特别强调了特别工作组的报告，并得到了业界的广泛认可。

欧盟委员会于 2018 年 7 月 23 日发布了欧盟法规 2018/1042，该法规对 965/2012 号法规进行了修订，涉及相关技术要求和行政程序，包括引入支持计划、机组人员心理评估以及对精神活性物质的系统和随机检测，以确保机组人员是健康和适航的。该法规第 2 条规定：

EASA 应持续审查有关支持计划、机组人员心理评估及系统和随机精神活性物质检测的有效性，以确保附件 Ⅱ 和附件 Ⅳ 中所列机组人员及客舱机组人员的健康状况。2022 年 8 月 14 日之前，EASA 应就本次审查的结果出具第一份报告。

危及安全：

（1）运营者应采取一切合理措施，以确保无任何人不顾后果、故意或疏忽地出现或忽略如下的行为：

① 危及飞机或机上人员；

② 造成或允许一架飞机危及任何人或财物。

（2）在航线飞行开始前，运营商应当确保机组人员已接受心理评估，以便：

① 确定机组人员的心理特征及与工作环境相适应；

② 减少对飞行安全操作产生负面干扰的可能性。

（3）考虑到飞行人员活动的规模、性质和复杂性，可以用机组人员内部对心理特征和适应性的评估取代（2）所述的心理评估。

根据特别工作组的审查和建议，欧盟关于机组人员心理健康的规定包括两年的过渡期，以便航空公司和成员国对此有所准备，而且还为创建必要的基础设施来执行法规预留了时间。

此外，据了解，EASA 将发布符合性的可接受方法和指导材料（Acceptable Means of Compliance and Guidance Material，AMC/GM），以"决策"的形式支持新规则的实施，并将与成员国和行业合作，协助法规的实施。

上述情况表明，航空业现已注意到航空安全面临的这种"隐藏"风险，并已采取积极措施处理飞行员选拔、心理健康和遵守规定的问题。航空公司和运营商现在必须采取适当的步骤来实施指导规范，并确保从医疗和心理健康的角度对飞行员进行合理监管。

# 十一、航空公司对飞行员的监控——什么是彻底的尽职调查？

一旦发生事故，不可避免的问题将是追查是谁的过错，以及为什么会发生。运营商应如何为自己辩护或减轻责任？

如果确实有什么东西可以"发现"或提供一些即将发生的问题的"警告"，那么诸如驾驶舱语音记录仪、飞行数据记录仪、GPS、移动电话、在线追踪等众多技术，以及诸如脸书（Facebook）、照片墙（Instagram）和有线电视（CCTV）等社交媒体，让人几乎不可能不留下"数据"痕迹。

航空公司面临的问题是，它们已经受到了严格的监管，任何更进一步的义务都无疑会增加运营成本，进而提高机票价格。航空业已经要求 40 岁以下的飞行员每年进行体检，40 岁以上的飞行员每年进行两次体检。这些医疗检查是严格的，但不要求全面和持续的心理评估——只有在飞行员通过"自我披露"制度提出要求时才进行心理评估，但该制度会对未能如实披露的行为处以重罚。以上都是欧洲航空安全局和美国联邦航空局的新举措。但无论如何，还是有不愿披露心理问题的飞行员，原因通常是：①没有意识到自己有心理健康问题；②害怕承认这种情况会带来耻辱；③害怕失去职位、地位或薪酬。

即使航空公司被要求监控飞行员，但除了医生的严格检查外，航空公司该如何监控心理健康问题？这个问题很难回答，因为在当今社会，心理健康状况是不断变化的，而且很明显，有心理健康问题的人比最初认为的要多得多。航空公司和运营商现在有责任积极地监控飞行员的医疗和心理健康状况，这一点很重要。但问题是，他们能在多大程度上做到这一点，且不会潜在地侵犯一个人的隐私权和保密权？

在事故诉讼时，诉讼律师和专业调查人员都需要审查现有的证据，并确定损失的主要原因及因果关系——航空公司知道或应该知道什么？这是一个现实的考验。不仅仅是航空公司的航班安全员需要不断评估飞行员的能力，人力资源部门也必须参与，以监控任何健康、心理或其他正在发生的问题。如果有投诉或出现持续的行为问题，只在方框里打勾是不够的。航空公司不能无视这些情况，允许飞行员继续飞行，他们必须调查并采取行动。航空公司还必须关注其他工作人员和医生的报告和披露。判例法表明，航空公司必须在飞行员的健康状况和职业发展中发挥积极作用，并采取积极措施确保有效监控。

上述结论的推论是，如果对飞行员实施过度制裁，或使其成为（比如）机长（拥有更好的福利和薪酬）的道路停滞不前，那么这其实会促使飞行员对一切事情保密。德国之翼事故的情况显然就是如此。而这又是一个需要权衡的问题。

根据 2018 年 7 月生效的欧洲航空安全局新规定（将在两年内实施），航空公司和运营商必须对飞行员进行彻底的背景调查，以确定他们的心理状况，并始终保持警惕。鉴于最近发生的事故（事实上，飞行员在高度紧张的情况下只是反应过度或不足），似乎必须对这些飞行员进行进一步的监控和帮助。

当存在"失常"或自杀倾向飞行员的情况下，"必须两人同时在驾驶舱"的规则当然会有一定的作用，但这还不足以应对所有情况。

# 十二、能做什么呢?

简单的回答是，航空公司和运营商必须持续监控飞行员和员工，以确保他们发挥自己的潜力，并确保任何不满或问题都得到解决，而不是"带上飞机"。此外，飞行员的医生、心理学专家和航空公司/运营商必须尽职尽责并且通力合作。公开对话是问题的关键所在。因为过去没有适当的预防措施，因此航空公司无法承受类似"德国之翼"事件的发生。而这些措施现在已经很常见了，如果没有这些措施，就会得到法律处罚。

无论如何，对航空公司和运营商来说，需要拥有一个完备的医疗和心理支持团队，以便飞行员能够获得适当的治疗，而不用担心失去工作、社会地位或薪水，同时还觉得自己可以继续为航空公司做出贡献。欧洲航空安全局的这项监管建议在正常落实之中。

从法律的角度来看，还没有哪种防范系统可以防止类似德国之翼事故的发生。然而，航空公司和运营商必须意识到，在技术和系统进步的复杂世界中，必须支持和鼓励飞行员主动解决他们职业生涯中可能出现的医疗、心理或身体问题。因此，这就需要不同层级的管理者都监管好自己的人员。

此外，在许多国家，由于保护患者的隐私是首位的，因此医生是否透露医疗信息也被作为一个潜在的问题而提出。一般而言，医生不得向患者的雇主透露任何关于患者医疗、病情、治疗等信息。例外情况是，执业医生认为患者的状况（无论是身体上的还是心理上的）可能会造成损失或破坏，他们就有义务通知有关方面。这是一个"灰色地带"，也是一个无法回避的现实问题。公共政策的观点在这里也很重要——如果医生"有义务"向航空公司告知飞行员的病情，但如果这反过来会影响到其晋升机会、地位和薪酬，那么飞行员为什么应首先向医生报告这一情况呢？显然，这需要一种平衡。此外，在某些航空监管辖区，为患者的保密义务（从公共政策的角度来看）高于提出警示或报告的义务，特别是在还没有评估过对第三方预期损害的情况下。

举例来说，根据同期报告，德国之翼和美国孟加拉航空公司案件中的心理健康专家都报告说，他们对飞行员的心理疾病进行了治疗，且经过评估证实他们适合飞行。遇到这种情况，航空公司应该依靠医学专家证明飞行员的身体健康状况的适航性。如果航空公司不这样做，就有可能遭到飞行员的歧视指控。然而，鉴于上述事故，航空公司或运营商也应有责任"调查"或监控飞行员，并不断评估他们，以及采取必要的补救措施。

## 十三、进一步的考量

有一些事故无法从驾驶舱语音记录器（cockpit voice recorder，CVR）和飞行数据记录器（flight data recorder，FDR）获得令人信服的解释。在许多此类事故中，机组人员误解了问题，或误判了飞行或技术问题。

此外，已有不止一次机组人员在飞行过程中错误关闭了好引擎，而非出现技术故障的那个，结果导致两个引擎都不工作，从而最终损失了飞机和全部乘客。因此呼吁，如果不仅在驾驶舱安装摄像头，在引擎上也安装摄像头，就能挽救飞机。

经济和隐私问题也阻碍了这种改变。这也可能导致有潜在心理健康或相关疾病的飞行员在不断被"监视"的情况下更不愿意暴露自己或寻求治疗。

## 十四、总结

本章试图阐述特别是在过去十年中出现的各种问题，这些问题围绕着飞行员的选拔和航空公司 / 运营商的责任——包括飞行员的身体状况和心理健康。

选拔、培训和监管问题已可以应对快速增长的操作人员、机队以及飞行员与技术之间的相互作用。

像德国之翼 9525 航班这样的致命事故引发了对关于飞行员选拔、既往行为、心理健康和能力训练等问题的关注。不仅如此，飞行员和飞机之间的互相影响也让目前许多航空公司和运营商面临两难困境。问题是，航空公司/运营商能做些什么来降低风险？

显而易见，航空业受到高度监管。机组人员必须获得操作、控制和处置飞机的各种许可认证，制造商和运营商也设计了各种系统和检查单。但这不是问题所在，问题主要来自航空公司/运营商的具体实施和商业化考量。

飞机事故及意外的一般法律责任原则是，航空公司/运营商须对旅客、货物及行李的损失及损坏负责，并且赔偿。这种责任（无论是根据1999年的《蒙特利尔公约》，1929年的《华沙公约》，还是1955年的《海牙公约》或各种议定书）要么被认定，要么被驳回。在此之上的任何索赔申请，其索赔人都必须证明航空公司或运营商存在某种程度的过错，或存在低于标准的某种作为或不作为，或没有采取所有必要的步骤或措施以避免损失或破坏。在实际操作中，这需要对各种操作程序、飞机注册状态、监管指南、操作手册、应急响应手册（Emergency Response Manual，ERM）和安全管理系统（Safety Management System，SMS）进行长期和细致的分析。任何偏离程序的行为只会增加运营商或承运人的潜在责任。

与德国之翼的案例一样，航空公司需要承担主要责任和损失。乘客家属（或货主）要增加运营商的责任取决于对以下事实根源的分析：①运营商/承运人知道什么？②运营商采取了什么措施（如果有的话）来防止损失？③实际发生了什么，以及其与损失的因果关系是什么？

最后需要强调的一点是，所有的飞机事故都是可以预防的。正如许多分析师所做的正确断言，事故几乎不可能是由单个"行为"或"事件"引起——通常是一系列行为、疏漏或事件最终导致灾难性事件。不幸的是，心理健康不能轻易被检测或识别，可能只有在某些极端情况下才会"出现"，因此是一种"隐性风险"。为此，航空公司/营运商所能做的，可能只是建立必要的安全系统和审查程序，以帮助减少而非完全消除这一风险。

原书参考文献

# Part 2

# 飞行员选拔中的心理评估

# 第十章
# 飞行员选拔中的心理健康评估

James N. Butcher

防止雇用心理有缺陷的申请者从事航空驾驶等高风险职业是非常重要的。人格适应不良和心理健康问题会影响个体的工作绩效和情绪稳定性。从早期航空飞行开始，人们就意识到，由于飞行员常常处于紧张和危险情况中，其心理适应能力是至关重要的。然而，当前许多航空公司在评估申请者心理健康状况方面做得不够好。本章阐述了航空公司所雇用的飞行员在入职前进行筛查的重要性，考察了飞行员筛查项目中所涉及的心理健康问题，并详细介绍了进行适当评估所需要的信息。本章以一个飞行员评估的案例来描绘并强调筛查的步骤、决策过程和结果。

## 一、高风险职业中的问题行为

即使大多数飞行员是适应良好的，但他们也会出现心理健康问题。航空公司出现的问题往往会被新闻大肆报道：

Farber（2017）报道：一架原定从旧金山飞往奥斯汀的航班起飞前，一名美国联合航空公司（United Airline）的飞行员因怪异举止而被带离。她对唐纳德·特朗普、希拉里·克林顿以及自己最近的离婚大发雷霆。她没有穿制服，而是身着便装，要求乘客投票决定她是应该换上制服还是穿着便装飞行。

一名来自伦敦西部的49岁飞行员因涉嫌醉酒驾驶飞机而从英国航空公司（British Airways）的飞机座舱中被带走，他体内酒精含量超过了限定标准（Kitwood，2018）。

捷蓝航空公司（Jet Blue airlines）的一名飞行员被控持有海洛因在波士顿被捕，

警方目睹其与一名吸毒女子以及另外两名曾因毒品被捕的人一同走进波士顿公园，聚在一起吸毒，随后将其逮捕。警方发现他们藏有一个装有海洛因和一支强效纯可卡因的塑料袋。因此他被航空公司取消了飞行资格（Dickson，2014）。

揭示心理障碍对航空活动造成巨大破坏的著名事件之一是一名飞行员的病态动机造成大量人员死亡的蓄意坠机事件。汉莎航空旗下的德国之翼航空公司一名副驾驶在一次飞行中控制了客机，导致坠机事件，造成机上 150 人全部遇难。

### （一）飞行员的心理问题

多年来，人们已经认识对飞行员申请者的心理健康状况进行评估的重要性。心理健康问题或人格障碍会严重影响工作绩效，并对公众安全造成威胁。以下是影响飞行员飞行的三个最突出的心理问题：

#### 1. 抑郁

抑郁是航空公司飞行员普遍存在但没有得到充分解决的问题。抑郁是由基因和环境的影响所致，会严重影响飞行员的工作绩效。最近，为确定航空公司飞行员抑郁症状的程度，有研究者（Wu，Donnelly-McLay，Weisskopf，McNeely，Betancourt & Allen，2016）进行了一项研究。该研究是一项针对飞行员的匿名网络调查，调查对象来自工会、航空公司和机场。3485 名飞行员接受了调查，实际完成调查的为 1837 人（52.7%）。在过去 7 天内执飞的 1430 名飞行员中，有 193 人（13.5%）出现抑郁症状。随后基于问卷结果计算了健康特征和抑郁症状的发生率。结果显示，12.6% 的飞行员符合抑郁症标准，4.1% 的飞行员报告曾有自杀想法。从他们的描述中发现了助眠药物的大量使用情况。尽管由于抽样程序的问题会限制上述结果推论到整个飞行员群体，但可以肯定，确实有相当数量的飞行员饱受抑郁折磨。该研究者建议航空公司应加强预防性心理健康干预。

许多飞行员为了避免被航空公司关注或停飞，往往不寻求心理健康问题的治疗。一项调查（Wu，2016）强调，需要更广泛地关注可能给航空业带来风险的心理健康问题。伯格（Buerger，2018）认为，"座舱内的心理健康问题蒙着一层神秘面纱"，目前许多在飞的飞行员都在应对抑郁症状。但是，许多飞行员因为担心对职业生涯的负面影响而不寻求治疗。伯格指出这些调查的真正价值在于，它们有助于相关人员清醒地认识到心理健康问题可能对行业产生的广泛影响，以及让有抑郁情绪的人接受适当治疗的重要性。

#### 2. 物质滥用

在美国，普通人中酒精滥用问题的发生率为 13.0%，每 7 个美国男性中就有 1 个出现酒精滥用问题，并且有 5% 的人符合物质依赖的标准（Kessler et al., 2005）。美国国家运输安全委员会（National Transportation Safety Board）最近的一项研究（2014）调查了 1990 年至 2012 年死于坠机事故的美国飞行员使用非处方药、处方药物和违禁药物的情况。这项研究的样本包括 6597 起事故中的 6677 名受致命伤的飞行员，他们在美国国家运输安全委员会（NTSB）的航空事故数据库记录可以与毒理学数据库中的记录相匹配。该研究中发生致命事故的飞行员大多数是通航飞行员，涉及商业航空的飞行员的事故相对较少。研究中按飞行业务类型进行的事故比较表明，飞通航业务的飞行员比那些飞定期客运航线（14 CFR Part 121）、公务机通勤（Part 135）和按需航空承运的飞行员更有可能有近期使用药物的迹象。然而，死亡人数中有 2% 是持有航线运输飞行员（Airline Transport Pilot，ATP）证书的飞行员。该研究的结果表明，那些死亡的飞行员的用药量和种类都在增加，总体上美国飞行员的用药也有类似的趋势。航空公司飞行员酗酒和用药的程度尚不明确，但过去的一些调查表明，这个问题非常普遍，值得关注。在对飞行员压力的研究中，Sloan 和 Cooper（1986）发现，绝大多数（98.7%）的飞行员承认饮酒，其中 50% 的人表示他们每天至少喝两杯酒。Holdener（1993）报告说，在通用航空事故中受致命伤的飞行员（私人飞行员）中，有 30% 受到了酒精的影响。McFadden（1997）在一项关于飞行员因酒后驾驶（Driving While Intoxicated，DWI）而被定罪的调查中发现，尽管飞行员的总体定罪率很低，但在 1986 年至 1992 年，有 1372 名飞行员被定罪，约为 2%。许多飞行员在物质使用障碍方面存在严重问题（如 Coombs, 1997；Modell & Mountz, 1990）这一点已经被人们所关注。航空业中物质使用问题的严重程度尚不清楚，但一些证据表明这并非无关紧要，因为许多航空公司有帮助酗酒飞行员戒酒的项目，一些报告声称这已使许多飞行员成功复飞（Flynn, Sturges, Swarsen & Kohn, 1993；Harper, 1983；Palmer, 1983；Porges, 2013）。Prouse（2001）写过一本有趣的自传，讲述了他作为一名飞行员在一次飞行中因酗酒行为而被取消飞行资格，并最终彻底康复而得以复飞的经历。

3. 应激

航空公司飞行员的压力问题已得到广泛研究（参见 Bor, Eriksen, Oakes & Scragg, 2017；Butcher, 2002；Green, 1985），并被认为是许多航空事故潜在的主要人为因素（Bennett, 1983）。已确认的属于飞行员所面临的一些应激因素包括：

（1）长途飞行。长途飞行有时对飞行员来说是一种艰难而又耗费体力的任务。繁重的日程安排、可能的设备故障、极端天气条件以及安全责任会大大增加飞行员的应激水平（Samel, Wegmann, Vejvoda, Drescher, Gundel, Manzey & Wenzel,

1997）。

（2）工作压力。飞行员的飞行时间表会给飞行员本人及其家人带来很大的压力。长途飞行和工作要求（中转停留计划）可能会让飞行员很难维持积极的家庭关系（Sloan & Cooper，1986）。

（3）婚姻与家庭问题。家庭和婚姻问题是民航飞行员应激的重要原因（Aitken，1969；Karlins，Koh & McCulley，1989；Lou & Liao，2001）。

（4）疲劳。飞行时间表难以保证飞行员有足够的休息时间，并可能导致工作中的错误决策（Beaty，1995）。

（5）定期飞行检查。飞行员必须定期证明他们对所驾驶飞机的熟练程度。Sloan和Cooper（1986）报告说，对大多数飞行员来说，这一要求被认为是一件非常有压力的事。

（6）沟通与人际关系风格。在复杂的机组环境中，某些机长与他人交往的人际关系风格会影响团队运作的绩效，许多机构对此进行过研究（Alkov，Gaynor & Borowsky，1985；Beaty，1995；Foushee，1982；Orlady，1993）。

（7）职业保障和对解雇的担忧。这一点是由航空业的波动性所致。大多数航空公司飞行员在职业生涯的某些时期——特别是从业初期，都可能会失业或被暂时解雇，直到资历增长以后被解雇的担忧才得以减轻。

（8）劳资纠纷。充满冲突的工作环境，如激烈的劳资纠纷可能会导致机组成员情绪上的巨大痛苦（Little，Gaffney，Rosen & Bender，1990）。

## （二）《残疾人法案》对高风险人格评估的影响

《美国残疾人法案》（American Disabilities Act，ADA）对飞行员筛查有负面影响吗？有健康问题的申请者能获得航空公司飞行员职位吗？美国司法部（The U.S. Department of Justice）（2009年）发布了现行的残疾人权利法指南（the current guide to disability rights law），该法最初于1990年通过，它使得"有职业资质的残疾人有平等的机会从向其他人提供的与就业有关的各种机会中获益"。该指南进一步指出：

"雇主在提供工作机会之前所能询问的有关申请者个人残疾问题应予以限制，雇主应对有职业资质的残疾人士已知的身体或精神缺陷进行合理的照顾，除非这会导致不必要的困难。"（p.3）

《美国残疾人法案》的要求并没有完全排斥企业的合理行为——指南在许多情况下不适用于雇用决定，例如，健康因素在高风险职业中就可能影响公共安全。

航空公司飞行员职位申请者的评估过程与大多数职业情况不同。商业航空飞行是一种高风险职业，要求申请者明确健康状况，即通过由一名有资质的医生进行的一级体格检查（FAA，2013b），包括对申请人进行心理健康评估，如双相情感障碍、精神疾病、人格障碍和物质使用障碍等问题。申请者身有残障可能对飞行安全产生负面影响，并可能妨碍其满足美国联邦航空管理局（Federal Aviation Administration，FAA）的健康要求，因而不适合聘用（参见 FAA 指南，2006）。

在大多数高风险岗位评估中，心理评估是在申请者基于飞行经验获得临时工作录用后进行的，然后进行所需的体格检查。飞行员申请者必须基于体格 / 心理评估以取得资格，否则他们的临时录用将会被停止。关于这方面，美国联邦航空管理局明确规定了精神和心理评估的标准，网址如下（PDF 文件）：www.faa.gov/about/office_org/headquarters_offices/avs./offices/aam/ame/guide/media/ppevalspecs.pdf。

## 二、飞行员申请者的人格和心理健康状况评估

解决航空公司飞行员心理健康问题的一个重要方法是致力于识别其人格特征或存在的心理健康症状，这些特征或症状在他们受雇为航空公司飞行员时，可能会对其履行工作职能产生影响。飞行员在被雇用或岗位安置前的心理评估有着悠久的传统。

### （一）飞行员申请者心理健康评估的历史

一百多年前，飞行刚开始不久，心理学家就开始探索评估飞行员申请者心理健康状况的可能方法。1912 年，美国和法国政府人员列出了在训练军事飞行员时需要重点考虑的身体素质清单，其中包括被认为是飞行员选拔中重要人格特质的生理和情绪因素。在第一次世界大战期间，一些国家开发了筛选程序来选拔被认为能够安全驾驶飞机的飞行员（Armstrong，1939）。这些评估程序主要集中在生理能力，如平衡、视力和听力，也涉及注意和反应等特质。例如，法国心理学家卡缪（Camus）和奈贝（Nepper）开发了一个有趣的程序，用来检查飞行员潜在的情绪稳定性。一台机器连接到申请者身体上，机器会记录他们的生理特征，比如脉搏、呼吸或手指的颤抖。在面试过程中，面试官站在申请者身后对着天空鸣枪，然后仔细观察他们的反应，并以此确定他们是沉稳的还是过度紧张的。如果申请者跳起来了，他就被排除在进一步选拔之外了，或者正如佩莱斯（Pelles）所说的："如果他跳起来了，他就失败了。"（Pelles，1918）

第一次世界大战期间，罗伯特·塞钦斯·武德沃斯（Robert S.Woodworth）开发

了用以评估军人心理健康状况的第一份人格问卷（Woodworth，1917），即精神神经症量表（Psychoneurotic Inventory）。武德沃斯首先回顾了那些被诊断为有神经质症状患者的记录，同时也采访了那些曾治疗过有心理健康问题来访者的心理医生。然后，他开发了一个神经质症状量表，并让一组没有神经症倾向的人作答这些项目，以筛选这些项目如何从一组没有心理健康问题的人中区分出患者。此外，他还让一大批新兵和一组被诊断患有心理健康问题的患者使用该量表，以便进一步完善量表。尽管该量表在战争期间没有及时完成并使用，但在战后却得以发布并被广泛用于评估，既伍德沃斯个人资料调查表（the Woodworth Personal Data Sheet）。

1939 年，阿姆斯特朗（Armstrong）出版了《航空医学原理与实践》（Principles and Practices of Aviation Medicine）一书，详细描述了飞行中的压力和疲劳等心理因素，这些因素可能会对飞行员造成不良影响，而且可以评估。他描述了一种称之为"航空神经症"（aeroneurosis）的心理状态，认为这是飞行员在压力情境下发生的一种障碍，其症状包括"胃部不适、神经过敏、自发精神高度集中所致的疲劳、失眠和活动性增加"（Armstrong，1939，p.453）。在该书中，他探讨了人格评估在航空中的重要性，并指出很少有职业能像开飞机这样包含如此大量的压力。此外，他还论述了早期发现心理健康问题的必要性以及防止有问题飞行员从事飞行活动的重要性。1940 年，哈撒韦（Hathaway）和麦金利（McKinley）通过筛选循证性条目开发了明尼苏达多相人格量表（Minnesota Multiphasic Personality Inventory，MMPI），以此评估特定的心理健康问题。MMPI 是第二次世界大战期间使用最广泛的多维人格评估量表。1941 年美国参战后，为了对诸如飞行员等高风险军事人员进行更细致的评估，引入了人格评估。自此 MMPI 被用于评估申请飞行员职位的人。艾布拉姆森（Abramson，1945）研究了几种 MMPI 临床量表的联合使用对美国海军飞行学员适应能力的评估，结果发现这些量表在人格问题的分类中是有价值的。MMPI 也被美国海军纳入学员的筛查工具系列，并使用其对学员进行分类（Melton，1955）。富克逊（Fulkerson）、弗洛伊德（Freud）和瑞诺（Raynor）（1958）对人员选拔中出现的测验防御性问题进行了研究，发现需要进一步改进对 MMPI 结果的解释，以便能更好地评估军事飞行员的人格，他们在 MMPI 的 K 量表上表现出高防御性和更多的转换症状（癔症分量表），他们还常常被报告具有轻躁狂症状（轻躁狂），且由于在"社会内向"分量表上得分较低，因而被评价为外向。詹宁斯（Jennings）（1949）对"二战"期间在欧洲执行飞行任务而产生焦虑或战斗应激的空军飞行员进行了评估。研究人员对 500 多名机组人员实施了包括 MMPI 测验在内的心理评估，其中一些人正在经历应激相关问题的困扰，而控制组的机组人员未曾经历这些问题。该研究发现，MMPI 提供了有价值的信息，而且需要进行更进一步的评估。富克逊和同事们的研究表明，把 MMPI 广泛应用于军事和民航飞行员评估中是有价值的（Ellis，1946；Voes，Bair & Ambler，1957）。具体详见布切（Butcher）、弗龙（Front）和万斯（Ones）（2018）的论文。"二战"后，MMPI 成为广泛应用的评估量表，用于许多职业的人员选拔，如飞行员、警察、消防人员、维和人员以及空中交通管制员（King，Schroeder，Manning，Retzlaff & Williams，2008）。

### （二）MMPI 的修订

20 世纪 70 年代，由于常模过时，大量研究讨论了修订 MMPI 的必要性，认为需要更新和增加条目，以便更全面地解决当代心理健康问题。在此需求下，MMPI 测验修订的项目得以开展，以更新条目库并新建一个更具代表性的常模样本。在启动该项目之前，举行了一个公开的专业会议，几位 MMPI 专家提出了他们的观点和建议（Butcher，1969）。几年后，随着后续研究的开展，布彻（Butcher）、格雷厄姆（Graham）和达尔斯特伦（Dahlstrom）实施了一个重新标准化的项目，并在 1989 年发表了 MMPI-2（Butcher，Dahlstrom，Graham，Tellegen，Kaemmer，1989，更新于 Butcher et al.，2001）。MMPI-2 的开发尽可能地保留了原临床量表与包含条目的关联，但一些条目或是修改，或是因为过时等原因而不再使用了。为了扩大条目内容范围，针对在原先条目中没有涉及的问题在新测验中加入了一些新条目。为了更新常模，在美国的几个地区收集了大量的新常模数据。为了解决旧版 MMPI 中未包含的内容主题和问题范围，在测验中增加了一些附加量表，比如 MMPI-2 的内容量表。

### （三）其他人格测验

在 20 世纪 70 年代和 80 年代，出现了其他几种用以解决各种临床或人格问题的不同于 MMPI 的人格测验。其中最广泛使用的两种测验为：米勒临床多轴量表（the Millon Clinical Multiaxial Inventory，MCMI）和人格评估量表（the Personality Assessment Inventory，PAI），这两个测验均已经获业内的认可。1977 年，西奥多·米伦（Theodore Millon）开发了米勒临床多轴量表（MCMI，参见 Millon，1977）用以评估接受心理治疗的个体的人格问题。该测验的开发策略基于米勒的精神病理学理论，开发方法也遵循量表开发的通用程序。MCMI 主要针对《精神疾病诊断和统计手册》（Diagnostic and Statistical Manual of Mental Disorders，DSM）轴 II 的人格维度，而非其他通用人格测验所测量的轴 I 的障碍症状。然而，修订版 MCMI-III 所包含的一些量表也测量了 DSM 第四版修订版（DSM-IV-TR）轴 I 中的障碍（如酒精依赖、双相躁狂、重性抑郁、恶劣心境、躯体形式障碍、药物依赖）。另一种目前广泛使用的测验是莱斯利·莫雷（Leslie Morey）1991 年开发的《人格评估量表》（the Personality Assessment Inventory，PAI）。该量表类似于 MMPI，针对重要的临床障碍，如抑郁症和人格障碍（Morey，1991）。该量表的标准化程序不同于 MMPI-2，它使用不区分性别的常模，并解释了人格因素中出现的可能由性别差异带来的不同影响。最近的两项人格评估工具研究将 PAI 与诸如 MMPI-2 等其他量表进行了比较（Mihura，Roy & Graceffo，2016；Wright et al.，2016）。米乌拉（Mihura）等人（2016）研究指出，人多数研究生培训项目仍在继续讲授 MMPI-2（90%），70% 的项目讲授 PAI。莱特（Wright）等人研究发现 37.9% 的执业心理专家使用 PAI，而 77.7% 的人使用 MMPI-2。

### （四）明尼苏达多相人格量表第二版重组式

2008 年，特勒根（Tellegen）和本 - 波拉斯（Ben-Porath）（2008）通过 MMPI 出版商出版了重组式（Restructured Form）的 MMPI-2（MMPI-2-RF），并使用了 MMPI 的名称。除了使用 MMPI-2 60% 的条目和詹姆斯·布彻（James Butcher）、格兰特·达尔斯特伦（Grant Dahlstrom）和约翰·格雷厄姆（John Graham）收集的原始常模外，它与原先量表没有什么关系。心理学家需要意识到，MMPI-2-RF 是一个与 MMPI-2 十分不同的测验，并没有测量 MMPI-2 临床量表中的结构。MMPI-2-RF 量表已被证明在检测心理健康问题方面的灵敏度较低（Leone，Iannella，Mosticoni，Biondi & Butcher，2018），又因为它使用了不区分性别的 T 分数，因此可能在评估中会有性别偏差（Bolinskey et al.，2016；Butcher，Hass，Greene & Nelson，2015）。此外，美国联邦航空管理局根据自己的研究，建议在评估空中交通管制员时不要使用 MMPI-2-RF，因为它对心理健康问题的灵敏度较低（FAA，2013a）。

## 三、飞行员申请者潜在心理健康问题的评估

对飞行员申请者在入职前进行有效的评估，需要整合多方面的信息，包括工作经验和心理适应、背景调查、推荐信、物质使用经历，如果可能的话，还需要对人格适应性进行评估。本章中描述的飞行员评估的例子是使用 MMPI-2 进行评估的，因为它在人员筛选和航空公司飞行员选拔方面有广泛的研究基础（Buchanan，1997；Butcher，1994；Butcher，Front & Ones，2018）。

### （一）申请者在人格测验作答中的过度防御反应

一些高风险职位申请者在对人格测验条目进行作答或面试时，往往表现得过于完美，产生的心理测验结果难以解释。

MMPI-2 包含许多效度量表，用于检测可能导致无效结果的作答态度。一些效度量表在描绘个体作答态度上极具价值，这些指标提示申请者可能倾向于以可疑和无效的方式作答条目。显示防御反应或努力表现出完美品行的量表主要包括：L（Lie，说谎）量表，该量表测量的是非世故性或自认为有很多优点。分数升高（高于 65T）表明受测者过分表现良好的一面，试图建立起一个不真实的积极形象；K（Defensiveness，防御）量表，该量表反映的是个体不愿透露个人情况或讨论自身问题。高分（T 大于70）反映个体可能不愿透露个人信息；S（Superlative Self-Presentation，过度自我表现）量表也是用来测量测验时的防御性。该量表开发时的研究对象是航空公司飞行员申请者（Butcher & Han，1995）。在 S 量表上得分高的人认为自己很少有小的错误或问题。与正常人群的表现相比，在 S 量表上得分高，反映其对症状和消极人格特征的认识不足。该量表得分高的人往往"表现"出极端的"自制力"。在申请者群体中另外两个指标也需要注意，"无法回答"（Cannot Say）或未回答条目总数。如果"无法回答"和未回答的原始分数超过 30 分，并且回答"否"的条目百分比过高，例如，超过 95%，则表现出了测验无效的高度失真反应模式，提示申请者有防御态度。

MMPI-2 有许多临床和补充量表可以为筛选申请者提供有价值的信息：

Hs（Hypochondriasis，疑病）量表表示申请者有许多不明确的躯体问题，通常是慢性问题。得分高者通常不快乐、以自我为中心、烦躁、抱怨、有敌意、要求高和寻求关注。

D（Depression，抑郁）量表表示申请者有抑郁情绪、低自尊和感觉能力不足。高分者被描述为情绪化、害羞、沮丧、悲观、痛苦、高度紧张、无精打采、强迫和有负罪感倾向。得分高者可能会感到非常不适，需要改变或缓解症状。

Hy（Hysteria，癔病）量表表示申请者具有依赖性防御机制，如用否认和压抑应对压力。他们倾向于依赖他人、天真、外向、幼稚和自恋。他们经常破坏人际关系，对问题缺乏洞察力。高水平的压力往往伴随着躯体症状。他们往往对心理过程不感兴趣，拒绝解读他们的心理问题。

Pd（Psychopathic Deviate，精神病态）量表测量申请者的反社会行为，如叛逆、家庭关系破裂、冲动、学校或工作困难、酗酒或物质滥用等。高得分者很可能具有人格障碍。他们外向、善于交际、可爱，但具有欺骗性、操纵性、享乐主义和表现欲。

他们往往表现出较差的判断力，不可靠、不成熟、有敌意和好斗。他们经常在婚姻或家庭关系上遇到麻烦，而且在法律上也有麻烦。高分通常反映了长期存在的性格问题，并且强烈抗拒治疗。

Pa（Paranoia，偏执）量表测量的是担忧、多疑、冷漠、精明、谨慎和过度敏感等行为。得分高者可能会投射或责怪他人和环境，对他人心怀怨恨。得分高的人通常充满敌意，好争辩，在人际关系中会经常遇到困难。

Pt（Psychasthenia，精神衰弱）量表测量的特征为紧张、焦虑、反刍思维、强迫思维、恐惧行为和呆板僵化。高分者经常自我谴责而且有负罪感倾向，他们感到自卑而且自信心不足。

Sc（Schizophrenia，精神分裂）量表测量的特征为异常的行为或精神分裂的生活方式。高分者倾向于孤僻、害羞和喜怒无常，他们感到自信心不足、紧张和困惑，可能会有不寻常或奇怪的想法，判断力差，情绪不稳定。非常高的得分者（T分在80分及以上）可能缺乏与现实的接触，有奇异的感官体验、妄想和幻觉。

Ma（Hypomania，轻躁狂）量表测量的特征为社交能力、外向行为和冲动。高分者往往过于精力充沛和乐观，他们往往被认为是轻浮的、浮夸的、急躁的、没有耐心的和无根据的乐观。许多高分者饮酒过度，夸大自己的自我价值，操纵欲强，常常不"遵守承诺"。得分很高的人可能表现出情绪障碍、行为奇特、喜怒无常、冲动行为和妄想。

Si（Social Introversion，社会内向）量表测量的是与社会关系相关的性格特征。得分高的人内向、害羞、退缩、在社交方面保守、顺从、过度控制、暮气沉沉、传统、紧张、不灵活和有负罪感倾向。得分低的人外向、随和、合群、善于表达、好斗、健谈、冲动、不受拘束、直率、有控制欲、机会主义，在社会关系中可能不真诚。

以下三个关于物质滥用问题的量表可以提供申请者这方面的相关信息：

MAC-R（MacAndrew，麦克安德鲁）量表。得分高的人容易产生成瘾问题，如酗酒或药物滥用、病理性赌博等。

AAS（Addiction Admissions，承认成瘾）量表可用来评估个体承认自己酒精或药物滥用问题的程度。得分高（T大于60）表示明确承认自己的酒精或药物滥用问题。

APS（Addiction Potential，潜在成瘾）量表可以评估个体产生诸如酒精或药物滥用等成瘾问题的可能性。

## （二）飞行员选拔中重测法的使用

许多申请航空公司飞行员职位的人表现得非常适宜，在面试和心理评估中没有任何心理健康问题，而且往往以某种方式来掩盖他们经历过的任何问题。由于这种测验态度，他们经常表现出无效的心理测验结果。例如，如果申请者在 MMPI-2 上产生了过度防御和无效的模式，比如一个极高的 L 分（L 等于或大于 65；或 K 等于或大于70）则测验无效，表明从心理测验中无法获得有用的人格信息。然而，在某些情况下，申请人可能没有心理失调，但可能表现出过于完美的模式，显得"非常适应"。对于那些可能没有心理健康问题的申请者如果在测验中表现出作答无效的模式，则可为他们提供一个重新参加 MMPI-2 测验（the Test-Retest Method）的机会，并要求他们在作答时降低防御（Butcher，Morfitt，Rouse & Holden，1997）。一些研究已经实证验证了这种申请者评估方法的有效性（Butcher，Atlis & Fang，2000；Cigrang & Staal，2001；Fink & Butcher，1972；Walfish，2007，2011）。MMPI-2 的重新施测程序（Butcher，Gucker & Hellervik，2009）如下。

## （三）重测指导语

由于你在第一次测验中表现出的防御性，测验结果是无效的，因此，不能作为评估的依据。

当人们在招聘情境中进行明尼苏达多相人格问卷第二版（MMPI-2）时，他们回答问题的方式有时会努力营造一个良好的自我形象，强调自己的优点，淡化他们认为的缺点。

MMPI-2 包含了几个用来让考官评估作答态度的指标，如果这些指标表明某测验结果是无效的，则测验结果就不能作为评估依据。

我们希望你能同意重测 MMPI-2。如果你同意这样做，请尽量回答所有的题目，除非真的无法回答。并根据自己的实际情况尽可能准确地回答这些问题。

布彻（Butcher）等人（1997）指出，当过度防御的飞行员被告知测验结果无效并被要求重新参加测试时，他们倾向于在重测时提供更坦率和开放的回答。超过三分之二的申请者在重测中提供了有效的资料，超过 14% 的重测者在 MMPI-2 临床量表中显示出了他们在第一次评估中没有表现出来的精神病理学的量表得分的升高。在另一项研究中，布彻（Butcher）、古克（Gucker）和海勒维克（Hellervik）（2009）对能源部安全评估快速通道项目的申请者进行了评估，报告了类似的重测结果：21%的申请者一开始被认为由于防御性而导致测验无效，79% 的申请者第一次测试结果有效；在重测中，最初的无效组（*N*=297）中有 84% 获得了有效的结果。在重测时，只有 15%（*N*=47）仍然由于防御性而导致测验仍然无效。

## （四）案例分析

某航空公司的飞行员申请者 D 先生，男性，现年 34 岁，目前在一家区域性航空公司驾驶庞巴迪 CRJ 200 飞机。他已经在该公司飞行了 6 年，并于 2016 年晋升为机长。在他现在的工作之前，他在中西部的一家航空公司驾驶 EMB200 型飞机为农作物喷洒农药，飞行了两年。他毕业于中西部的一所大学，在那里他主修航空管理并接受了飞行训练。大学毕业后，他当了几个月的飞行教练，总共飞行了 3670 小时。他是两个孩子的父亲。然而，他目前已经离婚，他的妻子拥有孩子的监护权，但已经再婚，生活在与 D 先生不同的州。

人事部门认为，以 D 先生的飞行背景和飞行经验看，适合其申请的飞行职位，而且他通过了认知测验筛查，且有足够的飞行时数，因此被批准进行进一步评估。但是，航空公司的面试人员根据 D 先生在面谈中提供的信息，对他作为团队的一员参加工作表示了担忧。

## （五）心理访谈资料

执行评估项目的临床心理学专家组织了一次评估面试，并向 D 先生解释了其 MMPI-2 结果。在面谈中，D 先生有些专横，并多次打断心理专家的提问。面试中，他承认自己曾违反了规定，但他申辩"这是为了公共安全"。他承认在几次飞行事件中不同意机长的意见，作为副驾驶，他在表达自己的观点时"可能有点咄咄逼人"。

## （六）心理测验：MMPI-2

D 先生进行了 MMPI-2 测验，并表现出无效剖面图，如图 10.1 所示。他对测验项目的反应过于防御，并断言自己拥有极其突出的优点，这足以使测验呈现出无效的模式。他在 L、K 和 S 上的得分过高表明其 MMPI-2 测验无效，临床量表无法解释。

他获得了重新参加 MMPI-2 测试的机会，并得到了重新测试的指导。他的第二次 MMPI-2 效度量表是有效的（图 10.2），临床量表是可解释的（图 10.3）。这表明 D 先生以更加开放和合作的方式进行了 MMPI-2 测试。他遵循指示，适当地回答了问题。

D 先生对 MMPI-2 项目的反应表明，他过于敏感，容易产生被伤害感。他对生活的态度是死板的、说教的、自以为是的。他看起来很冷漠，与他人疏离，当他和其他人在一起时，他很谨慎，担心别人会利用自己（见 Pa 量表得分的升高）。他也承认自己很敏感，有时好争辩，把自己的失败归咎于别人。Pd 量表上得分升高，表明他可能有时表现出冲动和攻击性行为。他对这次测试的反应也表明他过去曾与权威有过很多冲突，而且对社会行为标准相当不满。他报告说自己有一些反社会的信仰和态度。他有点固执，不完全相信任何人。他可能很难相处，因为他死板，固执己见，而且相

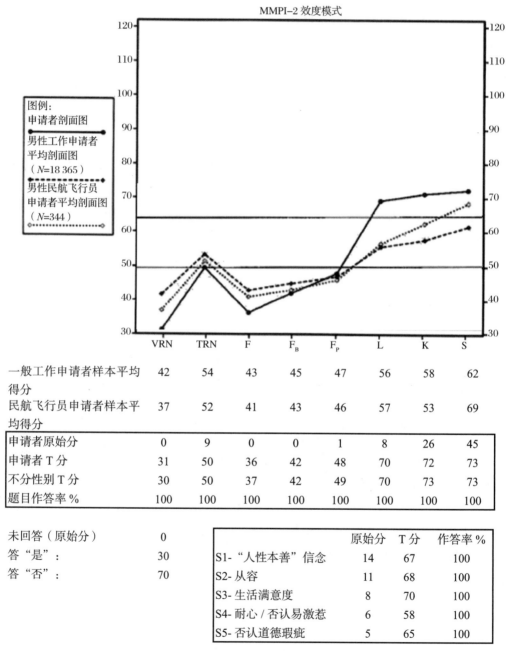

图 10.1　D 先生首次 MMPI-2 无效效度量表剖面图

当喜欢争辩。他承认自己在人际交往中占主导地位，表现出极大的自信和坚强。他愿意表达强烈的意见。D 先生在 MMPI-2 上的作答情况表明其可能有物质滥用问题。

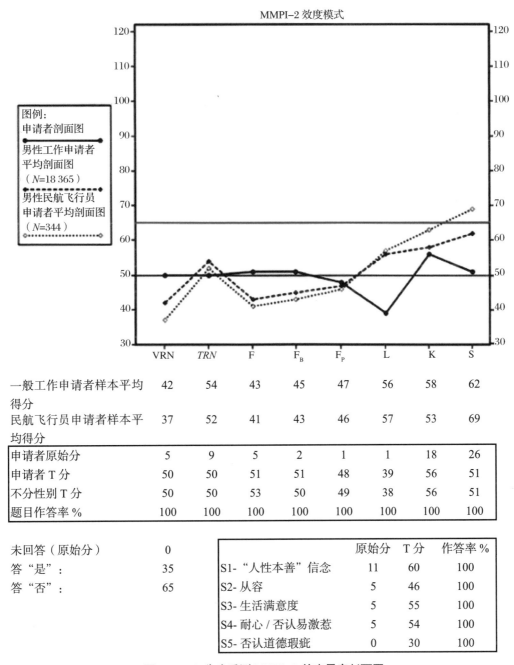

MMPI-2 效度模式

| 图例: | | | | | | | | |
|---|---|---|---|---|---|---|---|---|
| 申请者剖面图 | | | | | | | | |
| 男性工作申请者平均剖面图（N=18 365） | | | | | | | | |
| 男性民航飞行员申请者平均剖面图（N=344） | | | | | | | | |

| | VRN | TRN | F | F_B | F_P | L | K | S |
|---|---|---|---|---|---|---|---|---|
| 一般工作申请者样本平均得分 | 42 | 54 | 43 | 45 | 47 | 56 | 58 | 62 |
| 民航飞行员申请者样本平均得分 | 37 | 52 | 41 | 43 | 46 | 57 | 53 | 69 |
| 申请者原始分 | 5 | 9 | 5 | 2 | 1 | 1 | 18 | 26 |
| 申请者 T 分 | 50 | 50 | 51 | 51 | 48 | 39 | 56 | 51 |
| 不分性别 T 分 | 50 | 50 | 53 | 50 | 49 | 38 | 56 | 51 |
| 题目作答率 % | 100 | 100 | 100 | 100 | 100 | 100 | 100 | 100 |

| 未回答（原始分） | 0 |
|---|---|
| 答"是": | 35 |
| 答"否": | 65 |

| | 原始分 | T 分 | 作答率 % |
|---|---|---|---|
| S1-"人性本善"信念 | 11 | 60 | 100 |
| S2- 从容 | 5 | 46 | 100 |
| S3- 生活满意度 | 5 | 55 | 100 |
| S4- 耐心 / 否认易激惹 | 5 | 54 | 100 |
| S5- 否认道德瑕疵 | 0 | 30 | 100 |

图 10.2　D 先生重测 MMPI-2 效度量表剖面图

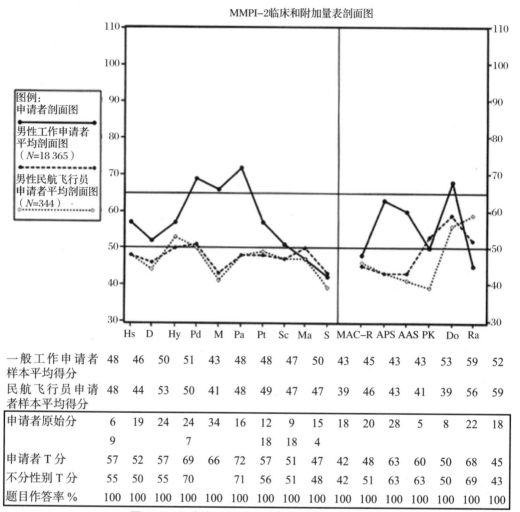

图 10.3 D 先生 MMPI-2 临床和附加量表剖面图

他的人格特征表明，他的人格模式可能会随着时间的推移而持续下去，他的行为、攻击性和不负责任的行为在未来可能会变得更加突出，尤其是在压力大的环境下。他可能显得难以相处，典型的顽固、冷漠和多疑。他可能会在多段时期内表现出突出的敌对、不信任和愤怒等人际关系特征。

D 先生性格适应问题可能会导致他在工作中遇到困难。他在团队环境中与其他人密切合作的能力需要仔细评估。他可能在接受监管方面有问题，因为他不太愿意接受建议。他的刻板和不信任的行为可能会给工作关系带来压力，有时会对他人表现出敌意。

（七）最终审查

审查委员会得到了大量的背景资料，包括驾驶记录、犯罪记录、职位相关工作表现、推荐信、个人档案等，这些资料往往是面试难以获得的。发现的背景问题包括：他曾有 7 张超速罚单（其中两张是最近的），显示他可能判断力差，违反了规则；由于在一次飞行中与机长发生不和，他的副驾驶职位被暂停；在大学里，他因为在车内饮酒而被捕。

审查委员会审查了 D 先生在评估中提供的信息后得出的结论是，他的人格类型和人际关系问题以及权威冲突问题太严重，航空公司无法接受他。他的涉法和物质滥用历史，以及他的人际关系问题都是被拒绝雇用的充分理由。

## 四、总结

本章重点讨论了航空公司飞行员的心理适应在职前筛查中的重要性。尽管大多数飞行员被发现适应能力很强，但航空公司飞行员职位的申请者可能会出现人格障碍和心理健康问题。我们注意到几起飞行员因人格或精神障碍而做出不当反应的事件。申请者中发现的行为问题影响飞行员表现的几个案例的具体情况包括：抑郁、物质滥用，以及和压力相关的症状。

开发评估飞行员适应性的方法在航空领域有着悠久的传统。20 世纪初，在人类飞行出现后不久，心理学家就开始研究人格因素对飞行员在紧张和危险的环境中飞行时的影响。本章介绍了飞行员申请者心理健康评估的历史，重点介绍了近百年来飞行员申请者心理健康评估的历史贡献。

我们讨论了目前的人格评估工具，并详细介绍了使用最广泛的人格评估工具 MMPI-2。一些高风险职位的求职者在回答人格问卷或面试时，往往表现得过于善良，产生的心理测验结果难以解释。本章介绍了一种改进数据采集过程并获得更有用结果的方法，详细介绍了 MMPI-2 的重测程序，并描述了它们在选拔飞行员职位申请者中的使用情况。最后提供了一个案例，以说明在发现申请者的问题时，需要对其背景和人格功能有一个全面透彻的了解。

原书参考文献

# 第十一章
# 能力、能力倾向和绩效评估

Karen Moore

怎样才能成为一名优秀的飞行员？无论何时，每当我问航空公司这个问题时，绝大多数的回答都是"良好的飞行技能"。当解释这一点时，就会发现，航空公司正在寻找的是具有很强技术技能的人，即具有航空知识，熟悉标准操作程序，能够驾驶某型飞机，以及良好的心理运动能力。只有当申请者具有这些能力时，航空公司才会对心理状况、适应力、机组管理、沟通等方面感兴趣。但是，客观来看，对于那些希望进入航空业并因此需要支付大量费用进行培训的个人来说，在他们开始这一过程之前，需要对所有方面进行检测也是必要的。而不管其是否适合从事飞行就对其培训并收取大量费用则是不负责任的。此外，申请者可以通过学习和训练弥补个人的不足，并通过经验的积累逐步掌握一般的飞行技能。然而，当处于较高水平的压力之中，如在复杂的、不熟悉的情况下，很可能还处于疲劳状态，这时其就缺乏冗余的能力用于应对，从而暴露出潜在的心理弱点，并可能导致意外事故。

评估人格等方面的内容请参阅本书的其他章节，而本章的重点是能力倾向。《飞行员能力倾向测验辅导材料和最佳练习》（Guidance Material and Best Practices for Pilot Aptitude Testing）［国际航空运输协会（IATA），2012］提供了飞行员选拔过程中常见的检测内容清单。这份清单来自对其成员航空公司和相关运营商的广泛调查，其中 66 家单位给出了回应。共有 327 家单位获邀参与调查，回应率为 20.2%。然而，调查对象表示，他们在 2006 年至 2008 年里评估了超过 28 000 人，所以总结可以被视为基于广泛的实践经验。常见的评估内容可以分为五个基本类别。

（1）基本心理能力，如工作记忆能力等：

① 感知速度和准确性；

② 空间推理；

③ 视觉加工。

（2）操作能力，包括心理运动技能和策略能力，如计划和决策。

（3）社会能力，如沟通能力和独断性。

（4）个性特征，包括自律、压力管理和动机。

（5）专业能力，包括法规、操作规程和技术知识。

本章中我们将只讨论其中的第一类和第二类。基本心理能力包括通常由"智商"测验所检测的能力。智商反映的是一种单独的能力，还是多种能力？以及它是长期稳定的还是可变的？这都是需要讨论的。人们普遍认为，智商在个体间和代际间变化，在现代工业化社会中，智商平均每十年增长 3 个百分点。因此，1947 年 20 岁的人的平均智商比 2002 年 20 岁的人的平均智商低 18 分（Nisbett，2012）。智商的某些方面比其他方面更容易变化，例如流体推理智力和晶体智力（如语言能力）更具有跨时间的稳定性，而短时记忆和认知加工速度则不那么稳定（McGrew，2012）。同样重要的是要记住智商是智力测验所测量的结果（Van der Maas，Kan，Amp & Borsdom，2014），因此不同的测验可能产生不同的智商分数。

对于所有的评估方法来说，重要的是确定最有效的方法来测量所需的特定能力。测验的方法将在很大程度上决定能获得什么结果。例如，使用纸笔测验的方式会导致测量知觉速度和准确性的能力不足，其只能在总体上测量知觉速度，比如在 20 分钟内完成了 18 道测验题目；而使用复杂的在线测试平台就可以记录回答每个条目的时间，可以精确到毫秒水平。这些测试平台也可以让考官看到申请者的考试风格：他们是否自信地按顺序回答问题，然后停止，或者他们会改变想法，更改答案；测验完成前会返回到前面已经作答的条目进行检查；或者在一个问题上停顿很长时间。使用这一水平的测试分析，可以比仅仅看他们答对和（或）答错的数量更能深入准确地了解申请者。在知识测验中，正确且快速回答的申请者比那些在回答前犹豫不决或更改答案的人对材料的理解更好。但后者可能会更加投入并受益于进一步的培训；经过思考但回答错误的申请者也需要培训，包括那些回答错误但很自信（证据是作答迅速且不更改答案）的申请者，但他们通常对培训兴趣不大。因为他们常常会想当然地认为自己已经一切尽在掌握。对于飞行员选拔来说，他们可能是最不合适的人选，全面评估过程的设计对于确保识别出他们至关重要。

所有的评估系统都遵循一个重要原则，即不能只依赖于一个测验进行选拔。即使采用针对国际航空运输协会分类中的某个类别群体开发的成套测验也不够全面。一个稳健的评估过程必须涵盖不同的类别，并使用多方法、多评估者的模式。也就是说，一些测验将在网上进行，而另一些则是面对面的访谈。有些是书面的，有些是口头的，并且会有不止一个考官与申请者互动。这将使不同的申请者有最佳的机会来展示他们的能力。视觉 – 言语偏好模型（Paivio，1971；Richardson，1977）经过进一步的研究得到了修正，现在认为有三个组成部分：客体 – 空间 – 言语（Kozhevnikov，Kosslyn & Shephard，2005）。在这个模型中，视觉型个体被分成两个相互对立的类型：客体视觉型和空间视觉型。客体视觉型的个体喜欢为单个物体建立生动、具体和详细的心理表象，他们根据物体和场景的图形属性来处理视觉信息，更擅长目标图像任务，比如地图识别；空间视觉型的个体喜欢用示意图的方式来表示物体的空间关系，他们利用不同物体之间或物体组成部分之间的空间关系来处理视觉信息，更擅长进行心理空间转换和操作任务；言语型的个体喜欢用语言表达和处理信息，依赖于语言分析和非视觉策略，更擅长口语任务。因此，评估过程设计的关键之处是，所提供的测验及其问题要为个体提供平等的机会来发挥其所偏好的认知风格，而不是只能采用一种认知风格才能有效完成任务。一项仅可使用一种认知风格才算公平的任务显然不适用于驾驶舱中的情境，在那里信息是以视觉（仪表显示）和言语（操作手册）的方式多样化呈现的。

采用多位考官与申请者互动也是保证公平评估的实用做法。即使经过严格训练和有丰富评估实践经验的考官，终究还是一个人，还是容易受到无意识偏见这一人性弱点的影响。最近开发的测验考虑到了这些无意识的偏见，通过对考官进行配对来确保他们不会都有相同的偏见。许多国家的公平法案所公认的容易导致偏见的因素包括性别、年龄、种族、宗教等，以及认知偏见，如：

（1）选择性感知（Selective perception）：只看到特定的行为要素。

（2）刻板印象（Stereotyping）。

（3）第一印象（First impressions）：形成了第一印象，并以此来看待随后的所有行为。

（4）概括化（Generalising）。

（5）光环效应（Halo effect）：积极地判断一种行为，然后积极地看待所有后续行为。

（6）尖角效应（Horns effect）：消极地判断一种行为，然后从消极的角度看待所有随后的行为。

（7）首因效应（Primacy effect）：受观察到的第一个行为的过度影响。

（8）近因效应（Recency effect）：受最近观察到的行为的过度影响。

采用多位考官对申请者进行评估是减少上述这些主观偏见影响的有效方法。

最近的研究（Schmidt，Oh & Shaffer，2016）发现评价中心的预测效度已经降至

0.37，较早前的数字为 0.60 至 0.70。然而，研究也表明，将具有相似效度的不同评价方法结合使用可以提高整体效度。案例之一是智商测验的效度为 $r=0.65$，而一般能力（general mental ability，GMA）测验的效度为 $r=0.46$，二者结合使用，其预测效度可达 0.78。早在 1972 年，研究者（Ebel，1972）就认为更长的测验信度更高，如果在增加测验长度以增加信度和在成套测验中增加新测验两者之间做出选择，由于后者可以增加有效变异，那么应该采用后者方案（Guildford & Fruchter，1978）。

在某种程度上，测验的施测方式是由测验发布者所规定的，有些只提供一种施测方式。重要的是要认识到，采用在线测试的方式反映的是申请者在无人监督情境下的能力，也就是进入检测中心检测之前在家中完成了测验，因此，需要通过申请者在进一步的有监督的情境下完成同类测验来验证其线上测验的有效性。通常，一方面，人格测验属于例外，不需要这步验证工作，任何能力或能力倾向测验都需要进行验证，以确保测验是由申请者独立完成的。另一方面，现代技术可以提供解决方案，从而实现对测验过程的监督，比如使用网络摄像头对坐在电脑前的申请者进行监督就是一种解决方案。现在的一些机构提供所谓的"远程监督"（remote proctoring），即他们会代替招聘单位验证申请者的身份，并对测试过程进行监督。对于一些不适合大规模开展的评估，申请者可以不在同一个房间内，而是通过远程的方式被评估。这些代理机构可以在申请者答题时对其进行直接的监督。现在有更多的高科技解决方案，比如要求申请者下载安全软件，上传指纹并拍照。在他们参加测试的时候，安全软件会阻止他们对电脑进行任何其他操作，阻止他们访问其他任何网站，甚至是存储在电脑上的信息。该软件在测试过程中有效地监控申请者的活动，以防止作弊，而登录过程则确保参加测试的人就是申请者本人。由于远程测试的需求不断增长，上述这些及其他技术解决方案将得到更广泛的应用。

心理能力测验可以来自许多不同的测验开发商，甚至可以在互联网上免费使用。需要注意的是，信誉良好的测验开发商投资了数千乃至数十万英镑来开发可靠和有效的测验，然后收取费用以便收回成本，并投资于未来的测验开发。互联网使得每个人都可以只花一小时就可以找到需要的测验，但最好遵循"一分价钱一分货"的原则，因为如果它是免费的，很可能质量就不是太好。也有可能这个测验只是采集和挖掘你的信息，从而来分析你的个人情况（Scam Alert，2018）。测验时长长短不一，从几分钟到一小时，一般集中于一种或多种心理能力，如数字、语言、空间或逻辑。测验时间越长，通常其可靠性越高。萨维尔咨询公司（Saville Consulting）（Hopton，Kurz，Maciver & Saville，2010）出版了一系列的单项或多项能力倾向测验。他们的技术手册显示，单一能力倾向测验（口头、数字或图表）的克隆巴赫 Alpha 值在 0.80

到 0.87 之间，而联合测验版本的值为 0.76。每种单一能力倾向测验有 28 个问题，而联合测验版本有 24 个问题，分成 3 组，每组 8 个问题测量一种能力倾向。一些测验开发商还提供用于筛选的测验版本，考生可以在没有监督的环境中采用这种简版测验进行测试，比如在家里，通过发送带有登录和访问代码的电子邮件进行测试。然后，他们来到检测中心，在有监督的环境下进行完整版测试，并验证第一次测试的结果。两次测验是等值的，但内容不同，可以消除练习效应。

虽然一般心理能力测验很普遍，但很少有测验出版商按行业部门划分常模群体，而是更喜欢使用等级划分，如大学毕业生、经理和专业人员。这对航空业来说可能是个问题，因为申请者通常具有较高的教育水平，因为他们需要符合空勤地面学校的要求。此外，极少有测验出版商的研究报告会涉及国际航空运输协会所列出的能力：工作记忆、感知速度和准确性、空间推理、视觉加工，这些是大多数能力倾向测验评估数学、语言或空间推理能力的基础。一项测验结果显示申请者在语言推理上的表现优于 95% 的常模群体，但这个结果并不能让你洞悉申请者的工作记忆水平。

有少数测验出版商会专门从事航空领域的评估工作，并根据国际航空运输协会提出的评估内容调整测验范围。他们倾向于成为评估领域的全方位服务商，包括提供测验分数和测验报告，甚至他们会通过访谈申请者来对人格问卷的结果进行效度验证。

在学习新信息和新技能时，工作记忆非常重要。它是一种能力，可以让人们在 30 秒内保存少量信息，以方便提取和利用。你每天都在使用这个技巧，例如当你查到一个电话号码，然后保持住，直到拨打这个号码；或者你在记忆中保持住一个会议日期和时间，直到把它们写到笔记本里。为了更长时间地保留信息，可以使用不同的认知加工策略，但这些策略不是本章要讨论的主题。目前有许多不同的工作记忆测验，这类测验通常会呈现一个图形、单词、数字字符串或图片几秒钟时间，然后在刺激信息呈现之后出现选项，并询问受测者所呈现的选项中哪个与刺激材料是一样的。在这些测验中，刺激材料通常只显示一次，有时是听觉刺激而非视觉刺激：

例如（未使用）——请听以下数字串并选择与之完全一致的答案选项（图 11.1）。

为了公平地实施此类测验，如果测验以远程筛选检测的形式进行的话，需要提前告知申请者启用电脑上的扬声器。而如果是在现场监督环境下进

请听以下数字系列，并选择与其完全一致的选项

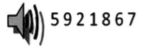 5921867

a) 5912867    b) 5921467
c) 5921867    d) 5921687

图 11.1　工作记忆测验题目

行测试，则应提供耳机。

测量工作记忆的在线测验，所有能返回到前一页，或能够重复播放刺激部分的功能都是禁用的。一些测验使用难度渐进的呈现方式来帮助确定申请者的记忆容量。例如，大多数人都能记住一串 5 ~ 8 个数字。测验可以设计为以较短的字符串开始，随着每一次正确回答而增加长度，当给出错误答案时返回更短的字符串。许多"大脑训练"应用程序都使用了上述方法，采用这类应用程序进行练习可以帮助开发工作记忆容量。在此类应用出现之前，游戏程序《金的游戏》（Kim's Game）也具有类似的功能，即在短时间内显示一些物品，随后将其隐藏起来，玩家必须报告他们看到了什么，或者再次呈现时确认哪些物品不见了。

对感知速度和准确性的测量被用于选拔过程中，这些任务要求将注意力集中在视觉或听觉输入的特定元素上，并对其进行加工。这些任务通常包括快速准确地识别错误，特别是在时间压力情境下。这些测验的许多开发商都将重点放在正确识别的项目数量上，以衡量快速处理信息的能力。题目往往相当简单，如果给所有的考生足够的时间，他们都能正确地回答所有的题目。相反，结果也可以用回答错误的题目数量来体现，因为这些错误可能是由于注意力不集中造成的。错误答案得高分可能意味着冒险、分心或粗心大意。现代测量技术允许更复杂的设计，比如能够记录申请者对每个问题的回答速度，而不是仅仅报告正确或错误答案的总数。这类测验通常只允许记录选定的第一个答案，而大多数其他类型的测验，则允许更改答案。这里有一个简单的感知速度和准确性（perceptual speed and accuracy，PSA）问题的例子：测验的目的是要判断哪些数字 / 符号对完全相同，用鼠标点击"S"键代表相同，用鼠标点击"D"键代表不同。您有 10 秒钟的时间来完成这个列表（表 11.1）。

表 11.1　感知速度和准确性测验题目及答案示例

| | | | S/D |
|---|---|---|---|
| 1 | 204.55 | 204.55 | S |
| 2 | 5600 | 5600 | D |
| 3 | 78 | 87 | D |
| 4 | 2857 | 2857 | S |
| 5 | 497.95 | 497.99 | D |
| 6 | 25.63 | 25.63 | D |
| 7 | 333 633 | 3 333 633 | D |
| 8 | 1871 | 1871 | S |
| 9 | 128 | 128 | D |
| 10 | 8123 | 8128 | D |

Note: S=Same; D=Different。

虽然每个问题 10 秒，或者 1 秒，听起来时间非常短，但实际上这类问题的回答是以毫秒为单位进行记录的，包括答案确定后，在显示器上找到正确答案按键并按下鼠标键所花的时间。

空间推理测验考察的是人们想象或操纵以二维或三维形式所呈现的形状和图案的能力。典型的问题包括：①匹配形状，申请者面前有许多物体，其中只有两个是相同的。他们需要识别出相同的形状，而其中一个可能被旋转过；②翻转形状或在多个选项中确定哪个选项代表一个物体是从另一个方向观察时呈现的图像；③组合形状或选择多个元素组合在一起时将产生的形状；④识别二维形状可能形成的三维形状，或与之相反，例如，当一个由 6 个正方形（其中两个及以上的正方形有标记）组成的长条折叠时，会形成哪个立方体；⑤按照地图或平面图上的路线行进。后一种类型特别适合于飞行员，也可能包括识别哪个平面图或二维图片是对三维照片（通常是地形）的表征。当然，飞行员在飞机上时，他们是从高空俯瞰世界，借助科技手段可以让他们很容易知道自己的确切位置。但根据所看到的下方地理特征在地图上识别出自己位置，这种能力也非常重要，因为一旦定位系统出现了故障，则必须靠人工来进行判断。和其他心理能力一样，空间推理能力也可能受遗传因素影响，但似乎许多人可以通过练习（大脑训练等）来提高他们的能力。

注：Symbiotics 公司允许我使用他们的一些图样，但黑白图片难以完全体现这些图样的意义。因此，如果读者想看原图，请通过电子邮件联系我。

视觉加工包括解释和分析我们从环境中获取的视觉信息，即我们在周围所看到的。在进化的层面上，这种技能可以保障我们自身的安全。意识到捕食者在我们身后悄悄逼近，可以让我们在成为猎物之前采取规避行为。在现代生活中，当我们开车时，它可以帮助我们注意到正在穿越公路的行人，或者当数据显示的信息表明事情不是它们应该有的样子时，它可以帮助我们迅速识别需要采取的纠正措施。对于飞行员来说，我们特别关注申请者理解视觉信息的速度和准确性，这些信息还包括运动、空间关系、形式和方向。视觉加工技能的测验包括识别物体之间的异同，或在杂乱的背景中挑选物体。一种常见的问题类型基于视觉上的不协调，比如呈现一系列用不同颜色书写的颜色名称，并要求申请者正确识别颜色名称所代表的色块，而不是单词书写的颜色代表的色块。例如，单词"红色"可能以蓝色显示，申请者应该在红色和蓝色色块中点击红色块。

问题还包括识别不同物体之间的颜色、大小或形状的差异，或识别部分形状、字母或数字。例如，识别图 11.2 中与其他形状不同的形状。

图 11.2　识别匹配形状测验示例

在设计这些测验时，必须牢记的是所要测量的因素，而不是无意中测量了其他因素。所以，在英语测验中，用句子来表达信息是公平的。然而，空间知觉测验需要有尽可能多的图像信息和尽可能少的言语信息，否则测量的可能是语言水平而不是空间知觉。同样，如果测验要在很多国家进行施测，则应使用母语进行能力测试和使用英语进行英语测试。所有的飞行员都要求有一定的英语水平，但如果由于英语水平不足而导致初始飞行员申请者不能通过能力测验，则是一种测验误差，因为他们真正需要的只是进一步的英语培训。

国际航空运输协会测验类别的第二类是功能性技能，包括心理运动技能。对这些技能的测试往往需要专门开发，因为它们通常需要使用不属于通用计算机环境的外接配置。许多已开发的心理运动测验可以检测手动操作的灵巧度和反应时间。灵巧度测验广泛用于评估精细的运动技能，包括对小物体的操作，不过这些特殊技能对手工艺行业或外科医生选拔比对飞行员更有用。飞行员选拔测试通常着眼于身体反应时间、协调性和多任务处理能力。这些任务可以相对简单，即使用操纵杆将一个移动的物体（移动的速度和方向不断变化）保持在目标的中心；也可以通过全动飞行训练模拟器测试手眼协调能力，以及在现实情况下管理压力和做出决策的能力。

简单水平的测验主要考察手眼协调能力，以及遵循指示的能力，并可能包括测验时的反应变化特点。实施这类测验所需的外接设备通常是一个操纵杆，不过有时也可以使用键盘上的方向键来代替。使用外接设备意味着要求申请者要到专门的检测站接受评估，因为要求申请者购买一件他们可能永远不会再使用的物品是不合理的。为了测验公平，还需要设置公平的测验环境，比如对操纵杆校准等。

下一阶段的测验可能要求申请者使用操纵杆"驾驶"飞机穿越障碍，同时观察场景，并在看到特定刺激时点击一个合适的目标。由于高昂的检测成本和相对数量众多的飞行员申请者，因此只有很少的机构采用全动飞行训练模拟器进行选拔。而采用新技术为无须高额费用就能开发出高水平测验提供了可能性。受测者借助手机的定位功能，通过应用程序就可以进行航线飞行练习。虽然这种操作与飞行操作不同，飞行时需要使用一只手操作操纵杆，另一只手操作油门，有点像一个人一边摸自己的头一边揉自己的肚子，这时需要一只手前后移动（类似控制油门），而另一只手需要前后左右移动，通常是同时在两个方向上移动，类似于在控制飞机转弯的同时保持高度。有一些复杂的测验系统可以模拟飞行情况，而不需要全动飞行训练模拟器。其所需的设备包括多块屏幕、耳机、油门和操纵杆，基本复刻了驾驶舱内的布局。申请者必须按照指定的路线飞行，确定转弯的特定航路点，并听从音频信息，如听从空中交通管制人员的指令调整飞行高度和速度。他们还会被要求同时回答认知问题，并在触摸屏上选择答案，从而模拟驾驶舱内的复杂工作环境，可以据此评估他们确定优先顺序、反应和多任务处理能力。

## 总结

目前仅有极少数测验开发商拥有复杂的、适合航空领域的专门测验。然而，随着越来越多的人认识到这一行业在未来几年需要招募大量人才，可能会有更多的知名测验开发商选择开发专门着眼于飞行员能力倾向的测验；如前所述，一分价钱一分货，所以请尽量购买预算允许内最好的测验；明确有关测验的信度和效度，明确其所采用的常模群体；所选择的测量工具及常模必须符合特定部门和申请者水平。由于初始飞行学员申请者与一般大学生存在诸多共同点，两者的相似性甚至超过了大学生群体内部的相似性，因此初始飞行学员选拔可以采用一般大学生常模；测验开发商在航空领域已经使用了一段时间的测验应该有足够的数据来形成特定的常模，甚至可能包括个别航空公司或飞行训练机构的常模。当然这些常模是分级的，可以应用到你的评估中，直到你有足够的数据来形成自己的常模。到那时，你就可以自信地说，所选拔的申请者不仅能胜任通常意义上的飞行职位，而且还适合你所在公司的飞行职位。

原书参考文献

# 第十二章

# 飞行员选拔中的心理健康评估

Robert Bor, Carina Eriksen, James Arkell 和 Raymond E. King

心理健康评估是飞行员选拔过程的重要组成部分。该评估的目的是排除存在心理健康问题的申请者，确定潜在的飞行员和飞行员申请者未来心理健康问题的易感性，并为年度体检期间的例行心理健康评估奠定基础。这些程序将有助于减少飞行员在飞行生涯中出现心理问题的风险，并最大限度地确保飞行员在需要时愿意寻求帮助。

如何将心理健康评估 / 筛选纳入选拔过程？首先飞行员必须有资格获得 1 级医疗证书，以满足其各自的监管机构，如美国联邦航空管理局（FAA）或欧洲航空安全局（EASA）等的要求。然后，飞行员必须接受由心理学专家或其他相关专业人员进行的更广泛的心理健康评估，这是航空公司最初选拔新员工过程的一部分。航空公司还可能要求在年度或半年度健康检查期间定期进行心理健康评估。

## 一、飞行员选拔中心理健康评估的目标和任务

本章将着重于①飞行员选拔过程的简要概述；②心理健康评估在飞行员选拔中的目标和任务，主要侧重于选拔新申请者和晋升机长、飞行教官等；③在飞行员选拔中运用心理健康评估存在的障碍（费用问题；需要额外招聘有资格进行心理健康评估的专业人员等）。

大多数航空官方机构要求飞行员在最初的医疗评估时以及在整个飞行生涯中都没有特定的心理障碍。心理疾病在普通人群中并不罕见，但经常被忽视。飞行员虽然很少出现严重的心理障碍，但也会像其他职业者一样出现各种心理障碍。正如人们对安全至关重要的行业所期望的那样，航空业受到高度监管。大多数国家都建立了国家

监管机构，为航空公司和飞机制造商制定运营标准，并向飞行员颁发执照。较小国家的民航部门可能会直接接受大的监管机构的管理。值得注意的是，对于一个起源于20世纪40年代的行业来说，国际法规是通用的，但对飞行员的任何评估都必须首先遵守航空公司及颁发执照所在国的法规。读者可以向当地航空监管机构咨询有关机组人员执照管理的相关规定。

在欧洲，各国监管机构在欧洲航空安全局的协调下走到了一起。欧洲航空安全管理局规定了机组人员的心理标准（easa.europe.eu）。在美国，联邦航空局的航空体检医生指南中也包含有关于心理疾病诊断和航空航天医疗处置的具体指导条款。该指南可通过 FAA 网站（www.faa.gov）访问。同样，英国民用航空管理局（UK Civil Aviation Authority，CAA）、加拿大航空管理局（Canadian Aviation Regulations，CAR）、阿拉伯联合酋长国通用民用航空管理局（General Civil Aviation Authority，GCAA）、澳大利亚民用航空安全局（Civil Aviation Safety Authority，CASA）等也都有相关规定。

驾驶飞机需要一系列复杂的身体和认知能力倾向和技能。能力倾向是申请者所具有的内在能力，而技能是随后发展出来的能力。心理健康问题可能会干扰这些能力倾向和技能，从而可能对飞机和机上所有人员构成严重威胁。飞行员的心理健康评估对维持航空安全至关重要，因而应根据飞行员执照的要求和操作职责进行评估。许多心理障碍是可以治疗的，飞行员也可以重返工作岗位，但他们可能并不总是去找心理专家和精神科医生进行治疗。这可能是由于害怕治疗会危及他们的执照和职业生涯，或者可能是将心理问题看作职业生涯的污点。几乎每一个主要的飞行员执照颁发机构都会判定为医学检查不合格的精神障碍通常包括：

（1）情绪障碍，包括各种类型的抑郁症和双相情感障碍；

（2）神经官能症、应激相关或躯体形式障碍；

（3）酒精、物质滥用和成瘾（或称依赖）；

（4）自残或自杀企图；

（5）人格和行为障碍；

（6）器质性精神障碍；

（7）精神病性障碍；

（8）精神分裂症、分裂型或妄想障碍；

（9）意识障碍或丧失；

（10）中枢神经系统短暂性失控；

（11）癫痫或惊厥障碍和神经系统进行性疾病。

飞行员中一些更常见的心理问题可能会暂时影响其获得和持有飞行执照，影响取决于这些心理问题的表现、持续时间和强度，包括适应障碍、情绪障碍（Steptoe & Bostock，2011）、焦虑和职业应激（Cooper & Sloane，1985；Girodo，1988；Steptoe & Bostock，2011）、人际关系问题（Raschmann，Patterson & Schofield，1990）、性功能障碍（Grossman et al.，2004）和酒精滥用（包括酗酒和酒依赖）。未来的问题很可能还包括阿片类药物滥用或成瘾，因为这一问题的发生率持续增加，因此监管机构也开始更密切地监测这一新的安全威胁。

## （一）飞行员自杀

虽然自杀有多种定义，但一般认为自杀是故意结束生命的行为。"飞行员导致的自杀"（Suicide by pilot）指飞行员为了自杀而故意坠机或试图坠机，偶尔也会导致机上乘客或地面人员死亡（pilot murder-suicide，飞行员自杀式谋杀）的空难。在对2003年至2012年美国飞行员借助飞机自杀事件的系统回顾中，作者得出结论称，飞行员自杀事件在所有飞机事故中所占比例不到1%，而且绝大多数都与商业飞行无关。自1982年以来，记录在案的涉及商业航班的飞行员自杀式谋杀事件有7起，最近的一起是发生在2015年的德国之翼坠机事件。

## （二）飞行员心理健康评估

心理状态检查的目的是评估飞行员是否患有心理问题，以及如果存在或可能存在这样的问题，是否会对飞行员驾驶水平、执行飞行职责的能力产生有害的影响？还包括是否存在任何伤害自己或他人的风险。航空体检医生、精神疾病专家、心理学专家和其他医学专业人员经常据此来收集个人心理症状的证据，从而实现帮助人们识别并克服他们的问题的目的。

心理评估要求专家能够洞察飞行员的内心世界。这有些类似于对一个人内心深处的想法、感觉、冲动、感知和行为或反应进行拍照。很重要的一点是，临床医生需要通过对飞行员的进一步调查来理解其症状的性质，从而进行公正的判断。收集的信息有助于临床医生做出诊断和开具处方。然后医生和飞行员可以一起讨论具体的治疗方案。心理状态检查不是一个独立的评估，而是经常与个人的心理健康史结合使用，以获得对一个人的心理状态的全面理解。

通常，出于以下四个原因，需要对飞行员进行心理评估：①为了获得一级医学证书；②申请工作而需要评估时；③年度医学检查时；④被怀疑有潜在的心理健康或神经认知问题。飞行员通常都会意识到评估的不利后果，有些人可能不愿自我报告情绪问题，这是可以理解的。这可能是由于害怕评估会危及他们的执照和职业生涯，或者可能是与心理问题相关的耻辱感。耻辱感和恐惧会放大某些症状，并产生本可避免的额外压力。这可能会扭曲飞行员对两种主要心理评估工具（访谈和心理测验）的反应，使得专业人员更难识别心理健康问题。此外，吊销执照的压力可能导致一些飞行员寻求航空专业领域以外的帮助。人们认识到，心理健康评估（不像血液检查）不是一门精确的科学，在试图确定潜在的心理健康问题时可能存在一些主观性或偏差。然而，当它与一些有用的临床工具、方法和技能一起使用时，可以提供一个稳健的和全面的心理评估。

### （三）将心理健康评估纳入飞行员年度体检问诊中

飞行员须定期接受航空医学检查和评估，以确保他们的身体和心理健康符合安全飞行标准。该评估由具有航空专业知识的航空体检医生进行。有研究者建议航空体检医生在年度飞行员医疗体检问诊时应纳入心理健康咨询和评估的内容（Bor，Eriksen，Scragg & Oakes，2017）：

（1）积极主动地关注飞行员的心理健康问题。

（2）利用这个时机对飞行员进行心理健康教育，并关心其生活状况，从而为心理健康这一敏感话题建立和展开积极的讨论，这样飞行员可能会更愿意分享自己的情况。

（3）确定是否有可以排除这些症状的证据，以及这些症状是否影响了飞行安全，并与飞行员讨论这些问题的重要性。

（4）提高飞行员的信心，使他们相信绝大多数心理健康问题都是暂时的、可以治疗的，康复后是可以重返工作岗位的。

（5）当飞行员寻求航空医疗以外的心理健康治疗时，就一些可能出现的困难和问题进行交流。

（6）向飞行员介绍专科专家情况和转诊的途径，这些专科专家包括航空领域的心理学专家和精神病学专家，他们可以对心理健康问题作出评估、治疗并出具关于飞行员健康和安全性的报告。

在许多情况下，承担这些任务的时间、技能和专业资源可能是有限的，航空体检医生有义务接受进一步的心理精神健康评估和报告技能的培训。由于航空体检医生问诊的时间有限，这点也是有效评估的一个潜在障碍。尽管如此，大多数医生可以通过遵循航空医学体检指南中所建议的一些关键点、主题和技巧，来提高问诊的有效性。最重要的是，这些心理健康方面的问诊应成为评估访谈的一个自然组成部分。医生们应该避免采用预先脚本或问题列表的"复选框式"方法来问诊，因为这会降低心理状态评估的实用性和可靠性，这也无助于加强与飞行员的关系。最后，这些指南为飞行员心理健康评估的总体目的提供了更广泛的视角。问诊的主要目的是就心理健康问题进行开放的沟通，并进一步评估或转介可能存在心理健康问题的飞行员。虽然航空体检医生可能会关注飞行员的自杀倾向，但问诊的主旨并不只是预测和排除有自杀式谋杀意图的飞行员。全世界几乎所有航空监管机构都认为，航空体检医生在飞行员心理健康评估过程中的关注焦点应是：①评估飞行员轻微和可治疗的心理问题，以防止这些问题升级和（或）影响飞行安全；②在这些问题上积极主动地与飞行员沟通，使他们从航空体检医生的支持中获得信心，以及对转介到适合的专科医生处接受有效治疗有信心。这两个目标的主要作用是减少心理健康问题的污名化，并明确安全关键岗位医疗保密的程度和限制。

近期的很多文献都报道了飞行员公开披露心理健康问题的障碍。航空体检医生面临的挑战是，在一个通常只有 60 ～ 90 分钟的时间里必须完成大量的身体健康评估工作，还要包括严格的心理健康评估。幸运的是，有目的地交谈在心理评估中是一种非常有效的工具，可以据此确定是否需要进一步的调查，包括：转诊、更有针对性的提问、使用标准化且合乎伦理的心理测量方法。

推荐的做法是在会谈开始时就通过一些开放式问题进行简短的沟通。在大多数情况下，这只需要几分钟。如果初始谈话表明需要进一步探索心理健康问题，航空体检医生就有机会将可用的时间主要集中在这方面，或者在对其进行身体检查后再进一步探查可能的潜在心理问题。

当前，心理健康评估在飞行员体检中占据了更大的比重，航空体检医生将越来越需要寻求、发展和加强与心理、精神健康专家同事的联系。虽然这些专业人员可能没有航空医学的专业知识，但他们可能见过或治疗过机组人员。在航空医疗评估时，飞行员可能会透露出他或她曾咨询过心理健康专家。如果可以的话，航空体检医生通常希望获得更多关于他们为何去咨询心理医生，以及诊断、治疗和结果的信息。在某些情况下，航空体检医生认为有必要将飞行员转诊以进一步的调查和评估。转诊的类型将取决于评估过程中提出的临床问题，但通常只会转诊给具有航空知识的精神病学医生和（或）航空心理学专家。这些专家的报告有时可能需要遵循航空管理机构规定的特定格式，在某些情况下，光提交一份简要的评估报告是不够的，还必须将原始数据和当事人的心理健康调查表连同其他文件证据一并提交给管理机构。航空体检医生经常需要与出具报告的专家联系，指导他们遵守监管机构的报告要求。从本质上说，航空体检医生需要一个由具有资质、经验丰富、愿意在监管环境下工作的心理健康专家组成的转诊网络。

## 二、飞行员心理健康评估的过程

心理状态评估的起点是建立 "安全区"（safe zone），即飞行员觉得适合讨论他们心理状态的一种谈话氛围。这种氛围能让他们感受到支持，而不是伤害性的回应，也不会让他们感到羞愧和尴尬。因此，无论是精神病学医生、航空心理学专家还是航空体检医生，都需要对飞行员的心理健康表现出真正的兴趣，能够识别有可能干扰飞行安全的心理问题，并有能力给予适当和有效的支持。

因此，建立安全区首先要由专业人员注意到任何相关的背景细节，这些细节通常（但并非总是）可以在问诊前通过与转诊人联系或查阅相关医疗文件来了解。在评估的早期就应开始沟通交流，如果评估专家掌握下面这些情况，那沟通交流将会很顺畅：

（1）当前行业和（如果可能）工作单位的主要问题，特别是对员工雇用的影响。

（2）该名飞行员过去的心理健康问题。

（3）先前医疗评估中提到的潜在压力源或心理挑战。

（4）潜在的支持资源。可能包括航空公司职业健康部门或同伴支持项目以及具有与飞行员合作经验的心理健康专业人员。

这些信息可以从行业期刊和杂志、与其他飞行员的谈话、监管机构以及前期评估的结果等来源收集。

进入初始谈话时不需要向飞行员宣布正式开始心理评估，通常情况下，这是最初寒暄的一种自然延续，然后再开始使用下面建议的通用问题进行心理评估。保持良好的眼神接触和开放的肢体语言将显示出真正的兴趣和对于安全区建立的支持。最好是在飞行员坐着和穿好衣服以后再开始谈话；如果在体检时问飞行员敏感的问题，可能会让人感到侵犯性和威胁性，而且这种方式也会干扰良好的眼神交流。这时，飞行员通常已经完成了书面的医学调查问卷，其中包括一些简短的关于酒精和药物使用（滥用）以及心理和精神症状或疾病的问题。请飞行员实事求是地解释问卷中所标记的问题，既支持了安全区的建立，又提供了心理健康评估的机会。值得注意的是，在飞行员面前一直低头翻阅问卷可能会影响到安全区的建立。在可能的情况下，在开始心理健康评估之前收集并审阅问卷可能效果更好。或者，对于飞行员已经完成的问卷，评估专家可以问飞行员是否有他或她觉得应该讨论的重要问题。

在初始谈话中，专家应该向飞行员介绍医疗相关的保密流程（Hudson & Herbert，2017）：评估结果至少需要与飞行员的工作单位、监管机构和其他医疗专家

（如飞行员的私人医生或全科医生）进行信息共享。在这一点上，必须确保飞行员理解这么做的意图是支持个人和促进飞行安全，而不是伤害性的。这点做好了可以增强安全区，使飞行员能够积极参与相关问题的讨论。

评估者在初始谈话时可能会提出接下来想谈的问题，通常是更详细的信息和需要聚焦讨论的问题。如果没有需要进一步讨论的问题，航空体检医生就会进行必要的生理检查，并结合进一步的会谈对其心理状态进行评估。

### （一）评估时的反应

在整个评估过程中，医生应关注受检者的言语和非言语反应。应该特别注意那些不协调的情况，如果发现了，可能需要进一步的探索。这可以在发现失调时立即进行，也可以在完成生理评估后再进行。例如，一名飞行员表现出粗鲁、恼怒或对心理健康调查不屑一顾，这可能是谈话无意中激起了他对自己最近出现的问题的回忆，或间接反映了他对讨论此类问题的恐惧。

对于先前认识的受检者，如果发现其在行为、外表（衣着、清洁等）方面出现重大改变，则应该留意和探究。还应留意和评估受检者由于疾病或体重巨大变化而引起的生理反应。体重、外表、社交活动、人际关系或眼神交流等方面的显著变化都是心理问题的潜在指标。当然，这些改变也可能预示着其他的健康状况。通常情况下，心理选拔考官们已经对这些指标进行评估或监控了。

在体检评估结束时，专家应向飞行员提供简短的情况报告，并适时征求他们的反馈意见。在大多数情况下，这不需要花费太多时间。但这个做法可以为下次评估时建立融洽关系打下良好的基础，也可与以前的评估进行有效比较。

### （二）心理健康评估的内容

收集飞行员心理健康数据的方法多种多样，在评估的各个阶段经常结合使用，包括关于当前症状的集中提问，可采用引出关于一个人的想法和感受信息的苏格拉底式提问，以及非结构化的观察。必要时，临床医生还可以向飞行员的医生或其他专业人员收集关于飞行员个人和社会资料以及相关医疗信息。在条件许可的情况下，建议采用心理测验辅助评估，但应使用飞行员常模。一方面，有大量的心理测验可供专业人员在整个评估过程中使用。具体选择何种测验取决于飞行员在这些问题上的个人陈述。例如，如果飞行员显示出抑郁症状，可以使用以情绪为目标的诊断问卷，如贝克抑郁量表（Beck Depression Inventory，BDI）或患者健康问卷（Patient Health Questionnaire，PHQ-9）。另一方面，如果怀疑其存在学习困难（这在飞行员中可能很少见，但并非不可能），可以进行一系列专门的神经认知测试，以进一步收集关于学习困难的性质、程度和影响等信息。需要注意的是，大多数心理测验只能由受过心理测量伦理培训的心理测量专家进行。

心理状态评估没有精确的方法或顺序，大多数临床医生倾向于采用涵盖各个方面的结构性访谈，包括一个人的外表、态度、行为、情绪和情感、言语、思维过程、思维内容、知觉、认知、洞察力和判断力（美国精神病学协会，2013）。良好的心理状态评估可以让专家利用各方面的信息，形成一幅脉络清晰的飞行员精神状态剖析图。这有点像科学家的工作，来自每个方面的信息都可以作为线索，提示评估的哪些方面还需要进一步探究，以及应该使用哪类心理测验。

### （三）心理状态检查应涵盖的典型领域

#### 1. 外表

一个人看起来怎样（瘦弱或健壮、整洁或邋遢、面色苍白或容光焕发）？例如，一个人看起来太瘦或体重过轻，可能是抑郁症、过度紧张/焦虑或厌食症的信号，也可能是严重的物质滥用。他有明显的气味吗？酒味可能表明其酗酒，而发臭的汗味可能表明其缺乏自我照顾（这可能是一些心理问题的症状，包括过度紧张、抑郁或更严重的精神疾病）。仅凭外观不足以让临床医生准确理解飞行员的状况。这个单一的信息源同样可能是由其他原因引起的。例如，酒味可能是由于面试焦虑引起的，人们会在面试前喝一杯酒来缓解紧张情绪。

#### 2. 态度/融洽

访谈对象是如何进行访谈的？他们给人的印象是投入、合作、愿意参与评估吗？例如，他们是否能够回答专家提出的问题？他们是显得乐于提供信息，还是需要过多的探究？他们会问问题吗？一方面，一个人如果表现出愿意提供信息，可能会对被询问或谈论自己感到更自在，他们可能会热切地想找到解决他们问题的办法；不太愿意提供信息的人可能不愿意参与这一过程，可能是因为他们自己不是自愿这样做的，例如，可能是他们的工作搭档替他们预约了体检，或是由航空公司经理要求他们来检查的。另一方面，害羞、缺乏自信和社交焦虑也可能导致人们在访谈中不太愿意透露信息。在访谈过程中，专家会考虑对方建立融洽关系的能力，通过这一过程，可以提高访谈的质量。这可以通过鼓励临床医生和飞行员之间的合作来实现，从而提高所收集信息的质量。与传统的医患关系相比，这一点尤为重要。在传统的医患关系中，医生被视为掌握权力并做出决定的一方，因此通常不鼓励患者提出问题，更不会鼓励患者挑战医生的诊断。

3. 情绪和情感

情绪通常需要飞行员用自己的语言来描述，如悲伤、愤怒、中性、焦虑、冷漠。这可以通过提问来实现：你感觉如何？你什么时候最有可能有这种感觉（一天中的某个时间，一周中的某一天）？你觉得是什么导致你有这种感觉？目的明确的问题可以鼓励飞行员提供关于情绪强度的进一步信息。例如，飞行员可能会被要求给他们的情绪打分，从1（低）到10（高），以及（或）特定情绪的典型持续时间（分钟、小时、天）。"情感"指的是一个人在给自己的情绪贴上标签时所表现出的非言语行为。例如，一名飞行员在描述创伤经历时表现出平淡的、非反应性的情绪，这可以描述为其表现出不一致的情感，可能意味着抑郁，甚至是创伤后应激障碍。例如，在评估过程中表现出一系列高度或过于戏剧化的情绪的飞行员可能预示着躁狂发作或表演型人格的症状。

4. 行为

在评估过程中观察一个人的行为通常可以提示一个人即时的感觉如何。例如，缺乏眼神交流可能表明害羞、羞愧、学习困难或社交焦虑等。抽动（通常与强迫性想法或强迫性行为相关的过度运动），如频繁拉头发、抖手或抖腿，可能表明强迫症或强迫性人格障碍。坐立不安，如不能安静地坐着，夸张的心烦意乱，或在访谈室内踱来踱去，可能表明抑郁、焦虑、注意力缺乏障碍，或抗精神病药物的副作用。

5. 思维过程

很难直接观察人们的思维过程，因此只能由人们自己描述或从他们的讲话中推断出来。虽然我们很想洞察别人的想法，但现实中我们必须依赖于别人与我们分享他们内心的想法。一个描述自己有快速循环灾难性思维过程，或纷乱思维（racing mind）的飞行员可能患有过度担忧和焦虑。固着（fixated）或反复经历强迫和重复的想法可能是强迫症的信号，而缓慢和几乎空洞的思维过程可能是抑郁症的症状。在相对较长的一段时间内，无数个想法的快速迸发可能预示着躁狂发作或注意力缺陷障碍的过度活跃症状。

6. 思维内容

思维的内容有助于评估一个人的专注、强迫意念、恐惧和夸大的想法。最好的方法是开启一个开放式话题，让对方详细阐述自己的想法，以及他们在多大程度上认为这些想法是自己的想法还是属于其他人。也可通过使用更结构化的问题来评估与这些想法相关的情绪的强度和频率，比如：当你有这个想法时，你感觉如何？值得注意的是，对于有些人可能会很难反思自己的想法，因为我们的大部分想法是自动形成的，因此不在我们的意识范围里。情绪甚至情境都可以作为线索来帮助人们识别思维内容，并帮助自动的无意识思想进入意识层面。消极或批判性的想法可能表明有抑郁症的问题，而高估超重的想法可能是厌食症或贪食症的症状。飞行员脑海中挥之不去的自残、自杀或恐惧念头可能是认知扭曲、人格障碍、焦虑或抑郁的征兆，而妄想可能是精神疾病的征兆。有许多不同类型的妄想症，包括抑郁性精神病、偏执性妄想和情绪内容不协调妄想，这些更是精神分裂症的典型表现。妄想是指不能准确反映教育、文化、社会背景的错误信念或想法。尽管精神疾病，如精神分裂症、妄想症或人格障碍在飞行员中可能很少见，但重要的是评估要足够广泛，以涵盖心理和精神障碍的全部范围。

### 7. 认知

这部分包括一个人的思维能力的整个系统，包括警觉性、定向力、记忆力、专注力、注意力、视觉空间功能、语言功能和执行功能等。其中一个比较容易观察到的是警觉性，它包括一个人对环境的意识和反应，如他们是否显得昏昏欲睡，警觉或迷糊？定向能力可以通过问一些问题来评估，比如现在是什么时候？今天是星期几？现在是几月？住在哪里？叫什么名字？生日是哪天？评估飞行员的注意力或专注力可能需要更结构化的问题，比如观察房间 20 秒，然后报告看到什么？或者以倒序的方式拼写一个单词。短时记忆通常是通过在短时间间隔后回忆一组数字或单词来评估，而长时记忆可以通过询问过去的事情来评估信息提取能力。评估视觉空间功能最好的方法是让飞行员画一个物体或一个图表，并观察他们如何完成任务。值得注意的是，注意力和专注力的轻度损伤通常是抑郁、焦虑、失眠的常见指标。这可能需要其他更专业的医学和（或）心理测验来评估认知困难的严重程度和类型。

### 8. 知觉

这一领域主要涉及通过听觉、视觉、触觉、味觉和嗅觉五个感官通道记录的感官体验。幻觉（一个人在现实情境中没有遇到这种物体或情况，但将其体验为真实的物体或情况）、假性幻觉（如一个人听到他们头脑中有人说话，并且深信不疑）、错觉（一种扭曲的感官体验，如看到一个物体，但错当成是另一个物体）。大多数人还经历过时间扭曲（似曾相识感），这是另一种感觉异常。患有严重焦虑或抑郁的飞行员经历自我意识的扭曲（人格解体）或现实感的扭曲（现实失真）并不罕见。五种感觉中的任何一种都可能产生幻觉。例如，幻听可能是精神疾病的症状，而幻视可能是由于如药物戒断或癫痫等造成的机能性症状。

### 9. 洞察力和判断力

一个人有多了解自己的生活状态？他们是否认为自己有问题，或者他们是否未意识（或否认）到自己的困难？这可以通过开放式问题来评估，以引出飞行员对问题和治疗方案的看法。这个人是否能够做出合理和负责任的决定？判断力受损通常与大脑额叶的功能紊乱有关。例如，一个酗酒的飞行员在酒精的影响下可能无法做出合理和负责任的决定，从而影响自身和其他人的安全。

只要有可能，在被诊断为精神障碍后，最好应告诉飞行员重返岗位的路径。监管机构通常有可能在治疗成功后，甚至飞行员正在服药（如治疗抑郁症的选择性 5- 羟色胺再摄取抑制剂 [SSRIs]）时，签发特别许可证或航空医疗豁免。如果没有或不告知其重返岗位的可能性，要么导致飞行员不寻求治疗，要么是偷偷寻求治疗，效果较差。

### （四）精神治疗

与普通人群相比，飞行员更容易在治疗中获益，因为他们有科学背景，所以很容易理解医疗模式，并能衡量治疗对自己的成本和收益。他们通常是务实的，因此对治疗计划反应良好，一旦他们同意了治疗计划，就会遵循，而且会按时服药。他们会积极主动地完成认知行为治疗师布置的作业。由于他们在职业角色中投入了大量的自我价值，因此为了尽快重返岗位，他们通常会认真接受治疗；他们通常描述自己在十几岁或更早的时候就渴望成为一名飞行员。相比飞行员群体，普通人群在 12 周里，只有 40% 的人会严格遵照医嘱服药（Myers & Braithwaite，1992）。当然，有极少数飞行员可能希望以健康原因从岗位上退休，因此精神疾病可能是实现这一目标的手段。如果他们的目的是为了失去执照或者诈病，那么评估就更要准确和严格。

飞行员的状况通常符合素质 - 应激模型（diathesis-stress model）的概念，其中的应激一般指压力或对能力的要求过高。绝大多数飞行员都没有精神病史，但很可能会受到近期生活事件的困扰，比如父母、配偶或孩子生病、个人患病或糟糕的婚姻状态。繁重的飞行任务如果再加上家庭矛盾，此时飞行员往往特别脆弱。一个常见的例子是与配偶分居导致飞行员常常很难见到自己的孩子。

当飞行员努力通过等级评定或机长培训时，或在六个月一次的模拟器飞行检查中意外失败后，往往会出现抑郁或焦虑症状。飞行员经常会讲述，由于培训教官的审查越来越严格，导致他们焦虑加剧，进而在模拟器飞行中不断出现一些低级错误，这些像一个个不断缩小的圈挤压着他们，最终导致他们崩溃了。但通常经过一段时间的休息，有规律的睡眠，加上一系列的认知行为治疗（CBT）和正念练习，就足以让大多数飞行员在几个月内重回飞行岗位。

如果飞行员有心理创伤，通常会在事件发生后表现为惊恐症状，而且在他们的成年生活中，可能会有不止一次的创伤事件叠加在童年的不幸之上。由于焦虑或胃肠及泌尿系统出现的躯体化症状而使其产生了丧失飞行资格的可怕想法，进而导致其可能在驾驶舱内突然出现惊恐症状。

创伤通常来自飞行中死里逃生的事件，如撞鸟、机械或仪表故障，以及突发状况或患病的乘客，或一个不熟悉的副驾驶做了一些无法解释的事。这些情况可能会在一瞬间就演变成一场灾难，不仅对自己，而且对飞机上的数百个生命。这可能会让年轻的机长突然意识到这一角色的巨大责任。

飞行员是一个相当自负的群体，因此让他们承认其脆弱性绝非易事。他们接受医学方法，对药物治疗也有着经验性的理解。因此主要的挑战在于让飞行员相信选择性5-羟色胺再摄取抑制剂（SSRIs）类药物是值得服用的，而且在大多数情况下是有效的。

## （五）使用抗抑郁药治疗焦虑和抑郁

CAA 网站包含了所有关于可用于治疗飞行员精神健康问题的许可药物的基本信息。最新的指南很容易在网上找到：www.caa.co.uk/Aeromedical-Examiners/Medical-standards/Pilots-（EASA）/Conditions/Psychiatry/Centrally-acting-medication/。本章不提供精神药物处方的详尽描述，目前这可以在其他综合文献中找到，如斯塔尔（Stahl）的第六版《基本精神药理学》（剑桥大学出版社）。

事实上，在过去的 30 年里，在精神治疗方面并没有什么大的飞跃，我们对抑郁症的理解也没有超越单胺神经递质（多巴胺、去甲肾上腺素、血清素），尽管绘制了人类基因组，神经影像技术也取得了进步，并知道神经炎症可能是一个原因，详情可参阅布尔默（Bulmore）的《发炎的头脑：治疗抑郁症的新方法》（The Inflamed Mind: A Radical New Approach to Depression）。

在打算使用 SSRIs 时，必须考虑到服用 SSRIs 所需要的额外 4 周不能返岗的时间。因为与只采用谈话式治疗相比，使用 SSRI 延长了症状康复时间。SSRI 确实可以提高重返工作岗位时的适应力，但比较麻烦的一点是，停药后还需要一个四周的暂停飞行期（CAA）。

CAA、EASA、FAA 和 CASA 允许的药物数量非常有限，这使得处方清单非常简单。在英国，只有三种 SSRI 抗抑郁药被允许使用。值得注意的是，将 SSRIs 称为"抗抑郁剂"并不准确，因为 SSRIs 不仅能成功治疗抑郁症，还能成功治疗焦虑症和创伤后应激障碍。一些飞行员只需要一种 SSRI，大多数人使用舍曲林（sertraline）或艾司西酞普兰（escitalopram）效果较好。

美国、欧盟和澳大利亚的管理部门都允许飞行员使用舍曲林（商品名：Lustral、Zolof）、艾司西酞普兰（商品名：Lexapro、Cipralex）和西酞普兰（citalopram，商品名：Cipramil、Celexa），但必须符合特定标准。CASA 和 FAA 也允许氟西汀

（fluoxetine，商品名：Prozac），CASA 也允许低剂量的文拉法辛（venlafaxine，商品名：Effexor）和地文拉法辛（desvenlafaxine，商品名：Pristiq）。后两种是不同的类，称为 SNRIs，抑制去甲肾上腺素和血清素的再摄取。

因此，在英国和美国，精神病学医生只有想对飞行员药物治疗，并希望其能够快速重新获得 CAA 执照时，才会以 SSRI 类的抗抑郁药为首选尝试进行治疗。当首选的抗抑郁药不能减轻症状时，问题就出现了。在临床上，下一步通常需要换药或增加一类新的抗抑郁药。如果这是一类被禁止使用的抗抑郁药物，那么这不可避免地会使飞行员在治疗期间停飞，而且可能至少需要 6 个月。

在英国，如果医生开出三种药物中的一种，在持续服用特定剂量 4 周后，他们可以推荐飞行员重新获得飞行许可。然后建议飞行员患者至少继续用药 6 个月［《英国国家卫生和临床技术优化研究所抑郁症指南》（NICE Depression Guideline），最后修订于 2015 年 10 月）］。如果症状复发、加重，或长期存在，那么需要继续服药24 个月可能更合适。他们将被要求在服药期间至少每三个月去看一次 CAA 的精神病学医生。

美国的指南在某种程度上更为严格。美国联邦航空局要求在返岗前需要完全停止SSRI 60 天，然后以特定剂量的 SSRI 保持稳定 6 个月。CASA 网站称，如果关于抗抑郁药处方有任何变动，都需要 2 ～ 4 周的停飞，但这要根据具体情况而定。

美国抑郁症的序贯治疗（Sequenced Treatment Alternatives to Relieve Depression，STAR*D）试验（Fava et al.，2008）招募了 4000 多名抑郁症患者，发现 33% 的患者在第一次用药（西酞普兰 20 mg）时达到缓解，在 12 周时 47% 的患者症状减轻了。该试验表明，为了提高缓解率，需要主动更换和增加药物治疗，通常需要使用不止一类的抗抑郁药。当精神病学医生只能从三种 SSRIs 类药物中选择时，这就有问题了。

人们认为舍曲林和艾司西酞普兰是可靠的首选药物。Cipriani 等人（2018 年）的元分析包括近 12 万名参与者，比较了 21 种抗抑郁药物。结果表明，这些药物都比安慰剂更有效。在 21 种选择中，艾司西酞普兰的有效性排名第 8，耐受性排名第 3。舍曲林的有效性排在第 10 位，耐受性排在第 9 位。

较高剂量的西酞普兰和艾司西酞普兰可延长心电图的 QTc 间期（长 QTc 间期与心率失常有关），因此将其剂量范围限制在最小治疗剂量的 2 倍，而舍曲林可限制在最小治疗剂量的 4 倍。

如果飞行员出现焦虑不安或惊慌失措的症状，精神科医生可以先使用 50% 的剂量。出于谨慎，艾司西酞普兰和西酞普兰可以使用剂量慢慢地滴定，让他们感觉一切都在掌控之中，尽管这会延长停飞时间。舍曲林和艾司西酞普兰最常见的副作用是恶心、失眠和嗜睡、口干、出汗、头痛和性功能障碍。大多数不良反应在最初几周最严重，然后就会缓和下来。

一般来说，"让飞行员恢复健康的剂量就是让他们保持健康的剂量"，所以除非有副作用，比如消化不良、疲劳或性问题（性欲丧失、性高潮延迟，以及较少出现的勃起功能障碍），那么就没有理由减少剂量，直到飞行员想完全停止用药。

### （六）停用 SSRIs

飞行员停药后，将需要停飞至少 4 周时间（CAA）。如果剂量高于最低治疗剂量，明智的做法是分两步减少，两次减量应至少间隔几个月。

对于那些接受 SSRI 治疗的患者，认知行为治疗显著降低了停服后的复发风险。法瓦（Fava）等人（2004）随机抽取 40 名复发性抑郁症患者，进行 10 次 30 分钟的认知行为治疗或标准临床治疗。在接受标准治疗的患者中，有 80% 的人在 24 个月后复发，有 90% 的人在停药后 6 年复发。接受认知行为治疗的患者中，只有 25% 的人在 24 个月后复发，40% 的人在 6 年后复发。

重要的是，首要目标是健康，而不是免费用药。继续服药可以维持康复。蒙哥马利（Montgomery）、拉斯马森（Rasmussen）和唐霍杰（Tanghøj）（1993）的研究表明，服用西酞普兰从抑郁症中恢复的患者继续服用安慰剂，与继续服用治疗剂量西酞普兰相比，24 周后，服用安慰剂的患者复发风险增加了 3 倍。类似地，阿尔古兰德（Allgulander），弗洛雷亚（Florea）和胡苏姆（Huusom）（2006）对 375 名患者通过 20mg 艾司西酞普兰治疗病情缓解后进行了长达 74 周的随访，一半人随机从艾司西酞普兰组分到安慰剂组，另一半人继续使用艾司西酞普兰维持治疗。服用安慰剂的人复发的可能性是另一组人的 4 倍。

舍曲林和艾司西酞普兰的半衰期都是一天，这意味着它们会慢慢地从人体系统中消失，所以如果飞行员错过了一剂，也不太可能出现停药症状。停药时的症状通常是有时间限制的、轻微的，与药物的半衰期一致。它们不同于抑郁症状的复发，后者往往出现得较晚，更类似于最初的症状，而且持续时间更长。停药后的症状可通过恢复处方用药迅速缓解。

根据西普里亚尼（Cipriani）等人（2009，2018）的研究，艾司西酞普兰耐受性更好，更有效（图 12.1）。

它是在西酞普兰出现 4 年之后研制的，是活性异构体的纯版本。西酞普兰是 R-西酞普兰和 S- 西酞普兰的外消旋体。这意味着它是两个互为镜像的分子的混合物。

在普通人群中，早期停止服药的常见原因有: 感觉更好了( 55% )，不良反应( 23% )，害怕依赖（10%），感觉没有效果（10%），害怕过度依赖（9%）。重要的是要开诚布公地讨论不良反应，尤其是涉及性功能方面的不良反应，这些不良反应可能不容易讨论，但会导致不遵从医嘱（Demyttenaere et al.，2001）。

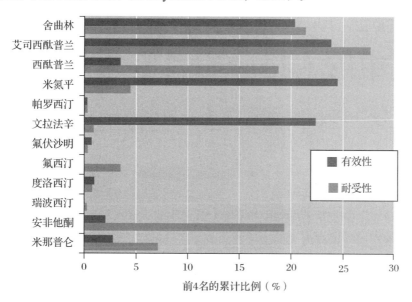

图 12.1　抗抑郁药的功效和耐受性

## 三、飞行员选拔中心理健康评估的未来发展

　　航空公司开发和使用强有力的心理健康评估程序用于选拔，并定期监测飞行员的心理健康，这一举措至少与他们定期维护飞机一样有价值。飞行员是航空公司最重要的资源，当他们面对生活中和驾驶舱中不可避免的挑战时，保障人员必须付出努力让他们保持和恢复健康。有效的人员选拔，包括心理健康评估，是确保飞行员队伍安全性的最有效手段。飞行员也是人，任何飞行员，无论如何严格地挑选，都会受到心理健康的挑战。因此在选拔时和定期进行心理健康评估，并与其他健康评估相配合，可以最好地保障申请者和有经验的飞行员有机会接受治疗并获得或重新获得飞行资质。这种方式既保证了航空安全的需求，又兼顾了飞行员申请者和飞行员的个人需求。

原书参考文献

# 第十三章
# 航空中的人格障碍及临床评估

Peter Scragg, Robert Bor, Carina Eriksen 和 Margaret Oakes

航空公司、监管机构、培训机构和整个航空业都非常重视安全。在现代航空领域，识别和管理潜在风险正成为人们关注的焦点。尽管彻底消除航空公司和其他安全关键行业的风险可能永远无法实现，但当前的趋势是不断争取增量收益，无论增量有多么小，但也确实将航空业的安全标准保持在世界领先水平。

历史上，人格问题和精神障碍一直与飞行中的不安全行为联系在一起，有时，这些行为会导致致命性灾难。心理学专家通常会努力识别那些表现出人格障碍迹象的飞行员或飞行员申请者，从而可能拒绝对他们的聘用或培训。当飞行学员或合格飞行员最近的行为显示出尚未发现的人格障碍和问题时，通常会咨询临床心理专家。常见表现可能包括：不遵守标准操作程序（SOPs），在驾驶舱中出现人际关系紧张，学习态度或接受反馈的态度不佳，可能伤害个人和（或）乘客和机组人员的行为，以及其他许多问题。本章主要讨论出于临床和司法目的对这些问题的评估，虽然航空心理学专家和临床心理学专家在检测人格问题方面的一些目标和程序可能是相似的，但也有一些值得注意的差异。关于这点将在下文加以讨论。

对受过专业训练的心理、精神病学专家来说，识别严重的人格问题也是一个挑战。一个主要原因是因为商业飞行员的岗位流动性可能导致难以发现其个人的行为模式或趋势；一小部分商业飞行员来自军队，而在军队中飞行员的表现和性格的纵向数据会被更好地记录下来，问题可能会在他们飞行生涯的早期阶段就被发现了；由于在飞行员招募、评估和年度体检中不经常进行人格评估，因此，往往只是在飞行员的航线工作过程中才能暴露出问题。2015年3月德国之翼飞行员自杀事件后，一些民航业潜在安全风险也暴露出来，要么是严重精神病理问题未被发现，要么是未能对出现此类问题的机组人员进行合理的处置。

　　本章主要介绍临床人格障碍和相关精神病理学方面的潜在风险的识别和管理。首先概述了精神病理学和人格障碍的基本概念。然后，我们先从一个案例讲起，随后描述飞行员常见的各种类型人格障碍的临床表现。最后一个部分介绍人格障碍和精神病理学的评估和鉴定，并概述相关的临床治疗和管理情况。

# 一、精神病理学和机组人员

　　机组人员在严格管制的环境中工作，这要求他们保持一贯的高水平的技术知识和技能，以及与机组其他人员和其他群体（如其他岗位员工、管理层和乘客）有效互动的能力。为了保障各项标准的落实，各监管机构（欧洲的 EASA、美国的 FAA、加拿大的 TC、阿联酋的 GCAA 等）负责监管飞行执照、医疗标准、机组人员和操作程序。我们这一章重点介绍机组人员的医疗标准。

　　飞行员每年都要接受体检，并被要求报告任何可能损害其安全飞行能力的伤病。出台相关标准是为了将飞行员丧失飞行能力的风险降到尽可能低的水平。随着医学认识的不断深入，一些此前被认为是体检不合格的情况，如糖尿病，现在则被认为是可以安全飞行的。但"身体好到能跑马拉松也并不一定就能开飞机"，这句老话对某些情况来说仍然适用。从心理学的角度来看，可能不会引起大多数飞行员关注的心理困扰或心理健康问题，却可能会对飞行员履行其职责的能力产生重大影响。一个内心痛苦的飞行员，由于职责所在，不仅需要应对不定期轮班和经常性离家的心理挑战，还需要能够执行复杂的任务，处置紧急情况和做出艰难决定，以及要与可能不太熟悉的同事搭班相处。因此，不太会影响其他岗位的心理困扰水平，却可能会对机组人员造成影响，让飞行变得不安全。

　　欧洲航空管理局（EASA）在飞行员的一级医学要求的"心理学"条款下制定了以下标准："申请者应没有明确的可能会干扰所申请执照必须的安全操作的心理缺陷。"在"精神病学"条款下，其标准制定的出发点是：

　　　　"申请者应无明确的可能妨碍所申请执照必须的安全操作的精神病史或临床诊断，包括：精神疾病或功能缺陷、症状或障碍、急性或慢性、先天或后天性的。"

　　美国和世界其他国家的监管机构采用了与此类似的标准。

　　飞行员在执行与安全有关的工作时，本质上必须没有可能影响其安全操作能力的心理和（或）精神缺陷。对于任何医疗问题，飞行员一般每 6 个月或 12 个月在医疗机构进行一次体格检查。出于法律和职业责任，他们有义务报告任何可能会影响其能力的问题，如果不适合，就不应承担与安全相关的工作。心理问题给监管部门、机组人员，以及负责体检的航空体检医生带来了额外的挑战：首先，所有相关人员接受的培训和对这些问题的认识比生理方面要少。此外，由于心理问题的"污名化"，飞行员常常隐瞒心理问题。还有一个困难是，行业内部很少有人能够注意到飞行员行为的变化和提示有心理健康问题的心理状态指征。这是由于同事们很少长期在一起工作，管理人员和机组人员往往交流较少，而且多是远程交流，航空体检医生每年与飞行员见面的时间最多也不到两个小时。另一个复杂的问题是，选拔飞行员时，非常强调展示正确的行为，而操作程序的结构化又恰恰容易掩盖心理困扰。由于飞行员的工作环境和文化原因，导致对他们的精神病理发现和管理变得非常复杂。

# 二、人格障碍

"人格"指的是个体通常所采取的行为、思维和感知的方式。大多数人的人格使他们能够与周围的社会环境相适应，即使有人发现其可能在一些小方面偶尔会出现一些问题，但整体上仍能与他人形成合作和有意义的关系。诊断为人格障碍和偶尔在某些情况下表现出一些人格方面的问题是有区别的。人格障碍表现为行为、思维方式和规律的情感体验方面的问题，并给他人带来困扰。当然，在人际关系中，人们都有一些不完美的地方。但那些有人格障碍的人会长期与他人难以相处。人格障碍有不同的类型，后面将分别描述。

在航空领域，机组人员也同样会存在具有人格障碍的潜在风险：如果一个人经常表现出冒险或寻求关注的行为方式，在他人面前过于敏感或焦虑，或者表现出后面将介绍的各种特质，那么他就不太可能在高度监管的航空环境下，在以任务为中心的小团体中保持安全操作。虽然严格的选拔程序使飞行员的人格障碍患病率显著低于普通人群，但人格障碍意味着会带来不可接受的风险，因此必须对此加以识别和有效管理。

（一）人格障碍的概念

在心理健康领域，严重损害日常功能的人格问题被认为是人格障碍的症状。然而，在主要的精神病学诊断手册（ICD-10和DSM-5）中提供的人格障碍的定义是有问题的，因为它难以区分健康（正常）的人格变异和人格障碍。DSM-5将人格障碍定义为：

"内在经验和行为的持久模式明显偏离了个人文化的期望，持续影响个体的各个方面，在青春期或成年早期开始，随着时间的推移稳定存在，并导致痛苦或损害（美国精神病学会，p.685）"。

乍一看，这个定义似乎很合理，但事实证明，临床医生很难据此定义开展工作，从而导致在一般临床工作中难以对人格障碍做出明确的诊断。此外，DSM-5 定义了由各种人格特质组合而成的 10 种不同的人格障碍，这就需要临床医生评估个体的这些特质是否达到了顽固和适应不良的程度，从而导致了功能障碍。然而，有充分的证据显示，人格障碍的特质与正常人格测量的维度是一致的（Saulsman & Page，2004）。

如果人格障碍特质处于正常人格维度的极端，那么可以认为，我们所需要做的就是找到维度上的点，且有证据证明如果特质水平超过这个点，就会在日常生活中出问题。这类似于学习障碍处于 IQ 分数正态分布的底端，那些在智商测验得分低于平均值两个标准差的人，已经被经验证明其生活得很艰难。然而，因为还不清楚处于某人格维度极端的人格特质是否必然导致问题，因此目前还不太可能有一个完整的证明方法能找出一个人格特质转变成为人格障碍的划界分数（Livesley & Jang，2005）。例如，在尽责性维度上得分很高可能意味着病态的僵化和强迫性倾向，但不能必然得出这个结论，很可能只是因为这个人非常有条理且工作努力。要将一种特质视为一种障碍，我们必须发现它是不可改变的，并导致功能性问题。但一个得分很高的个体并不总是具有这些特点。事实上，对人格问题的评估是复杂的，而且可能会随着时间的推移而改变，因为处于人格维度最极端的人可能在某一环境或角色上比其他人具有功能优势或有利条件，但如果他们的角色或环境发生变化，就会出现问题。例如，用测量正常人格的测验对飞行学员进行测试，相当高的宜人性得分加上一定程度的神经质得分可能被证明是一种优势（渴望取悦上级，并与上级形成适当的顺从关系），但当晋升时，这一特征可能会导致问题。然而，这是一个动态的过程，我们不太可能从最初的心理测量数据可靠地预测这种情况。

在正常人格的心理测量中，个体的测验得分连续多年似乎都相当稳定。但令人惊讶的是，至少就目前的定义和评估而言，人格障碍是相当多变的，即人们有可能从符合标准转变为不符合标准（Lilienfeld，2005）。这也表明，不能把一个人在人格特质上的得分作为人格障碍的标志。

蒂勒（Tyrer）、里德（Reed）和克劳夫德（Crawford）（2015）提出倡议，采用人格障碍分类的模式要求临床医生在评估人格特质的构成前，应重点关注人格障碍的具体表现，而非只是关注人格特质本身。

利夫斯利（Livesley，2001）建议应关注人格的适应性功能（人格有什么作用），并由此来定义人格障碍。他认为人格的功能是解决重大的生活任务，而生活任务具有进化意义。主要的生活任务可以概况为：在亲属和社会群体中发展稳定的身份和与他人保持有效关系的能力。因此，利夫斯利（2003）认为人格障碍者无法获得应对生活任务的方法，如无法建立稳定统一的自我和他人表征；人际功能障碍，表现为无法发展亲密关系，无法适应依附他人和（或）无法建立从属关系；群体生活适应障碍，不能发展亲社会行为和（或）合作关系。

利夫斯利的人格障碍定义获得了学术界的认可，但如果它被采纳，就需要临床医生进行非常广泛的评估。蒂勒（Tyrer）、里德（Reed）和克劳夫德（Crawford）（2015）指出，对人格进行准确的自我病理学（self-pathology）评估超出了大多数临床医生的能力。作者讨论了基于 ICD-11 的一种方法，第一步着重于确定人格障碍是否存在，以及严重程度如何；只有在第二步，临床医生才从五个维度检查人格障碍的个体差异或亚型：消极情感特征、反社会特征、去抑制特征、强迫性特征和分离特征。尽管以上描述这 5 个领域的形容词听起来远比"大五"人格模型中使用的正常人格的形容词更显病态，但其本质并非一定代表病态（Tyrer，Reed & Crawford，2015）。

尽管目前很难找到一个适当的人格障碍的定义，但其本身有一个基本的结构。人格障碍很普遍，对人们如何与他人相处影响很大。它们影响其他精神疾病的治疗，因为有人格障碍的人很难与临床医生合作，例如，他们思想或过于独立，感觉任何治疗计划都是对自己的控制；或者是过于缺乏自信和依赖，以至于不能承担起解决自身问题的责任。虽然心理治疗师可能不使用人格障碍的概念，但他们的患者会花大部分时间与治疗师讨论人际关系问题和他们的自我感受。当这些问题长期存在时，就应该考虑人格障碍的诊断。

人格障碍在普通人群中很常见，但很少被诊断出来（Tyrer，Reed & Crawford，2015）。可能只有非常严重的人格障碍个体才会在一般的心理健康诊所被正式诊断为人格障碍。轻、中度人格障碍经常被忽视，或被描述为自尊类问题。民航飞行员不太可能有严重的人格障碍，也不太可能符合最常见的人格障碍，即边缘型人格障碍和反社会型人格障碍的诊断标准。然而，根据 ICD-11 中对人格障碍的定义，蒂勒（Tyrer）、里德（Reed）和克劳夫德（Crawford）（2015）认为"即使是轻微的人格障碍，在人际关系中，以及在职业和社会角色功能上都会出现明显问题，但患者也会保留一些人际关系和（或）社会角色功能"（p.722）。因此，对航空公司飞行员来说，轻微的人格障碍也应引起足够重视。

（二）人格障碍类型

在识别人格障碍的症状时，大多数精神病学家、治疗师、医生和心理学专家都倾向于使用美国精神病学协会（2013）出版的《精神障碍诊断统计手册》（DSM），其第五版也是最新版中描述了 10 种主要的人格障碍，分为三大类。还有另外两个未明确的子类别，未明确的类别涉及医疗造成的人格改变。该标准允许根据 10 种人格障碍的部分而非全部症状做出诊断。

虽然大多数人可以被鉴别出具有一种或多种与人格障碍相关的行为或特征，但这并不一定意味着他们患有人格障碍。同样需要注意的是，该诊断并不包括由生活事件（如失去所爱的人、创伤性事件或身体伤害）引起的暂时性人格改变。例如，飞行员可能会在一次创伤经历后暂时失去信心。当他或她在生活中需要做出决定时，可能会显得依赖和犹豫，但这并不意味着他们患有依赖性人格障碍。他们只是在经历创伤后感到焦虑和缺乏自信。只有当一个人有更严重的人格问题，并影响了他们生活的方方面面时才会被诊断为患有人格障碍。大多数情况下，这类人难以与他人长期相处。人格障碍通常（但不总是）在青少年或成年早期症状加重。一些人会觉得给患者贴上人格障碍的标签是有好处的，这有助于他们了解自己的病情和寻求治疗。然后他们可能会更好地理解他人和处理人际关系；而另一些人可能会觉得这种诊断是一种耻辱，而且毫无帮助。例如，当症状属于两类或两类以上的人格障碍时，如何诊断就会出现一些困难。尽管如此，对问题的认识和理解是帮助人们认清人格障碍的有效途径。

正如前面提到的，人格障碍有三种类型，通常被称为 A 类、B 类和 C 类。将人格障碍进行归类反映了这样一种假设，即某些人格障碍具有共同的人格特征和行为。

1. A 类被称为"古怪类"

患有这类人格障碍的人可能会偏执，难以理解他人，也难以被他人理解。A 类人格障碍有三种亚型：

（1）偏执型人格障碍（Paranoid Personality Disorder）。这种类型的人格障碍特征是不信任他人，表现为多疑。患者可能会把别人的行为理解为恶意的或有负性目的的。比如某个飞行员认为机组人员总是在谈论他，在背后说他的坏话，或者觉得在飞机上其他人不尊重他的权威性。这类人很有戒备心，这让他们很难合作。

（2）分裂样人格障碍（Schizoid Personality Disorder）。患有这类人格障碍的人可能更喜欢独处，很少或根本不想和其他人在一起。他们倾向于脱离社会关系，可能给人冷漠和疏远的印象。例如，一位空中交通管制员回避参加员工会议，除非迫不得已，否则很少与同事交流，而且被同事视为孤僻的人。

（3）分裂型人格障碍（Schizotypal Personality Disorder）。这类人与他人交往时可能会有一种不适感。他们的行为可能有点偏离中心或奇怪，他们可能会很难区分什么是真实的，什么是想象的。他们喜欢做白日梦，有神奇的想法和信仰。例如，客服人员可能认为他或她可以读懂客户或同事的想法，而且很乐意告诉他们知道对方在想什么（其实并不知道）。

2. B 类通常被称为"戏剧性、情绪化和冲动类"

值得注意的是，在描述一种人格障碍时，通常会将其与"正常"进行比较。什么被视为正常是很难定义的，特别是在一个文化或社会中被视为平均或正常的，在另一个文化或社会中并非如此。

（1）反社会人格障碍（Antisocial Personality Disorder）。这类人经常无视规则，倾向于侵犯他人的权利，并表现出缺乏同情心。他们给人的印象可能是不守规矩、咄咄逼人和自私。例如，一名货物装卸工认为他可以自由地做他喜欢做的任何事情，而不遵循经理的指示或规定。他持续越轨，最终丢了工作。

（2）表演型人格障碍（Histrionic Personality Disorder）。患有这种类型人格障碍的人被视为情绪化、戏剧性和寻求关注。他们会反应过度，一旦有机会就会寻求刺激。工作时有过分夸大事件或情况严重性的倾向，例如，经常小题大做。患有这类人格障碍的申请者不适合商业航空飞行，因为商业航空的各项操作标准都要求操作要冷静、理性和符合逻辑。

（3）自恋型人格障碍（Narcissistic Personality Disorder）。最显著的表现是认为自己比其他人优越的浮夸感。他们可能会觉得自己有资历和特权，沉迷于自己的成就。别人的感受不是那么重要，但必须要钦佩自己。自恋型人格障碍者由于自我膨胀，很难接受建设性的反馈意见，因此他们在面试时和（或）在履行工作职责时会遇到麻烦。例如，一名飞行员申请者可能会公开反对一个更有经验的飞行员，并觉得自己的知识比他的教官要多得多。

（4）边缘型人格障碍（Borderline Personality Disorder）。这类人格障碍的特征通常是由于害怕被抛弃而导致的人际关系不稳定。他们可能会有快速的情绪波动、自残和情绪不稳定。例如，一名机组成员害怕被孤立，在工作中会尽可能多地与其他机组人员呆在一起。同事通常被他分成"好的"或"坏的"，当他作为一个较大团体中的一员时，很难在工作中发挥作用。

3. C 类是最后一类人格障碍，其特征为"焦虑或恐惧障碍"

（1）回避型人格障碍（Avoidant Personality Disorder）。患有这种类型人格障碍的人可能会觉得社交能力不足，自我意识强，对任何负面评价都极度敏感，因为他们非常害怕被拒绝。这与社交焦虑症不同，社交焦虑症患者在某些事件中或与某些人在一起时可能会偶尔出现这些症状。由于表现出高水平的焦虑，这类人倾向于逃避有可能被评价的场合。由于航空公司飞行员的很多行为表现要被评估，因此对于患有回避型人格障碍的人来说，这种工作不那么有吸引力；另一种情况是一名患有回避型人格障碍的机组人员会尽量回避社交场合，比如在飞到其他国家停留时，几乎从不离开酒店房间。

（2）依赖型人格障碍（Dependent Personality Disorder）。对他人，特别是对自己生活重要的人，有强烈的依赖感。他们认为自己虚弱、易受伤害、无能和脆弱。这可能会导致他们不断寻求安慰，他们可能会避免承担责任或自己做出决定。不管他们从事的是哪种航空工作，都会困难重重。例如，他们可能对管理其他人没有足够的信心，即使在经理的密切指导下，他们也可能感觉没有能力独立完成任务。比如，一名副驾驶作为第二负责人能够很好且安全地执行任务，但却很难成为机长。

（3）强迫型人格障碍（Obsessive Compulsive Personality Disorder）。这与强迫症完全不同，强迫症属于焦虑症的一种，隶属于神经症性障碍（neurotic disorders）的范畴。患有强迫型人格障碍的人过着一种循规蹈矩、墨守成规的生活，这可能会让他们失去友谊和娱乐。他们喜欢事情完美有序，认为自己可靠、高效和忠诚。完美主义和僵化的思维方式可能意味着他们很难与那些不认同他们的生活方式的人一起工作。比如，他们如果想申请成为一名飞行员，会为面试做好充分的准备。面试时会给考官留下能干、有礼貌和冷静的印象。然而，如果要求他们在商业航空飞行员培训过程中脱离标准程序或发挥创造力，可能会出现问题。值得一提的是，许多飞行员会或多或少地表现出一些强迫型人格障碍的特征。

# 三、人格病理学与飞行员

航空公司自然会选择那些在能力倾向、工作技能、人际交往能力和个性风格上适宜的申请者。除了考察申请表和面试数据，航空公司还可能采用心理测验来评估能力和个性。能力倾向测验通常用于选拔航空公司飞行员，而人格测验则不太常用，只有少数航空公司在使用。在职业选拔环境中进行的面试和人格测验通常侧重于考察正常的人格，而不是病理性人格。通俗地说，设计选拔程序就是寻找那些具备适宜素质的申请者。然而，在选拔时和随后的工作中，很有必要对飞行员可能具有的病理性人格进行识别。本章所讨论的可能损害飞行员职业功能的人格问题或病理性人格，常常是在飞行员的职业生涯中暴露出来的，而不是在进入飞行学校时被筛查出来的。

## （一）发现人格障碍

我们认为，如果要求临床医生对飞行员的心理健康状况进行评估，就应不仅关注一般的情绪（抑郁、焦虑）障碍，还应该关注其人格特征。飞行员的人格评估需要多种来源的信息，只靠临床会谈是无法可靠诊断人格障碍的。采用 MMPI-2 进行心理测量可提供有用的信息（Butcher，2002）。此外，评估飞行员人格时还常常要调查知情人。然而，需要注意的是，那些被要求提供飞行员信息的人可能会有偏差，甚至是偏见，他们的说法往往过于负面或过于正面。

## （二）访谈

临床医生需要格外注意病史，仅仅询问受检者当前的信息是不够的。临床医生必须去发现受检者与他人互动的模式，以及是如何处理个人情绪的。如果想了解一个人的人格，仅仅询问他当前的情况是不够的，个体在童年和青少年时期的发展是评估人格问题的重要信息。临床医生需要探索受检者多年来的社会功能模式。一个突出的问题是，个体可能不会如实回答有关他或她的过往经历。反社会人格障碍和边缘型人格障碍等一些人格障碍的判断有相对具体的标准，临床医生可根据受检者相关陈述，结合标准进行准确判断。例如，可以通过检查冲动、自残、愤怒、违反法律和被学校开除等具体行为标准来进行判断。然而，许多人格障碍的标准要主观得多，例如缺乏同情心、过分嫉妒、浮夸、长期记恨、多疑和感情淡漠等。评估这些内容需要深入的临床访谈，临床医生要尽力使受检者放松下来，他才有可能提供有效的信息。对情绪障碍患者的访谈可以相当直接，比如问这样的问题：你的情绪如何？你的精力如何？你发现自己在哭吗？等等。然而，如果问飞行员"你认为你很特别吗？"或者"你会利用别人吗"等问题则不会有太大收获。因此，不能生搬硬套人格障碍的标准或行为标记，也不能简单粗暴地问某个人他是否具有这些特征。

研究显示，结构性访谈已经成为评估人格障碍的金标准方法，它比非结构性访谈能提供更可靠的诊断（Shea，2016）。因此，在评估飞行员的人格问题时使用结构性访谈似乎理所应当。然而，这类工具也存在非常明显的问题。结构性访谈的大多数提问显然都是负面的，缺乏社会赞许性。因此，一个想给人留下好印象的飞行员可能会对几乎所有的提问说"不"。临床医生在评价飞行员的人格时，必须非常细致和敏感。在这方面，谢伊（Shea，2016）提供了很好的访谈实践指导。

### （三）人格问题评估

对航空公司飞行员的人格问题和人格病理的临床评估不同于职业筛查，尽管一些测验和方法可能相似甚至相同。这里会概述一些不同的评估工具和方法。简要强调在普通人群中进行的就业前人格筛查与在临床环境中用于临床诊断或司法目的的人格评估之间的显著差异是很必要的。如上所述，两者可能利用相似的测验、工具、方法和信息，但它们的深度、方向、目标和结论在某些方面会有所不同。

大多数心理问题都需要心理学专家进行治疗，判断一个人的问题严重性是否达到障碍的程度可以由他们的状况可能引起的功能障碍和失能的程度，他们能够控制行为和情绪的程度，以及他们所经历的困难的持续时间来确定。大多数心理问题都可定义为自我失调，也就是说，它们偏离了个体自身的规范性行为。例如，一个人通常能够应对生活的挑战，但由于焦虑和短暂的恐惧而丧失能力，就会被视为偏离了自己的常态。对于人格障碍，心理学专家不太可能确定他们的状况或症状是否属于自我失调。其原因是，大多数人格障碍被认为是终生的或存在于个人生活的大部分时间。事实上，他们的人格问题很可能是自我协调的，因此临床医生不必去判断他们的行为是否偏离自己的基线。与飞行员一起工作的临床医生需要确定飞行员的日常行为是否有可能在飞机上引起严重的人际交往困难、偏离标准操作规程或具有潜在的不稳定性，从而可能在危急情况下威胁安全。这些问题并不总是容易识别的，也不一定能可靠无误地预测一个人的人格会带来哪些具体的困难和问题。然而，自 2015 年 3 月德国之翼飞行员坠机事件以来，接受或容忍某些人格障碍的门槛似乎发生了改变。大多数航空公司、航空体检医生和航空监管机构不太可能接纳那些被发现或怀疑存在困难的人，比如，有自杀意念或自杀行为的想法、冲动，严重的自残行为，公然无视规则等，而更有可能将他们转介给进一步的临床评估。飞行员很可能会因为这些行为而从医学角度被取消飞行员执照。

无论是为了人格障碍诊断进行个体的临床评估，还是针对飞行员或飞行学员群体的人格评估筛查，人格问题的评估都可能是一个耗时的过程。至少，当使用标准化问卷时，受测者需要回答 600 多个问题，仅这一项就可能需要申请者或患者花费一到两个小时来完成。如果再加上了解背景细节信息或确证信息，则耗时更长。此外，为了使申请者或患者在评估或测试时处于放松状态，专家需要确保他们为评估做好充分的准备，以免因为疲劳，以及不能正确理解测试内容及目的等原因而影响了作答。测验机构或心理学专业学会对能实施此类评估的人有很高的要求，旨在保护申请者或患者免受歧视、不平等或不公正对待（英国心理学会，2016）。

当飞行员在培训前和初始阶段，或在合格后进入一家航空公司工作时，或在航空公司中为了晋升而被评估时，他们通常会被要求进行人格测验，以筛查其可能的人格问题。在这些职业过渡点进行评估正变得越来越普遍，但评估在 2016 年以前既不是强制性的，也不是例行性的，而这种情况目前正在发生变化。为了转换工作而进行的筛选主要关注心理测验的结果，并将申请者是否适合未来岗位的情况通报给公司经理、机队经理和人力资源等部门。此外，还会提供申请者在面试或测验过程中的行为表现信息。如果其已经是合格的飞行员，还将提供他们的模拟器飞行和航线飞行表现情况。这些补充信息的有用程度以及是否被使用可能因情境、航空公司和评估人员的资质和专业程度而异。筛查也可以通过临床访谈来进行，尽管临床访谈不像大多数人格测验那样被视为标准化的临床工具，但它也可以对个体的人格形成有价值的见解。相比之下，经过临床或法医学训练的心理学专家不太可能将他们关于人格问题和障碍的发现与结论建立在单一的人格筛查或评估方法上。事实上，尽管只使用一种方法来诊断人格障碍在职业筛查环境中或许可行，但在临床环境中则是不可取的。

关于人格障碍的职业筛查与临床评估，主要有以下 4 点区别：

（1）在临床背景下，通常会关注某个特殊问题的回答，或者患者的某些行为或行为模式。而雇主（航空公司）、其他机组人员、航空体检医生或航空监管机构则关注人格功能失调的迹象或行为证据。根据我们的临床经验，对人格障碍进行临床评估的主要关注点或触发点如下：

诚实、适应性和灵活性，遵守规则，无视规则例如故意偏离或无视标准操作程序；人际关系问题影响飞机上的凝聚力和安全，例如共情、互利关系和信任的破裂以及冲突加剧，社会退缩和突然发脾气。人际关系问题可表现为频繁的工作变动以及与同事和经理的冲突。

（2）临床评估依赖于收集不同来源的信息。单凭一项心理测验就进行人格障碍诊断是不可靠的。通常，在临床背景下，心理学专家可能会利用标准化心理测验的结果以及补充信息，如患者在临床访谈期间的行为和表现、患者职业生涯和工作历史中的问题行为、家族史、机组其他人员和管理人员的报告、人力资源记录、模拟器检查的结果，以及个人的全部病史。由于不是总能从航空公司或其同事处获得这些补充信息，因此必须得到飞行员的许可。这些来源可提供有关飞行员长期行为模式的重要信息，据此可以洞察他们的人际交往问题、求助行为、患病情况、就医情况和治疗方案，以及对权威人士的遵从程度，还可以洞察患者的自我认知、尊重他人、宜人性和动机等。虽然这些模式可能很难以一种精确的方式加以测量，但将这些信息与心理测验和行为分析的结果结合起来，有助于构建一个人在不同情境下的更清晰、更全面的人格画像。

（3）一般人群中的人格障碍患者往往不会主动寻求心理帮助或治疗，除非他们发现自己变成了"孤家寡人"。他们可能官司缠身，破坏了许多重要的亲密关系，发现自己被朋友和同龄人孤立和排斥，或者他们可能因为一贯做法失效而感到焦虑和抑郁。人们往往不会像对待情绪或焦虑问题那样，因人格问题去寻求帮助。对于飞行员来说，尽量减少或隐藏自己的人格问题符合他们自身的利益。根据我们的经验，飞行员很容易意识到人格障碍等医疗和精神问题可能会使他无法获得医学合格证书，从而失去飞行员培训或飞行的资格。因此，飞行员几乎不可能主动来确认或诊断自己患有人格障碍。这并不是暗示飞行员很少会关注自己的行为状况，他们关注的更可能是人格偏差，而非人格障碍。在某些情况下，一种特质可能对于安全具有促进和增强作用而非损害。比如有强迫症倾向的飞行员，或者是有点冷漠和专断的机长。由于飞行员对自身人格问题保持沉默，他们可能会不遗余力地试图隐瞒自己的困难。对于经验丰富的临床医生来说，这本身并不一定是一个特别的问题，因为在进行评估时，他们会结合多种信息来源，并在临床访谈中对患者的行为给予足够的重视。这里不允许我们用大量的篇幅来详细介绍探索和评估不同人格障碍的访谈技术，但需要强调的是，临床访谈作为精神病学的"金标准"方法，如果能够正确使用，它会是对患者进行全面评估的非常有用的工具。但行为分析不被认为是一种纯粹的科学方法，也有其局限性。如果没有结合临床访谈和患者的精神状态，那么对患者的行为分析报告将价值有限，而且具有潜在缺陷。

（4）将职业人格筛查的作用描述为寻找人格障碍也许过于简单化，但却是有帮助的，而经过临床或法医训练的心理学专家其兴趣是确定人格障碍的可能性、症状表现和具体性质。在临床实践中，申请者出于自身需要而最小化或隐藏他们的人格问题，通常会导致心理测验结果无效。这件事本身并不是一个严重问题。临床和法医学心理专家在使用人格测验时，会首先通过判断患者是否诚实地回答问题来确定申请者是否配合评估。一种不诚实作答模式是受检者拒绝承认大多数人都会承认的正常心理困难；另一种模式刚好相反，受检者过分夸大描述，以引起心理学专家的注意。根据我们的经验，最好的解决方法是告诉飞行员，他或她的人格剖面图似乎并没有显示出他们诚实作答，进而告知他们测验结果无效（Butcher，2002，2017）。然后，让他们再次完成人格测验，希望他们能以更诚实的方式反映真实的自我。几乎所有飞行员都会接受这种反馈，而第二次的剖析图往往更准确地反映出他们的人格。极少数情况下，我们会遇到一个飞行员第二次的剖析图类似于前一次的无效剖析图，我们必须告知飞行员参与评估的价值或目的，尽管此前有过反馈和提醒，但他们的测验结果仍然无效，他们的这种态度可能会危及职业生涯。

无论是心理测验、医学检验还是其他针对飞行执照和驾驶熟练程度所要求的评估，飞行员之间互相商量以使他们的同事和同行在评估中获得优势的情况并不少见。因此，重要的是，心理学专家使用的测验应难以通过公共途径获得。这进一步说明了为什么在评估飞行员时还应使用行为分析和临床访谈的重要性，这是为了确保没有某名受测者因熟悉测验而获得优势。

## （四）飞行员临床评估

我们现在介绍临床评估的实践操作问题。

### 1. 行为观察和分析

通常在模拟器任务中进行。例如，一些航空公司在机组人员选拔时，会让申请者组成小组，然后完成一些问题导向的任务，在任务过程中观察：每个人如何应对不熟悉的情况，如何与其他组员互动，如何在团队中定位自己，以及面对任务成功和失败的反应。考官们并不是特别感兴趣任务的完成结果，他们更感兴趣的是申请者在小组任务中的表现情况。

### 2. 临床访谈

访谈可能看起来没有结构，但大多数临床医生在脑海中都有一套明确的目标，而且这一目标通常遵循一定的结构，但这一结构是以灵活的方式实施的，从而可以最大限度地拉近与申请者的关系。访谈可能会涉及方方面面的问题，但重点是人际关系模式的不协调、违法行为、罪恶感和（或）自责感、责任感或不负责任、冲动和鲁莽、脾气和攻击性、欺骗和操纵以及任何行为障碍病史。重要的是，临床医生希望尽可能清楚地了解患者在评估过程中的反应。他们会关注这个人是否表现得过于顺从和随和，这在某种程度上暗示了受检者对任何询问或挑战的防御和迟钝反应；或者表现出相反的反应，包括与临床医生保持情感距离，防御和假意合作。标准的精神状态检查包括外表、注意力、态度、洞察力、语言、记忆、情绪（情感）、动作、知觉、定向、言语、思维内容、思维过程和智力。

访谈有时可能还需要对患者进行多次评估，因为在一些评估要点上可能存在一些差异，这些差异可能揭示了评估过程相关的重要模式或见解的差异。行为调查表和清单也经常用于评估，特别是在评估行为障碍时，如注意力、情感（情绪）和行为问题。

## （五）人格量表的使用

临床和法医心理学专家通常使用一些标准化的人格量表作为人格障碍评估的一

部分。总共大约有 10 余种测验，但最常用的是：

（1）明尼苏达多相人格测验（Minnesota Multiphasic Personality Inventory，MMPI-2）。

（2）人格评估量表（Personality Assessment Inventory，PAI）。

（3）NEO 人格问卷（NEO Personality Inventory）。

（4）MILLON 临床多轴量表 - Ⅲ（MILLON Clinical Multiaxial Inventory– Ⅲ）。

每种测验都有明显的优势和局限性，但对于临床医生而言主要优势在于这些效度良好的工具可以极大地提高诊断的准确性。此外，所有测验都有常模数据，这将有助于测验结果的解释。特别是 MMPI-2 具有飞行员群体的常模数据，这可能是该工具的显著优势。事实上，所有这些测量工具施测一次都需要大量的时间（通常需要 1～2 小时），这意味着一些患者可能需要分几次才能完成一次评估。

# 四、一个航空案例研究

这个案例研究是基于我们合作过的一些患者。它不涉及任何个人的经历和任何潜在的可识别细节，包括姓名都已做了替换。我们只是借此举例说明飞行员人格障碍的特征，以及如何识别和管理。

詹姆斯从记事起就想驾驶喷气式飞机或宇宙飞船。他成功地获得了一家大型国际航空公司赞助飞行学员培训计划的名额，并在 26 岁时获得了长途飞机副驾驶的资格。他的所有培训报告都说他非常能干，但有时提到，在处理复杂情况时，如果他放慢速度并采取更有条理的方法，会取得更好的结果。

詹姆斯在 30 多岁时被提升为机长，不久之后，管理团队开始对他有所关注，因为同事们的一些报告显示，他似乎喜欢打破规则和冒险。在最近的一些航班任务中，由于目的地国家社情复杂，航空公司的安全部门强烈建议所有机组人员必须呆在酒店里或只能在酒店附近活动，但他违反规定，甚至彻夜不归。詹姆斯的同事们报告说，在过去的 6 个多月里，詹姆斯多次在不同场合告诉他们，他在（阿拉伯国家的）露天市场和大型集会上的冒险经历，而大家都建议他不要去。与他一起飞行的一些副驾驶说，他在遵守公司程序方面表现得非常敷衍，而且很难与他讨论此事。当一名乘客带着他意外死去的配偶的遗体乘机返家时，事情达到了高潮。该乘客向航空公司投诉了詹姆斯，因为当他请求詹姆斯检查棺材是否装载妥当时，詹姆斯不仅大声抱怨，而且态度粗暴。

机队经理莎拉审阅了詹姆斯的个人档案、培训记录以及来自同事和乘客的投诉。安全部门的一份批复显示，詹姆斯不按公司的程序行事的概率没有达到引起正式调查的程度。她十分关切地请詹姆斯来见她，讨论这些事情。詹姆斯最初拒绝接听或回复邀请见面的电话或电子邮件，但最终还是出席了一个更正式的见面会，这次见面会的成员还包括人力资源部门人员和詹姆斯的工会代表。

这次会面对每个人来说都很艰难：詹姆斯对冒险行为的概念不予认可，似乎对自己让乘客和机组成员都感到不安也无动于衷。他反复谈到他作为机长的权利，并说其他人不应该管他，或者应该听他的。管理团队认为他们别无选择，只能暂停詹姆斯的职务。起初，詹姆斯威胁要对航空公司和工会采取法律行动，并开始在冬天的道路上骑着他的摩托车以非常快的速度危险行驶。他的工会代表注意到，他的工作表现记录表明一段时间以来，他的行为发生了显著变化，并暗示可能有心理问题。虽然詹姆斯最初拒绝，但他后来同意看心理医生和精神科医生，并扬言他的工会有充足的经费来搜集有力的证据，支持他把航空公司告上法庭。

心理学专家和精神病学专家都单独会见了詹姆斯，并查看了他的个人档案，以及同事和家人的反馈。他们费了好大劲才说服詹姆斯完成了上面列出的一些心理测验。他们得出的结论是，他的行为已经与反社会人格障碍相一致。詹姆斯拒绝向监管机构和他的航空体检医生报告这件事，评估团队不得不在没有他的许可的情况下报告了这件事。他们是在咨询了工会和航空公司的法务部门后，基于潜在的重大安全风险可以例外于保密的情况下才这么做的。监管机构最后认定詹姆斯不适合飞行，目前他仍处于停飞状态。

詹姆斯目前正在接受治疗，配合得相当好。一年后，他的冒险行为减少了，他与新搭档的关系也很好。如果他继续进步，就有可能会被认定为适合飞行并返回工作。尽管他与航空公司的合同可能在 12 个月后因"不适合飞行"而被终止，但航空公司已同意到时可不终止合同。

# 五、结论

2015 年，德国之翼的副驾驶安东·卢比茨（Anton Lubitz）自杀，导致空客 A320 飞机上所有机组人员和乘客丧生。自那以后，对飞行员的心理筛查和评估变得更加普遍，在一些监管辖区甚至是强制性的。航空业将更广泛地进行心理检测，以排除"飞行不合格"的健康状况，特别是人格障碍，并将心理检测作为年度体检和入职前筛查的一部分。本章概述了最常见的人格障碍，并强调它们与飞行安全的相关性。我们也描述了在飞行员心理评估和入职心理选拔的不同侧重点，对一名疑似人格障碍的飞行员的评估，重点是使用来自测验、临床访谈和确证来源的证据。使用确证来源的证据时，心理学专家试图将所获得的功能失调、异常或不安全行为与潜在的人格障碍联系起来，并在此背景下采用临床和法医学方法。这些方法既要调查专门的临床问题，也要搜集广泛的信息和证据，并评估信息来源，据此才能做出临床诊断。虽然有一部分飞行员的人格问题可能会在培训前和就业前的筛查中被发现，但也会有一些人在这些把关点没有被检测出来，或者随着职业发展，他们的问题行为才能暴露出来。因此，应规定对那些虽然持有医学合格证明，而且已经受雇于航空公司并正在飞行的飞行员，由于其人格问题可能对飞行安全构成威胁，也需进行评估。但需要全面、公正地评估这种威胁，并且不能因为这项工作伤害到了心理健康和有能力的飞行员。

原书参考文献

# 第十四章
# 神经认知评估

Sarah Mackenzie Ross

安全是航空业的第一要务，航空业竭尽全力以确保与飞行相关的风险最小化和可控化。的确，其他任何一种运输形式都不会像航空一样受到如此多的审查和监督，并包含如此多的安全程序来减少失误。因此，民用航空有着良好的安全记录，商用飞机旅行是最安全的交通方式之一（英国民航局，2018）。然而尽管航空事故很少发生，但却始终存在，而且总是会引发人们的疑问：人为失误是否应该为此负责。因此，拥有健全的飞行员选拔程序，并以此确保招募到高质量、适宜心理能力的飞行员安全驾驶飞机，对于航空公司而言是极其重要的。

商业航空在确保安全方面首先对飞行员需要进行的活动进行了明确界定，然后甄选出具有适宜能力倾向、能力、气质和个性的申请者（Harris，2017；Hoffimann & Hoffimann，2017；Martinussen，2017）。飞行员训练代价高昂［4万～12万英镑，飞行员之友公司（Flight Deck Friend），2018a］，因此尽管许多航空公司要求申请者自己出资培训，但英国航空和大西洋航空等其他一些航空公司在某些情况下也会为培训提供资助。为了保持航空安全记录并尽可能降低航空公司和申请者培训的经济负担，需要制定有效的飞行员甄选和招募程序。成为一名飞行员所需的技能和物质是多种多样的，包括专业知识和技能、空间感知、运算技能、计算机技能、多重任务处理能力、问题解决能力和决策能力、社交和沟通技巧、团队协作能力，领导能力以及在危机中管理情绪和保持冷静的能力。因此，可靠、有效且易于管理的选拔程序是必需的，而且要涵盖上述一系列物质领域。成功的选拔与飞行技能的掌握、培训成本的降低、安全性的提高，以及乘客满意度的增加和降低飞行员在培训期乃至整个职业生涯中的淘汰率均存在联系（Hoffimann & Hoffimann，2017；Martinussen，2017）。

## 一、选拔流程

在招募飞行员和机组人员时，不同的商业航空公司采用的流程有所不同，但这些流程通常涉及多个阶段，必须通过每个阶段才能获得录用。而且几乎所有的航空公司都采用心理和认知测验进行检测。由于飞行员培训的申请者很多，但大多数会因未能达到相关的标准而被拒绝，因此通常会先进行成本较低的筛查和初选过程。诸如心理测量与神经认知评估（neurocognitive assessment），面试和模拟器评估这样更昂贵和耗时的方法，则往往会在申请者较少的后续选拔过程中采用。典型的选拔过程包括以下内容：

（1）填写完成一份在线申请表，以确保申请者具备飞行员所需的关键条件，如教育水平、视力和一般身体健康状况。在某些情况下，人力资源部门可能会通过电话简单面试申请者，以筛选适合的人选。

（2）通过初选阶段的申请者随后被邀请完成线上智力和认知能力测试（如数字和言语推理、记忆、空间感知、心理运动速度、反应时和决策能力的测验）。申请者可能还需要展示一定水平的航空知识和技术技能，并完成人格测验等。

（3）一旦通过第二阶段，申请者通常会被邀请参加为期数日的深度访谈和测评，内容可能包括团队任务和角色扮演，以评估他们的团队协作能力和问题解决能力。也可能会对申请者进行飞行训练模拟器评估。

在预测飞行员的绩效时，上述方法的预测效果有所不同，在成本和时效上亦存在差别（Martinussen，2017）。几十年来，飞行员选拔中一直采用心理测验来评估申请者是否有成为一名飞行员所应具备的认知技能、飞行能力倾向和气质与人格特点。本章内容将对神经认知测验的功能、信度和效度进行文献回顾，并为未来的评估提出建议。

## 二、神经认知评估

在航空领域，需要进行神经认知评估的情况主要有两种：①作为飞行员竞争性选拔过程的一部分；②因为怀疑存在潜在的神经/健康问题。

第一种情况下，采用认知测验来确保飞行员具备从事这项工作所需的认知技能。

经过严格的训练，飞行员必须能够快速地吸收和记忆大量信息，应用这些知识，并不断证明他们在这些方面的熟练程度。商用飞机的座舱包含了许多复杂的技术。诸多研究表明运算能力、视觉空间能力、机械能力倾向、选择性注意、情境意识、加工速度、记忆和多重任务处理能力等均可预测飞行员的工作绩效（Hoffimann & Hoffimann，2017；Martinussen，2017），这也是为什么航空公司经常在选拔过程中使用标准化测验来评估申请者的认知功能。申请者通常在自己家中方便地完成这些测验，并在完成测验后几天内收到结果。

在线测验满足了航空公司以低廉的代价对大量申请者进行快速评估的需要。通过这些认知评估所获得的信息可以确定申请者是否具有从事此项工作的相关技能，以及是否可以进入下一阶段的选拔程序，因此这些评估结果的可靠性、有效性和对飞行绩效的可预测性是至关重要的。遗憾的是，这些在线测验可能并不能达到上述要求。首先，重要的是要确保所选择的测验是可靠和有效的，并且其对座舱工作绩效的预测性已经得到证明。然而，不同的航空公司所使用的测验供应商不同，尽管多数情况下所选择的认知功能评估测验与航空职责的工作绩效相关，但这些能够预测座舱工作绩效的能力往往是假定的，并未得到充分证实。

只有少数几项测验是专门为预测飞行员座舱内的工作绩效而设计的，比如认知筛查（CogScreen）测验。这是由凯（Kay）开发的一种计算机化测验，其目的是预测申请者在座舱内的工作绩效，并筛查可能会损害飞行员工作绩效的认知功能的细微变化。认知筛查（CogScreen）测验是一个认知任务集，包含了对信息加工速度、注意、记忆、视觉感知功能、逻辑顺序和问题解决的测量。研究表明该测验可以预测申请者在飞行训练模拟器中的工作绩效（Taylor，O'Hara，Mumenthaler & Yesavage，2000），甚至对轻微的脑功能障碍也很敏感。与许多在线测验一样，它的优点是相对便宜，便于管理，而且由计算机软件得到评分，这使得同时对大量的申请者进行筛选成为可能（Westerman，Darby，Maruff & Collie，2001）。

然而，在线测验也存在缺点，最大的问题是无法评估申请者测评期间的行为以及无法识别可能影响工作绩效的因素，如焦虑、疲劳、努力不足、文化或语言因素（可能影响对指导语的理解）。同样需要考虑的是需要有核实参加测验人员身份的措施，否则申请者可能会找更有能力的人来代替自己完成测验，从而提高他们自己的测验分数。此外，有许多机构在网上出售测验练习和辅导视频（ADFmentors，2018；Aviation Australia，2018；Flight Deck Friend，2018b；JetBlue，2018；JobTestPrep，2018），这使得一些申请者有可能比没有进行针对性辅导的人获得更高的分数。需要注意的是，由于预先了解了测验内容或目的以及练习效应，测验结果可能会无效

（Lezak，Howieson & Loring，2004）。

仅仅只依赖于在线测验的结果而作出申请者是否适合飞行的判断是草率的，有可能导致一些可能会对飞行安全造成风险的申请者被错误接受，而一些可能是成功飞行员的申请者被错误拒绝。全部评估工作结束时，必须结合诸如面试或飞行训练模拟器中的表现等其他信息才能有效解释在线神经认知测验的结果，否则结果可能是没有意义的。即使我们假设在线神经认知测验能够可靠地挑选出将成为高质量飞行员的申请者，但随着时间的推移，仍需对其认知功能进行检测，因为在飞行员的职业生涯中，随着老化和其他健康问题的出现，有许多特定的工作因素可能会影响其认知功能。

## 三、工作环境对认知功能的影响

获得充足的睡眠对认知表现和情绪健康至关重要，但睡眠剥夺和睡眠障碍在机组成员中却司空见惯。轮班工作、排班问题、缺乏社交和长时间的工作以及跨时区飞行等都会扰乱昼夜节律，导致疲劳和时差反应加剧。睡眠剥夺会导致认知功能下降，在需要警觉、工作记忆、视觉运动、决策、加工速度与准确性的任务上的表现可能会降低（Alhola & Polo-Kantola，2007；Killgore，2010）。睡眠紊乱还与身体健康状况的变化有关，如高血压、免疫功能受损和代谢变化，还会破坏情绪健康，导致情绪紊乱（Petrie & Dawson，1997）。长期疲劳的飞行员可能会尝试使用兴奋剂和镇静剂（如咖啡因和功能饮料，非处方睡眠辅助药物，如镇静抗组胺药、褪黑素和草药产品）来处理这些问题，这些药物可能会影响认知功能，特别是与酒精同时使用时。因此，航空领域必须采取措施逐步减少机组人员的睡眠不足，并监控飞行员的睡眠时间。此外，商用飞机的空气可能会受到各种化学物质的污染，如挥发性有机化合物（如柠檬烯）、臭氧引发的柠檬烯反应产物，如甲醛（Wolkoff，Crump & Harrison，2016）和发动机油烟（Mackenzie Ross，Harper & Burdon，2006；Mackenzie Ross，2008；Mackenzie Ross et al.，2011；Harrison & Mackenzie Ross，2016），这些都可能损害认知功能。

## 四、老龄化和其他健康问题的影响

老龄化以及一系列身体和神经系统疾病都与认知功能下降有关，尽管飞行员早在55 ～ 65 岁就退休了，但他们仍可能在飞行生涯中出现神经系统疾病（偏头痛、多发性硬化症、癫痫、艾滋病、痴呆、帕金森病、心脑血管疾病）或遭受创伤性脑损伤（在运动或事故后）（Mackenzie Ross，2017）。一些航空公司的飞行员如果在某些地区（如东南亚、太平洋岛屿和远东的农村地区）旅行或呆上一段时间，他们受病毒侵害大脑的风险就会增加，例如日本脑炎和脑膜炎。有研究报道显示，某些情况下机组人员罹患典型神经疾病的风险增加了，即运动神经元疾病，也被称为肌萎缩性侧索硬化症（Pinkerton，Hein，Grajewski & Kamel，2016）。过去，飞行员被取消资格的最常见原因是心脏病，但航空公司和监管机构的记录显示，因神经问题（如心脑血管问题）而导致取消资格的比率有所上升（Arva & Wagstaff，2004；Evans & Radcliffe，2012），心理问题也是不适宜通报、吊销执照和失能的主要原因，最常见的焦虑症、抑郁症和酒精滥用等都可能损害认知功能（Bor，Field & Scragg，2002；Evans & Radcliffe，2012）。

因此，航空公司必须制定监测机组人员神经认知功能的规范，不仅仅是在选拔过程中，而且是要贯穿飞行员的整个职业生涯。目前，监测飞行员身体和心理健康的职责由航空体检医生（Aviation Medical Examiners，AMEs）承担，他们根据年龄对飞行员进行每 6 ~ 12 个月一次的检查。但航空体检医生并不一定都接受过认知和情绪障碍评估方面的培训；另一种对认知障碍进行监测的方式是在年度的飞行训练模拟器培训和熟练度检查期间进行，但飞行训练模拟器检查可能并非监测神经认知功能最敏感的手段。这其中有很多原因，尤为突出的是这一方式允许飞行员就自己将要完成的任务进行预先准备，而且被评估的多项技能都是飞行员"过度学习"的结果，因此可能在认知衰退的早期阶段难以发现问题。但这些技能与诸如推理、问题解决和决策这样的认知能力是不一样的。

# 五、专业神经认知评估

出于安全考虑，鉴定飞行员认知是否受损是非常重要的，而神经心理评估是一种非常有效的方法（Harvey，2012；Kulas & Naugle，2003；Lezak，Howieson & Loring，2004）。这种专业的神经认知评估与在线测试有几个重要的不同之处。首先，在英国，这类评估是由临床神经心理学专家实施的，他们具有神经疾病的心理和行为表现方面的专业知识，是完全能够胜任的。

临床神经心理学专家在对个体进行评估时方法多样，其中之一即是神经认知测验。他们通常花费数小时时间，使用成套的心理测验来评估广泛的认知功能（记忆、语言、感知和问题解决）。这些测验含有认真程度和测量效度的指标，因此临床神经心理学家可以据此确定测验结果是否有效。如果某位受测者的得分看上去不够可靠，他们会对这一测评结果酌情矫正或者直接忽视，从而为患者当前认知功能水平提供精准的评价（Bush et al.，2005）。整个测试都是受测者亲自完成的，这样心理学专家就可以在测试过程中观察受测者的行为，并识别出除神经损伤以外的其他因素。这些因素可能会损害工作绩效，如缺乏动机、努力不足、焦虑、疲劳、疼痛或文化和语言问题。测验得分本身的含义是不明确的，会受到多种因素的影响，而这一点正是为什么神经认知测验的结果应由具备心理测量知识的专家来进行解释的原因。他们了解心理测验的优势与不足，并且知道如何对测验结果进行解释。

　　临床神经心理学专家从其他医疗专业人员处获得信息，并审查医疗、教育和职业记录，在此前提下他们对神经认知测验的结果进行解释。他们进行深入的临床访谈，以确定主诉的性质和病史，探索其成长、社会心理、医疗和精神状况背景，审查其教育和职业经历，评估其心理健康和应对方式，包括酒精和消遣性毒品和处方药的使用。他们与受测者亲属、照料者和其他知情人交谈以获得其他人就某个特定问题的看法，并收集有关问题开始的原因和时间，以及随时间和人际关系的进展，如果受测者有工作的话，还会调查其工作情况以及认知障碍对日常生活的影响等信息。然后，神经心理学家整合所有信息，以确定一个人是否有认知损伤，如果有，则可能的原因是什么。达成一致意见后，他们亲自反馈结果（不像在线测试），并以人文关怀的方式与受测者进行沟通和商议。他们还会提供持续的支持和个性化的认知康复治疗。如果诊断不能用于指导后续的支持与治疗，那么诊断就没有太大的意义。

　　然而，与像 CogScreen 测验这样的在线检测方法相比，神经心理学评估也有许多缺点，其中包括：需要更长的时间来完成，以及需要由合格的临床医生进行结果解释。此两点均对需评估的个体数量产生限制。此外，临床医生用于确定认知功能是否受损的常模（比较）数据可能只是来自讲英语的普通人群，而对于飞行员等高认知功能人群可能根本不适用（King et al.，2011）。最后，也是最重要的一点是，用于临床实践的神经心理测验并不是用来预测飞行座舱工作绩效的，因此其价值和生态效度可能是有限的。

# 六、结论与建议

航空业是一个安全性至关重要的行业，评估和监测飞行员的身体和心理健康是确保安全的必要条件。神经认知评估在这方面起着重要的作用：①确保高功能和适宜心理能力的申请者被选中参与飞行训练，防止在训练期间和整个飞行职业生涯中的人员流失；②监测认知功能随时间推移的变化情况，认知功能可能会因为特定的工作问题而受到影响，比如睡眠障碍，而且因为各种损害认知功能的医学和神经疾病的发病率会随着年龄的增长而增加。

不同的商业航空公司在招募飞行员和机组人员时采用不同的流程，其中大多数涉及在线神经认知评估，因为这可以让大量申请者同时得到快速评估。当依据心理测量的结果就申请者工作适宜性作出决策时，所选用的测验应是结构化和标准化的，而且效度应与测量目的相契合，这种情况下，测验结果方能预测申请者在飞行座舱内的工作绩效。然而，当航空公司选择不同的测验供应商时，所采用的测验可能在信度和效度方面有所不同。神经认知评估的效用主要取决于以下因素：所用测验的信度和预测效度，是否具备文化公平性，以及是否具有进行结果比较和解释的适宜常模等。

信度的本质是可重复性，换句话说一个人如果多次使用同一测验，其结果应该相似，而且如果测验的主试不同，或者测验的情境不同，也应该得到相似的结果。但现实情况并非总是如此，因而不同测验的信度也各不相同。一个有效的测验能够准确地测量它想要测量的变量，此处的变量则指的是申请者未来的飞行绩效，但航空公司可能并未意识到很少有测验是基于这个特定的目标而构建的。虽然有些测验看起来像是评估认知功能（被认为与执行航空任务有关），但预测飞行绩效的测验所测量的能力通常只是构想，而没有被证实。非常重要的一点是，某一测验的结果不能用于该测验未包含的目的。同样重要的是，由于所招募的飞行员来自不同国家和文化，航空公司在使用测验时应考虑到文化公平。许多情况下，在某个特定文化和语言环境中有效的测验，一旦应用于某些申请者时则可能会立即使他们处于劣势。对测验结果的比较和解释需要有适当的常模，但现实情况并非总是如此，航空公司在选拔中使用的测验可能并没有适用于高认知功能飞行员的常模。解决这些难题的一个关键办法是，航空公司应确保在选拔过程中咨询那些经过相应培训获得资质，并具备心理测量知识的专家。

心理测验的主要优点是它提供了一个系统的程序来获得对特定行为的精确测量，

这些行为可能会被忽视或在面试等其他形式中难以评估。正确使用测验结果有助于做出更明智的决定，不正确使用测验的结果可能会带来危害。因此，重要的是航空公司不要过于依赖在线神经认知测验的结果，因为这些测验只是收集申请者数据的一种方法。单一的评估方法可能导致偏差和错误的结论（Meyer et al.，2001），这意味着用其他来源的信息补充测验结果是至关重要的，如访谈、相关记录的审查和其他活动的指标，如模拟器评估。

神经认知测验也是监测认知功能随时间变化的一种有效手段，但航空公司通常不会在选拔程序之外再进行认知功能评估，他们通常只是依赖飞行员自我报告其可能存在的认知问题。但飞行员可能会因为害怕失去飞行执照而隐瞒问题，因而这一方法效果并不理想。其他唯一负责识别和报告飞行员认知和情绪问题的人是航空体检医生，但他们要么未受专门训练，要么缺乏足够的时间，常常不能在常规健康体检中发现心理问题。

因此，对航空体检医生和航空领域的其他成员（即那些参与飞行员培训和评估的人员以及与飞行员一起工作的人员，如其他机组人员）就飞行员认知障碍的成因、潜在的危险信号，以及可诱发认知障碍症状的筛查技术进行教育是很重要的。他们还需要知道何时向哪名飞行员推荐专业认知神经评估（MackenzieRoss，2017）。

最后，随着航空旅行需求的不断增长和机组人员长时间工作压力的增加，加之如2015年德国之翼飞行员自杀式谋杀坠机等空难的发生，对飞行员进行选拔、招募和持续评估是非常重要的，评估内容应包括人格、心理健康和情绪稳定性（Bor et al.，2017），这些重要内容在本书的其他章节进行探讨。

原书参考文献

# 第十五章
# 酒精及其他物质滥用评估

Michael J. Atherton

　　如果说航空领域有什么禁忌的话，那就是飞行安全背景下的物质使用，特别是酒精。长期以来，无论是商务舱和头等舱休息室里免费的香槟，还是作为中途转机和候机聊天的社交工具，酒精一直与航空联系在一起。

　　酒精是世界上最容易获得的药物，而且在大多数国家是合法的，通常被认为是正常社交和文化的一部分。然而在西方国家，约 7% 的人要么是酒精依赖者，要么是酒精滥用者［Ahlström & Österberg，2004/2005；美国国家酒精滥用和酗酒研究所（National Institute on Alcohol Abuse and Alcoholism），2018］。尽管使用酒精会导致判断力受损和（或）认知能力下降，但许多人仍用其缓解焦虑（如在社交场合）或作为镇静剂（如失眠）（Smith & Randall，2012）。2007 年的一项有代表性的美国成年人（N=43 093）大样本研究发现，终生和 12 个月酒精滥用的患病率分别为 17.8% 和 4.7%；终生和 12 个月酒精依赖的患病率分别为 12.5% 和 3.8%，仅有 24.1% 的酒精依赖者接受过治疗（Allen，Litten，Fertig & Babor，1997）。12 个月和终身药物滥用率（分别为 1.4% 和 7.7%）超过药物依赖率（分别为 0.6% 和 2.6%）（Knight，Sherritt，Harris，Gates & Chang，2003）。

　　航空业也不例外，据估计，有 5% ~ 8% 的飞行员一生中存在酒精滥用和酒精依赖，这一比例与法律和医学等其他职业人群的比例相似。由于非法药物使用会涉嫌违法，而且其使用被普遍认为是更严重地违反了社会和行业规范，因此飞行员群体中非法药物的使用比较少见。

　　2004 年的汉密尔顿岛（Hamilton Island）空难是澳大利亚航空业的一个分水岭，随后的调查导致对所有飞行执照持有者要求实施药物和酒精监控方案（Drug and Alcohol Monitoring Program，DAMP）。其他司法管辖领域也发生过类似事件，并引发了类似的反应。比如，1989 年美国埃克森瓦尔迪兹号（Exon Valdez）油轮事故中，酒精被认为是一个重要因素；1991 年英国一架轻型飞机坠毁后，英国监管机构也做出了类似的反应。澳大利亚的应对措施是对包括飞行员在内的航空雇员进行随机药物和酒精检测，2008 年澳大利亚民用航空安全局（Civil Aviation Safety Authority in Australia，CASA）委托一个工作组制定建议案，对被认为可能有酒精或其他药物问题的人进行全面评估。

阳性检测结果在航空领域并非罕见。据美国联邦航空管理局（FAA）的记录显示，2010—2015 年，有 64 名飞行员因违反酒精和药物规定而被传讯。2015 年，包括 38 名飞行员在内的约 1546 名涉及航空安全的工作人员在五种非法药物的检测中有一种或多种检测结果呈阳性（Newman，2004）。

调查显示药物滥用是一种危险行为，而且飞行员们也认可这个观点。事实上，2005 年 6 月澳大利亚交通安全局（ATSB）对 1196 名飞行员的安全调查显示，如果不考虑刻意隐瞒，25.7% 的人认为酒精、药物或处方药物在过去 12 个月中至少一次对他们的飞行安全产生了影响（Australian Transport Safety Bureau，2005）。

这些结果表明问题确实存在，而大多数人也都赞同应该采取行动以减少重大事故发生的风险（Hosegood，2008）。

因此，药物使用是一个明确的人为因素，需要实行风险评估和适当的风险缓解计划。根据民用和军用航空安全条例，航空部门雇员从事或准备从事航空安全敏感任务时，必须接受酒精和其他药物（alcohol and other drug，AOD）检测。近年来，航空公司和美国国家监管机构的酒精和其他药物检测已变得更加系统化，在国际民航组织的大多数管辖区，当地政府政策都能紧跟全球趋势，实施越来越严格的药物检测。这意味着随机检测和事故后检测在大多数主要航空公司越来越普遍了。

毫无疑问，在现今环境下，识别和甄选出有风险或成瘾的飞行员是保障航空安全的重要一环，而在其申请新工作或首次飞行资质认证时进行是最佳时机。在确定个人问题的性质时，国际民航组织（ICAO）要求界定有问题的物质使用情况，其定义为：

> 航空从业人员以下列方式使用一种或多种精神活性物质：①对使用者构成直接危害或危及他人的生命、健康或福祉；②导致或加剧职业性、社会性、心理性以及生理性问题或障碍。

（ICAO，1995，p. vi）

这是判定申请者后续能否获得职业资质的核心，国际民航组织在相关文件的附 1 中给出了建议：

> 缔约国应在可行的情况下，尽可能对所有涉及物质使用问题的职业资格证书

持有人予以确认并取消其安全关键职能；在治疗成功后，或者在物质使用问题消失后不需要治疗的情况下，确认其继续履职不太可能危及安全后，方可考虑恢复其安全关键职能。

（ICAO，2011，pp. 1–11）

当某个被评估者涉嫌酒精和其他药物问题时，被评估者或航空公司的医疗官员可以要求进行独立医学检查（independent medical examination，IME），这是监管机构认可的一项好的举措。

规定要求，在检测结果呈阳性后，雇员必须停止从事安全敏感性任务或停止作为安全敏感性任务的备份人员。只有满足如下条件，才能重返岗位：

（1）由具有相应资质的医学人员进行全面评估；

（2）开始推荐的治疗；

（3）提供新近体检标本，在酒精和其他药物测试中呈阴性；

（4）由一名医疗审查官（medical review officer，MRO）判定能胜任工作。

［澳大利亚政府民航安全局（Australian Government Civil Aviation Safety Authority），2010，p. 3］

飞行员在提出重新签发飞行执照的申请时，应无物质使用问题，并提供体检合格证书。上述标准同样也适用于新申请者。

## 一、现状

和许多其他专业人员一样，对飞行员的评估也伴随着一系列值得考虑的微妙因素。当酒精和其他药物检测用于飞行员签署新合同和用于酒精和其他药物检测阳性的复查时，检测的过程是有明显差别的。但无论哪种情况，理解航空活动的特殊性都是至关重要的。物质使用的评估与精神疾病的评估类似，往往也比较困难，因为被评估者会充分意识到诊断结果会影响其是否能够获得执照，因此可能会有意识地误导评估者。

因此，在进行任何与风险相关的评估时，保密是至关重要的，但对于独立医学检查（IME）来说，通常的医患保密规定可能并不适用。一般情况下，当经验丰富的检测人员发现了明确的成瘾证据时，只有经受检者同意后才能不遵循保密规定。因此，强烈建议最好是主动解决这一问题，事先就签署一份同意书，以确保检测人员在发现问题涉及严重风险时，强制性要求其可违反保密规定。航空体检医生在常规医疗过程中发现这类问题时，往往更难以处置，因此建议立即转诊专科医生，以保持现有的融洽关系。

否认或缺乏内省力给发现真相带来了更进一步的障碍，其作用不容低估。否认通常被定义为一种无意识的防御机制，通过否认重要冲突、令人烦恼的冲动、事件、行动或疾病的存在来缓解焦虑（Miller-Keane & O'Toole，2003）。

成瘾者常常会处于否认或歪曲真实事件的状态。他们会忽略问题，将周围人的担忧最小化，或将问题归咎于他人。在评估之前的很长一段时期，这种状态就出现了，主要表现为人际关系破裂、发生事故、出现健康问题或工作中粗心大意等，这些都是"危险信号"。但这些信号常常被忽视，并认为不是物质使用的结果，而是由其他外部因素所致。有时，一个高智商的，通常还是偏执的、有魅力的、一丝不苟的和受人尊敬的飞行员，他们常常表现出好斗和挑衅的态度，这种态度不仅欺骗了他们自己，也欺骗了他们的同事、亲人，甚至专业的医疗人员。一个有明显物质依赖的飞行员，常常可以获得来自全科医生或专科医生的证书，但这些医生在出具证书时显然忽略了该飞行员可能存在物质使用问题。

对医疗人员而言，让飞行员提供有关物质使用方面的信息或线索常常会感到压力，就像询问其童年性虐待或自杀经历一样。医疗人员会因为对飞行员专业上的敬重或避免"侮辱性"诊断，而绕开这类问题。他们的信念是"飞行员是不会喝醉后开飞机的"。

其他影响识别和管理危险饮酒行为的原因还有：过短的问诊、受测者的性别（认为女性出现饮酒问题的可能性较小）以及全科医生常常缺乏处理这类问题的能　力（Ballesteros，Duffy，Querejeta，Arino & González-Pinto，2004；Bertholet，Daeppen，Wietlisbach，Fleming & Burnand，2005；Kaner et al.，2009；Whitlock，Polen，Green，Orleans & Klein，2004）。澳大利亚的一项研究发现，只有不到一半的全科医生认为，他们在医学教育期间充分学习了酒精滥用和相关问题。将诸如家族史、创伤性童年经历、其他精神健康因素和某些文化因素作为风险因素来看待，将有助于酒精和物质使用障碍的识别和管理（Kilpatrick et al.，2000）。

# 二、问卷调查

无论是独立医学检查还是物质使用的常规筛查，筛查工具和问卷都发挥了重要作用。这些工具和问卷的作用包括：辅助诊断；评估病程严重程度；识别否认态度，甚至帮助识别不诚实的病史报告。在某些情况下，这些工具还可以评估物质渴求的变化情况，并帮助相关飞行员洞察自身的"正常和异常"行为。

我们在实践中主要使用三个工具：

（1）酒精使用障碍识别测验（The Alcohol Use Disorders Identification Test, AUDIT）。

（2）抑郁 – 焦虑 – 压力量表（Depression Anxiety Stress Scales, DASS）。

（3）酒精渴求问卷 - 简版（Alcohol Cravings Questionnaire -Short Revised）。

酒精使用障碍识别测验（AUDIT）（Babor, de la Fuente, Saunders & Grant, 1992）由世界卫生组织编制，是一种很好的筛查过量饮酒的工具（Saunders, Aasland, Babor, de la Fuente & Grant, 1993）。该量表可方便、快捷地完成，得分在 8 分或以上者表明其存在危险性饮酒问题。

CAGE（Cut-Annoyed-Guilt-Eye Opener）问卷也是可选择的工具，但它非常简短，可能只偏向饮酒依赖者，而不适合识别那些有一系列问题的人（Ewing, 1984）。国际民航组织建议的日常行为调查，其中的酒精筛查问题也是根据 CAGE 问卷改编的。使用这些工具的检测结果有助于凸显个体酒精使用史的差异，或作为一个切入点，更好地探索其饮酒行为的细节及原因。通常情况下被评估者所给出的明显荒谬的回答可以提示其内在的人格特征。很多情况下，即便是有明确的关于酒精依赖的证据，被评估者仍会将所有指标都标记为阴性。针对这种情况，最好是开诚布公地进行沟通，飞行员常常是因为焦虑或幼稚的想法而没有如实作答，一些飞行员甚至会在数年时间里回避医学专家对这些问题的探究。

对渴求的评估是极其重要的，确定基线水平对诊断和接受诊断都有助益。渴求被定义为：对某种物质、活动（如药物滥用、性）和欣快等体验的渴望增加，以及避免戒断的渴望（Farlax Partner Medical Dictionary, 2012）。

如果治疗是一个医患相互作用的过程，那么渴求的减少将是一个容易识别和测量的目标症状，随着患者病程的持续，对渴求的测量就是调整药物治疗方案的依据。Drobes 和 Thomas（1999）对各种渴求调查工具进行了全面的回顾。"酒精渴求问卷 - 简版"是一个合理的选择，但简单的李克特评分量表或类似 CAGE 问卷在临床实践中也很有用（Singleton, 1997）。

# 三、知情人调查

医学专家还会采用知情人调查的方式获取相关信息，这些知情人可能包括飞行员的全科医生、以前和现在的航空体检医生、妻子、朋友、孩子或包括首席飞行员在内的某些同事。正如前面提到的，飞行员可能会完全否认物质滥用史，因此知情人的信息对于确定真相是至关重要的。这可能是其妻子或母亲第一次有机会与专家谈论她们的担忧，如果飞行员有治疗和复飞的机会，那么这将进一步鼓励她们说出自己的担忧。调查必须征得本人同意，但许多机构会将知情人调查作为独立医学检查中的强制要求。而一个有经验的医生会将知情人调查作为常规检查的一部分，以减少可能被拒绝的风险。例如，将与患者的全科医生或配偶交谈作为常规检查的一个步骤，或尽早告知飞行员检查包括这个步骤。

## 四、化验检查

飞行员还应该进行一系列的检查，包括抽血化验和尿检，偶尔专家可能还会要求做头发或指甲测试。最常见的检查是全血测试、肝功能检查、甘油三酯和缺糖基转铁蛋白测试。在美国，磷脂酰乙醇测试是证明持续清醒和估计近期饮酒水平的首选检测方法，但在许多国际民航组织管辖区缺乏该检测条件。对这些测试的全面回顾超出了本章的范围，但必须认真对待这些参数中的异常情况，在没有明确理由的情况下不能轻易放过这些异常情况。

最后，由专科医生负责体检，如果发现其他异常身体状况，他们会搜集更多的信息，或者寻求辅助科室或其他专科医生的会诊。

## 五、诊断和建议

专科医生需要考虑以下两件事情。首先，诊断可以帮助专家评估预后情况，并提出最佳治疗建议。与许多精神疾病诊断一样，对物质使用也是依靠症状进行诊断，因此需要确定个体在特定时间内出现的体征和症状，才能进行诊断。公认的诊断标准，通常采用《精神疾病诊断与统计手册（第五版）》（The Diagnostic and Statistical Manual of Mental Disorders（Fifth Edition），DSM-5），包括无、轻度、中度或重度物质使用障碍。中度和重度的诊断标准采用先前的 DSM-4 中的依赖性诊断标准，该描述更容易被大众理解。根据从病史、体检和化验中所获得的信息，通过与成瘾相关诊断标准的比对从而明确诊断。应在检测报告中明确说明受检者具体符合哪些标准，以及列出相应的证据；另一种可采用的诊断标准是《国际疾病分类（第 10 版）》（International Classification of diseases（Tenth Edition），ICD-10），但这两个诊断系统之间存在着一些差别，关于这点需要另行讨论［国际疾病分类（第 10 版）手册，2016］。

其次，专科医生还必须考虑个人的物质使用情况是否符合当地监管机构的"有问题的物质使用与无问题的物质使用"标准，比如澳大利亚民航安全局（CASA）文件的第 67 部分对此就有明确规定。该规定来自专家意见，只对中度和重度物质依赖进行了限定，此外的物质使用情况不认为是精神心理问题。

在某些情况下，一个人可能没达到物质依赖的水平，但由于其所使用的物质本身的性质和其表现出的行为，仍然被视为是有问题的物质使用。比如一名飞行员在可卡因或甲基苯丙胺等兴奋剂检测中呈阳性，因为这些物质是非法的，而且可能会导致行为发生巨大改变，因此监管机构和雇主仍会对这种情况持保留意见。出现这种情况，监管机构和雇主很可能会不采纳独立医学检查的意见，而会直接给出有问题的物质使用结论，并终止雇用。

# 六、后续措施

如果没有被怀疑有物质使用问题，那么受检者会进入常规筛查程序。如果仍没有发现物质使用问题，那么专科医生将会提供一份报告提交给雇主和（或）监管机构，作为适合飞行的证据。怀疑其可能存在物质使用问题的典型情境是飞行员由于个人问题或疏忽而偶然一次出现了酗酒的情况。他可能在摔倒或错过航班后被发现喝醉了，因怀疑其可能违反了药物和酒精监控方案（DAMP）而被要求进行检测；另一种情境是监管机构收到了举报而要求当事人进行物质使用情况检测，但随后发现举报是没有根据的。

如果发现有物质使用方面的问题，并且存在物质依赖的情况（大多数情况都存在），那么飞行员可以有多种选择。国际民航组织出台了推荐的飞行员重返飞行岗位程序，包括预期时间、时间窗以及重返岗位指标。有物质使用问题的飞行员必须要证明自己的恢复情况，时间窗通常为两年到三年。

大多数航空公司都会为飞行员提供治疗等支持措施，包括不带薪的病假，在一些地区（美国和中国香港地区）航空公司甚至可以帮助支付个人治疗的费用。不幸的是，目前这种治疗的费用大多由个人承担，两年的治疗期对于有家庭负担和贷款要还的人来说是很长的时间。针对这一情况，飞行员工会、雇主和国际民航组织的一些管辖区的监管机构已经开始提供替代方案。例如，在新西兰、美国和中国香港地区，如果飞行员达到了某些标准，会尽快地重新获得飞行执照。一些监管机构通过早期干预、治疗、随访和在 3～4 个月内对其重新认证等程序，成功地使飞行员康复并重返岗位。该系统包括：

（1）同伴群体。由同事、工会或协会成员和家庭成员组成，并通过其他正在康复的飞行员酗酒者和匿名戒酒会加强社会支持。

（2）管理和监督员。包括飞行运营经理、飞行主管和飞行检查员、模拟器和其他课程教官。

（3）医学顾问。航空公司医务人员尽可能收集有价值的信息，用于早期识别、门诊咨询、评估和转介飞行员至心理专家或成瘾专家。

（4）住院期间采用规范治疗和精神评估之后，对飞行员进行全面的医学检查，出具"三方"报告。

当飞行员意识到某个同事可能有酒精使用问题时，会由于这种行为具有提前结束其职业生涯的性质而选择沉默不报，这类项目的开展被认为是针对这种"共谋沉默"的"解毒剂"（ICAO，2012，pp. III-9-10）。

个人心理健康状况受个人经济条件和整体状况的影响无疑是巨大的，但这种项目只有在有充分的实证证据表明其有效性，并可因此降低安全/人为因素风险，监管机构才可能会实施。美国联合航空公司实施该项目以来，5 年复发率只有 5%～10%，而普通人群的复发率为 80%～90%。这使得此类项目对飞行员和航空公司来说既负担得起，又具有成本效益，劳资双方通过相互帮助和支持形成长久的伙伴关系。

选择不参与这些项目是个人的自由，他们没有义务或被强制去参与某个项目。这种情况下，监管机构将会评估飞行员自己选择的方案的功效，特别是要对潜在风险和职业适宜性进行特别谨慎的评估。

# 七、结论

飞行员也是人，他们有可能陷入上瘾的陷阱或以危险的方式使用药物，在这点上，他们与那些把生命托付给他们的乘客没有什么不同。尽管如此，他们的职业首先要求尽可能的安全，而减轻物质使用障碍等人为因素是风险管控护盾的一个重要组成部分。为飞行员们提供机会，发现并治疗严重的疾病，对个人来说是至关重要的。如果做得好，将会为整个航空业挽救巨大的资源。那些生动的成功案例，以及全球范围内的研究数据会逐渐转变管理层和股东的观念，使其将酒精和其他药物（AOD）使用问题视为一种可治疗的疾病，而不是一个可被忽视的负担，对这些问题的例行筛查和专家调查将会继续伴随飞行员的整个职业生涯。

原书参考文献

# 第十六章
# 飞行员医学鉴定

Tim Stevenson

## 一、前言

职业飞行员定期接受胜任飞行健康状况评估，这已成为国际公认的规范。这项评估的方式多年来不断演变，现在已由国际法规做出规定，包括实施办法和条文解释，以及国际和国家管理部门提出的对检查结果的描述和解释等内容。

本章旨在概述飞行员医学这一主题，并讨论其应用和发展。重点强调了在这些评估过程中知识和信任关系的重要性，并提出了更健康的飞行员就是更安全的飞行员的理念。

## 二、为什么要进行医学评估？

飞行员从开始飞行以后，就会不断受到各种事件、事故和经历的影响，因此通过评估飞行员的健康状况来确保其飞行胜任力具有显而易见的好处。

公众的看法是，不管是国家监管机构还是航空公司，都会评估飞行员的适航状况，因为飞机的安全，以及机组人员和乘客的生命都取决于他们。

飞行员既希望健康状况评估能确保他们的飞行同伴是健康的和可托付生命的，同时又希望这一过程不会将自己排除在这项有意义的职业之外。

监管机构作为公众代表进行这项评估，目的是希望在下一次体检前的 182 天或

364天内，能够确保飞行员各项功能是健康的，从而可以胜任飞行。因此，通过选拔和实际的淘汰工作就可以做到这一点，飞行员通过获得健康证书来表明其可以胜任未来一年的飞行工作。

## 三、医学观念和其局限性

许多适用的排除标准是基于预测突发性失能或疾病（如心脏病或神经系统疾病）数据，其中特定失能的发生率可以使用人口发病率统计数据进行数学预测。这一做法对于在体检期间所获得的有价值的检测结果而言是重要依据（尽管一项阴性的体检结果并不能确保没有风险）。

过去，在体检方面投入了大量的时间，但在心理方面甚至是健康促进方面投入有所不足。最近，由于重新认识到飞行员幸福感和生活方式的意义，尤其是飞行员在年轻时各项生理检测结果的预测价值较低，因此，在国际民航组织（ICAO）颁布的标准和建议中，强调了预防医学的重要性，将其由建议条款改为了标准条款。

1% 法则（Tunstall-Pedoe，1988）假设飞行的风险主要集中在起飞、上升、下降和着陆阶段，但很少发生在巡航阶段。这项法则是为了预测在飞行的关键阶段失能的可能性有多大，以及即便还有另外一名飞行员也无法缓解该失能带来的影响，从而导致致命事故的可能性。1% 法则是根据数学模型计算出来的，该模型假设在飞行 1000个百万小时中，由生理上的失能导致致命事故发生的概率不会超过 1 次。Mitchell 和 Evans（2004）认为，自动化程度的提高和飞行时间的延长意味着这类致命风险的比例变低了，因而应该放松 1% 法则；但另一些人则认为，在更拥挤的空域中，短途飞行员的工作负荷增加了，失能的风险也会相应增加，因此应更重视这类安全问题。

鉴于 80% 的飞行事故都存在人的因素，因此飞行员绩效的优化可能比使用健康筛查这种二级预防手段对飞行安全具有更大的意义。

## 四、未来

现在对于飞行员健康的理解正如世界卫生组织定义的那样，更健康的飞行员是更安全的飞行员，健康不只是指没有疾病，而是指身体、心理和社会功能处于最佳状态。如果飞行员更健康、更快乐，并有充足的休息，他们就更有可能在飞行的任何阶段都能集中精力完成当前的任务。

此外，随着饮酒的流行和药物使用的增加，以及用于对抗疲劳和刺激警觉性以增强工作绩效的药物使用问题被添加到风险评估中，飞行员健康的适航性评估过程也在演变，而且必须不断修订。

同样，现在人们也接受了这样一种观点，即飞行员群体对日常生活中的压力并不能免疫，他们一生中有四分之一的风险罹患精神疾病。

# 五、检查程序

职业飞行员在进入这个行业时要接受详细的医学评估。即使他们曾经是经验丰富的私人飞行员，仍要进行一级或专业医学检查，从最基本的检查入手对其身体状况进行全面检查。

检查程序是由国际监管机构如国际民航组织（ICAO，国际）或欧洲航空安全局（EASA，欧洲）所推荐，国家监管机构（如美国联邦航空局）据此提供实施办法，由医生团队，包括指定体检医生（Designated Medical Examiners，DMEs）或授权的航空体检医生（Aviation Medical Examiners，AMEs）具体实施。

在欧洲，初级医学检查由航空体检医生在航空医疗中心进行，该中心具有较高的监管级别，在代表国家管理机构作出胜任飞行健康结论方面具有相应的自主权。虽然专家们花了很多时间从身体的角度来定义和探索排除标准，但到目前为止，心理学和精神病学两方还没有形成一致的客观方法来定义合格飞行员标准和确保飞行安全的理想素质。当申请人加入航空公司时，航空公司通常会采用"能力倾向"测验或心理分析，但数据的获得、分析以及所出具报告的质量和一致性因航空公司和测验而异。

《民用航空医学手册》（Manual of Civil Aviation Medicine）（见第五部分附录B）展示了指定体检医生培训的国际胜任力模型框架（国际民航组织，2012）。这个模型提供了一个优秀的指定体检医生对飞行员进行评估的模板，并强调了促进沟通、建立融洽关系和鼓励一个开放的报告环境的重要性。一名合格的指定体检医生或航空体检医生应熟悉飞行员或空中交通管制员的工作和环境。该模型框架还提供了以下方面的指导：获取和评估完整的病史、进行相关的医学检查、解释各种测试的结果和后果，以及所需的额外测验或补充意见，以便指定体检医生能够形成和记录基于风险的航空医学适航性意见。

欧洲航空安全局（2017）还对航空体检医生的职责进行了总结，其职责目标在于优先考虑飞行安全，同时兼顾飞行员的长期、健康和完整的职业生涯。此外，欧洲航空安全局还提出了一整套卓越的指南，扩充了初次体检的心理和精神评估内容，与此相应，还规定了医学检查复检和重新检查的可行性办法（EASA，2011a），该法规已纳入了欧盟文件 No1178/2011 和法规（EC）No 216/2008（EASA，2011b）。

## 六、年度体检或复检

在极其严苛的一级首次体检之后，所有飞行员每年至少要进行一次年度体检。

这些复检或者重新检查是由指定体检医生或航空体检医生代表国家监管机构进行的。在年度体检中，飞行员和体检医生有机会建立一种更加私人的医患关系，特别是当飞行员每年都遇到同一个医生时。

体检医生一方面要具有灵活性，一方面又要严谨勾选表格，做好统计，准确记录阳性发现。例如，测量血压可以确保血压在可接受的范围之内。心电图检查可以获得非常精准的指导，说明哪些情况是可以接受的，哪些情况是需要由获得授权的专科医生进一步评估的，从而实施更深入的检测。整个过程取决于飞行员对自身当前的健康状况完整和诚实的说明。在进行体检之前，飞行员需要先填写一份详尽的调查问卷，这对于体检医生探索值得关注的问题或者帮助飞行员在生活方式和健康方面提供指导等是有益的提示。

体检为探索飞行员全面的、身体的和生物心理社会（biopsychosocial）状态的各个方面提供了机会。一名航空体检医生越是经常看到某一名飞行员，就越有可能察觉该飞行员身体状况的细微（或重大）变化，比如体重减轻或心理行为表现。

航空体检医生和飞行员之间的关系是一种微妙的医患关系，具有一定的控制梯度，可导致飞行员出现怀疑、焦虑和担忧。而平易近人、开放和关怀的咨询风格可以缓解上述问题，营造出一个受欢迎的工作空间。从飞行安全角度而言，在这个空间里，身体和心理问题均可在其产生飞行安全问题之前得以探索和解决。体检医生应在沟通之后再进行体检，或者边沟通边进行体检。

此前，飞行员的心理和精神状况一直是一个难以监管和证明的灰色地带。然而，自德国之翼空难以来，人们开始更加重视如何评估飞行员的精神状态。在检验适航性可行办法（EASA，2011a）中，以类似于初级体检的方式给出了复检或重新体检的指南。现在，航空体检医生正在转向搜集更多的飞行员背景信息和对其心理社会健康状况进行考察，以确定其适航性。一个普遍接受的观点是，仅靠一份问卷是无法预测或者确保飞行员的精神健康状况可以胜任飞行，但新指南中更全面的方法是使用各种信息源评估飞行员的心理和行为健康状况。

同样，媒体、社会和观点争论促进了在飞行员适航性的健康评估中增加精神活性物质使用方面的检测，特别是在首次体检和进入特定航空公司时。物质使用障碍很常见，然而由于患者往往不认为存在问题，因而很难被发现。在详细的体检中，这也是一个需要探索的重要领域。

然而，尽管一些航空自杀或自杀式谋杀（murder-suicides）事件和机上医疗事件很吸引眼球，但对于飞行员和乘客而言，更为重要的是飞行员应具有良好的心理健康状况，可以更有效的执行飞行任务，不会漏掉那些对飞行安全至关重要的细微线索。

# 七、年度体检之间

体检或签发健康证明是确认飞行员在一个体检周期的第一天其身体和精神状况都适合飞行的措施。从第 1 天至第 364 天的每一天，飞行员都有责任确认自身的健康状况是否适合飞行操作，如果他们有任何疑问，则必须联系他们的航空体检医生咨询和讨论他们的担忧。

过去有一个"21 天规定"，即如果飞行员身体不适超过 21 天，则必须在复飞之前咨询航空体检医生。现今，随着"健康状况下降"这一概念的出现，如果飞行员自觉其健康状况下降可能导致他们无法安全地飞行，那么他们就可以向航空体检医生寻求建议。目前这一点已经正式明确了。

大多数飞行员都喜欢飞行，都觉得能从事自己喜欢的工作且能以此赚钱是一件幸事。也有一些人可能有更迫切的经济追求来维系其飞行生涯。然而，对上述任何一类人而言，被停飞的想法都会引发焦虑，并导致有意或无意地轻视疾病及其产生过程。因此，航空体检医生与飞行员之间的关系以及在常规医疗中建立的信任至关重要，这有助于促进并使得双方能对医疗问题进行充分和坦诚协商，进而航空体检医生可对飞行员体检是否合格做出正确决策。在良好的关系中，飞行员停飞通常是双方依据必要的指标和国家医疗保障模式，一致同意的决定。航空体检医生还应通过适当的调查和管理，在飞行员康复和复飞的过程中给予实际的帮助。

# 八、总结

　　无论未来开发出何种基于证据的评估程序，都是为了优化这一排除过程。临床怀疑和航空体检医生探查飞行员健康状况与常模偏离的技术，以及促进飞行员身心健康的举措将会是这一过程的重要内容，亦是对飞行安全的积极贡献。

原书参考文献

# 第十七章
# 评估报告的撰写

Alastair Gray

所有才能中最有价值的是不夸夸其谈。

——托马斯·杰斐逊（Thomas Jefferson）

无论是你孩子的学业报告，还是第无数次的希思罗（Heathrow）机场扩建报告，亦或是英格兰和威尔士板球委员会最新的比赛情况报告，报告和信息传播都是日常生活的一部分。可以说，没有报告，政府将丧失职能，医疗行业将迷失方向，经济将会暴跌。但是，尽管报告无处不在，但撰写一份清晰、简洁的报告并不是每个人都具备的技能。令人惊讶的是，作为信息共享中最基本的技能之一，如何撰写报告却没有在工作环境中被专门教授或指导。人们只是通过某种形式的耳濡目染、观察，或纯粹靠运气来掌握这项技能。这项技能包括将调查发现、数据、结果或绩效和专业相结合，并以一种不仅能够被阅读，而且能够被理解和采取行动的方式呈现出来。这是一项艰巨的任务。

幸运的是，你可能有一位同事愿意与你分享他们的一份报告，你可以从中获取总体结构并根据你的目的进行调整，但这存在简单复制常见结构错误和陷阱的风险。或者，你的职业可能认可的模板和预期报告应该包含什么，应该如何出具（比如像我所从事的职业一样为法庭证言撰写专家证人报告），但是大多数时候当要求我们写一份报告，机械地按照另一个人的报告结构可能会弊大于利，导致一定程度的僵化，对于信息的清晰呈现毫无益处。

本章内容将为你提供报告可能采用的整体结构。我的目的非常明确，就是确保采用的结构允许你灵活地使用正确的语言向正确的听众表达你想说的内容。作为一名临床心理学家，我撰写报告的方式将与航空体检医生撰写报告的方式大不相同，因为我们从不同的专业角度，出于不同的目的提供不同的信息。话虽如此，报告的基本结构是相同的，在你讲一个故事的时候，都需要介绍有关的故事场景和主要人物。然后，随着情节的展开，逐渐进入故事的核心，在结束时，所有独立叙述都汇集到一起得出结论。只要你能保证故事结尾不是松散的，那么这个非常基本的结构就是有效的；然而，如果你想让你的报告尽可能的有用、可靠和易读，下面的内容将提供一些建议，告诉你在设计报告时需要考虑什么，以及当你把手指放在键盘上时需要考虑什么。本章的前半部分将介绍设计报告时的注意事项，而后半部分则涉及风格、修饰和常见的陷阱。

需要强调的是，这些内容并不是面向报告撰写者的资料大全，而是在编写报告时要考虑的事情的全面总结。对于那些想要进一步阅读的人，本章的结尾处列出了一些很棒的书的书单，这些书有更详细的报告写作技巧。至此，我的开场简介已讲完，场景也差不多准备好了。让我们开始思考一些角色，这些角色将构成令人兴奋的情节，是设计你的报告时需要"实际考虑"的。

> 如果你不把太多的文字拼凑在一起，文字中就有巨大的力量。——乔希·比林斯（Josh Billings）

## 一、你要向谁报告？报告形式是什么？

请思考以下文字的内容，该内容是由谷歌的工作人员通过电子邮件发送给我的，内容涉及我与他们的公司业务账户以及他们正在进行的一些调整：

> 亲爱的客户，为了修正数据处理，我们在每次采用新的子处理器时会通知你，包括子处理器的名称、位置和子处理器将执行的活动。你不需要采取任何行动。我们正在上线一款新的子处理器：高知特（Cognizant）信息技术（美国）有限公司的产品，它的公司所在地是美国。该公司将负责提供客户支持，可能包括通过电话、电子邮件和面谈回答客户的提问；诊断和解决问题；以及对事件进行追踪。我们的每一个子处理器都经过严格的选择过程，以确保它们具备所需的技术性能，并满足谷歌的操作标准。你可以在我们的子处理器页面上查看当前第三方子处理器的列表。

现在，我认为自己是一个相当聪明的临床心理学家，可以为自己解决大部分问题，而且我认为上述电子邮件试图表达的意思是，一家新公司已经分包了谷歌的客户支持服务。此外，可以很谨慎地推测他们试图让我放心，分包商是根据企业品质选择的（人们希望提供一个明确的选择标准，但谷歌已经确认了品质，这点已经不错了），并且接收方什么都不需要做，因为这仅仅是例行的信息通告。在收到这封电子邮件时，我对诸如"上线"之类短语的使用留下了深刻的印象，即写它的人在一开始就已经失败了。编写任何旨在传达信息的东西的第一步即是要确定目标受众，然后根据需要调整沟通。

在制订报告计划的最初阶段，首先要想象你的读者群体。他们是否会理解你为什么要"上线"一个新的"子处理器"，这是个什么东西，以及可能要"诊断和解决"什么问题？或者更明确地说，你正在将客户服务团队的某些内容分包出去？没有考虑受众群体会立即对你花了相当多时间所精心撰写的东西没有兴趣吗？因此，使用符合读者期望的语言是至关重要的。确保你的报告所包含的信息都是与他们所关心的问题相关，并以容易理解的形式呈现出来。问问你自己（如果你不知道，就问问知道的人）这份报告将发送给谁？比如，你的航线经理要求你提供一份关于地区运营中引擎性能和燃油消耗的报告，我可以打赌，这份报告不仅航线经理会看，还会在高管中传阅，甚至可能最终会落到发动机制造商手中；再比如，你可能在人力资源部门工作，正在写一份关于公司员工的报告。员工们几乎肯定有权利看到你写的关于他们的东西，因此哪怕只是为了确保你不会冒犯任何人，确定谁会看到你的报告都是很重要的。

同样重要的是，要确定你的报告接收者是否希望报告采用特定的格式。具体的格式将在本章后半部分介绍，但在你开始削铅笔或更换打字机色带之前，找出预期的格式也将对你如何行文有所指导。你的职业或公司可能有一个特定的模板，这是他们希望你遵循的。你的管理机构或监管机构也可能对你的行文风格和格式抱有期望，因此确定你的读者群非常重要，因为这将决定你报告的风格、语言和格式，事实上，在你编写报告时，几乎每一个方面都是如此。一旦你确定了你的读者群是谁，下一个问题就是要写的问题是什么。

## 二、问题是什么？

> 公文太过冗长松散。在 1940 年我曾呼吁要简明扼要。显然，我必须再这样做一次。
>
> ——温斯顿·丘吉尔爵士（Sir Winston Churchill）

就像建立你的读者群一样，明确你的问题所在或者确定你需要回答的问题会告诉你该使用什么样的结构。确定报告需要回答的问题定义了你的目标和你要在报告中涵盖的内容。它可能决定着你调查的方向和你评估的结构，并且显然将指导你的结论。

确定问题对撰写报告也很有帮助，因为它为你提供了一个参考点，以确保你始终"专注于主题"，不会偏离主题，而不会像温斯顿·丘吉尔爵士描述的那样，变得松散。

一旦你明确了问题，就坚持以此为导向，并把它当作你的大纲。不要超过这个范围，否则你可能会降低所写内容的清晰度，在报告中加入大量额外的、无关紧要的材料只会让事情变得混乱，并激怒读者（至少对我来说是这样）。你所明确的问题或者概要代表着你的"参考范围"。这些是你的报告应该具备的界限。如果有必要，与让你写报告的人或其他相关人员再沟通一下，明确他们想从你的报告中得到什么，澄清第一次沟通中说得不清楚的地方。切记，要专注于他们所问的问题。

能用一两个词来概况背景也很重要。明确的问题将使你只报告与你的发现相关的背景信息。你不需要过于深入地介绍大量不必要的细节来确保你的背景信息足够清晰，但你需要确保你所写的内容提供了必要的背景来展示你的发现。这一背景是由最初的问题、参考范围或大纲所决定的。请记住，报告即便是在没有后续解释性文件存在的情况下也应该能够独立成篇，因此在背景信息之下行文将是至关重要的。

# 三、适合听众的语言

让我看看能否用醉鬼都能理解的语言表达出来。

——汤姆·罗宾斯（Tom Robbins）

但愿你的读者没有喝醉，但你必须考虑让你的报告尽可能地易于理解。确定报告的读者群还可以让你在写作时调整语言。你需要这样做，以确保你的报告内容定位在正确的水平，即与你的读者所拥有的知识水平相匹配。不要以为你的读者在你报告的主题领域有和你一样的背景和知识。

在我的领域里，当我收到评估飞行员（或任何背景的任何患者）的转介时，我总是假定我的报告将由非心理学专业的人士阅读。事实上，大多数时候，依据我的报告结论行动并付诸实践的都并非心理学专家，因此让我的读者理解我所写内容的各个方面很重要。比如，我不需要假设自己报告的读者对老年飞行员的压力和职业倦怠已有一定的知识储备。不要认为你的报告的读者与我的读者有任何不同。来自不同背景的几个人可能都需要阅读和理解你的报告，因此尽可能让你的报告易于理解是至关重要的（请参考示例的谷歌电子邮件，问问自己，"这是否易于理解？"）。如果我们假设你的读者在报告主题方面的背景知识与你不同，你就需要解释你提出的基本前提和假设；如果读者不能立刻明白你为什么会使用这些评估、测验或方法，那你就要做出解释。这不必是一些详尽的理由，仅仅是几行文字来解释背景和证明你选择的行动方针。这一点不能简化，但也只需要用日常语言来解释。你的读者会因此而感谢你（尽管这可能意味着你被要求写更多的文字，所以这是一把双刃剑）。

了解你的读者群和他们想要的答案也将引导你专注于他们关心的问题。如果不聚焦于此，你将面临这样的风险，即花费大量时间所做的描述既不属于所问问题的一部分也不属于你的读者所关注的问题。当读者在阅读你的报告时，想想他们可能会提出哪些问题，并尝试通过撰写来逐一进行解答。不要把自己束缚得团团转，此时应再次猜测（你没有水晶球）他们会如何回应你的报告，试着在撰写报告时涵盖读者在阅读时可能想到的基本问题。

在撰写报告的过程中，想想你的读者。想象他或她坐在办公桌前，回顾你的工作。当你打字时，想想"他们会理解这个句子／概念／理论的意思吗？"如果答案是"不会"，那就修改你所写的内容，直到你觉得已经阐述得足够清晰，而你的读者也能明白。在你写作的整个过程中都要记住这点，这样你最终会实现对你的发现有一个通俗易懂、清晰的表述。

# 四、你想传达什么信息？

> 我在整个创作过程中不会表现得过于聪慧，而是尽量简化：把故事讲明白。
>
> ——汤姆·克兰西（Tom Clancy）

在不知道你想要传达什么信息的情况下坐下来写一份报告是有点棘手的。你可能已经确定了整体的格式和所要回答的问题，以及从读者的角度而言确定了表达方式，但你仍然需要确定关键信息。这些关键信息几乎肯定会推动你的报告的结论，因为它们将决定你写作的方向。记住，你在讲述一个故事，为了让故事有一个成功的结局，你需要知道故事撰写的方向。

在计划阶段，想想写报告的中心目的是什么。你想要实现什么？你写报告是为了给读者传递信息吗？如果是这样，你可能需要确保你有足够的信息来支持你的核心观点。你写报告是为了描述某些场景吗？那么，支持这种描述的背景在哪里？你可能会被要求写一份报告来解释哪里出了问题，然后指导如何避免将来出现问题。在这种情况下，你需要收集证据来支持你的结论和建议。你的报告还可能涉及绩效评估，以及你对未来行动方案的建议。同样，支持你评估的证据在哪里？它是否明确支持你的建议？即使你的报告只是为了引发争论，你也必须收集一些确凿的论据，因为仅仅分享观点而不提供支持性事实、事件或理论只会激起不满，而不是引发争论。

## 五、需要考虑哪些信息来源？

到现在为止，你应该知道你的报告应该是什么样的（预期的格式），你为什么要写报告（问题），谁会看报告（你的读者群），以及报告的方向（你的信息范围）。现在，你需要进入故事的核心，为此你需要一些信息。这对于你正在撰写的任何类型的报告都是必要的，无论它是为了告知、解释还是激发，你的下一步是找到信息来源，以指导你回答最初的问题。

在寻找信息来源时，你理应具有的一个优势就是对你报告的领域应有所了解。如果情况并非如此，你应该问问自己试图在报告中回答的问题是否在自己的专业能力范围内。假设你已经具备了开始考虑数据来源的必要背景。比如就我个人的一个案例而言，我可能会专注于转介来的飞行员，思考如何调查他的情况，他告诉我，他不能像以前那样专注于工作了。这可能会提示我，可以先从某些神经心理学评估开始，这些评估可能会提供适当的信息来源。我所承担的角色还会要求我回顾员工最近的几次评估，或挖掘类似事件或事故的报告。无论你的专业背景如何，你所使用的信息来源都需要支撑你将要得出的结论。要想成功，你需要找到所有相关的信息，然后按照逻辑顺序组织你的信息源或数据。如果一个来源的数据支持另一个来源的数据，或者一个评估支持另一个评估，那么按照这个顺序对它们各自的结果进行排序，使信息按照逻辑方向流动。换句话说，帮助你的读者跟随你的思路，而不是前后跳跃。

当信息来源收集好后，使用每个来源（有摘要就更好了）来证实你的观点。在你展示新材料的每一点上，都要说明为什么这与你正在表述的东西相关。展示或解释相互关系的做法，可以让读者读到每段末尾时能够理解你的想法。这听起来挺容易，但当你开始描述你的数据或发现时，应从最重要的发现开始。这将是你得出结论的最有力的基础，所以不要把它埋在几张图表和一个冗长的描述之下。帮助你的读者并吸引他们的注意力，从而使最重要的调查结果产生最大的影响。

你还需要考虑你的数据是什么样子的。到目前为止，本章已经讨论了数据或信息来源将如何将引导你到一个特定的方向，并形成最终结论的"简单旅程"。但在现实生活中，这几乎不可能发生。你会发现有一些信息来源可以支持你的潜在结论，也有一些信息来源不能。事实上，数据可能表明，尽管最初你（可能还有你的读者）认为一些情况是真实的，但经过调查，一些其他的东西出现了，而且情况非常不同。在这些情况下（可以证明这种情况并不少见），保持灵活性是关键。如果你收集的证据都指向完全不同的东西，而你仍然固执地坚持自己的结论，那么别人就会对你不以为然。的确，如果证据显示没有关系，或者表明有其他事情正在发生，你需要有信心提出不同的解释。这很可能也会促进你今后的工作。

在我们讨论如何保持灵活的调查方法的同时，确保你所关注数据的有效性也很重要。不要盲目地相信你所发现或收集的东西而不经过某种验证。如果某件事情看起来不对劲，那么它可能就是有问题的。在我的职业领域中，最常见的错误之一是神经心理学评估的得分。换句话说，主要是笔误导致的。不幸的是，这样的错误会极大地影响测验结果，避免这种情况的关键是"仔细观察"你收集的所有结果，并问自己"这些看起来对吗？"。或者像我那样，使用计算机进行评估和算分。此外，在有效性方面，如果你将测验或评估作为信息收集阶段的一部分，请确保你有资格使用它们，然后报告它们的结果。如果你使用了你既没有资质，又没有使用经验的测验或评估会严重损害你的报告和你个人的可信度，并可能危及你的职业生涯。它还可能对其他人产生深远的影响。我见过不少神经心理学评估是由那些没有资质和经验的人进行的，他们肯定不知道对特定患者使用特定测验后，会使采用相同工具的进一步评估变为无效。在其中的几个案例中，他们使用相同的工具重复对患者进行评估，并自信地报告分数改善了，但他们忽略了一个重要事实，这种分数的提高可能只是练习效应，而非真正的改善。因此，当涉及正式评估和数据收集时，你知道自己在做什么是至关重要的，除了考虑你正在收集的数据与初始问题的相关性外，遵循这些基本要求将有助于确保你的评估经得起审查。值得一提的是，除了应用测验和评估手段之外，以下几点还与问卷调查、健康评估、熟练度测验、灵活性评估等评估方法相关。

你需要确保：

（1）有使用这些的资质，并且如果有与它们的使用相关的适当培训，你应该参加。

（2）严格遵守测验或评估的施测要求。不按测验实施要求进行测试就会出现无效结果、未经证实的结论和不可重复评估的风险。

（3）你有就结果出具报告的资质，且是在你的专业能力范围内工作。

（4）确保测验评估了你想报告的内容。

（5）确保在正确的地点组织测试。与嘈杂的开放式办公室相比，如果在安静的房间进行注意力测验，结果会明显不同。

（6）以公正的方式宣布测验的结果或数据。

如果你确实使用了适合于回答你的问题的评估工具（并且这些工具在你的专业能

力范围内），请确保你引用的信息来源支持其使用。说明为什么它们适合使用，并告诉读者你在哪里找到的它们。你要牢记的一点就是确保你的报告经得起分析，你需要展示你的结果是如何获得的，以便你的读者能够自信地知道，他们所阅读的内容是对他们的问题的可信和深思熟虑的回答。同样值得一提的是，就某些报告而言，你需要提供足够的信息，以确保如果对你的方法有疑问，将来可以重复评估。如果你正在撰写医疗或其他健康报告，这一点尤为重要，如果你是应法律方面的要求撰写的，这一点绝对至关重要。

# 六、评估性访谈：基本指导

成功的一个关键因素是自信。自信的一个关键因素是做好准备。

——亚瑟•阿什（Arthur Ashe）

在整个评估过程的某个时刻，你可能真的需要采用谈话的方式，而不只是采用选择题的方式来烦扰他们。一场对话或面谈可以采用不同的形式（由特定问题形成的结构化面谈，由特定主题形成的半结构化面谈，或者可以由你引导谈话方向的非结构化面谈）。你选择什么样的形式将取决于最初要回答的问题，你的专业背景，以及评估完成的环境。然而，在开始"面对面"这种方法之前，你必须要有所准备。

既要考虑说了什么，也要考虑不说什么。这可能看起来是重复的，但问问你自己，这个人在你面前是如何表现自己的。他们是从容淡定的，还是焦虑的、坐立不安的？他们是否表现出乐于回答问题的样子，还是他们只是迫于公司经理的压力才来见你的？他们是否在这个正式环境中表现得体，还是显得和你过于熟悉？对他们来说，这可能是一个压力很大的情境，但他们处理得好吗？你不需要有警察审犯人的谈话技巧就可以对某人如何表现自己做出一些基本的观察。担任过面试考官的人都很容易做到这点。至于你的报告，你可能需要参考受访者在会谈时的表现。从我的专业角度，我经常在我的报告中包含几行关于患者的描述，主要涉及转介相关的问题（例如，在会谈时，由于慢性压力和焦虑而停飞的飞行员几乎肯定是不会放松的，这可能需要在解释测验结果时考虑在内）。

关于你如何进行面试，不需要过多探讨，但全程要保持友好且专业的态度。如果你的访谈对象和你是"一伙"的，而非充满防范，那么你将获得更多的信息。急切的、充满敌意的提问只在二流法庭连续剧中出现，所以不要冒"哗众取宠"的风险。你的工作是为你的报告收集信息，所以不要评判，保持开放的心态。关于保持开放的心态，确保你问的是"开放式"的问题而不是"封闭式"的问题。一般来说，"开放式"的问题会引起对话和讨论。"封闭式"的问题是指通过一个或两个词的答案来回答的问题，在这个问题上难以拓展谈话或探索一个主题。"封闭式"的问题会限制你能够收集到的信息量，从而影响你报告的质量和深度。

当你在考虑你的面谈或评估风格时，试着意识到你自己的倾听能力。在与家人或朋友的正常交谈中，谈话内容的分享是对等的（尽管我怀疑我们都有不遵守这条被广泛接受的社会规则的朋友）。在面谈或评估的情况下，当你用"开放式"的问题引导谈话时，应偏向于让受访者说得更多。用后续问题进行调查和探究，但不要以电视节目主持人挖"猛料"的方式去追问。当你问问题的时候，认真听答案，不要打断。另外，确保你没有添加太多额外的信息，你需要记住的是自己来这里是为了从受访者那里得到更多的信息，而不是分享你自己的观点和意见。同时，注意你自己的信念、动机和偏见。如果可能的话，尽量不要让这些影响你的评估或你的报告。要从评估中完全去除你自己的信念、经历和观点是不可能的，但要注意它们是什么，以及它们如何可能影响你的评估和报告，这将有助于确保你的结论不受你自身的影响而带有主观情绪色彩。虽然你自己的动机有时很难压制，但你必须要剔除那些受你自己信念影响的陈述或价值判断。无论如何都要避免使用情绪化或挑衅性的措辞，或受到刻板印象的影响。记住，你要表现出友好而专业的一面，以使你的谈话达到最好的效果。

我们已经提到，就内容而言，受访者应该主说，而你应该主听。做到这一点，你就做得很好，但记住要控制这个过程。我虽然有 20 多年评估患者和进行一对一治疗的经验，但有时仍然会突然意识到，我的患者掌控了我的评估，偏离了正题。将它集中在某种框架内（至少一个半结构化的方法可能是可行的）有助于防止突然跑题，而又不会阻碍访谈的进程。另外，确保你建立的友好而专业的关系不会让话题突然转移到昨晚的电视内容上。保持专注。

关于保持专注，不要害怕重述或要求澄清。你想从面谈中获得尽可能多的东西（这可能是你和这个人交谈的唯一机会），所以如果你没有思路了，就问一些额外的信息。如果你发现自己需要思考一会，你可以使用一个技巧，那就是写下一些东西，给自己几秒钟的思考时间。当你这样做的时候，建议你与你的受访者回顾之前的谈话要点，以便你的记录代表了对正在讨论的问题所达成的共识。这种方法也意味着如果你错过了什么，受访者有机会填补空白。你遗漏的内容，无论多么小，都可能对你的报告结论至关重要。

## 七、汇总报告的要素

如果你要传达一个重要的观点，那就不要试图让它变得微妙或隐晦。

——温斯顿·丘吉尔爵士（Sir Winston Churchill）

以上介绍了一些基础知识，但现在你面临着大量信息，你需要吸收这些信息并将其放入某种形式的连贯叙述中。在对你所拥有的信息进行整理时，以下内容可以作为指导。

当我写一份神经心理学报告时，我倾向于分四个阶段。首先是浏览转介信（我的报告中需要涉及的问题），找出我需要做什么来尝试回答或解释信中提出的问题。正如本章前几节中所述，这是一个至关重要的步骤，因为我正在建立参考框架，指导我在与患者面谈时应该使用什么测验；第二步是使用评估工具来对患者进行评估和面谈；第三步是抛开所收集到的所有信息，对神经心理学评估进行独立打分，这样就有了一个初步结果，可以在第四步也就是写报告时使用。我几乎从不一口气完成所有这些步骤，而是停下来先对所获得的数据进行评分和总结。换句话说，我会花时间去思考和反思评估面谈、转介问题和获得的信息上。如果有必要，我会写下一个总体计划，标明在报告的哪个地方，以及如何回答转介问题和我的调查结果。你可能会发现，绘制一个整体的"思维导图"可以澄清你的想法，当你准备动笔或敲键盘时，它将确保你知道自己的行进方向。换句话说，准备评估报告时有一个计划、公式、"思维导图"或结构将使报告的撰写更为容易。它还将确保你能涵盖与你的论点或结论相关的所有要点，并有助于以易于理解的方式组织你的材料。

使用这样一个计划将帮助你看到你将遵循的整体结构，虽然这在时间上看起来可能是一种浪费，但从长远来看，它将确保你的报告清晰、简洁，并说出你希望说的话。你的读者也会为此感谢你的。

## 八、基本布局

写一些垃圾东西是完全可以的——只要你编辑得够出色。

——C. J. 切里（C. J. Cherryh）

如前所述，你的报告首先需要一个引言；其次是报告主体，你可以在其中介绍你的发现并讨论它们的含义；最后是一个结论，如果你在报告中建议进行一些改变，你可以在其中汇总并提出你的建议。以上可以算作你的报告的最精简内容了。除了这些部分之外，你可能还需要考虑在报告的开头增加一个摘要或概要，以便读者对你所写的内容有一个"易于理解"的版本。目标读者确实有可能只阅读概要，但这可能比他们根本不阅读任何内容更好些。除上述之外，还应该包括一份你在准备文件时的参考资料或信息来源清单。

当我准备一份报告时，通常按照以下顺序完成，并包括以下信息。

（1）引言包括以下内容：

① 背景信息，包括转介来源和转介问题的确认；

② 谁提供了何种来源的信息；

③ 预约和面谈日期；

④ 以前评估的摘要（特别是如果你的评估表明该患者还需再次转介或对正在发生的问题的评估）。

（2）包含报告核心主旨的主体内容：

① 调查和访谈结果的描述；

② 所用测验和评估工具的详细说明。为什么要用它们，以及它们能为转介问题提供什么进一步信息；

③ 如果这是一份技术报告，还需要描述方法。如果你使用了特定的评估或测验，测验评估的目的是什么？你为什么要用它们；

④ 对已完成的测验加以解释，并根据你在起草报告计划时为自己设定的转介问题和职权范围来讨论这些测验；

⑤ 写作的同时，要注意把握报告的方向。有一部分应介绍并解释你在结论中总结的所有发现。

（3）结论，将你的报告结果汇总在一起：

① 你所有结论都应该自然地来源于你的发现或你在报告主体中提供的信息。结论部分不应提供新数据；

② 使用你在报告的中间部分描述的数据来说明、证实和强调为什么你已经得出了结论，以及为什么你认为你所强调的建议是重要的；

③ 客观一点，不要夸大结论的性质；如果数据表明了什么，就说出来，切记不要夸大，否则就会影响你的可信度；

④ 如果数据表明与你最初的想法相反，请客观地报告。记住，不要让你自己的信念、偏见或动机影响你的结论；

⑤ "建议"最好以要点格式呈现。同样，它们应该自然而然地来自你结论的前

面部分中所涵盖的信息和报告正文中提供的数据；

⑥ 思考你所做结论的含义，它们是否现实甚至可行。

（4）摘要：

① 这应该是对你报告的全部内容的概括，包括从引言到结论和建议的每个部分的简要描述；

② 最后再写摘要，你将能够更轻松总结你所写的内容。但如果你在报告未完成之前撰写，你需要总结尚未开始撰写的内容，这将是一项艰巨的任务。

（5）参考资料：

这一部分可能是我最不喜欢写的部分，但如果你想证明从何处获得数据以及参考了哪些信息来源时，这一点至关重要。

# 九、吸引读者

请多为读者着想。你的报告可能是他们今天需要采取行动的几份报告之一，你有可能让他们的生活变得更轻松或更艰难。报告写得让读者易于阅读不仅可以让他们能够迅速掌握你的主要观点，而且也会让你赢得声誉。

有许多技巧可供你使用，使你的报告更易于理解。如果你想在报告的早期阶段吸引读者的注意，在摘要中做出自信有力的断言，让它成为你的读者想要继续阅读的东西。你需要确保你的自信和有力的论断能够提供支持性数据，也需要避免超越你的发现和专业领域的描述，但自信的开场白将最大限度地提高你的报告被全文阅读的机会。此外，请确保在转介问题的开头也包含一份清楚的事实陈述。不必重复报告转介问题或职权范围，但要明确指出，该报告正是在履行职责。这样做，读者便会毫不怀疑你已经理解了这个问题，并且相信你能够给出答案。

我最近查看了一份心理能力评估报告，该评估报告似乎是对患者的采访记录。它没有清楚地说明转介问题（对能力评估至关重要），没有有效地收集证据，因此（正如我随后的重新评估所证明的那样）得出了错误的结论。主要问题是该报告只是简单地重复了大量对话，而很少有或根本没有分析。你必须确保不会落入同一个陷阱。虽然你可能需要包含对话片段以及评估、测验或评价的描述，但你还需要解释这些内容并从这些解释中得出结论。你提供的是整个故事，而不是程序性的转录文本。

你的读者，以及其他读者，通常只能记得一个报告的开头和结尾。这被称为首因效应和近因效应，并且在研究中得到了很好的证明，如果不利用它来为你带来优势将是一种损失。在你的摘要或概要部分，则可以在此处进行强有力的陈述。同样，你的结论也应包含关于你所发现的明确陈述。在这里，我也应该承认，如果时间紧迫，我会只阅读概要、介绍和结论，而忽略其他部分。对办公室的一次简单民意调查也显示，我的这种情况并不少见，所以假设人们都很忙，可能会做同样的事情，因此要确保这些部分包含你希望传达的所有信息。

# 十、风格调整和校对

> 永远不要使用重复性的啰嗦语句。不要使用双重否定句。仔细校对，看看你是否确有话说。
>
> ——威廉·萨菲尔（William Safire）

尽管我们一直在谈论有力的陈述，但敏锐的读者可能已经注意到，到目前为止，我们还没有真正提供关于"有力的句子"由什么组成的任何建议。

一个有力的句子是更短而不是更长的句子。一个句子的平均长度在 15 ~ 20 个单词之间，因此任何比这更短的句子都能达到预期的效果。如果你使用较长的句子，那么你的报告在阅读时会有不连贯的感觉，因而请确保你的每个句子中包含的信息不超过 3 项。否则，你将无法表述你的核心信息。不仅如此，你还会开始失去你的读者。

在本章的前面，我们在"建议"部分指出应使用"要点"的撰写方式，但实际上，它们可以用于你希望简洁、清晰地提供信息的任何地方。比如在描述测验的有效性时，或者在描述评估程序时，都可以采用这种方式。与短句一样，它们也可以用来传递清晰的信息，这比在一个长段落中传达几条信息的方式要好。

你"表达"报告的方式也会影响你的读者如何接受它。尝试使用"主动"而非"被动"的表述。主动语气会让你和读者之间的关系更加直接和个性化（另一种增加冲击力的方式），而更显"被动"的语气其问题在于它会让人感觉缺乏情感和没有人情味。所以如果你想吸引读者，就应采用某种形式与其建立更个人的联系，这将有助于你传达信息。请记住，尽量让你的报告更容易"抵达"读者的内心。

一旦你将报告的各部分整合到一起并进行了修饰，从而完成第一稿后，请反复阅读它。此时，你可以根据需要进行编辑和错误校对。校对自己的工作并不容易，而文字处理软件包提供了各种工具来帮助你完成这项工作，但要小心，它们并非完全可靠。标点符号也一样。反复检查，直到你确信所写的是你想写的。下面这些内容都来自互联网，他们都成功地通过了软件的校对：

"Slow children playing"（慢小孩们在玩耍）与 "Slow, children playing"（慢，小孩们在玩耍）。

"Lets eat Kids"（让我们吃孩子们吧）与 "Lets eat, Kids"（让我们吃吧，孩子们）。

我最喜欢的一个例子是：

"Hunters please use caution when hunting pedestrians using trails"（当猎人狩猎使用小路的行人时，请使用警示）与 "Hunters please use caution when hunting, pedestrians using trails"（猎人狩猎时请使用警示，行人请使用小道）。

一个逗号或句号，如果正确使用，有可能改变句子的全部含义。反复检查，如果你和我一样，不擅长校对自己的作品，"贿赂"同事、经理、丈夫或妻子通读一遍。他们几乎肯定会发现你读过的东西中存在的问题。

问问自己以下问题，这些可以作为编辑和校对时使用的通用检查表。

（1）我的报告是否达到了我设定的目标：

①是否在我的职权范围内？

②它是否回答了转介问题？

（2）我的结论是否有事实或调查结果支持：

①我的证据或发现是否符合逻辑且支持我的结论？

②如果我对报告进行编辑，会改变报告的重点并影响我的结论或关键信息吗？

（3）我的意见和结论是否基于现有的信息，并在我的专业知识范围内？

在编辑阶段使用的一种有用的技巧是大声朗读报告。这有助于确定所使用的语言听起来是否正确，并可以凸显不协调之处。我在前面说过，当我写报告时，我倾向于分阶段进行，每个阶段之间都有一个间隙。写完草稿后，我会把它留一天左右，然后回来大声朗读。这通常会突出一些不太清晰的地方，因为在 24 小时之后，过度熟悉的感觉小了许多，从而使你在阅读中能发现语法上的矛盾之处。关于语法上的矛盾问题，使用听写软件时要格外小心，你所说的和你的软件认为你所说的可能会有令人尴尬的不同。

# 十一、陷阱

我不知道你是怎么想的，但我就是喜欢用各种方式与人接触。我最喜欢在周一一大早就和老板联系一下，这会让我觉得自己很重要。

——克里斯·史密斯（Chris Smith）

就陷阱而言，可以负责任地讲确实存在许多行业中的特定陷阱，因此以下是我以心理学专家和学生导师身份所遇到的一般陷阱（可能偶尔会遇到）。我已经提到了其中的几个，这里是摘要列表。

（1）如果你不进一步地解释说明，请避免大量的行话和术语。如果可能，甚至可以完全避免使用它们；它们有可能激怒你的读者并淡化你报告中的核心信息。

（2）不要根据不够充分的证据或推测来行文，这一点在撰写报告时很容易被人遗忘。但请确保你得出的结论基于事实和证据。扪心自问，你的报告经得起审查吗？

（3）不要含糊其辞或笼统地概括，例如"人们普遍认为……"。以事实为依据，并在适当的情况下，引用参考信息，以便清楚地表明它们不是未经证实的意见。

（4）不要太罗嗦，避免冗长复杂的句子。前面提到要确保你的报告易于理解，清晰易懂；长的复杂句会产生相反的效果。

（5）避免"哗众取宠"的写作风格或自我推销。有些报告可能显得浮夸；好的报告都不会这么做。

（6）图表确实可以为你的报告添彩，但是，就像过度使用行话一样，太多会稀释你的报告并降低清晰度。

（7）避免下划线、过度使用大写字母和感叹号！！！你是撰写报告的专家，而不是给朋友发短信的青少年。

（8）确保你参考了不同来源的信息。

（9）让复杂的概念易于理解是一项需要练习的技能。写得越多，才会写得越好。

（10）这不是短篇小说或宏大文学／创意写作，因此消除无意义的夸张；在你的专业范围内坚持使用例子、事实和观点。

# 十二、结论

撰写一份可靠的、基本的报告所需全部信息都已包含在前面的段落中，所以出于简洁的目的，结论部分我们不打算重复已经说过的内容。然而，值得总结的是，良好的准备可能是关键；了解你的读者，了解他们想从你的报告中知道什么，坚持你的（可能是自我强加的）职权范围也意味着你不会错得太远。同样，确保你的数据和发现以合乎逻辑的方式呈现以支持你的结论，你就成功了。偏离你的发现或专业领域，或以不清楚的方式展示你的信息，你将会失去这些信息，最终你的辛勤工作将白费。

当然，本章不可能涵盖报告编写的所有方面，因此对于那些想进一步阅读的人来说，本章编写过程中使用的参考资料将提供必要信息。特别是，波登（Bowden）的优秀著作《编写报告》（Writing a Report）（2011 年第 9 版）因其对报告撰写的清晰明确的描述而受到赞扬。对于那些更关注商业报告的人来说，可以从卡纳沃（Canavor，2017）的《傻瓜商业写作》（Business Writing for Dummies）开始学起。

原书参考文献

# Part 3

# 飞行员选拔和训练

# 第十八章
# 飞行员选拔和训练中的人格特质

Karina Mesarosova

2015 年 3 月 24 日，德国之翼 9525 号航班失事，飞行员的人格特质因此成为人们关注的焦点。法国民航事故调查分析局（BEA）认为，是副机长"故意修改自动驾驶指令，导致飞机下降直至撞地"（BEA，2015，p. 29）。随着副机长过去心理问题的细节浮出水面，他的这一蓄意行为将大家的注意力集中到了飞行员选拔上。这些公众关注的问题促使欧盟委员会立即采取行动，并指示欧洲航空安全局（EASA）成立工作组深入分析飞行员的评估情况，包括心理评估（EASA，2015，p. 5）。2015 年 7 月，工作组制定了最初的方案，要求所有飞行员在培训时或入职前接受包括人格在内的心理评估，其目的是确定合适的飞行申请者，并"排除那些因人格因素引起日后飞行风险的申请者"（EASA，2015，p. 9）。

航空公司在选拔飞行员方面的差距让大家感到震惊，许多媒体都在报道中强调航空业和监管机构未能对飞行员的心理筛查进行监管（Economist，2015）。《国际民用航空组织（ICAO）民用航空医学手册》认为飞行员心理检测"价值不大"（ICAO，2012，第 9.3.1 节），人格测验在飞行员选拔或鉴定因精神障碍所致的潜在不适岗方面均不可靠。相比之下，国际航空运输协会（IATA）发布的《飞行员能力倾向测验指导材料和最佳实践》则清楚地表明社会交往测验和人格测验的重要性（IATA，2012，p. 7），同时强调"世界各地的监管机构一直不愿制定人格测验指南，但是这对机组人员十分重要"（IATA，2012，p.3）。许多人都在质疑这种两极化的观点是如何形成的？解决方案是什么？此外，怎样去筛选那些具备适合人格特质的飞行员来应对当前航空领域的挑战？

# 一、飞行员选拔的发展历程

## （一）军事飞行员选拔——"适宜品质"的诞生

> 飞机的质量影响不大，成功取决于坐在其中的人。
>
> ——冯·希特霍芬（Von Richthofen）

上面这句名言摘自曼弗雷德·冯·希特霍芬男爵（Baron Manfred von Richtofen）的《红色战斗机飞行员》（Der Rote Kampfflieger）一书，该书出版于 1917 年"一战"冲突最激烈的时期。该书指出选择具有合适素质的飞行员对军事航空的成功至关重要，并推动了飞行员选拔的正规化。在第一次世界大战后期，意大利进行了一项关于优秀飞行员的研究，该研究的对象分为 3 组：优秀飞行员、普通飞行员和失败飞行员（Dockeray & Isaacs，1921，p.116）。他们发现优秀飞行员具备优良的心理运动技能、感知速度和适宜的人格特质。著名心理学家多克雷（Dockeray）采取了与众不同的方法进行飞行训练，从而使飞行员达到了作战飞行状态。他指出，适宜的人格特质是至关重要的，因为那些"缺乏"这种特质的飞行员难以承受压力，并会导致躯体上的不适（Dockeray & Isaacs，1921，p.147）。

早期飞行员选拔的跨越式发展停滞于 1920—1940 年，主要原因是在选拔中缺乏心理学专业知识，这种停滞也致使飞行训练的淘汰率居高不下。造成这一高淘汰率的关键原因是对候选飞行员人格特质的糟糕评估（Damos，2011a，p.15）。第二次世界大战对飞行员的需求较大，而训练初期的高淘汰率使得人们重新审视第一次世界大战期间心理学专家的工作。主要从 4 个方面解决了飞行训练高淘汰率的问题，并促进了心理测量学的发展：智力和判断力，协调能力和技巧，警觉性和观察力，人格和特质。直到喷气式飞机的出现，这些心理测验都效度良好。更快、更复杂的喷气式飞机给飞行员的选拔增加了新的挑战。在此期间，水星太空计划也需要选择"适宜品质"（Right Stuff）的航天员（Wolfe，2005）。这些喷气式机飞行员和早期航天员表现出"高水平的工具性（instrumentality）和表现力（expressivity），以及较低水平的人际攻击性"（Musson，Sandal & Helmreich，2004，p.342）。此后，军事飞行员选拔的进一步发展贯穿于整个冷战时期，通过职业分析确定飞行员所需的知识、技能、能力和其他特征（knowledge，skills，abilities and other characteristics，KSAOs），以及关键的人格特质（Lescreve，2001，p.108），这些工作构成了当今军事飞行员选拔的核心。这种人格与心理运动、认知测试相结合的选拔方法已经被证实可以有效降低飞行员训练成本，培养出可执行任务的飞行员，并减少事故（O'Connor & Cohn，2009，p. 45）。

### （二）民用飞行员选拔

1853 年，"空气动力学之父"乔治·凯利爵士（Sir George Cayley）采用滑翔机测试首开飞行员选拔的先河。可以想见，选拔以滑翔机坠毁而告终。事后，飞行员（凯利爵士的马车夫）立即辞职，并说了一句著名的话："我受雇是为了驾驶马车，不是为了飞行。"这种自我选择的、自愿的、有点疯狂的方法总结了早期民航飞行员的选拔状况（Ackroyd，2011，p. 176）。两次世界大战的退役飞行员满足了航空公司的需求，而且这些飞行员经过了严格且科学的选拔，因此航空公司认为没有必要制定自己的选拔标准。

直到 20 世纪 50 年代末，退役军事飞行员的减少导致了不断扩大的民用航空市场缺乏合格的飞行员。这促进了初始（ab initio：拉丁单词首字母，初始之意）飞行员培养计划的首次正规化发展。为了建立正式的民航飞行员培养模式，汗布尔（Hamble）在 1960 年为英国海外航空公司（British Overseas Airways Corporation，BOAC）培训飞行员而成立了航空培训学院（College of Air Training）（Flight，1959，p. 317）。在没有任何正规飞行员选拔经验的情况下，航空公司使用了军用飞行员选拔工具。在经历不断修改和验证之后，这些工具逐渐用于民用飞行员选拔（Martinussen & Hunter，2010，p. 82）。这一过程主要关注知识、技巧、能力（KSAs）和认知、心理运动技能的测试，从"技术资质和技能培训"的角度对航空公司的飞行员进行选拔（Chidester，Helmreich，Gregorich & Geis，1991，p. 26），但缺少对优秀飞行员所应具备素质的全面评估和职业分析（Damos，1996，p. 201）。此外，人们认识到人格测验对飞行员选拔至关重要（Dolgin & Gibb，1988，p. 1）。凯姆勒（Kemmler）和内布（Neb）（2001）发现"与人因失误和技术问题相比，驾驶舱内的社会因素在安全事故发生的频率、风险和处置方面影响更大"（Hoermann & Goerke，2014，para. 7）。

一些曝光度很高的飞行事故的出现让美国联邦航空管理局（FAA）不得不承认飞行员选拔存在一定的问题，这也促进了对飞行员资质和航空运输业务资质认证的发展。资质认定要求所有机组人员都要经过"全面的岗前筛查，包括对技巧、资质、素养和航空作业环境下操作的适宜性进行评估"（FAA，2012，sec. 216）。即使这样，仍然有学者认为（Goeters、Maschke and Eißfeldt，引自 King，2014，p. 63）飞行员选拔中缺乏明确的心理诊断性方法，且航空业对飞行员的选拔缺乏信心。显而易见，人们已经意识到飞行员选拔的问题，但行业内缺乏的是一种可操作性的飞行员选拔方法，它既应具有可靠的科学原理，又能以用户友好的方式满足选拔需求。

## 二、行业监管机构的安全担忧

上述飞行员选拔的问题已被国际民航组织（ICAO）和国际航空运输协会（IATA）认定为全球航空业潜在的重大安全风险，国际民航组织（ICAO）成员已经被要求通过使用循证培训（Evidence Based Training，EBT）和强化飞行员选拔来缓解飞行员短缺带来的潜在安全风险（ICAO，2015）。但魏斯穆勒（Weissmuller）和达摩斯（Damos）（2014）认为选拔错误造成的后果更严重。比如，在飞行员短缺的情况下，首要工作是尽量减少那些通过了选拔但要么在飞行训练中被淘汰，要么在正常（航线）飞行中出现安全问题的飞行员数量。

## 三、职业飞行员角色的未来转变

21世纪的航空业是一个由许多相互关联的部分组成的复杂社会 - 技术系统，包括人和非人（即技术系统）部分。成功（即安全和有效）操作是社会和技术因素成功互动的结果，复杂性包含了线性（即原因和结果）和非线性关系的互动（Hollnagel，2014，p. 147）。随着空中交通量的增长（每年增长4.7%至5.0%），系统的复杂性将会增加（Airbus，2015；Boeing，2015）。即使目前的事故率较低，但随着复杂性的增加，到2030年预计每周会发生几起重大事件或事故（ACROSS，2013，p. 35）。这对公众来说是无法接受的，但这也激发了航空业应赶紧采取行动。为此，欧盟委员会（European Commission，EC）资助了"减轻压力和工作负荷的先进座舱"（Advanced Cockpit for Reduction of Stress and Workload，ACROSS）项目，该项目的目标是：

（1）开发新的全集成式驾驶舱方案，以减少飞行员的工作负荷，从而减轻飞行员的压力。

（2）开发新的驾驶舱方案，将有助于在诸如飞行员失能等特定情况下的单人作业。

（3）最终形成目前双座机组飞机单飞行员操作的全系统解决方案（欧盟，日期不详）。

需要指出的是，"ACROSS"强调飞行员压力是飞行安全的关键因素，与降低飞行事故直接相关。

美国国家航空航天局（NASA）采取了一种不同的方法来解决航空领域的潜在挑战。首先，他们认为将复杂运输类飞机改为单飞行员操作（Single Pilot Operation，SPO）可缓解飞行员短缺，并可节省大量潜在成本（Comerford et al., 2013）。SPO的概念将给飞行员选拔和培训带来新的挑战；新培训的飞行员在首次飞行时将自动成为机长，缺乏带教飞行的过程，因此这可能会增加新的压力（Comerford et al., 2013, p. 3），可能预示航空业已经陷入"简单化和脆弱性的恶性循环"中。

目前被称为第四代的飞机是高度自动化的（Field & Lemmers, 2014），配备了电传操纵保护（Fly-By Wire, FBW），可将飞机保持在一个安全范围内，达到防止飞行员不恰当操作的作用。许多技术上的进步并不是为了飞行员的利益，而是为了提高作业效率和减少环境的影响。因此，飞行员的任务不再是手动驾驶飞机而是系统监控和自动化编程（Field & Lemmers, 2014, p. 7）。值得注意的是，虽然与第三代飞机相比，第四代飞机的致命事故数量减少了50%以上（Airbus, 2015, p. 14），但飞行员在本应可控的情况下表现欠佳的事故数量有所增加。然而，成功处置意外事件的例子也屡见不鲜：美国航空公司1549号航班在多鸟撞击和两个引擎失去推力后迫降于哈德逊河（NTSB, 2010），而澳洲航空公司32号航班则发生了一个不可控的发动机转子故障，飞机结构和多个系统受到严重损坏。这些事件被称为"黑天鹅"事件，这是由塔利布（Taleb, 2010）创造的术语。"黑天鹅"事件需要具有3个要素：

首先，它是一个异常值，因为它超出了正常预期的范围，过去没有任何令人信服的证据表明它的可能性。其次，它带来了极端的影响。最后，尽管处于异常状态，但人类的本性让我们编造了对其之所以发生的解释，使其可以解释和预测。

（Taleb, 2010, p. xvii）

从航空风险管理的角度来看，"黑天鹅"事件的概念反映了一个事实，即当前由实际事故或事件所显示的安全挑战并不包括在风险评估过程中；它们带来了新的挑战，是"未知的未知数"（Aven, 2013, p. 47）。因此，我们不能预测"黑天鹅"的发生，不能通过训练制定最佳的飞行员策略来应对，但我们可以识别出帮助飞行员应对这些挑战的个体因素。澳洲航空32号航班的机长理查德·钱皮恩·德·克雷斯皮尼（Richard Champion De Crespigny）认为这方面具有个体差异性，比如在心理弹性（resilience）方面（De Crespigny, 2015, p. 37）。个体心理弹性理论起源于儿童心理学，是在研究了尽管家庭环境糟糕但表现良好的儿童后提出的（Ahmed, 2015）。温德尔

（Windle，2002）将心理弹性描述为"面对社会劣势或高度不利条件时成功适应生活任务"的特质（p. 163）；它是个体所固有的，是人格组成部分，包括控制点（locus of control，LOC）或一个人如何看待自己对生活的控制、情绪管理（或神经质），以及对自身能力的信念（Lewis，Donaldson-Feilder & Pangallo，2011）。

最后一个需要考虑的挑战是对飞行更远和更长时间的要求，这增加了航空效率和飞行员利用率，却导致了飞行员疲劳风险的增加（Steptoe & Bostock，2012）。人为因素引起的事故风险与工作时间长短有关，风险随工作时间的延长而增加。古德（Goode，2003）报告：

20% 的人为因素事故发生在值勤 10 小时以上的飞行员身上，但飞行员值勤时间超过 10 小时的情况只有 10%。类似地，5% 的人为因素事故发生在已经值勤 13 小时或更长时间的飞行员身上，而飞行员值勤时间在 13 小时以上的情况只有 1%（Goode，2003，p. 3）。

因此,能体现个体差异,以及能体现新增的抗疲劳心理弹性的标志物可以满足基本的市场需求,而神经质和控制点水平都被认为与疲劳时的表现显著相关（Blagrove & Akehurst，2001；Van Dongen，Vitellaro & Dinges，2005）。

# 四、导致错误的因素——人因失误

人因失误仍然被认为是航空事故的主要因素。英国民航局（UK Civil Aviation Authority，CAA）回顾 2002—2011 年全球的飞行事故发现，66% 的致命事故与人因失误有关（CAA，2013，p. 2）。因此为了防止事故的发生，人们必须找出失误，识别它，解释人因失误为什么会发生。基于此，人们总结出五条分析人因失误的路线（Dekker & Woods，2010；Shappell & Wiegmann，2009；Wiegmann & Shappell，2001；de Winter，2014）。

（1）认知。认知理论在很大程度上基于一般信息加工理论，以及著名的阿特金森 - 希夫林（Atkinson and Shiffrin）模型（Davies，Ross & Wallace，2003，p. 543）。认知理论超出了基本的事故分类（如飞行员未能放下起落架），能够提供错误的根本原因（如注意力不集中、错误记忆、决策失误等），从而可以制定应对失误的策略。

（2）系统和工效学界面。系统和工效学认为，人的表现是可变的，涉及与人所处系统中的各种元素（如工作环境、工具等）的互动（Wiegmann & schappell，2001，p.

346）。国际民航组织（ICAO）在其第216-AN31号通告中建议采用SHEL模型（ICAO，2002，Chapters 1–3）来理解人机交互系统的复杂性和各组件之间的交互作用，该模型由爱德华兹（Edwards）于1972年开发并由赫金（Hawkin）于1975年将其完善为SHEL（L）模型：

①软件（Software）——管理操作的规则、程序、规章等；

②硬件（Hardware）——设备和物理硬件；

③环境（Environment）——操作者所处的环境条件；

④人件（Liveware）——人类。

（3）航空医学。着眼于由疲劳、昼夜节律紊乱、缺氧、脱水等生理因素所致失误（FSF，2001；Martinussen & Hunter，2010；Wilson，Caldwell & Russell，2006，2007）。

（4）社会心理。航空公司的运营符合社会心理学的观点，即飞行是一项社会性的工作，需要飞行员、机组人员、空中交通管制员（ATC）等之间的多重互动，才能够有效维护安全（Helmreich & Foushee，2010）。社会心理学的观点承认个体人格特质的重要性，以及提高或降低团队效率的可能性。正如一些学者所指出的，具有高目标导向和人际交往能力的机长所领导的机组，比人际交往能力较低的机长所领导的机组表现更好（Chidester，Kanki，Foushee，Dickinson & Bowles，1990）。

（5）组织（或系统）因素。事故调查的目的在于找出事故原因，但事故的原因很少是单一因素，这使我们认识到事故起因的复杂性，以及组织因素是如何导致人因失误的。组织（或系统）因素的观点强调，认识到经理、主管等在组织内部所做的决策导致了系统的失灵或事故。这是该观点的关键不同，如切尔诺贝利核反应堆事故就为该观点提供了证据。

因此，从上述五种观点我们可以确定人因失误的关键因素：决策、压力管理、疲劳管理和人际交往能力。

# 五、弹性，飞行安全的新范式

前面描述的安全和识别人因失误的方法路线是线性的，这些后验方法集中在哪里出了差错；安全性建立在事故和事件报告的基础上，并使用持续监测来识别偏差（Hollnagel，2014，p.48）。通过这种方法，我们发现每440万次飞行中发生一次事故（国际航空运输协会，2015，p.15），但在其他大多数的安全飞行中发生了什么？虽然没有发生事故，但是在这些飞行中，机组人员成功应对了压力、疲劳、环境挑战、系统故障和组织挑战吗？这些都是导致人因失误的因素。航线运行安全审计（Line Operations Safety Audits，LOSA）表明，机组人员经常会遇到个人的差错和威胁（Helmreich，Klinect & Wilhelm，1999），还包括一些未识别的差错，然后通过处置得到一个安全的结果。基于新的弹性工程范式，"弹性"（resilience）的定义如下：

> "一个系统在变化和紊乱之前、期间或之后调整其功能的内在能力，以便在预期和意外情况下维持运行。"

帕里斯（Pariès，2011）

因此，弹性工程使我们既看到成功，也看到失误，从而了解哪里出了问题，以及考察以成功为目标的组织、团队和个人的实际表现情况。因此，一个有弹性的系统或组织是其中的所有成分（组织、团队和个人）都能够适应风险的系统（Stroeve，van Doorn & Everdij，2015）。这种系统内的个体行为的变化就不一定意味着负性事件，变化可能是一个增加弹性的个体过程，应被认为是一个积极的变化（Savoija，Norros，Salo & Aaltonen，2014，p. 1）。澳航32号航班事件表明，对"黑天鹅"事件的积极变化会产生有效和安全的结果。这一具有挑战和压力的情况得到了成功的管理，虽然机组人员偏离了标准操作程序（Standard Operating Procedures，SOP），但体现了积极的变化和个人（心理）弹性，从而获得了安全的结果（De Crespigny，2015）。这表明，行为学家认定的积极评价、乐观主义和专业知识等增加或减少弹性的个人特质，应作为测量未来职业飞行员的指标（Staal，Bolton，Yaroush & Bourne，2008）。

## 六、飞行员选拔——找到"适宜品质"

在航空公司飞行员选拔中，最不容易理解和评估的是其他特征（O）；在1982年1月佛罗里达航空90号航班失事后，与不良表现相关的潜在人格问题促进了机组人员资源管理（CRM）培训的发展（Butcher，2002，p. 175）。这架飞机从华盛顿特区的华盛顿国家机场起飞，撞上了第14街大桥，最后坠入波托马克河（NTSB，1982）。事故调查发现，这起事故与机组人员缺乏沟通、副驾驶缺乏独断性、未能行之有效地协作有关，因此人们认识到，机组人员的人格因素直接影响他们的飞行表现，甚至导致飞行事故（Butcher，2002，p. 175）。

在"德国之翼"空难中，副机长"故意修改自动驾驶仪指令，操纵飞机下降，直到与地面相撞"（BEA，2015，p．30）。航空管理机构试图找出那些不适合承担飞行任务的飞行员。因此，有必要测量可以增加个人弹性的其他因素，这些因素可以用来筛选出不适合这个职业的人，并用科学方法来分析神秘的"适宜品质"的构成。

## （一）人格

从索兰纳斯（Soranus，公元96—138年）对精神障碍患者的人格描述依旧被今天的临床医生所认可（Butcher，2010），到20世纪30年代，高尔顿·威拉德·奥尔波特（Gordon W.Allport）和罗斯·斯塔格纳（Ross Stagner）共同推动了对人格心理学的认识（Roberts，2009），人格在不同的时期有着不同的定义。奥尔波特的理论是对以精神分析学家为代表的非人本主义观点的回应，他将人格定义为"决定个体的特征性行为和思想的身心系统的动态组织"（Burkitt，1991，p.18）。

随着人格心理学的发展，人格的定义也发生了变化，从卡特尔（Cattell）的"预测一个人在特定情况下会做什么"（Engler，2013，p.259）到麦克利兰（McClland）的"一个人的行为在其所有细节中最恰当的概念化"（Mayer，2007，p.1）。后来，人格心理学家提出了更深层次的定义，如"持久的情绪、人际关系、经验、态度和动机风格，解释了不同情况下的行为"（McCrae & Costa，1989）和丰德（Funder）的"个体的思想、情绪和行为的独特模式，以及隐藏在这些模式背后的心理机制"（Mayer，2007，p.1）。虽然定义不同，但可以被总结归纳为：可以用来解释行为的相对稳定的心理特征分类。由于缺乏一个清晰且一致的定义，使得人格心理学领域饱受争议。米歇尔（Mischel，1968）《人格与评估》一书中批评了人格心理学未能实证证明人格在预测行为方面的一致性和可靠性，因为人格和行为的相关性小于0.3，一个"让人诟病的人格相关系数"（Roberts，2009，p.138）。然而，后续的研究清楚地回应了他的批评，其中包括一项长达30年的纵向研究（Block and Block，2006），以及为解决人格相关系数问题而进行的各种研究（Funder & Ozer，1983；McAdams & Pals，2006；Roberts，2009）。关于米歇尔批评的行为不具有跨情境一致性的问题，一项研究（Costa & McCrae，1995）运用五因素模型（Five Factor Model，FFM）推翻了该论点，并通过广泛的研究证明了人格特质的跨情境一致性（Terracciano，McCrae & Costa，2010），以及这些人格特质在行为方面的强预测能力，相关性在0.42到0.6之间（Fleeson & Gallagher，2009，p.1101）。

## （二）测量人格——五因素模型

雷蒙德·卡特尔（Raymond Cattell）开发了第一个广泛使用的评估系统——16

种人格因素系统（16PF；Digman，1990，p. 428）。图普斯和克里斯特尔（Tupes & Christal，1992）在为美国空军开发军官绩效人格预测因子时，未能重现卡特尔 16 种人格量表的结构，但发现了外向性（Surgency）、宜人性（Agreeableness）、可靠性（Dependability）、情绪稳定性（Emotional Stability）和教育性（Culture）5 个人格因素。人格的 5 个维度已经被许多研究者证实，按时间顺序依次是费斯克（Fiske，1949）、图普斯和克里斯特尔（Tupes & Christal，1992）以及博加塔（Borgatta）（Digman，1990，p. 424）。这 5 个维度被称为"大五"人格，这与阿尔波特和奥波特（Allport and Odbert，1936）最初采用词汇法研究得到的描述不谋而合。5 因素模型（FFM）是从"大五"概念发展而来的，以问卷为基础，具有维度（或因素）的两水平结构（McCrae & John，1992；Widiger & Trull，1997；Wiggins & Pincus，1992）。5 个维度分别是：神经质（Neuroticism）、外向性（Extraversion）、开放性（Openness）、宜人性（Agreeableness）和尽责性（Conscientiousness）。尽管描述不同，但不同理论之间各维度还是比较一致的（表 18.1）。

**表 18.1　人格的 5 个维度模型（Digman，1990）**

| 作者 | 维度 | | | | |
|---|---|---|---|---|---|
| | 1 | 2 | 3 | 4 | 5 |
| 费斯克（Fiske，1949） | 社会适应 | 遵从性 | 成就意愿 | 情绪控制 | 求知欲 |
| 图普斯和克里斯特尔（Tupes & Christal，1992） | 外倾性 | 宜人性 | 可靠性 | 情绪性 | 教育性 |
| 博加塔（Borgatta，1964） | 独断性 | 亲和性 | 做事兴趣 | 情绪性 | 智慧 |
| 科斯塔和麦克雷（Costa & Mcrae，1985） | 外倾性 | 宜人性 | 尽责性 | 神经质 | 开放性 |
| 迪格曼（Digman，1988） | 外倾性 | 友好性 | 成就意愿 | 神经质 | 才智 |

注："大五"人格模型是被广泛认可的人格模型。美国参议院委托基础行为科学工作组（Basic Behavioural Science Task Force）撰写了一份报告，认为"大五"人格是预测行为的稳定指标，是最佳的选择（Fowler，1996；Widiger & Trull，1997）。纵向研究发现其具有长期的稳定性（Conley，1985；terracciano et al.，2010；Vyse，2004），30 年间的"大五"人格测量和重测信度研究也表明其具有较好的稳定性（Costa & McCrae，1992；McAdams & Olson，2010；McAdams & Pals，2006）。

## （三）飞行员人格评估——选择正确的工具

在确定了"大五"是一个有效的人格评估模型后，接下来需要确定哪些工具有良好的效度和信度。效度反映的是分数中有效成分的水平，即测验是否测量到了它预期测量的东西（Loevinger，1957，p. 636）。信度是重复测量分数的一致性，即测验的稳定性，如果测验具备较高的信度，那重复测量时它应该得到近似或一致的结果。任何测验的信度和效度都是必不可少的特性，然而信度高的测验可能效度却是不佳的；而一个效度很差的测验，信度也不可能高（Westen & Rosenthal，2003，p.615）。

在过去的 70 年里，人们开发出了各种各样的人格测验，详尽对比各种人格测验超出了本章的范围，感兴趣的读者建议查阅一篇重要综述（Goldstein，Beers & Herse，2004）。相反，我们重点关注在军事航空研究中得到广泛验证的最成熟的"大五"人格工具——NEO 人格测验修订版（NEO-PI-R；Callister，King，Retzlaff & Marsh，1997）。NEO-PI-R 提供了"大五"人格的五个维度分数（神经质、外向性、开放性、宜人性和尽责性）和每个维度下的 6 个子维度分数，见表 18.2。

表 18.2　NEO-PI-R 的维度

| 神经质 | 外倾性 | 开放性 | 宜人性 | 尽责性 |
|---|---|---|---|---|
| N1 焦虑 | E1 热情 | O1 想象开放 | A1 信任 | C1 胜任性 |
| N2 愤怒 - 敌对 | E2 乐群性 | O2 审美开放 | A2 坦诚 | C2 条理性 |
| N3 抑郁 | E3 独断性 | O3 感受开放 | A3 利他 | C3 责任感 |
| N4 自我意识 | E4 活力 | O4 行为开放 | A4 顺从 | C4 成就追求 |
| N5 冲动性 | E5 兴奋寻求 | O5 想法开放 | A5 谦逊 | C5 自律 |
| N6 脆弱性 | E6 积极情绪 | O6 价值观开放 | A6 体贴 | C6 审慎 |

# 七、我们在测量什么？

人格特征是基于个体与代表性样本即常模的比较，人们可以根据常模比较个体的不同特征。常模通常基于一般的代表性人群样本，这就引出了一个问题：职业飞行员的人格与一般人群的人格不同吗？研究显示，军事飞行员在外向性和开放性得分显著较高，而宜人性和神经质得分较低，在尽责性的 3 个子维度（即胜任、责任感和成就追求）得分较高（Callister et al.，1997；Damos，2011b）。民航飞行员人格的研究滞后于军事飞行员研究，最广泛使用的民航飞行员人格特征来自采用简单、方便抽样的 93 名美国飞行员样本的研究（Fitzgibbons，Davis & Schutte，2004），且没有发现与飞行员实际表现的关系。因此，目前的问题是，人格评估工具的常模不能准确反映航空公司的优秀飞行员特点，导致选拔的高失败率（航空公司报告高达 75%），使得航空公司对人格测验失去信心。航空公司不断改变人格测试类型，而没有意识到真正问题是需要一个经过验证的、由优秀飞行员构成的常模，申请者的测验结果应与此常模进行比较。因此，目前急需创建一个稳定、有效的专业飞行员常模，且强烈建议在选拔、训练飞行员时使用这个常模；与一般人群的比较常常会误导对测验结果的解读（King，2014，p. 71）。

此外，如我们所见，军事研究已经证实了"大五"人格（见表 18.2）和飞行员表现之间的直接联系（Grice & Katz 2006；Carretta，2011；Chappelle et al.，2014），但在民航飞行员的研究中缺乏这一证据。因此，应该使用 NEO-PI-R 创建一个可用的"基于飞行绩效的专业飞行员人格剖析图"。最后，对于许多人来说，仍然存在的问题是人格心理学是否真的具有科学基础，以及 NEO-PI-R 是否真的测量了个人的潜在行为？答案藏在人格神经科学领域，该领域利用现有的神经科学方法研究行为、动机、情绪和认知的个体差异。

### （一）人格神经科学

现在人们普遍认为，人格是一个人如何应对环境因素以及与之相关的情绪健康和心理结果差异的关键因素。在对 175 项研究的 Meta 分析中发现，人格特质与焦虑、抑郁和物质滥用高度相关，其中神经质与精神疾病有很强的联系（Kotov，Gamez，Schmidt & Watson，2010）。如前所述，飞行员应对压力的能力是影响其表现的一个主要因素。压力会影响身体的多巴胺系统，脑成像能够帮助了解多巴胺受体水平和人格特征的差异。研究发现多巴胺水平和外向性、神经质、兴奋寻求有着直接关系（Suridjan et al.，2012），而且 NEO-PI-R 测量的脆弱性、抑郁、愤怒 - 敌意与多巴胺系统的临床反应（D2/3 混合区域）显著相关。此外，个体的心理弹性和血清素（5- 羟色胺、血管紧张素）水平关系密切，血清素是一种调节人类应激反应的神经递质。个体人格特质的差异导致压力引起的血清素受体激活不同，因而引起焦虑或抑郁（Kim，Lee & Lee，2013）。利用神经科学方法可以通过生物学模型来解释人们在行为和特征上的个体差异，这为人格心理学开辟了新的研究领域和方法。此外，目前的研究进一步支持使用 NEO-PI-R（DeYoung，2010）等人格评估，它可以用来预测个体潜在的关键行为特征，从而进一步提高了其在飞行员选拔中的价值。

### （二）控制点

在航空领域，一个经常使用的人格概念是控制点（Locus of Control，LOC）；简而言之，它是个体感知的对环境的控制感，即在何种程度上相信自己可以控制影响他们的环境。罗特（Rotter）于 1954 年在他的社会学习理论（Hunter & Stewart，2009）中阐述了这一概念，且在航空领域进一步发展为航空安全控制点（Aviation Safety Locus of Control，ASLOC），并衍生出了"飞行员的自我意识练习"这一概念。

这是基于亨特（Hunter，2002）的研究，即内控得分低（外控）的飞行员在他们的飞行生涯中往往会感知到更多的糟糕事件。类似地，约瑟夫（Joseph）和加内什（Ganesh）（2006）在他们的研究（N=101）中指出，飞行员的内控得分往往高于外控得分。

控制点与人格的联系已经被很好地证明。在航空领域，控制点被认为与焦虑水平和外向性关系密切。

### （三）是机组资源管理的问题吗？

许多人认为机组资源管理（CRM）是解决航空业行为问题的方法，它有效地降低了社会心理失误的风险。CRM定义为：

> 利用所有可用的人力、信息和设备资源来实现安全高效的飞行。CRM是一个积极的过程，由机组成员识别对飞行的重大威胁，将这些威胁传达给主控飞行员（PIC），并制订、传达和执行计划以避免或减轻每个威胁。CRM反映了通过机组人员及他们的互动对人因知识的应用。

（Helmreich et al.，1999，p. 677）

这个广泛而包罗万象的定义本身就是一个问题；事故和事件报告中提到的"CRM故障"或"不良CRM"是23%的航空事故的促成因素（Stanton，Harris & Starr，2016，p. 1）。CRM进而被视为需要改进的因素，例如最近新加坡航空公司（Singapore Airlines）的波音777飞机爬升超过指定高度，导致与另一架飞机"失去间隔"（loss of separation）。新加坡航空事故调查局（Air Accident Investigation Bureau of Singapore，AAIB）的调查报告认为"CRM培训还有改进的空间"（AAIB，2015，第2-2节）。CRM似乎已经成为所有飞行事故的原因，似乎已经达到了一个使用广泛且包罗万象的使用临界点，因此其价值正在受到质疑（Wiegmann & Schappell，2001，p.349）。CRM的评估仍然是非常主观的，因此它在飞行员选拔方面的应用价值是有限的。

### （四）基于飞行员人格的绩效——"适宜品质"

这项工作的目的是探索神秘的"适宜品质"，即在当今复杂的社会-技术系统中，飞行员应具备哪些人格特征才能应对疲劳、压力和日复一日的枯燥对安全飞行的挑战。这点也可以通过识别布彻（Butcher，2002）提出的"不良品质"（Wrong Stuff）来实现。这类人员缺乏21世纪民航驾驶舱中高效工作所必备的个人特征。关于这点，欧洲航空安全局已经提出了建议案，并在2018年夏天生效。

一项研究对485名"优秀"飞行员组成的样本（N=485）进行了"大五"人格测量。第一阶段工作是将原始分数标准化，然后使用百分位数等值法将标准分转化为T分数。

即将分数转化到平均值为 50，标准差（SD）为 10 的分数体系中；标准化过程使用了正态分布下的百分位数来确定 20 至 80 之间的每个 T 分数，这些分数与每个原始分数值的等效累积百分比相匹配。对原始分数进行 T 分数转换，使数据正态化和标准化，图 18.1 显示的是 Z 分数和 T 分数的对比图。

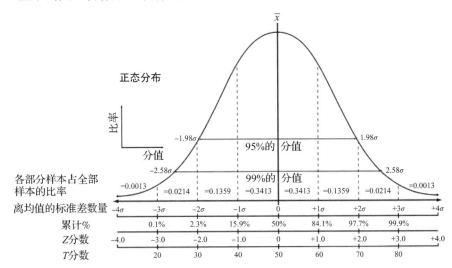

**图 18.1　正态分布、Z 分数、T 分数示意图**

研究结果证实了表现优秀的飞行员常模不同于一般人群常模。神经质维度：样本在焦虑、敌对、抑郁、冲动性和脆弱性等方面的得分明显较低；外倾性维度：独断性（较高）、活力（较低）和兴奋寻求（较低）方面存在显著差异；开放性维度的各方面两者差异不大；宜人性维度：在信任（较高）、坦诚（较高）、顺从（较高）和谦逊（较低）方面表现出显著差异；责任心维度：在胜任（较高）、条理性（较高）、责任感（较高）、成就追求（较高）、自律（较高）和审慎（较高）上有显著差异。

将控制点与 NEO-PI-R 的各维度得分做相关分析。根据以往研究结果，飞行员应具有内控性；我们的预期与以往研究结果一致：飞行员更倾向于内部导向而不是外部导向（Joseph & Ganesh，2006）。由于内控与较低的焦虑、较高的胜任性相关，这提示内控者的行为更具弹性；此外，内控与较低的神经质水平相关。

### （五）压力和控制点

唤醒水平受个体对压力感知水平的影响，如焦虑方面的感知程度，即一个人在多大程度上担心事情可能会出错（Cuevas，2003；Strelau，1989）。在压力和相关的焦虑下，就可以观察到特质和行为之间的联系。焦虑特质和唤醒水平导致对任何负面刺激的更强烈反应（Cuevas，2003）。通过分析，我们发现内控分数越低，神经质分数越低（情绪稳定性越高），即相信事件在自己控制范围之内（而非在自己控制之外）的飞行员表现出较低的神经质水平。内控得分越高的个体，其焦虑、愤怒 - 敌意和脆弱性的程度越低。因此，这些特征可能描述了一个不太容易烦恼的人，其更有能力在有压力的情况下茁壮成长。

我们还证实，高内控导致较低的焦虑分数，这可能有助于更少地受到外部压力源的影响，并表现出更好的应对策略选择（Cuevas，2003）。有证据表明，控制点与危机事件的数量有关（Hunter & Stewart，2009）。我们还发现，我们的研究对象具有明显更高水平的内控，这可能是因为研究样本选择的是平时飞行表现优秀的飞行员的缘故。

我们还发现，内控程度越高，外向性得分就越高（$r=0.122$，$p \leqslant 0.05$）。有趣的是，研究对象的热情水平也更高，即对人的兴趣和友好、细心的举止高于平均水平。这与军事研究明显不同，研究发现军事飞行员性格外向，但通常缺乏对人的热情（Campbell，Castaneda & Pulos，2009）。然而，在商业多机组驾驶舱内，CRM 和团队技能有助于飞行安全，这表明这些特征已经被视为飞行员基本人格的一部分，这些特征有助于飞行员在民航领域获得成功；样本的选择是基于他们的表现，因此样本的行为就是适宜性行为，可以据此选拔理想的申请者。

尽责性与其各子维度均显著相关（$r=0.275$，$p \leqslant 0.001$），其中成就追求排在首位，其次是自律、审慎、条理性、胜任性和责任感。尽责性维度描述的是这样一种人，他们能够自我激励完成任务，即使受到干扰，他们也会为实现目标而努力工作。可以说，在飞行员的职业生涯中，要完成最初的飞行员培训，找到第一份航空工作以及应对严格的各种考核都需要毅力。

此外，本研究认为，将申请者的测验分数与飞行员常模进行比较是必要的，这种"现实世界"的表现与理想情况进行对比的方法，可用于探索和识别有风险的申请者，识别潜在的培训问题，并增加整体安全性。飞行员常模不是一个"合格或淘汰"的工具，而是一个描绘飞行员整体情况的剖析图，通过它可以考察某个飞行员与常模存在的关键或高风险差异。这有利于增强防范意识，从而采取一定的措施来应对这名飞行员与飞行员常模不符之处。

### （六）一个选拔案例——两个"直选"机长

下面我们会用"直选"机长（机长 X 和机长 Y）的真实测量数据来说明这个案例。在选拔过程中，两个人都展示了相似的知识（knowledge）、技能（skill）和特质（attribute）（KSAs），其他（other）特征通过 NEO-PI-R 人格测验进行测量。在此阶段，航空公司选拔团队由于缺乏使用人格测验的培训，所以只有在线测试后的计算机生成的报告。该报告基于一般成人常模标准（图 18.2）。

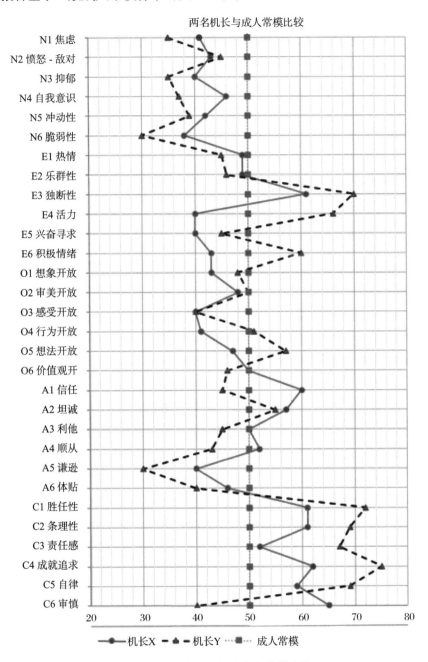

**图 18.2　两名机长与成年人常模比较**

人格特质被用作淘汰指标，淘汰率高达 75%。该航空公司重新评估了他们的选拔过程，认为人格特质并不能提供有用的数据。由于许多申请人不符合成人常模标准，因此不被推荐成为飞行员，于是他们停止使用人格测验。一年后，该航空公司出现了业务快速扩张和飞行员人数减少等情况，于是两名机长都重新申请并被聘用。

有一个机长很不受副驾驶们的欢迎，部分人员甚至要求不和他共事。此外，该机长被航空公司飞行运营管理部门视为"非常消极和难以管理"，他有几次飞行数据监控（Flight Data Monitoring，FDM）事件（不稳定进近），并在 12 个月内收到了两封警告信。最后一次事件是以极不稳定的方式进入一个被高地形包围的机场，导致低空下降率过高，速度过快，增强型近地警告系统（Enhanced Ground Proximity Warning System，EGPWS）多次警告、着陆时推力空转及着陆时间过长。这些事件中的任何一个都会导致机组"复飞"，且所有这些都被认为是高风险的跑道偏离（runway excursion）事件。目前这位机长与一位经验不足的副驾驶一起飞行，这位副驾驶在训练中被判定缺乏独断性。我们现在将两名机长与优秀飞行员常模进行比较（图 18.3）。

军事飞行员的研究表明，当飞行员的失误是引起飞行事故主要原因的情况下，飞行员的"胜任性和责任感"得分与"可预防的"事故显著相关（Grice & Katz，2006；Carretta，2011）。在这个例子中，对机长 Y 各方面的测验显示了其具备高水平的胜任力。此外，他高水平的独断性、低水平的脆弱性、信任和非常低的审慎增加了他的行为风险。如果在选拔过程中识别出这些特征，选拔团队可能会使用基于胜任特征的面试过程来深入考察机长的人格特质，或许还可以让他在模拟器中与一个低独断性的副驾驶配对，以考察这些非技术因素的影响。

# 八、总结

这就引出了一个问题，我们是否找到了神秘的"适宜品质"？简单地说，没有一套理想的人格特征模式可以描述所有或者大多数飞行员。我们既不想也不会从这些模式中获益，但这并不意味着人格因素对航空公司的安全运营不重要。已经确定的是某些人格特质会影响飞行员的操作表现，应在选拔和培训（机长、教官、飞行检查员和飞行指挥员）中加以重视。优秀飞行员被认为与普通人群在一些关键特征上有所不同，说明使用飞行员常模的必要性。如前所述，心理调节因素和消极人格特征会显著影响飞行操作，这些特征都是心理弹性的一部分；飞行员的关键特征是对意外和压力情境具有积极的认知评价，表现出内在控制倾向，具有高水平的成就、自信、较低的焦虑和抑郁。值得注意的是，对航空公司飞行员职位申请者的评估和对初始飞行训练申请者的评估是不同的（Flanagan，1947），不同的需要必须反映在选拔过程中。因此，"适宜品质"不止一种，成功的飞行员不是具有某种"人格模式"的克隆人。航空公司飞

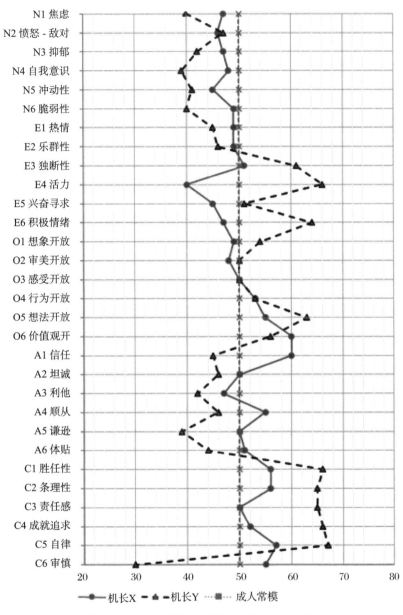

图 18.3　两名机长基于优秀飞行员常模的比较

行员在人格特质上有很大的不同，但在一些方面确实有所融合。这些关键特质为飞行员提供了额外的帮助，以适应当前航空的压力，增加弹性，以及展现出更好的能力来应对"黑天鹅"事件，并可以满足"排除那些因性格因素而提高日后行为问题风险的申请人"的需要（EASA，2015，p. 9）。

原书参考文献

# 第十九章
# 人格对飞行操作和训练的影响
## ——虚假和没必要的还是真实和决定性的？

Nicklas Dahlström

将人格特质纳入人类行为的解释模型和作为预测因素的想法对现代社会产生了很大的影响（Witkowski & Zatonski，2015）。纳入解释模型，人格特质被用来解释许多不同类型的行为，从儿童的行为到历史上有重大影响的人（如20世纪的政治领袖和其他有文化影响力的人）的行为；作为一个预测因素，它已经被用于为整个社会的各种组织选拔领导和员工，从为军队选拔军官和士兵到招聘企业经理和工人。除了相互竞争的人格理论的支持者们互相质疑外，人格理论提供的令人信服的解释似乎很少受到质疑。

从航空诞生初期，人格概念就融入了当时飞行员的传奇之中。其中一个最突出的例子是莱特兄弟，他们在飞机工程上取得成功的故事，在今天被无数次归因到人格，例如"莱特兄弟有各自不同的才能、技能和人格特质，他俩相辅相成"，"威尔伯（Wilbur）自信、有控制力、举止稳妥，但比他沉着、有思想的哥哥更冲动"，"奥维尔（Orville）有着无限的好奇心，积极地追求一系列兴趣"［史密森尼（Smithsonian）国家航空航天博物馆，2015］。对于早期航空史和两次世界大战之间"航空黄金时代"的其他飞行员的人格特点也有类似的描述，如吉米·杜立特（Jimmy Doolittle）的天生领导才能（Olcott，2014）、查尔斯·林德伯格（Charles Lindbergh）难以相处的性格（Ward，1998）和阿梅莉亚·埃尔哈特（Amelia Earhart）直言不讳的个性（PBS，2015）。

在第一次世界大战期间，人格开始在航空中发挥更大的作用。最初是在军事航空领域，因为需要不断招募和训练新飞行员，由此需要选拔适合参加训练者的方法（Hunter & Burke，1995）。一项对飞行员人格的早期研究，将优秀的飞行员描述为"意气风发、无忧无虑的运动员"。然而，几年后的另一项研究表明，"安静且有条理的人"是最好的飞行员（Hunter & Burke，1995）。在第二次世界大战期间，招募和训练飞行员的需求更大，美国海军使用的第一批选拔测试之一是"飞行潜力评价表"（Flight Aptitude Rating），该量表是将机械理解测验和凯利（Kelly）生平调查表结合后形成的（Bartram & Dale，1982）。生平调查表侧重于个人历史，而机械理解部分评估逻辑和推理能力（Wilson，2013）。但是，研究人员认为这并不是一个真正的人格测验（Ellis & Conrad，1948），而后续使用的其他真正的人格测验也没有被发现在预测绩效方面是有效的（Wilson，2013）。

　　如果，从人格在飞行员选拔中的运用来看，其在航空业中扮演了重要的角色。关于投入与产出令人信服的结论，即飞行员培训投入和安全性回报，促使人们想方设法去开发能够选入（select-in）具有适宜人格特征申请者的方法，或至少淘汰（select-out）那些具有不适宜人格特征申请者的方法。随着时间的推移，这衍生了许多不同的方法。尽管这些方法存在矛盾，但许多仍在使用。其中一个例子是在瑞典空军选拔飞行员时使用的防御机制测验（Defence Mechanism Test，DMT）。有学者评论道："最奇怪的是空军飞行员的选拔测试，即防御机制测验，它发明于 20 世纪 50 年代。直到今天（2011 年），瑞典和挪威仍在应用这一测验"（Scharnberg，2011）。它的支持者声称这种投射测验对瑞典战斗机飞行员的风险行为有预测能力，后来该方法还在瑞典推广到选拔民用飞行员上。关于使用该测验的支持性研究主要来自瑞典，但后来的研究和其他国家的经验并不支持这一点，导致目前仅在瑞典和挪威使用该测验（Beaty，1995；Ekehammar & Zuber，1999；Ekehammar，Zuber & Konstenius，2005；Meier-Civelli & Stoll，1990；Scharnberg，2011）。亨特（Hunter）和伯克（Burke）（1994）的结论是，"尽管从北欧的研究中获得了一点点有效性证据，但在英国和荷兰的研究中有效性为零"。可以想见，在人格理论的研究及其在选拔中的应用方面，应该还有很多其他测验也有类似的冲突，只是目前还未在航空领域中被发现。

　　本章旨在从实际人为因素角度探讨飞行员的人格特点，即在航空公司的运营和培训中，飞行员人格对日常工作中的行为和表现的作用。包括为什么与其他影响飞行员表现的因素相比，飞行员人格的概念往往被看作虚假的？为什么它经常被飞行员认为是没必要的，而非具有行为解释价值？为什么它在预测飞行员行为方面只是一个影响因素而非决定性因素？最后，我们提出了一种更有效地利用飞行员人格的方法，不仅应用于飞行员选拔，而且可以更全面地解释飞行员的表现。

# 一、飞行员人格特点的存在性和可检测性

目前有超过 2500 种人格测验可用，"测验行业"是一个营业额超过 5 亿美元的市场（Psychometric Success，2015）。作为一个科学研究领域，心理学在发表重复或反驳先前研究结论的论文时，比其他科学领域存在更多争议（Witkowski & Zatonski，2015）。但对心理测验行业提出质疑的人并不多。《今日心理学》（Psychology Today）杂志的一位前高级编辑最近提出了质疑（Paul，2014），还有其他一些人（Murphy & Dzieweczynski，2005；Morgeson et al.，2007）也提出了质疑，甚至其中有人认为人格测验只是一个伪概念（Griffith，Chmielowski & Yoshita，2007；Hogan，Barett & Hogan，2007）。Baez（2014）总结道：

> 2010 年的一篇学术文献综述发现，人格与工作成功之间的相关性在 0.03 到 0.15 之间，作者指出，这一相关性"接近于零"。整体上看，在员工选拔中使用的人格测验可以解释员工工作成功的 5%，而其他 95% 的表现则与人格特点无关。有趣的是，0.15 的相关性几乎与 20 世纪 60 年代的数据相同，这意味着 50 年来的数据在测量学上没有变化。（Morgeson et al.，2007）

尽管存在这种批评，但理性地看待对人格的整体研究，其是一个明确定义的结构，具有解释力和预测力，并且是可以测量的。然而，不同的方法和结构及其相关测验的有效性，以及这些方法和结构在多大程度上具有解释和预测能力，仍然是复杂和矛盾的。这使得除该领域的专家以外的任何人都很难意识到不同测验的利弊，很难在市场上提供的各类测验中做出正确的选择。

即使承认人格具有良好的解释力和预测性，仍然存在的问题是是否有一种具体的、可识别的"飞行员人格"，即一种比其他人格类型更适合飞行员职业的人格类型？然而，在航空领域，"飞行员人格"几乎是理所当然的，很少争议。有趣的是，很少听说从事其他职业（医生、律师、教师等）的人也具有鲜明的人格特点，甚至对社会上顶尖的一些人（运动员、艺术家、舞台表演家等）。人们似乎已经接受了这样一种观点，即与众不同的人格特点才能带来最佳的表现。那么问题就变成了：为什么可以假设会有一种特殊的人格类型可以带来最佳的飞行表现？

关于这点，一个回避不了的事实是：飞行员人格概念首先来源于军事航空领域。在航空发展早期，人们就已经意识到战斗机飞行员所拥有的"适宜品质"。亨特和伯克（Hunter & Burke，1994）在谈到飞行员选拔时总结道，"由于各种原因，大部分

已发表的报告主要是关于初始飞行训练和军事飞行员训练的"。太空探索的时代强化了特定人格特征直接影响操作成功与否的理念。通过人格特征的研究，出现了对飞行员人格的多种描述。一篇综述评论了关于机组人员人格特征的研究主题（Ganesh & Joseph，2005）：

> 虽然已经描述了典型飞行员的人格特征，但必须记住，没有哪一种人格特征是"成功"的人格。自我选择（self-selection）对这一职业的作用在许多研究中被低估了，但自我选择在多大程度上影响飞行职业还没有定论。

这也是作者多年来在 CRM 培训和个人教练课程中与各类飞行员互动的经验；通过与许多不同的军事和民用飞行员的接触，发现并不是某个人格特征就能决定飞行是否成功。亨特和伯克（Hunter & Burke，1994）对已发表的预测飞行员训练成功的研究进行了元分析，并对使用人格特征进行预测的方法学困难进行了评论。贝斯科（Besco，1994）认为人格测验对飞行员来说是一种打扰，从方法学上说也难以获得确定的结论，并明确提出"我认为人格特征和飞行员表现之间不存在有用的关系"，并声称"……每一项关于飞行员人格和表现之间关系的研究都存在至少一个严重的方法学错误"。

为了从实际的人因角度来看待这些问题，需要考虑由于严重的技术故障而造成的飞行中的紧急情况。根据时间范围（从数秒到数小时）和技术故障的性质（从有预案并已训练过的，到不可预测且未培训过的），发生情况时可能需要以下某个或所有行为：

（1）即时和直觉决策。
（2）严格按照手册中的程序执行。
（3）警惕地观察显示参数的变化。
（4）将现有数据与之前的情况进行比较。
（5）全面、有条理地解决问题。
（6）与地面的技术专家进行有效沟通。
（7）不考虑其他情况，主动掌控局面并发挥领导作用。

在不同的人格理论中，这些行为可能与不同的人格特质有关。但在大多数情况下，它们可能代表了这些理论中不同的人格类型。由此可以得出结论，可能没有一种理想的飞行员人格特征，而是有许多不同的人格特征适合不同的操作情境。这意味着比飞行员人格更重要的是，飞行员对自己人格特点的认识、改变人格特点的灵活性、发展那些有助于执行安全和操作的人格特点的意愿。社会上充斥着大量的飞行员选拔辅导书、网站和培训，这可能意味着飞行员申请者非常愿意改变和发展自己的人格。

从训练、指导和跟踪飞行员在训练和操作中的表现的角度来看，毫无疑问，有一些人格特征可能会阻碍或有助于成功。这一结论得到了 20 世纪 80 年代及以后研究的支持（Helmreich & Wilhelm，1984；Gregorich S. R.，Helmreich R. L.，Wilhelm J. A. & Chidester T. R.，1989；Chidester，Helmreich，Gregorich & Geis，1991），特别是团队合作（Foushee，1982，1984）和领导力的影响（Chidester，Kanki，Foushee，Dickinson & Bowles，1990）。然而，如今整个"航空系统"有多重安全保护措施防止事故的发生：从技术性保护和自动化，到检查清单和操作程序。幸运的是，对所有航空旅客来说，飞行员自身因素对飞行安全产生影响的时刻比过去少了很多。这就引出了一个问题，由于关于人格在选拔中的作用的研究主要来自军航，特别是军航初始训练，因此相关的结论和观点是否需要更新（Hunter & Burke，1994）？此外，尽管 20 世纪 80 年代及以后的相关研究也关注民航飞行员，但从那时起，在飞机驾驶舱里所做的工作已经发生了相当大的变化。

即使是在长途飞行中，今天的航空公司飞行员花在操作飞机上的时间也可以用分钟而不是小时来计算。事实上，近几十年来，飞行员与飞机互动的各个方面都受到了先进自动化技术的影响，以至于如今即使是具有挑战性的着陆也常常是由自动化系统完成的。在飞行员如何管理正常和不正常的操作方面，人格特征可能仍然扮演着重要的角色。然而，如果想找到一种飞行员人格，该人格可以激发出飞行员的最佳表现来应对罕见但多样化的挑战，那么很大可能性只会得到一个充满争议的结果。因此，需要新的研究成果来澄清这一点，并探索历史和传统研究中认为的人格特征和人格测验是否仍然与此相关，或者是否需要对飞行员人格的作用有一个新的认识。

## 二、理解飞行员表现中人格特点的作用

如前所述，飞行员人格研究中的一个问题是，研究往往只报告了人格与训练成功的相关性，而非其与操作行为成功的相关性。因此，人们在理解人格和成功操作行为之间的关系方面可能存在差异。然而，无论目前的航空安全水平如何，飞行员的操作表现和行为将继续在航空安全方面发挥重要作用，有时甚至起到关键作用。尽管近几十年来，驾驶舱内的工作已经实现了自动化和程序化，但飞行员的作为（或不作为）仍然决定了安全飞行和不安全飞行（有时也决定着安全和事故）。这就需要了解成功和不成功的飞行员表现的来源，为此需要探索互补和竞争因素。

第一个互补或竞争的因素是智力和认知能力，作为工作绩效（Ree & Earles，

1992）和飞行员表现（Caretta & Lee，2000）的预测因素，智力和认知能力得到了比人格更有力的证据支持。卡雷塔等人（Carretta et al.，2014）认为，"结果与之前的研究一致，认知能力是飞行员训练表现的最佳预测因素"。有学者在更早时便提出了这一观点"这有力地表明飞行员训练的成功在很大程度上取决于智力"（Walters，Miller & Ree，1993）。人格和认知能力都被认为是影响行为的关键内部和个体因素，并且反映了社会的日益个性化（Bauman，2001）。相反，在人的因素和其他与安全相关的学科中，则越来越多地关注系统观点，即超越个人因素，关注影响个人行为的环境（技术、社会、组织等）因素。因此，内部和个体因素与系统因素相结合的综合观点有助于理解人格对飞行员表现的价值。

在飞行员人格研究中，一个似乎被遗忘、忽视或拒绝的因素是文化，它是影响行为的重要因素。航空业越来越强调文化（Helmreich & Merritt，1998），特别是安全文化对安全运营的重要影响（ICAO，2013a；EASA，2011）。就像人格一样，不同形式的文化——民族文化、职业文化、组织文化——被用来解释一般行为，特别是与冒险、决策、沟通和合作等相关的行为（Helmreich，1999）。文化是理解飞行员行为的一个公认的、法规要求的因素，它提供了理解飞行员表现的不同视角，能够解释个人和系统因素对飞行员表现和行为的影响。

对于飞行操作来说，文化可能是一个挑战。人的多样性可能会导致驾驶舱合作出现困难。然而，事实恰恰相反，文化对个人行为的塑造具有重要影响。在阿联酋航空公司（Emirates），有来自 100 多个国家的飞行员在驾驶舱内一起工作，却没有发现在操作层面出现明显的困难。根据阿联酋航空的研究，这种情况背后有两个原因。其一是，飞行员的职业文化在不同国家中惊人地一致，以至于它实际上超过了民族文化（Dahlstrom & Heemstra，2009；Scott，2013）；另一个原因是，在阿联酋航空这样一个多元化的组织中，很难对同事进行团体识别和分类；几乎在每一次新的飞行中，都会有来自不同文化背景的新飞行员参与。当多样性成为常态而非例外时，民族文化在飞行操作中的突出性和重要性似乎就会消失（Dahlstrom & Heemstra，2009；Scott，2013）。

阿联酋还有更多关于文化如何以不同方式塑造飞行员行为的例子。斯科特（Scott，2013）探索了文化与决策的关系，发现文化的不同方面影响了飞行员的决策，并得出结论"超过 80% 的飞行员表示，飞行员的职业文化比他们的民族文化更重要"。格林菲尔德（Greenfield，2013）的研究表明，操作沟通受到文化的影响，多文化航空公司（如阿联酋航空）的飞行员比单一文化航空公司的飞行员沟通更有效。这背后的原因是，在高度多元文化的环境中驾驶飞机，让阿联酋航空的飞行员更加意识到沟通的重要性和沟通失误的潜在威胁。因此，他们在交流中更加规范和频繁，这大大弥补了文化带来的挑战和潜在威胁。所有这些都表明了文化作为一种行为塑造因素的重要性。

飞行员人格概念中另一个需要考虑的因素是"胜任力"（competence）。操作能力是飞行员训练的目标，因此也是选拔过程中唯一真正重要的目标。尽管如此，达莫斯（Damos，1996）指出，"对文献的研究表明，很少有人试图将飞行操作绩效作为效标"。近年来，航空业已经转向"基于胜任力的培训"（Competence Based Training），即将重点从培训内容和培训量转移到培训结果上，以及"循证培训"（Evidence Based Training），即根据行业当前相关现状进行培训。在此基础上，就能力的8个行为标志达成了一致（国际民航组织，2013b；国际航空运输协会，2013年）：

（1）飞行器飞行管理，手动控制。

（2）飞行器飞行管理，自动控制。

（3）程序应用。

（4）工作负荷管理。

（5）情境意识。

（6）解决问题和决策。

（7）沟通。

（8）领导力和团队合作。

在日复一日的飞行训练和执飞任务中，观察飞行员实际行为的原因之一是评估其人格特征，但更根本的目的是评价其胜任力，有时也用于评价其文化特征。就胜任力而言，可观察的行为表现是飞行教官训练和观察的依据，教官可在发现错误时予以纠正。很多研究人员、心理选拔专家和其他航空心理学专家也都从对行为细节的观察中获益。人格和文化是行为的根源，但在一个时间很宝贵且只专注于胜任力的行业，推测这些根源与观察到的行为间的相关性是不太可能的，也不是急需的。

如上所述，对"胜任力"框架下的行为的密切关注，与关注当下行为的认知行为疗法异曲同工（更传统的精神分析疗法则更注重深入探索个人的过去经历）。航空公司运营实践中这方面的一个例子是引入和强制执行了稳定标准（stabilisation criteria），这是一套飞机和飞行员的状态标准，需要满足这些标准才能继续进近着陆。这一点极大地提高了飞行安全性，而没有关注飞行员的人格。

虽然人格确实是影响飞行表现的因素之一，但它的影响程度还没有定论。当飞行员能够容易地理解行为表现与胜任力和文化之间的相关性后，他们往往就不会觉得人格测验是神秘和没必要的了。为了形成飞行员对人格测验的正确认识，需要向飞行员提供更多的人格测验相关知识。此外，那些从事飞行员人格测验的人也需要更多地了解飞行员在飞行操作和训练中的挑战和经历，以确保测验的应用与现代飞行操作保持同步和相关。

## 三、飞行员人格的发展

申请者的人格特征仍然是飞行员选拔评估的重要内容，而人格测验也仍继续是军事和民用飞行员选拔程序的一部分。先前的研究告诫人们，不要将人格测验作为选拔过程中的一个独立内容，也不要在选拔过程中过分看重人格测验。当人格测验作为包括模拟器检测、其他与工作相关的任务检测、认知能力和运动感知技能检测等全面检测的一部分时，它有助于对申请者进行全面评估。鉴于飞行员通常认为选拔过程，是虚幻的和没必要的，特别是人格测验，因此，在选拔过程中使用人格测验时，只有采用比现在航空业普遍采用的方法更公开、透明的方法，才能真正从人格测验中获益。

随着关于人格测验的透明度和飞行员知识的增加，人格测验不仅可以用于飞行员评估，而且可以被飞行员本人使用，从而帮助他们提高绩效和适应不同的情境。与其对测验结果保密，不如将测验结果以适当的方式反馈给飞行员，以帮助其提高自身表现。为了避免由于对人格测验的了解而导致飞行员在测验中作假和操纵结果，应根据不同目的使用不同的人格测验。增加透明度有助于改变飞行员认为人格测验是侵犯隐私的看法。

在阿联酋航空，参与飞行员选拔的人员与参与人因培训的人员之间的合作，不仅促进了信息交流和角色澄清，而且还促进了辅导和培训方面的合作。比如在针对晋级申请者的培训日，就有人因培训和选拔过程信息的培训。这种方式受到飞行员的欢迎，因为在航空业这些信息通常是对飞行员保密的。

从人因实践的角度来看，飞行员人格和飞行员人格测验最大的潜力可能不是在选拔过程中增加对其使用。在阿联酋航空公司的飞行操作培训中，CRM 培训和对飞行员的个人指导中引入了一种人格特征剖析工具。该工具仅用于飞行员的自我发展，且主要在 CRM 指挥课程上使用。在公司内负责飞行员选拔的部门的协调配合下，引入并使用了该工具。该工具已得到飞行员的认可和赞赏，并被认为对他们晋升机长帮助很大。它的简洁性和语言的易理解性也受到肯定。然而，被接受的另一个可能原因是，对于许多飞行员来说，这不仅是他们职业生涯中第一次填写人格测验，而且填写过程和测验本身对他们来说是完全透明的，测验结果将由他们自己使用，并为他们自己的利益服务。

人格剖析工具已用于晋升机长职位的申请者，以促进飞行员之间沟通交流，讨论他们自己的人格在不同情况下对机长行为的支持或妨碍。当以这种公开透明的方式使用人格测验时，关于人格的讨论变得具有包容性了，因为各种类型人格特征的优缺点都会出现在讨论中。它还被用于培训那些在训练中失败的飞行员，他们最常见的失败原因是在人际交往技能领域（但也可能在决策和其他能力方面）。飞行教官和模拟机教官也要求通过人格测验来理解人格在训练中的作用，这一要求得到认可，并形成了在训练中观察和指导飞行员的共同语言。

尽管几乎所有人格测验背后的科学性都可以被讨论和质疑，但随着飞行员和教官对人格和飞行行为相关性的理解和接受，推动了人格测验工具在训练和教学中的应用，而且还增加了航空业对非技术技能的关注，并拓宽了对飞行绩效讨论的视角。人格测验有助于飞行员改善他们的行为，培养成功所需的品质。也许这些积极的变化可能更多地源于增加了对行为的关注和理解〔"组织性安慰剂效应"（organisational Placebo effect）〕，而非源于测量工具的质量和训练质量，但无法否认的是，使用了人格测验后确实产生了积极效果。

# 四、结论

尽管仍有许多飞行员认为人格对飞行的影响只是一种错觉，使用人格测验也是没有必要的。但是，无论是军事还是民用飞行员，人格和相关测验将继续是飞行员选拔的一部分。有足够的研究支持其应该是飞行员心理评估系统中一个重要组成部分。然而，先前的研究还告诫人们不要将人格测验作为选拔过程中的一个独立部分，并反对在选拔过程中给予其过高的权重。当人格测验与模拟器检测、其他与工作相关的任务检测、认知能力和运动感知技能检测等一起使用时，它有助于对申请者进行全面评估。但应该采用比当今航空业的做法更加透明的方式进行。

从现实的人因视角来看，人格测验潜在的应用功能不太可能出现在飞行员选拔中。然而，透明和负责任地使用人格测验工具有助于飞行员训练的教和学过程。当以这种方式使用人格测验时，关于人格的讨论会变得更有包容性，因为所有类型人格特征的优缺点都浮出了水面。在两个主要领域使用人格测验工具已被证明有助于飞行员的成长，分别是：①飞行员个人发展和补救训练；②促进飞行员间就其人格如何支持或阻碍他们工作进行讨论。针对这些方面，人格测验工具受到了欢迎，并被飞行员和教官视为一种实用的发展工具，特别是其对于那些申请晋升机长和训练失败的飞行员更有价值。可以预见，更新和更具科学性的人格测验工具将会在航空领域有更多的应用前景。

原书参考文献

# 第二十章
# 航空心理学专家的培训

Michaela Schwarz 和 Christian Czihak

本章专门介绍了航空心理学专家的培训和资格认证相关内容，航空心理学专家主要在飞行员选拔过程中对飞行员和其他航空相关人员进行心理评估。前面的章节专门介绍了飞行员选拔中进行的心理评估类型，本章主要从航空心理学专家的角度向读者介绍他们应具备的资格和能力。

自 20 世纪 20 年代以来，心理学专家一直致力于研究飞行员的个性特征和工作态度，以及影响飞行行为的心理过程。现在，心理学专家不仅参与了飞行员选拔工作，而且在飞行员培训和职业发展规划、飞行事故和事故后调查、同伴支持和压力预防，以及飞机系统人机界面设计等工作中都发挥着重要作用。航空心理学已经成为一个理解和预测与航空活动相关的人员行为的专业。

在德国之翼 9525 号航班（2015 年 3 月 24 日）事故调查的基础上，欧盟出台了关于飞行员心理评估需要遵守的操作规则"欧盟委员会规则 2018/1042"［Commission Regulation（EU）2018/1042］，由此也引发了对航空心理学专家培训和能力问题的关注（欧盟，2018）。目前，新法规明确规定飞行员的心理评估应"由心理学专家进行，或由心理学专家监督和验证，心理学专家应具备航空人员心理选拔的专业知识和了解机组运行环境的知识"。

本章首先简要概述了欧洲及其他地区航空心理学专家的培训和认证历史，包括航空领域相关专业术语；随后概述了欧洲目前在航空领域工作的心理学专家与任务和能力有关的法律规定；重点在于提供对航空心理学专家理论、实践和继续教育（进修）方面的培训要求的概述。这将有助于读者理解航空心理学专家的作用以及工作场合。本章还为读者提供了欧洲及其他地区航空心理学专家协会的概述。这对于所有需要寻求合格航空心理学专家支持的飞行员和航空相关人员来说具有特殊价值。

# 一、航空心理学专家的历史

第一个航空心理学专家协会于 1956 年秋在荷兰成立，由一群隶属于航空公司、航空部、空军以及西欧各大学的应用和社会心理学家组成。该协会被称为西欧航空心理学协会（Western European Association for Aviation Psychology，WEAAP），1994 年改为欧洲航空心理学协会（European Association for Aviation Psychology，EAAP）。与此同时，美国心理学家在 1964 年成立了美国航空心理学协会（American Association for Aviation Psychology）。1980 年，美国伊利诺伊大学工程心理学专家斯坦利·尼尔森·内布·罗斯科（Stanley Nelson "Neb" Roscoe）出版了第一本关于"航空心理学"的专著，该书主要介绍了他的飞行实验和飞行模拟器实验研究。在此之后，航空心理学取得了长足发展，现已被广泛认定为应用心理学的一个领域，主要致力于"对从事航空相关活动的人员的研究工作"（Martinussen & Hunter，2009，p.1）。为响应欧洲航空管理机构的发展，联合航空管理局（Joint Aviation Authorities，JAA）提出了要对心理学专家资质进行认证的要求，欧洲航空心理学协会也决定在航空心理学的主要领域制定专业标准。在此背景下，首次对具有"航空心理学专家"或"航空人因专家"（Goeters，1998，2004）资格的成员进行了认证。如今，欧洲航空心理学协会在全球拥有 570 名成员，其中 98 人目前被认证为航空心理学专家。公众可在欧洲航空心理学协会登记册上查阅该相关信息（www.eaap.net/registered-members.html）。

欧洲航空心理学协会与全球的伙伴组织合作，共同追求在航空应用领域推广科学的航空心理学知识（Pollack，1998，p.7）。虽然航空心理学这门学科已经被广泛认可，但航空心理学专家的专业头衔目前还没有像临床心理学专家这样受到法律保护。这就带来了一个关于航空心理学专家的任务和能力的共识的问题，也使得航空心理学专家与其他相关心理学专业的分离。

# 二、航空心理学专家的角色

航空心理学专家、航空航天心理学专家和航空医学心理学专家这样的专业术语经常互换使用。

马蒂努森和亨特（Martinussen & Hunter，2009）将航空心理学定义为"对从事航空相关活动的人的研究"。后来，航空心理学专家开始关心"预测个人在航空环境中的行为"（Martinussen & Hunter，2009，p. 1）。航空心理学专家对通用航空活动（例如，娱乐飞行、特技飞行、气球、滑翔机、超轻运动等）、商业航空活动（航空公司）和军事航空活动（战斗机飞行员、空运）均非常熟悉。航空心理学专家的典型服务对象包括：

（1）飞行员．

（2）飞行教员和考官．

（3）在职培训教员．

（4）机组人员/乘务员．

（5）空中交通管制员．

（6）空中交通安全电信人员。

（7）航班机务工程师。

（8）航空气象学家。

（9）停机坪和地面调度工作人员。

（10）乘客及其亲属。

（11）航空检查员和审计员。

（12）航空事故和事件调查员。

（13）机场工作人员。

（14）航空经理。

（15）航空供应商。

（16）飞机设计师/制造商。

（17）航空体检医师。

（18）民航管理官员。

（19）航空法官和检察官。

在欧洲，航空心理学是应用和组织心理学中的一个独立分支，主要关注于航空领域驾驶和操作航空器的人员。与"航空心理学专家"相关术语的完整列表如下表所示（表20.1）。

表 20.1　航空心理学专家相关术语的定义

| 术语 | 定义 |
|---|---|
| 航空航天心理学专家（Aerospace Psychologist） | 在美国，航空航天心理学专家也指航空心理学专家。在欧洲，航空航天心理学专家是从事航天员和其他在太空中工作的人员（如卫星操作员、任务控制人员）的选拔、培训和安全相关工作的专家（Wickens，1999） |
| 航空航天实验心理学专家（Aerospace Experimental Psychologist，AEP） | 航空航天实验心理学专家是"担任专业研究工作的现役海军军官。航空实验心理学专家参与系统开发和设备采购的所有阶段，包括实验室水平的研究、开发、测试和评估工作，以及广泛的技术应用领域，包括平台的人机工效学、航空人员选拔、飞行模拟和培训。航空航天实验心理学专家在最极端的条件下进行大量实验研究，以减少在军用飞机上进行超音速精确机动时带来的冲击和情绪影响"（美国海军航空航天实验心理学学会，2018 年） |
| 军事航空心理学专家（Military Aviation Psychologist） | 军事航空心理学专家主要与军事（空军）飞行员、军事空中交通管制员以及设计和维护军用飞机的工程师们协同工作。军事航空心理学专家非常熟悉军事行动（如空战、空运、制空权）和具体的工作条件（如高载荷、战略作战、导弹控制、编队飞行） |
| 航空医学心理学专家（Aeromedical Psychologist） | 根据金（King，1999；Saitzyk et al.，2017）的界定，航空医学心理学"代表了航空医学和临床心理学的结合，主要应用临床心理学原则、方法和技术来解决航空业的个人和群体问题"。航空医学心理学专家传统上关注于"精神障碍、人格障碍、飞行员的心理评估和选拔、心理健康的维护以及飞行员职业生涯中有关医学资格认证和取消的临床问题"（Bor & Hubbard 2006；Jones & Marsh，2001，引自 Olson，McCauley & Kennedy 2013，chapter 1，p.1） |
| 航空精神病医生（Aviation Psychiatrist） | 是指专门从事精神病学诊断、预防、研究和治疗飞行员（执行航空相关活动的个人）精神障碍的医生（医学博士） |
| 临床心理学专家和心理治疗师（Clinical Psychologist and Psychotherapist） | 临床心理学专家是在精神疾病的诊断和治疗方面受过专业训练的心理健康专业人员。所接受的专业训练包括心理健康评估、咨询、教育和辅导等方面的培训 |
| 健康心理专家（Health Psychologist） | 健康心理学专家研究健康、疾病、医疗保健和护理中的心理过程，并关注心理、行为和文化因素如何影响身体健康和疾病 |
| 心理健康专家（Mental Health Professional） | 心理健康专家是指从事心理健康职业的医疗从业者或社区服务提供者的统称 |

| 术语 | 定义 |
| --- | --- |
| 作业 / 组织（职业）心理学专家 ［Work/ Organizational （Occupational）Psychologist］ | 职业心理学专家使用"心理学理论和方法，通过提高组织的效率，以及工作场所中人们的绩效、积极性和健康来提供有形的获益"（英国心理学会）。相关技能涉及心理评估、学习、培训和发展、职业健康、工作设计、组织改革以及领导力、激励和雇用等 |
| 航空人因专家 （Aviation Human Factors Specialist） | 人们在工作环境中的表现通常被称为人的因素。它是人机工效学应用的重点，通常被认为包括工作或工作条件的适应，以提高工作者的绩效和健康 |
| 交通 / 运输心理学专家 （Traffic/Transportation Psychologist） | 交通 / 运输心理学专家通常研究心理过程和道路使用者（如汽车 / 公共汽车 / 出租车司机）行为之间的关系。一些定义还包括在海运、铁路和航空业等其他运输部门工作的人员 |

## 三、心理学职业领域的国际法规

本章开头已经强调了航空心理学专家这一头衔尚未被监管机构在法律上承认为独立职业。然而，1996 年引入的欧洲航空心理学协会认证现在被广泛应用在欧洲和其他地区工作的航空心理学专家的资格认证中。航空心理学专家缺乏法律认可的原因是欧洲心理学专家的教育、培训和能力标准不统一。事实上，心理学的本科和研究生学位在学习范围和内容上有很大的差别，许多国家法律要求心理学专家执业时必须获得执业许可证。

欧洲航空心理学协会在 2018 年 5 月至 9 月对其成员进行了一项关于现有国家法律和心理学相关法律的调查。在受访者中，42% 的人表示，他们不知道在自己的主要工作地国家有哪些法律明确规定心理学专家可以做什么（即执业许可证的规定）。航空心理学专家的地理分布如下图所示（图 20.1）。

那些声称了解国家法律规定的心理学专家职责的受访者提到了与临床心理学或心理治疗领域有关的法律规定。被调查者列举了以下法律法规和心理学协会、专业委员会。这些列表中的名单是按字母顺序排列的，并非详尽无遗，而是为欧洲及其他地区的组织树立了典范。每个欧洲国家对临床心理学专家 / 心理治疗师都有法律要求。以下列表概述了航空心理学专家提到的与其专业相关的现有法律法规、心理学协会、委员会和职业委员会。该清单旨在概述当前的立法状况，并非是一份完整的清单。

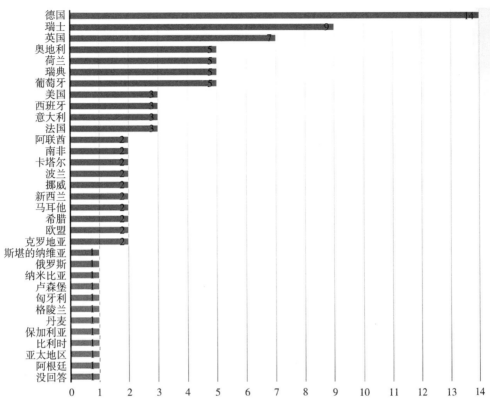

图 20.1　你主要在哪个国家工作（*N*=94）

## （一）法律法案

《奥地利心理学规范 2013》；

《德国心理治疗规范 1999》；

《波兰国家心理健康保护法》；

《瑞士心理学规范 2011》。

## （二）心理学会

美国心理学会（APA）；

英国心理学会（BPS）；

荷兰心理学会（LVPP）；

欧洲心理学专家协会联合会（EFPA）；

瑞士心理学专家联邦协会（FSP）；

德国心理学会（DGP）；

葡萄牙心理学会（OPP）。

### （三）心理委员会/职业委员会

奥地利心理学委员会（BÖP）；

奥地利心理学学会（ÖGP）；

批判心理学专家协会（GkPP）；

丹麦卫生部；

德国心理学委员会（BDP）；

南非卫生专业委员会；

马耳他心理专业委员会；

西班牙心理学协会；

英国健康和安全职业委员会（UK HSC）；

英国健康和护理职业委员会（UK HCPC）。

## 四、心理学专家和道德委员会的伦理规范

像医生的希波克拉底誓言一样，专业心理学专家致力于欧洲和国际心理学专家共同的伦理价值观。根据欧洲心理学专家协会联合会（European Federation of Psychologists Association，EFPA）的伦理规范范本，这些共同价值观包括"正义、平等和尊重个人及其社区的自主权和尊严"（EFPA 道德委员会，2015，p.2）。自2013 年以来，欧洲航空心理学协会（EAAP）是 EFPA 的成员，并对注册航空心理学专家应用 EFPA 道德准则提出建议。感兴趣的读者可参考 EFPA 的网站（www.efpa.eu/ethics/meta-code-of-ethics）了解更多详情。心理学专家违反伦理准则的案件应报告给 EFPA 伦理委员会并由其管理。伦理委员会于 2011 年成立，它的成员由来自 18 个欧洲国家的代表组成。伦理委员会的活动包括对当前心理学实践的反思性监测，制定指导方针、规范和标准，以及为心理学专家制定伦理培训计划。进一步的细节可以在相关网站上找到（http://ethics.efpa.eu/board-of-ethics/）。

## 五、航空心理学专家和心理健康评估

现在，航空体检医生（Aeromedical Examiner，AME）负责在医学评估中对飞行员的身体和心理健康依法进行鉴定。然而，航空体检医生需要了解航空心理学专家的职责，有时需要将患者转介给航空心理学专家进行全面的心理评估。多专业心理健康评估包括①一份允许航空体检医生和航空心理学专家之间共享数据和讨论的同意书；②申请人的初步自我描述，包括工作 - 生活平衡、压力管理和社会资源；③精神心理健康评估（约 50 分钟），包括症状检查表（心理测量问卷）、知觉和反应速度评估（不包括抑郁症和长期酗酒）和半结构化访谈；④与航空体检医生就研究结果和最新发现进行跨学科讨论；⑤向客户反馈结果和后续工作。理想情况下，航空心理学专家和航空体检医生紧密合作，通过专业平台保持定期联系。因此，航空体检医生需要参加与航空心理学相关的常规培训课程，同样，航空心理学专家需要掌握最新的航空医学相关标准。

根据新的监管要求，一些国家建立了航空医学中心（Aeromedical Centers，AeMCs）。航空医学中心也是一个为民用和军用航空人员提供医疗和心理评估的高级中心。中心的专家团队通常由航医（aviation physician）、心理学专家、医学专家、理疗师以及技术支持和管理人员组成。航空医学中心的主要任务是为航空相关人员进行初步诊疗和康复治疗，也包括定期健康检查、营养计划以及航空心理学和医学领域的研究和培训。飞行员和其他与飞行有关的人员都受益于这类中心的跨学科评估和高效服务。

## 六、航空心理学专家的培训

结合相关法规要求，下面将着重介绍航空心理学专家的理论和实践培训。

航空心理学专家的最低培训先决条件与其他心理学专业一样，获得心理学硕士学位（300 个 ECTS 学分相当于 5 年学习）［译者注：ECTS 为欧洲学分转换系统，在欧洲学习的学术证明是通过欧洲学分转换和积累系统（European Credit Transfer and Accumulation System，ECTS）来确认的。ECTS 的学分是根据学生达到预期学习效果所需的工作量计算的。一年全日制的正式学习可获得 60 个 ECTS 学分］。

获得心理学专家独立执业许可，并在国家或国际航空心理学协会注册。下面列表按成立日期列出了航空心理学协会目录。

（西欧）欧洲航空心理学协会（EAAP）于 1956 年在荷兰海牙成立。在 1994 年于爱尔兰都柏林召开的会议期间，该名称从"西欧航空心理学协会"更名为"欧洲航空心理学协会"［EAAP 主席安德烈·德罗格（André Droog）2018 年 8 月 28 日的介绍］。欧洲航空心理学协会目前在全世界有 570 名会员。

美国航空心理学协会（AAP）成立于 1964 年，2018 年 12 月解散（摘自美国航空心理学协会时任理事长黛安·达莫斯（Diane Damos）2018 年 12 月 5 日的介绍）。

澳大利亚航空心理学协会（AAVPA）于 1992 年在维多利亚成立，第一任主席由发起人、澳大利亚航空公司的机长迪克·威尔金森（Dick Wilkinson）担任。随后两年一度的研讨会在曼利（位于澳大利亚新南威尔士州）举行。澳大利亚航空心理学协会会员一般在 150～200 名之间，目前有 129 名会员［摘自澳大利亚航空心理学协会现任主席、澳大利亚航空运输安全委员会委员梅勒妮·托德（Melanie Todd）2018 年 8 月 27 日的介绍］。

西班牙航空心理学协会（AEPA）成立于 1999 年。目前有 93 名会员，其中 70% 是西班牙人，30% 是中南美洲人。西班牙航空心理学协会最近实现了里程碑式的发展：航空心理学在西班牙被正式承认为一个专业领域。西班牙航空心理学协会在大学里开设高水平的研究生教育［摘自秘书长埃米利奥·加西亚·维尔加斯（Emilio Garcia Villegas）2018 年 8 月 29 日的介绍］。

奥地利航空心理学协会（AAPA）由 K. 沃尔夫冈·卡尔卢斯（K.Wolfgang Kallus）教授于 2004 年在格拉茨（奥地利）成立，目前有 20 名会员［摘自副主席 2018 年 8 月 27 日的介绍］。协会的使命是促进航空心理学专家的初级培训和继续教育。

保加利亚航空航天医学和心理学协会（BAASMP）成立于 2006 年。该协会有三名心理学专家，均为保加利亚导航部门的全职工作人员。保加利亚的航空心理学历史可以追溯到 1925 年飞行员选拔，他们还数次为航天飞行实验开发了设备。保加利亚航空医学和心理学协会的主要目标是促进保加利亚航空医学和心理学的发展，提高航空医学和心理服务的标准和质量，从而确保飞行员和航空航天领域工作的其他人员的适航性和高质量医疗。2010 年，该协会从保加利亚航空当局获得了航空医学专家培训许可证［摘自 2018 年 9 月 10 日理事会成员埃琳娜·彭切娃（Elena Pentcheva）的介绍］。

德国航空心理学协会（DGLP）成立于 2010 年在布达佩斯举行的 EAAP 会议期间，目前有 45 名会员［摘自协会主席彼得·马斯克（Peter Maschke）2018 年 9 月 1 日的介绍］。该协会旨在促进德国航空心理学相关的科学和研究。

巴西航空心理学协会（ABRAPAV）于 2013 年在里约热内卢成立，旨在加强航空心理学成为巴西的一个专业领域［来自协会主席塞尔马·里贝罗（Selma Ribeiro）2018 年 11 月 10 日的介绍］。2019 年，意大利航空心理学协会（IT-APA）成立（摘自协会主席亚历山德拉·雷亚（Alessandra Rea）的介绍，2019 年 7 月 31 日）。

# 七、航空心理学专家的理论培训

除了学术学位和专业协会会员资格，航空心理学基本理论培训是必修的。1996 年，欧洲航空心理学协会组织了第一次航空心理学基础课程培训，包括 5 个主要部分：①人体工程学；②选拔；③培训；④心理咨询与干预；⑤人因事故调查与预防（Hayward & Lowe，1996；Goeters，1998，p. 4）。表 20.2 概述了当今航空心理学专家应具备的理论知识和能力。表 20.3 和 20.4 中所列的大学和培训机构提供了航空心理学和人因方面的学位与课程，其中的国家按字母顺序排列。

表 20.2　航空心理学专家的理论培训要求

| 主题 | 目录 |
|---|---|
| 人机工效学 / 人的因素 | 人机工程学、人机界面设计、自动化、信任和专业技能、沟通和协调、独断性、机组人员 / 团队资源管理、疲劳风险管理、年龄和绩效、情境意识、认知偏差 |
| 选拔 | 心理测量、选择标准、实验设计、评价中心的表现、能力测验、飞行员 / 管制员技能和能力、专用航空人员的选拔测验、选拔过程设计 |
| 训练 | 培训设计、实时 / 快速模拟、指导技术、培训教学法 |
| 心理咨询 | 诊断、咨询、压力预防、行动后压力质询 / 危机干预、晕机和预防、飞行恐惧、咨询、辅导、指导 |
| 事故和事件预防 | 原因分析、分类、调查技术和方法、事故和事件模型、人因错误分析工具 |
| 航空安全和风险管理 | 危险识别、安全和风险评估、风险分类、安全管理原则 |
| 飞行规则和操作程序相关航空法规 | 航空法和立法、航空规则、空域等级、飞行规则、飞行注册和适航性、许可、搜索和救援、事故调查条例、国际民航组织附件、机场布局 / 国际民航组织标志、无人机 / 无人驾驶飞机系统 |

续表

| 主　题 | 目　录 |
|---|---|
| 人的效能局限性 | 飞行生理学、视力和视错觉、听力和平衡、飞行适应性、无聊/负荷不足/单调、工作负荷/压力管理和突发事件压力、疲劳和睡眠、信息处理、判断和决策、人为错误与违规、精神药物的使用问题、失定向、晕机、有效意识时间 |
| 航空英语 | 国际民航组织字母表、标准用语、英语水平（应用水平）、主要航空术语和缩写 |
| 航空工作环境和相关风险 | 倒班工作、长航程、时差、合同协议/奖金制度、密闭空间、振动和噪音、照明条件、室温、组织压力、职业健康和安全风险、安全和公正文化、社会背景和个人压力源 |

表 20.3　提供人因工程学学位的大学

| 国　家 | 机　构 | 学　位 |
|---|---|---|
| 澳大利亚 | 斯威本科技大学 | 航空人因工程（理科硕士） |
| 澳大利亚 | 南昆士兰大学 | 航空人因工程（理科硕士） |
| 德国 | 柏林技术大学 | 人因工程（理科硕士） |
| 英国 | 考文垂大学 | 航空中的人因工程（理科硕士） |
| 英国 | 克兰菲尔德大学 | 航空安全与人因工程（理科硕士） |
| 英国 | 诺丁汉大学 | 人因工程和人类工程学（理科硕士） |
| 美国 | 佛罗里达理工学院 | 航空中的人因工程（理科硕士） |
| 美国 | 安柏瑞德航空大学 | 人因工程（理科硕士） |
| 美国 | 亚利桑那州立大学 | 航空管理与人因工程（理科硕士） |

表 20.4　提供航空心理学和人因工程相关课程的组织

| 国　家 | 机　构 | 课　程 |
|---|---|---|
| 奥地利 | 格拉茨大学 | 航空心理学是工作和组织心理学学位的一部分 |
| 奥地利 | 应用科学大学 | 人因工程模块是工程与航空管理学硕士的一部分 |
| 奥地利 | 格拉茨技术大学 | 交通事故研究——航空安全 |
| 奥地利 | 奥地利航空心理学协会 | 国际航空心理学暑期学校 |
| 加拿大 | 国际航空运输协会 | 航空中的人因工程（五天课堂课程） |
| 法国 | Dedale | 飞行安全中的人的因素 |
| 德国 | 德国航空航天中心 | 航空飞行人员心理选拔 |
| 德国 | 威尔道理工学院 | 航空管理（理学硕士） |
| 爱尔兰 | 都柏林三一学院 | 管理风险和系统变化（理学硕士） |
| 波兰 | 信息技术与管理大学 | 航空管理（理学学士） |
| 西班牙 | 西班牙航空心理学协会 | 航空心理学专家课程 |
| 瑞典 | 航空学院 | 民航飞行员培训（理学学士） |
| 荷兰 | 阿姆斯特丹应用科学大学航空学院 | 人因工程与安全硕士课程 |
| 英国 | 英国心理学会 | 航空心理学：空勤科临床技能 |

## 八、航空心理学专家的实践训练

除了理论培训要求之外，航空心理学专家还需要三年（至少 3000 个工作小时）在民用或军用环境的一个或多个专业领域的航空心理学的实践经验。航空心理学专家必须获得航空技术领域的执照（如飞行员、机组人员、空中交通管制员、空中交通安全电信员、工程师）或获得以下证明（如职位证明、成就证明或出版物、官方推荐信等），才能表明其具有了航空技术领域的专业知识。

## 九、航空心理学专家资格认证

符合理论和实践培训要求的航空心理学专家可以向欧洲航空心理学协会申请认证。认证有效期为五年。认证有效期延长需要相关培训课程的继续教育证明，以及与航空人员合作的工作实践证明。

## 十、结论和结束语

虽然航空心理学已被确立为一个独立的专业，而且航空心理学专家的作用目前在欧洲已广为人知，但航空心理学专家的头衔仍然没有得到法律的认可。根据新的欧洲航空管理局规定，航空心理学专家的地位得到了加强。由于德国之翼事故的性质，现在的监管重点放在飞行员的心理健康评估上。然而，我们不应忘记航空心理学专家的作用远不止于此。如今，航空心理学专家参与所有航空相关人员的招聘、选拔和培训，这些工作伴随他们整个航空职业生涯。航空心理学专家的大部分工作与理解和预测行为有关，这有助于防止航空事故和事件的发生。他们还参与设计航空安全和保障系统（Tsang & Vidulich，2003；Vidulich et al.，2017）。1981 年在俄亥俄州举行的第一次航空心理学研讨会明确规定了航空心理学专家的目标，即"批判性地研究技术对现代飞机和空中交通管制系统中人类操作员的角色、责任、权力和绩效的影响"。全球 1000 多名注册航空心理学专家和人因工程专家始终为这一目标而努力，以保护我们的空中安全！

原书参考文献

# 第二十一章
# 招聘流程

Tina Balachandran

在过去的 10 多年里，我作为一名临床和组织心理学专家进入商业航空领域，这对我既是挑战也是一种冒险。我就职于一个文化多元的航空公司，我 80% 以上的航空知识来自处理各种现实问题的实践锻炼。我在这家航空公司工作的前 4 年里，是该公司唯一的心理专家，因此我必须以更快的速度磨练技能，包括实施临床和岗位适配性评估，对招聘过程提供意见，对重大事件提供心理支持，并在航空灾难后提供心理支持培训。缺乏参考资料是一个主要的挑战，在最初几年里我很大程度上依赖于《航空心理健康：对航空运输的心理影响》（Bor & Hubbard, 2006）一书来指导各项工作的开展。这些经历使我对航空安全的重要性有了更深刻的认识，我认为对于飞行员来说，必须要有一个优质的招聘程序来选拔出那些既适合该角色又适合该组织的合适人选。

商业航空作为一个行业，多年来不断发展壮大，从而满足全球市场的需求。波音公司（2016）预测在未来 17 年内商业航空公司对飞行员的需求超过 60 万名。另一方面，国际民航组织预计，2010 年至 2030 年，全球每年将出现约 2.5 万名飞行员的缺口（国际民用航空组织，2011）。随着全球化、市场扩张和劳动力迁移，以及人们离开原籍国到全球各地寻找工作，招聘人员在招聘适合组织和工作的人选时面临更大的挑战。在一次全球航空人才峰会上，一家中东航空公司的人才招聘副总裁谈到，面对航空业的多样化岗位需求和每年超过 25 万名的应聘人员，必须要建立"现代、透明、高效和简单的招聘解决方案"（阿提哈德航空，2015）。

本章旨在通过案例回顾招聘和选拔的做法及其在航空领域的应用，讨论企业部门在从业人员层面所面临的招聘挑战，并为飞行员选拔过程的循证实施提供实践建议。

# 一、招聘策略

对一个组织来说，找到理想的求职者会带来巨大的经济优势，而无效的招聘和选拔可能会给组织带来巨大的损失，比如较低的生产率、员工关系和运营问题，会影响客户服务质量，以及产生长期的成本负担（澳大利亚人力资源研究所，2018）。招聘是一个寻找和获得一批具有所需知识、技能、能力和经验的潜在申请者的复杂过程。招聘的目标是吸引大量的应聘人员，并为其提供最佳机会，为所需的工作角色选择合适的人。另外，人才选拔过程可以被视为一个过滤过程，通过有效、客观和公平的评估过程，帮助确定适合岗位角色和组织的人选。考虑到飞行员招聘中存在的供需问题，组织需要以系统的方式进行招聘和选拔，并采用恰当的策略来选择合适的申请者，进行需求管理以及确保潜在申请者一旦被录用就接受该工作。研究表明，一个结构化的选拔系统可以识别出具有所需知识、技能、能力、行为特征和能力的飞行员，并预测他们在航空公司工作中的表现（Damos，2003；IATA，2012）。

招聘和选拔通常包括 3 个阶段，即确定要求、吸引求职者和录用（Armstrong，2006）。这包括通过详细的工作分析清楚地了解对现代飞行员的要求（Hoffmann & Hoffmann，2017；Robbins，2003）；通过广告策略从预先考察好的人才库中吸引合适的人才，选拔类型一般包括：选拔初始飞行学员，从副驾驶内部晋升为机长，直入机长选拔，变更机队，升任机队管理岗位，任职教官等；最后在选拔过程中选出合适或不合适的申请者。下面我们将更详细地讨论与飞行员招聘相关的各个阶段。

## （一）理解工作角色

鉴于任务、工作环境以及角色要求的不同，现代商业航空公司飞行员的角色在各个组织中也不尽相同。例如，第二副机长、副机长和机长可能有不同的角色和职责（Maschke，Goeters & Klamm，2016）。在驾驶舱内，通常坐在左侧座位的机长和坐在右侧座位的副驾驶之间存在着传统的劳动分工和等级制度。角色定义了权力梯度和决策过程。此外，在双飞行员操作中，任务通过分配至"主控飞行员"（Pilot Flying，PF）和"监控飞行员"（Pilot Monitoring，PM）或"非主控飞行员"（Pilot Not Flying，PNF）等角色进行管理。主控飞行员（PF）管理与驾驶飞机相关的活动，管理飞行工作负荷，跟踪飞行进度。另外，监控飞行员（PM）或非主控飞行员（PNF）负责通信，监控主控飞行员的任务或行动，管理检查单以确保符合标准操作程序，以及其他所需的支持功能。这些角色和差异也反映在航空公司关于如何遵循运营程序的政策中。例如，一些航空公司为每个飞行员的任务和预期事件制定了书面程序，而其他一些航空公司只规定了一般程序和任务，依靠飞行员决策和知识技能的应用来确保安全飞行。因此，有必要了解飞行员在其工作职责范围内以及在每个航空公司内执行任务所需的能力。

为了理解飞行员的角色和要承担的各种任务，需要进行详尽的工作分析，这是"对工作的任务、职责和责任以及执行工作所需的知识、技能和能力的系统研究"（Riggio，2013）。我们一般采用两种常用的工作分析方法，即弗拉纳根（Flanagan）的关键事件技术（Flanagan，1954）和弗莱舍曼（Fleischman）的工作分析调查（F-JAS）（Goeters，Maschke & Eißfeldt，2004），我们还将讨论工作元素方法（Riggio，2013），这一方法经常与其他特定的工作分析技术相结合。

弗拉纳根的关键事件技术（CIT）在第二次世界大战期间首次用于为美国陆军航空部队开发选拔程序。CIT的主要目标是确定关键任务中表现好与差的行为指标。戈登（Gordon，1949）的一项研究使用这种方法来确定商业航空公司飞行员的关键要素，他使用了不同来源的信息，如培训记录、飞行检察员的检查记录、事故记录中报告的关键飞行员行为以及飞行员对严重事件的匿名报告等。由此确定了飞行员工作中的21个关键要素。以下列出了部分关键要素，以及与其相关的发生错误的频率（按照事故、事件、飞行检查、总计顺序排列）。下面仅列出错误总计高于40的要素。

（1）建立并保持进近时的下滑角、下降率和下滑速度（47、41、11，总计99）。

（2）操作控制和开关（15、44、33，总计92）。

（3）导航和定向（4、39、19，总计62）。

（4）保持安全空速和姿态，从失速和旋转中恢复（11、28、18，总计57）。

（5）遵循仪表飞行程序并遵守仪表飞行规则（5、27、13，总计45）。

（6）执行驾驶舱程序和例行程序（7、31、4，总计42）。

总计错误数最少的3个要素：

（1）平稳协调地操纵控制装置（0、6、8，总计14）。

（2）防止飞机承受过大压力（0、5、7，总计12）。

（3）采取安全预防措施（2、5、4，总计11）。

然而，对来自五大航空公司的400多名飞行员的数据进行分析，各选拔指标，如招聘年龄、教育、智力测试分数、贝内特机械理解测试、明尼苏达多相人格量表分数、飞行时间和地面训练成绩等均不能有效预测飞行员在这21个关键要素上的表现（Gordon，1949），这表明需要更好的选拔指标。

　　弗莱舍曼的工作分析调查方法侧重于评估不同技能、能力和个性特征与工作绩效的相关性。最初的工作分析调查（F-JAS）由 72 个评估量表组成，涵盖认知能力、心理运动、身体和感官能力、知识和技能以及互动 / 社会量表等（Goeters et al.,2004）。然而，考虑到现代飞行员在机组人员资源管理环境中的作用，德国航空航天中心增加了 9 个额外的量表，以更好地衡量人际行为。这些附加量表包括自我意识、沟通、领导力、自信和抗压能力等（Goeters et al., 2004）。采用扩展的 F-JAS 对汉莎航空公司的 141 名商业飞行员进行了研究，涉及不同岗位（机长和副驾驶）、不同飞行操作（短途和长途）和不同电脑化程度的驾驶舱类型（混合和玻璃驾驶舱），从而确定了飞行员的相关和高相关能力（Goeters et al., 2004）。

　　（1）在认知能力领域，相关和高相关的能力包括：选择性注意（相关）；时间分配（高相关）；知觉速度（相关）；空间定向（高相关）；数字运算（相关）；记忆（相关）；可视化（相关）。

　　（2）在心理运动能力方面，相关和高相关的能力包括：控制精度（相关）；速率控制（高相关）；反应定向（相关）；肢体协调（相关）；反应时（相关）。

　　（3）在感官能力方面，相关的能力包括：听觉注意（相关）；语音识别（相关）；夜视能力（相关）；远视能力（相关）；眩光敏感度（相关）；深度知觉（相关）；外周视野（相关）。

　　（4）与知识和技能以及互动 / 社交相关的其他相关和高相关能力包括：阅览计划（相关）；地图阅览（高相关）；情境意识（相关）；抗压能力（高相关）；自我意识（相关）；团队合作（高相关）；抗冲动性判断（相关）；沟通（高相关）；行为灵活性（相关）；决策（高相关）；心理弹性（相关）；自信（相关）；动机（相关）；社会敏感度（相关）；口头事实搜寻（相关）。

　　格特斯（Goeters）等人进行的研究也证实了与飞行员相关的要求包括认知、心理运动和人格特征等方面，这些方面需要在飞行员选拔时进行评估。这些研究结论也符合国际航空运输协会（IATA）确定的能力，包括基本心理能力和操作能力，如心理运动能力，与减轻风险、管理和解决问题有关的策略性能力（strategic competencies），以及社会能力和人格特征（IATA，2012）。

　　最后需要讨论的工作分析方法是工作要素方法。该方法关注于执行工作所需的知识、技能、能力和其他特征（通常称为 KSAOs）。该方法依赖于领域专家（subject matter experts，SME）来确定该角色所需的工作要素或 KSAOs 指标。在这里，飞行员充当了专家的角色，根据自己的角色列出 KSAOs 指标，然后根据不同指标对完成工作的重要性进行评级或排序。考虑到需要了解每个航空公司（运营商）对飞行员的操作要求，这种以人为导向的方法非常有用，因为它侧重于特定工作环境中承担工作任务者的个人责任。这种方法还有助于识别组织文化中所需的人格特征，对于飞行运营管理来说，飞行员的行为特征或人格特征非常重要。他们可以通过访谈或小组讨论来提供这些信息。对各种工作分析技术的准确性、细节水平和成本效益的比较表明，功能性工作分析和关键事件技术是合理有效的工作分析方法，可以提供复杂工作角色的详细和全面的信息（Riggio，2013）。

从实践者的角度来看，在与其他从业人员的讨论中经常听到的一个质疑是，在招聘时评估的能力并不总会在培训或绩效评估、航线检查等过程中得到进一步评估。由于组织中有一种被称为"孤岛思维"（silo mentality）或"谷仓效应"（silo effect）的工作倾向，团队、部门或部门领导者所拥有的信息，往往不与其他业务领域共享。从招聘实践的角度来看，这将导致招聘团队无法跟踪申请者在组织内任职期间的进步情况。因此，预测飞行员进入系统后的表现有时变得很有挑战性。出现问题时，运营经理们会对能力框架和选拔流程背后的基本原理提出疑问，并质疑评估预测的有效性。作为实践者，我们应该问这样的问题，"尽管申请者已经进入公司中，但招聘过程是否真的测量到了该角色所需的能力？""被测量的能力是否可预测飞行员的表现？"因此，确保管理和运营对任务和能力的一致认识非常重要。这些问题可以通过与飞行员和其他运营利益相关者的小组讨论来解决，并将结果提交给飞行运营管理层，以征求他们的意见和认可。

另一个经常观察到的额外挑战是，当我们找到具备适合该职位所需的知识、技能、才能和个性特征的申请者时，他们往往不符合组织文化。根据《哈佛商业评论》上的一篇文章，如果一个人碰巧不符合组织文化，那么所造成的离职成本是这个人年薪的50%～60%（Bouton，2015）。因此，与组织文化的契合度也是招聘时应考虑的一个重要因素。

## （二）吸引人才

随着对飞行员的角色和工作任务有了更好的理解，思考如何吸引合适的申请者担任这一工作就变得很重要。当飞行员谈论他们的飞行生涯以及这一切是如何开始的时候，他们中的大多数人都讲述了一个变成现实的童年梦想，飞行员的家庭背景使他们自然而然地进入航空世界，或者是对旅行的热情和预期的生活方式激励他们走上了飞行之路。不管什么原因，他们都有飞行的动力和激情。此外，鉴于对学习飞行的高额投资，无论是自费还是通过家庭支持或航空公司资助，这是他们坚持继续走下去的另一个理由。通往商业航空的道路有多条，可以是从飞行部队转到民航系统，也可以基于大学教育的飞行员培训计划，入学独立的飞行学院，还可以是参加航空公司多机组飞行员执照（MPL）培训，或者小型航空公司的飞行员根据合作航空公司之间的协议或合同条款"流转"（flow-through）到大型航空公司（Schroeder，2017）。在高度发达的国家中，人才资源库的可利用率只有30%，这意味着可能10名飞行员中只有3名可以被招聘（国际航空运输协会，2012）。因此，随着对飞行员的高需求和全球人才市场竞争的日益激烈，招聘人员需要花大力气吸引既适合工作又适合组织文化的人才。

同样重要的是，不要忘记人才库主体那一代人的年龄。在英国和许多其他国家，飞行员的法定退休年龄是65岁。为了满足飞行员日益短缺的需求，日本交通省在2015年将飞行员的退休年龄提高到67岁（Dennis，2017）。一些航空公司从其他国家雇用有经验的飞行员来满足他们对飞行员的需求。"婴儿潮"一代中的大多数飞行员都将很快达到法定退休年龄，但他们可能仍然有能力承担这项工作。根据2016年的一项调查（Statista，2017），飞行员的平均年龄为40多岁，这表明目前大多数飞行员都是20世纪60年代中期至70年代末出生的一代人。

考虑到人才库中的不同时代群体，理解驱动这些不同时代飞行员的工作道德和价值观（表21.1）并应用合适的招聘策略来吸引人才变得非常重要。英国特许人事与发展协会（Chartered Institute of Personnel and Development，CIPD）（2009）指出，英国78%的组织通过其公司网站吸引人才，76%通过招聘机构吸引人才，约70%依靠当地报纸广告。随着劳动力的不断变化和千禧一代的飞行员的增长，将驱动招聘策略和方式的变革。然而，传统的招聘渠道，如招聘网站广告和巡回宣传仍然占据着一席之地。

从申请者的角度来看，飞行员有兴趣了解他们在航空公司的职业发展道路，航空公司如何维持他们工作与生活之间的平衡，以及航空公司提供的与其竞争对手不同的增值服务。在吸引海外人才时，重要的是要确保潜在申请者了解现有的住房、教育和其他家庭需求方面的规定。因此，航空公司需要在品牌建设上加大投入，将其作为吸引人才战略的一部分，并展示其在品牌建设上的独特优势。

通过公司的品牌平台，未来的申请者还能够对组织文化有更好的理解。通过论坛和讨论平台，申请者可以与目前受雇的飞行员互动并对航空公司内部情况进行了解。现有员工是传达公司品牌和价值的重要支柱。此外，航空公司在LinkedIn、Twitter等社交平台上的资讯，在Instagram、Snapchat等社交网络上的视频和帖子，在大众媒体、博客甚至公司网站上的文章和采访记录，都会影响潜在飞行员申请者的看法。无论是高年资的还是年轻的飞行员都渴望看到和了解未来雇主公司的日常动态。以客户为中心和追求卓越不仅要针对乘客，也要针对员工。公司的工作环境应该为员工创造一种自豪感和工作目标感，这不仅是看得见的，而且应该被公司内的每个员工所能深深地感受到。这些努力将共同创造出品牌效应，为潜在的申请者传递企业价值，无论他们是属于哪一代人。

表 21.1　不同年代员工的职场特征（获得使用许可）

| | 退伍军人<br>（1922—1945） | 婴儿潮一代<br>（1946—1964） | X 一代<br>（1965—1980） | Y 一代<br>（1981—2000） |
|---|---|---|---|---|
| 职业道德和<br>价值观 | 努力工作<br>尊重权威<br>牺牲<br>责任先于娱乐<br>遵守规则 | 工作狂<br>高效工作<br>事业<br>实现个人价值<br>渴望优异<br>质疑权威 | 完成任务<br>自力更生<br>需要结构和方向<br>怀疑态度 | 接下来该干什么<br>多重任务处理<br>坚韧<br>富于企业家精神<br>宽容<br>目标导向 |
| 工作是…… | 义务 | 令人兴奋的冒险 | 一项艰难的挑战<br>一份合同 | 实现目标的手段<br>自我满足 |

虽然成为一名飞行员也会出于经济方面的考虑。但从航空公司或组织的角度来看，每个被雇用的飞行员都有招聘和培训成本，留住被雇用者也是很重要的工作。因此，航空公司应重视福利和保健政策，虽然这超出了本章的范围，但这确实是航空业需要多关注的领域，心理学专家、飞行运营管理和招聘等相关部门需通力合作，才能做好这方面的工作。

### （三）选拔程序

正如本章前面提到的，选拔是缩小人才库以确定合适申请者的过程。这也是一个"过滤"过程，通过各种选拔方法加以实现。对于飞行员选拔来说，包括测验、访谈、评价中心活动和模拟器测试。心理选拔的应用起源于军事飞行员选拔。其中的难点主要是工作绩效指标、预测因子和效标变量的确定（Martinussen，2017；Schroeder，2017）。工作分析的结果通常用于选择合适的测验来测量已确定的 KSAOs 指标或能力。工作分析得到的指标还可以作为工作绩效指标，用于效度验证（Martinussen，2017）。

对飞行员所需的知识、技能、能力和个性特征，到目前已进行了大量研究。然而，目前还没有明确的招募流程作为招募飞行员的固定模式。在国际航空运输协会 2009年进行的一项在线调查中，对成员航空公司和相关执行部门所采用的选拔方法进行了回顾性调查，最突出的问题是：目前的选拔系统普遍理论基础不足，针对初始申请者的选拔过于复杂，而用于副驾驶和机长的选拔方法还不够成熟（IATA，2012）。

国际航空运输协会（2012）的飞行员选拔指南包括单阶段或多阶段选拔程序。单阶段选拔过程包括预筛选、选拔和聘用决定 3 步骤。需要注意的是，筛选（screening）和选拔（selection）是不同的过程。筛选的重点是剔除不符合该职位最低要求的申请者，而选拔则集中于"选入"；两者共同构成了整个选拔过程。

筛选过程可能包括审查申请者的教育程度、飞行时间、工作经验、背景调查以及管理者或同行的推荐、医学记录审查等，用以评估申请者是否适合该职位。在生平资料调查时，重要的是要有一个标准化的过程来量化收集的数据，这些数据可能是以后效度研究的一部分（Martinussen，2017；Hoffmann & Hoffmann，2017）。在这一阶段收集的信息可作为访谈或其他临床心理评估等深入评估的参考数据。

多阶段选拔一般包括两个或多个阶段。由于在选拔的第 1 阶段进行较便宜的测验，这一举措降低了申请者的平均费用。大多数航空公司的选拔程序都采用阶梯式方法，例如先采用文件审查的形式进行正式筛选；然后进行第 1 阶段检测：初步评估；再进行第 2 阶段检测：详细评估、面试和最终录取决定。

### （四）商业航空中的不同选拔实践

为了回顾目前商业航空的选拔趋势和模型，本节将通过几个例子来讨论商业航空的选拔实践情况。这里分享的所有细节都是从航空公司的飞行员招聘网页上摘录的，还有部分内容来自飞行员招聘的论文。

新加坡航空公司的飞行员招聘包括几个阶段：在线申请、初步面试、能力倾向测验、高级主管面试、模拟器检测和体检（新加坡航空公司，2018）；澳洲航空有一个不同的选拔流程，包括初始申请筛选、心理测验、在线/电话面试、评价中心——其中可能包括小组活动、情境任务和基于行为的面试、医学评估和模拟器检测（澳洲航空公司，2018）；阿联酋航空公司将在线人格评估、小组活动和模拟器检测、能力倾向测验、面试、心理评估和体检作为其飞行员招聘流程的一部分（阿联酋航空公司，2017）；大多数印度航空公司将飞行时间、类型评级和语言技能作为申请标准，但网站不提供任何关于招聘过程的细节；爱尔兰航空公司首先是一个在线评估，随后是评价中心的活动，用于评估关键行为能力，然后是模拟器检测，此外还有安全性审查、介绍人调查和医学检查（爱尔兰航空公司，2018）；英国航空公司的飞行员首先通过一项在线申请，随后是为期两天的选拔过程，包括能力倾向测验、基于计算机的能力评估、小组任务、面试和模拟器评估（英国航空公司，2018 年）；一些美国航空公司进行书面或基于电脑的评估、心理测验、航空知识测验、模拟器检测，一些航空公司已经将模拟器检测替换为认知测验（Damos，2003），这可能是因为认知测验的预测效度优于模拟器检测。

有意思的是，一些航空公司网站提供了对选拔过程的详细描述，而另一些航空公司网站则没有太多的信息。前者向潜在的申请者提供关于选拔过程的信息，并包括练习技巧（Damos，2003）。根据对航空公司网站信息的了解和与其他行业专家的讨论，大多数航空公司在选拔过程中都采用了多阶段方式；然而，他们所使用的选拔方法则不尽相同。通过文献回顾（Trankell，1959；Damos，2003）发现，北欧航空公司（SAS）在 20 世纪 50 年代只有一个单一阶段的选拔过程，这是由心理学专家主持的，包括各种技能、智力、人格测验和"时间分配"测验（同时执行多个任务）。不同的心理学专家独立实施评估，然后聚集在一起讨论他们的观察结果，并向管理层提供建议。最终由管理层做出最终的招聘决定。考虑到所需的专家成本和时间消耗，整个评估过程成本高昂。不同的选拔方法和阶段清楚地表明，没有一种选拔方式适合所有的选拔过程，它必须适应组织的需求和文化。然而，最重要的是选拔程序要有预测功能，并且在法律上说得通。

## 二、开发有效的选拔模型

选拔程序的开发包括多个步骤：工作任务分析，选择合适的评估工具，开发工作绩效评估方法以供效度验证，确定预测效度指标和效标测量方法，进行效度验证研究以及确立划界分数（Damos，2003；Hoffmann & Hoffmann，2017；Schroeder，2017）。如前所述，进行详细的工作任务分析至关重要。基于已有的各种元分析，可以认为无论什么职业，认知能力都是绩效的预测变量，这表明可能不需要进一步的工作分析（Martinussen，2017）。尽管如此，对飞行员的分析已经证明了需要对某些特定的认知技能进行专门评估（Martinussen，2017）。

### （一）选择合适的评估工具

一旦完成了工作分析，并且确定了 KSAOs 指标，就可以确定用来测量这些技能和能力的评估方法。研究者（Hoffmann & Hoffmann，2017）将各种测验与所需的能力和人格测量进行对应，并列出了一个目录清单（表 21.2）。然而，他们也认识到，从操作的角度来看，采用全部的测验在逻辑上和经济上是行不通的。通过进一步的研究和统计学分析，他们最终确定了 3 种评估工具——Cogscreen 测验航空医学版、"大五"

人格量表（NEO PI-R）和工作知识测验（JKT）——可以预测飞行员的培训成功率、产出水平和工作绩效。

除了上述测验之外，市面上还有各种测验开发商所开发的测验，虽然挑选测验看似简单，但其实并不容易。测验实施最常见的问题是缺乏特定的常模。将飞行员申请者与普通人群常模或来自不同文化背景的飞行员常模进行比较可能会导致严重的不公平和偏差（Martinussen，2017）。测验实施者需要确保评估工具不受语言和文化偏差的影响，并在飞行员申请者之间保持公平。虽然以前评估区分效度（两个比较组之间的效度差异，这里指性别或文化差异所致的效度差异）的研究没有发现显著差异，但测验实施者需要注意一些测验可能会对母语与测验语言不同的人产生不利影响（Martinussen，2017）。有时测验在一些特定的航空公司不可用于评估某些领域。在这种情况下，如果该领域对工作表现至关重要，可以专门开发测验，或者管理层应将该领域／能力排除在评估之外（Damos，2003）。

表 21.2　测验与能力对应关系（Hoffmann & Hoffmann，2017 年）（获得使用许可）

| 能力倾向和能力 | 测量重点 |
| --- | --- |
| 能力倾向差异测验 | 语言和数字能力 |
| 贝内特机械理解测验 | 学习机械技能的能力倾向 |
| 明尼苏达形状纸笔测验 | 空间可视化 |
| 美国海军心理运动／双耳分听测验（PMT/DLT） | 多任务处理、灵活性和反应时 |
| 表格速度测验 | 知觉速度 |
| 瑞文高级推理测验 | 抽象推理的非语言测量 |
| 沃森·格雷泽批判性思维测验 | 批判性思维 |
| CogScreen 测验航空医学版 * | 认知能力 |
| 模拟器练习 | 航空技术 |
| 人格 | |
| "大五"人格问卷（NEO PI-R）* | 正常成年人的人格 |
| 明尼苏达多相人格调查表 2（MMPI-2） | 成年人精神病理学 |
| 工作知识和问题解决（JKT） | |
| 达美航空工作知识测验 * | 空气动力学、导航和工程方面的问题解决 |

注：＊表示具有预测性的评估方法。

选拔工具可以采取各种形式，如传记式问卷、纸笔测验、基于计算机的心理评估、访谈（开放式、半结构式、行为事件访谈）、工作样本、基于模拟器的评估和人格测量。在选拔过程的不同阶段可以使用不同的方法。某些方法可能更适合评估某些能力，而不适合评估其他能力。例如，传记式问卷可以收集飞行员的背景信息，并可用作一种筛选技术。另外，访谈可能更适合收集更多的行为信息或验证来自其他评估的结果。

有时，不同评估方法的组合可能有助于交叉效度验证。

### （二）选拔中的心理健康问题评估

2015 年德国之翼事故引发了对于心理健康和心理稳定性问题的关注，此后，民航监管部门和其他管理机构就加强航空心理健康筛查的必要性进行了分析。虽然对每个申请者的心理健康问题进行细致筛查并不实际，但在多阶段选拔过程中，可以以不同的方式对心理健康问题进行检测。通过初始阶段的申请者可以进行标准化的心理健康评估，如 MMPI-2 或人格评估量表（Personality Assessment Inventory，PAI）（Bor & Hubbard，2006），该量表具有飞行员常模。测量结果需要由具有资质的临床心理学专家来解释。然而，单靠一项评估是不够的，还需要与临床心理学专家的访谈相结合。当面临成本和资源匮乏时（缺乏可用的临床心理学专家），这一步可能不容易实现。然而，作为监管要求的一部分，飞行员必须进行医学评估，航空体检医生（AME）可以将心理健康筛查问题作为医学评估的一部分。如果航空体检医生对申请者的心理健康状况有所担忧，可以将其转介给临床心理学专家或精神病学医生，或者两者都转介。

### （三）开发用于效度验证的绩效和效标测量方法

接下来需要明确选拔程序的测量方法能否有效测量能力（结构效度，也就是该测量方法在多大程度上测量了它所要测量的东西）和工作绩效，或者换句话说，它们能否预测工作中的成功（预测效度）（Martinussen，2017）。工作绩效通常在初级培训、模拟器熟练程度测试、航线检查期间进行评估，在大多数情况下，会评估技术和非技术技能的绩效。通过基于计算机的培训和循证能力评估，可以在整个培训过程中获取绩效指标。这需要在不同时期收集数据，如初级培训、试用期和航空公司运营期间，以确保流程标准化（Damos，2003；Hoffmann & Hoffmann，2017）。其他飞行员绩效指标包含驾驶舱内的行为、纪律行为和飞行数据记录（Hoffmann & Hoffmann，2017）。当使用多个标准时，马丁努森（Martinussen，2017）警告说，不同的预测指标不可能平等地预测所有的效标。此外，确保多名教官对飞行员的表现进行评分，并需要评估教官间的评分一致性。这确保了评分者信度，并排除了主观偏见或光环效应（即评分者认为某飞行员擅长一项任务，他也会在其他任务上表现出色）的可能性。为了确保这一过程的一致性，教官可能需要接受指导或培训，以确保他们正确使用评分标准。为了进行结构效度和预测效度研究而进行数据搜集是很重要的。此外，如果样本量大到足以进行相关性统计，那么这些数据还可用于建立特定的常模。

### （四）划界分数的确定

效度研究将有助于认识评估方法的预测效力，并有助于确定划界分数。然而，在确定恰当的划界分数时会面临一些问题。从操作的角度来看，有确定的划界分数可能会导致符合要求的申请者过多或过少。这就需要对划界分数进行定期审查，并根据申请者数量的变化对划界分数进行调整。

## 三、实践建议

马丁努森（Martinussen，2017）提出了一个基于循证实践的飞行员选拔模型（图 21.1），这与医学和临床心理学的原理是一样的：先依据专业知识和证据建立原则，然后再依据原则做出治疗决策。从飞行员选拔的角度来看，这意味着在考虑申请者和组织需求的基础上，基于研究证据，将选拔方法的知识、评估方法的实施和解释，以及绩效测量有机结合起来。

促进评估的结构化和科学化还需要来自不同部门或团队的支持和参与，包括但不限于管理、招聘、内部晋升、机队调动、培训、人因、福利和医疗等。这汇集了来自技术和招聘部门的各类领域专家。预测变量来自多项研究，所有评估模型都需要采用多阶段选拔过程，对工作相关技术知识、认知能力和人格特征进行测量，并且也需要体检和心理健康评估。

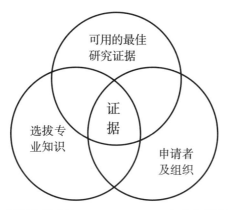

图 21.1　循证实践（Martinussen，2017）（获得使用许可）

此外，还必须对选择 KSAOs 指标或飞行员能力指标的过程进行翔实记录，因为这是选拔质量保证和过程管理的一部分。这些记录文件也有助于证明选拔过程的公正性，从而从法律上对组织予以保护（IATA，2012）。

## 四、总结

　　与培训、绩效评估、管理层期望和组织文化相一致的有效招聘和选拔过程可以产生预测性的结果。选拔程序对飞行员和飞行员绩效具有长期和重要的影响。然而，同样重要的是飞行员选拔也是确保飞行安全的重要支柱。考虑到飞行员所经历的生活事件和生活变故，航空公司还需要关注其他预防性和前瞻性措施，如同伴支持和员工帮助计划。

原书参考文献

# Part 4

## 第四篇

# 特殊飞行员选拔

# 第二十二章
# 直升机驾驶员选拔

Paul Dickens 和 Christine Farrell

多年来，驾驶固定翼飞机和旋转翼飞机之间的差异一直是飞行员之间争论的主题。他们对于哪一种飞机需要更高水平的飞行技能有着截然不同的看法！本书主要侧重于评估飞行员的通用技能和心理因素，而在本章中，我们将根据两类飞机的共同特点和直升机的操作特性来介绍评估直升机飞行员的具体问题。本章分为四个部分：

（1）固定翼飞机和旋转翼飞机的区别及其对飞行员能力的影响。

（2）直升机应用的多样性及其影响。

（3）直升机飞行员的心理特征研究。

（4）对直升机飞行员心理评估的影响。

## 一、固定翼飞机和旋转翼飞机之间的区别及其对飞行员能力的影响

直升机本质上不同于固定翼飞机。固定翼飞机在本质上更适合飞行，只要不被异常事件或不称职的飞行员所破坏，它就能正常飞行。但直升机本质上不适宜飞行，它是由各种相互对立的力量来控制和维持在空中的，如果在这种微妙的平衡中有任何干扰，直升机飞行员就需要采取快速行动来恢复控制，直升机是不能滑翔的。这一本质特征决定了直升机飞行员与固定翼飞行员会有许多不同，也是为什么固定翼飞机飞行员普遍被认为是开放、视觉灵敏、自信外向的人，而直升机飞行员则是冷静、审慎的故障预见者，他们深信坏事即便过去没有发生，未来也可能发生。

（Reasoner，1971）

以上引自越南战争期间的一名新闻记者，它反映了外行人认为的固定翼飞机和旋转翼飞机之间的主要区别——飞行员的个性差异，我们将在后面讨论这个问题！这两种飞机完全不同，虽然两者都遵循相同的航空动力学理论，但它们的应用方式不同。固定翼飞机动态稳定，理论上更容易飞行。如果正确地调整，并且情况相对平静，飞行员可以将手从控制装置上短暂移开。而直升机本身不稳定，在飞行过程中把手从控制装置上拿开通常会导致灾难。旋转翼飞机有旋转产生升力的主旋翼和补偿发动机扭矩的尾旋翼；固定翼飞机是一种机翼固定在机身上的飞机，发动机的推力提供向前的动力，机翼上方的气流产生升力，方向舵上的气流补偿扭矩。这种显著的差异导致了直升机飞行员需要一系列相当不同的技能。

驾驶固定翼飞机飞行时，飞行员使用操纵杆或驾驶盘和方向舵踏板；驾驶直升机飞行时，总距操纵杆、周期变距操纵杆和反扭矩踏板用于控制飞行中的动力。在大多数直升机中，飞行员的左手控制着一个名为总距操纵杆（collective）的杠杆，这个操纵杆通过一个相关器（correlator）与油门（throttle）相连。提升总距操纵杆会自动增加主旋翼叶片角度和功率，并产生升力；下压总距操纵杆则会降低功率、减小主旋翼叶片角度并导致下降。飞行员的右手控制周期变距操纵杆（cyclic），通常位于飞行员的两腿之间。该操作杆垂直于直升机的地板，可以分别沿着横向和纵向轴线倾斜和转动。周期变距操纵杆的基本工作原理是通过改变旋翼斜盘的倾斜角度，从而获得固定翼飞机飞行员无法实现的操作，包括向后飞行、侧向飞行和悬停！当总距操纵杆和周期变距操纵杆占据了飞行员的双手时，反扭矩踏板（anti-torque pedals）还需要脚的参与。驾驶大多数型号的直升机时，踩下右踏板会使直升机向右偏转，而踩下左踏板会使直升机向左偏转。踏板的主要功能不是为了增加直升机的另一种运动方式，而是为了抵消扭矩。每次在飞行中增加或减少油门以保持预期的航向，或者悬停期间向左或向右改变航向时，这些过程都需要使用踏板。

在固定翼飞机上，飞行员的手可以离开操纵杆，进行计算机或无线电设备操作，此时飞机仍会保持直线和水平飞行。在直升机上，飞行员的手永远不能离开周期变距操纵杆，因为飞机会在30秒或更短的时间内发生翻滚或倾斜，从而进入一个糟糕的俯冲或旋转状态。在直升机上，飞行员必须不断主动微调周期变距操纵杆，以保持直升机直线水平飞行。这种差异也会影响飞行员坐在飞机上的位置：在固定翼飞机中，因为大多数人都是右利手，因此飞行员坐在左边，这样便于用左手操作操纵杆或盘，用右手操作襟翼、油门、无线电、导航设备和其他电子设备，这些设备比操纵杆更难操作；在直升机上，由于直升机非常不稳定，所以飞行员需要始终保持优势（右）手在周期变距操纵杆上，用非优势（左）手操控总距操纵杆、无线电和电子设备。所以，直升机飞行员通常坐在右边，从而使他的右手便于操作周期变距操纵杆。然而，要是这么简单就好了！俯视主旋翼转子盘，你会发现不同国家的叶片旋转的方向是不同的：美国、英国、意大利、德国和日本制造的直升机，叶片逆时针旋转；法国、俄罗斯、波兰、中国和印度制造的直升机是顺时针旋转的。造成这种情况的部分原因是由于"二战"后各国之间的制造许可协议不同，早期的创造者美国和法国分道扬镳，采用了不同的设计，而他们出售的不同制造许可协议导致了这种局面的出现。

另一方面，尽管有这些差异，无论在哪里建造的直升机，所有单引擎直升机的飞行员都是在右侧座位操控飞机的。这似乎和美国的引领有一定的关系，但除了驾驶直升机时使用优势手控制周期变距操纵杆比较方便外，似乎没有人知道这种布局到底是如何形成的。直升机布局中有问题的地方是，对于主旋翼叶片逆时针旋转的直升机来说，可以通过踩右踏板来平衡转矩；但对于主旋翼叶片为顺时针旋转的直升机来说则需要踩左踏板！这对于需要驾驶两种直升机的人来说是危险的工效学设计。

直升机的操控方式对飞行员的技能和能力有明显的影响，这反过来也影响了对直升机飞行员的评估（美国联邦航空局，2012 年）。

第一，由于上述控制动力学原因，驾驶直升机需要高度的手眼协调性、手灵活性和精细的运动控制。保持三个主要控制装置（总距操纵杆、周期变距操纵杆和踏板）的平衡是一项持续的活动，需要在整个飞行过程中进行灵敏地操控。这要求飞行员要对飞行任务保持高度关注。正如在前面描述固定翼飞机时谈到的那样，飞行员的手可以从控制装置上移开以执行其他任务，但是在直升机中，除非有自动驾驶仪，否则优势手必须始终操控周期变距操纵杆，不能离开。

第二，驾驶轻型飞机与驾驶汽车有更多的共同点，这对大多数人来说是一项熟悉的任务。但由于飞行动力学的原因，驾驶直升机就没有驾驶轻型飞机那么容易熟练了。对于从驾驶固定翼飞机换成旋转翼飞机的飞行员来说，这意味着要重新学习截然不同的飞机控制方式，此外，驾驶舱布局和座位两者也有诸多不同。

第三，直升机可以做一些固定翼飞机不具备的特殊动作，例如悬停、向后或侧向飞行以及通过自转进行紧急着陆。在商业直升机操作中，还具备其他的特殊技能，例如在有限空间内吊装货物或在移动的着陆平台上降落，如在船上降落。

第四，在面对紧急情况时，需要快速反应和决策。固定翼飞机往往飞得更高，通常在 1000 英尺以上，如果出现问题，也有一些时间进行选择。如果在离地面 10 000 英尺的地方即使飞机以每分钟 1000 英尺的速度下滑，也有 10 分钟的时间采取纠正措施。与此对比，直升机通常在地面以上不到 1000 英尺的空中飞行。对于特定任务来说还要飞得低得多，50 英尺是一个常见高度。如果在离地面 500 英尺或更低的地方发生了状况，反应必须迅速而精准。如果在固定翼飞机上发生了状况，你可以拿出手册，查阅检查清单，打开无线电以及在周边寻找一个好的降落地点等。在直升机上，识别和反应具有反射性（reflexive）而且必须是正确的。直升机飞行手册中有一个图表，称为高度速度包线图（Height Velocity Diagram）或"死亡曲线"（Dead Man's Curves）。它显示了速度、海拔、转子转速和高度与生存的关系，其中就包含了发动机失去动力的情况。

第五，除重型直升机和执行油气作业外，许多商业直升机往往只由一名飞行员操纵，这就要求飞行员要有更高程度的独立性和自信心，因为没有其他人可以依靠。

第六，在直升机是唯一空运选择的作业中，如搜救、海洋石油、直升机紧急医疗服务（Helicopter Emergency Medical Services，HEMS）和风电场作业等，经常会出现危险的飞行条件，如能见度低、恶劣天气条件、湍流或白色盲（whiteouts），这可能需要大量飞行员，以及高强度的驾驶舱工作负荷和频繁的仪表飞行（美国民航管理局，2014年）。

## 二、直升机应用的多样性及其影响

除了直升机的飞行模式和控制机制之外，直升机被使用通常是因为它们提供了更强的通用性。直升机可以垂直起飞和降落，也可以在不同的环境中运行。乡村公路上的汽车事故现场、空中电视新闻报道、将重型空调机组吊装到高楼楼顶、报告超速司机的位置、安装高压线和输电塔等。固定翼飞机需要跑道，而直升机只需要一块有限的空间（如网球场大小），几乎可以在任何地方着陆，从丛林中的空地到市区的医院、酒店、超级游艇等的直升机停机坪。这种多用途性意味着直升机的加油和维护管理与固定翼飞机不同。固定翼飞机广泛用于中远程飞行，而直升机飞行通常要短得多。下面列出了一些比较常见的直升机用途类型。

### （一）军事用途

这可能包括陆军、海军和空军通过运输直升机将兵力部署到战场上，从战场上撤出部队，运送伤亡人员以及使用吊装网运送物资。此外，直升机可用于侦察、攻击舰船、反坦克战、攻击地面战斗人员等。这要求飞行员既要在白天飞行，必要时又要在夜间使用夜视镜飞行，并且随时都有遭到攻击的危险。飞行环境可能包括水上、沙漠、丛林、山区、雪地和有人居住的地区。勇敢无畏是直升机飞行员的核心品质。

## （二）空中摄影

在这种用途的飞行中，新飞行员必须明白准确性和可重复性是关键要求。飞行员不仅要飞行，还要兼顾拍摄的要求。这需要计算并能够随时调整飞行路径。多位空中地面协调员（Aerial Ground Coordinators）会从不同方向发出信息和提出要求，飞行员必须根据这些不同来源的要求重新构建飞行要素。虽然有提前制定好的拍摄计划，但是飞行员仍需要全神贯注来应付各种临时调整。这种类型的应用，安全问题是至关重要的。

## （三）包机服务

包机通常是商业飞行业务，客户雇佣飞机和机组人员在双方合适的时间完成客户提出的特定任务，客户为此支付商定好的费用。包机服务包括各种各样的类型，从定制空中旅游、贵宾飞行、航空摄影、空中新闻采集、空中拍摄，到集水区、河流和天然气管道巡逻。它的特点是飞行员需要是多面手，而且有丰富的经验。包机类型不同，对飞行员的要求也各不相同。飞行员有时要在非常繁忙的空域飞行，如在赛车大奖赛或高尔夫锦标赛等重大体育赛事中飞行，空域中有大量的其他直升机，此时安全是至关重要的；有时又要帮助农场主搜寻一条走失的爱犬。

## （四）旅游观光

观光直升机通常停靠在大城市或著名的旅游景点，如港口、滑雪场和某些特殊地点（如河流、冰川和火山）。每一个这样的位置都对直升机飞行员所需的技能有很大影响——例如，山区直升机观光意味着需要良好的山地飞行技能和经验。对于飞行员来说，安全显然是一个非常重要的因素，他们需要一边导游解说，一边关注其他直升机的动向。作为一项以乘客为中心的服务项目，飞行员还需要具备良好的人际交往和与客户沟通的能力，因为游客需要向其他人"吹嘘"自己的冒险经历，而经营者也需要保持良好的业内口碑。由于工作单调重复，因此保持工作热情也很重要。

## （五）石油、天然气和风力发电场作业

石油和天然气行业是商业直升机运营的主要领域，近年来又扩展到了风力发电场的建设和维护。通常，大多数这种直升机是在海上飞行的，需要一套特殊的飞行技能。最近对海上作业的检查（美国民航管理局，2014 年）专门强调了直升机飞行所面临的特殊安全问题。石油钻井平台、风力发电场和舰船全年都在运营，直升机（通常每

架直升机最多载客 19 人）几乎需要在任何天气下昼夜飞行，这意味着大多数此类直升机都是重型双引擎多乘员机组。其拥有先进的设备，可以在结冰条件下飞行，在能见度非常低的场地着陆，并且都有机载雷达，使机组人员能够在能见度低至 800 米的情况下找到并安全降落到钻井平台或舰船上。在承担作业任务之前，飞行员还需要接受海上生存技能培训。风力发电场的运营则需要一项额外的飞行技能，即需要将技术人员索降到陆地或海上的风力涡轮机的塔架上。

### （六）电力线路维护

直升机为电力部门提供了一种更高效、更经济的方式来完成电力线路的维护和检查，并且在多数情况下不需要中断电力就可以完成工作。公共事务领域的直升机飞行是最危险的飞行工作之一，因为它需要在靠近高压线的地方飞行，始终存在碰到高压线路的风险。通常情况下，飞行员和线路检修工人在从事这项具有挑战性的工作之前，都要经过数小时非常细致的准备和练习。飞行员必须改变思路才能顺利完成任务，因为过去在飞行学校里所学的如何规避复杂和危险的高压线环境的技能都不适用了。

### （七）要客飞行

这类飞行的乘客通常身份显赫，如成功的商人、电影明星和体育明星。如果他们需要乘直升机去某个地方，通常不会顾及天气条件。因此他们会要求非常专业的飞行员来为他们服务，这点可以理解。成功的要客飞行员需要擅长在非常困难的情况下也能飞得很好。然而，他们也需要有经验和常识，能够识别何时飞行是不安全的，以及在必要时控制自己的脾气。毋庸置疑，社交技巧在这种时候也很有用。飞行员必须学会如何与自己的老板以及紧张的乘客沟通，这确实是一个挑战！

### （八）搜索和救援

搜救飞行（Search and rescue flying，SAR）是飞行员驾驶直升机在世界各地执行的关键任务之一。搜救行动往往由军方、海岸警卫队或社会组织来实施，或者是三方联合实施。因此，协调行动各方至关重要。直升机紧急医疗服务（helicopter emergency medical service，HEMS）就属于这类任务。搜救飞行典型的任务有：医院间转运患者，海上搜寻落水者或失踪船只，还包括从游轮上吊起突发疾病的度假者，或在恶劣天气的夜晚，在陡峭的山谷间飞行，搜寻受伤的旅行者。大多数搜救机组包括两名飞行员和两名绞车操作员。其中一名绞车员的职责是引导飞行员到正确的位置进行营救；还有一名绞车员，通常也是一名训练有素的医护人员，他通过索降抵达伤员处。搜救行动要求飞行员和后勤人员随时待命，12 小时轮换一班。他们的生活常常被描述为 11 小时的极度无聊和 1 小时的极度紧张！飞行员技能包括在恶劣天气条件下的飞行能力，以及灵活和因地制宜地解决问题的能力。

### （九）其他作业

从上面可以看出，直升机及其飞行员在用途多样性上远大于固定翼飞机。世界各地还有许多其他直升机在服役，应用场景包括：金枪鱼捕鱼船队、紧急医疗服务、森林火灾的空中灭火、配有直升机的引航船、警用直升机、农业作业直升机、畜牧业和直升机飞行学校等。法雷尔（Farrell, 2015）对直升机承担的各种任务进行了全面描述，每个应用领域的飞行员都做出了自己独特的贡献。其中的一个关键点是：在对直升机飞行员进行心理评估时，心理学专家需要意识到一种类型的评估并不适合所有的工作场景，评估的关键内容都需要先通过工作分析来确定。

## 三、直升机飞行员的心理特征研究

上面对比了固定翼飞机和直升机的差异，并描述了直升机作业的不同类型。这表明除了固定翼飞行所需的技能和心理特征之外，直升机飞行员还需要具有其他技能和心理特征，包括：

（1）高度的眼手协调性、手的灵活性和精细的运动控制。

（2）空间和情境意识。

（3）快速反应和压力下的理性决策。

（4）自信独立。

（5）心理弹性。

大多数已发表的关于飞行员心理特征的研究没有根据飞机类型来区分空勤人员，因此其给出的一般结果既包括固定翼飞行员又包括直升机飞行员。这不足为奇，因为许多论文报告的心理评估时间都是在初始飞行训练之前，而此时参训者还没有做出飞机类型的选择（如 Campbell, Castaneda & Pulos, 2010）。因此，关于直升机飞行员的心理特征的具体公开研究很少，仅有的一些研究也几乎都是关于军用直升机飞行员的，其他不同类型直升机飞行员的研究则更稀少。

温格斯塔德（Wingestad, 2005）概述了评估海上作业直升机飞行员时需要考虑的 3 个方面：

（1）一般能力：推理、记忆、问题解决等。

（2）心理运动能力：手眼协调、反应时、信息处理等。

（3）个性。

这里我们不打算介绍在这3个方面的一般航空研究情况。实际上，我们没有发现固定翼和旋转翼飞行员在一般智力上存在差异的论文。但有人发现了民用和军用不同训练背景的海上直升机飞行员在一般智力方面有所差异，后者略高于前者，但是不具有统计学意义（Dickens，2013）。

近年来，对直升机飞行员的心理运动技能进行了研究。麦克马洪和纽曼（McMahon & Newman，2015，2016）描述了一种基于计算机评估心理运动能力的方法，如警觉性。他们在随后的一篇论文（McMahon & Newman，2018）中发现，该方法能够证明疲劳对直升机飞行员的跟踪精度可造成负面影响。罗斯科等人（Roscoe，Corl & LaRoche，1999，p. 15）开发了一种情境意识的商业测验，作为评估飞行员在控制直升机等复杂情况下技能水平的一种手段。他们将情境意识定义为能够：

（1）关注多种信息来源。

（2）评估备选方案。

（3）建立优先级。

（4）估计不同行动方案的可能结果。

（5）兼顾例行操作的情况下，处理目前最紧急的事情。

（6）随着情况的恶化或改善，重新调整优先级。

（7）在别人犹豫时果断行动。

他们开发的计算机测验被称为WOMBAT-FC，该测验可以测量情境意识、压力承受能力和注意力管理，并且已被用作商业直升机飞行员综合评估中的一个模块（Dickens，2013）。目前已有多篇关于WOMBAT-FC预测效度的研究报告，但像许多研究一样，研究报告没有区分固定翼和直升机飞行员。奥黑尔（O'Hare，1997）发现精英飞行员的WOMBAT得分与一般飞行员和非飞行员群体有显著差异。卡波内基亚（Caponecchia，Zheng & Regan，2018）研究了WOMBAT作为飞行员选拔工具对于基础训练的效度，发现测验总分越高的人放单飞和获得执照的时间越短，教官给出的飞行表现评分也越高。

温格斯塔德（Wingestad，2005）使用成套测验，以考察心理测验对直升机飞行员的模拟器飞行表现的预测效度，该套测验包括一般和特殊能力以及心理运动测试，具体如下：

（1）智力测验：瑞文测验。

（2）数字和逻辑推理测验：分析一组数字序列的规则。

（3）心理旋转能力测验。

（4）空间知觉和推理测验：采用飞行仪表。

（5）方向跟踪测验：在压力下保持跟踪和控制。

（6）知觉速度、注意力和短时记忆测验，包括在时间压力下在数字阵列中寻找数字的平方。

（7）空间定向和时间估计的双重任务测验。

（8）敲击测验：检测手的精确度、手眼协调和专注力。

该文作者发现，这些测验的综合和标准化分数能够很好地预测海上直升机飞行员模拟器飞行的表现。

同样，大多数关于飞行员个性因素的研究要么没有对比固定翼飞机和直升机飞行员，要么将两个群体混在了一起（King，2014）。有学者使用"大五"人格（外向性、宜人性、神经质、责任心和开放性）测验 NEO-PI-R，来探索美军不同类型直升机飞行员的人格特征（Grice & Katz，2006）。在 75 名飞行员的样本中，他们发现直升机飞行员具有平均水平的外向性、宜人性和责任心，以及较低的神经质和开放性。对比不同机型飞行员，他们发现攻击直升机飞行员的外向性水平更高；而货运和多用途直升机飞行员的责任心水平更高，他们可能是与商用直升机飞行员最相似的一个群体。狄更斯（Dickens，2014）通过观察大量海上直升机飞行员，并将其与普通人群而非其他飞行员进行比较，得出了类似的结果。他的研究显示，与普通人群相比，海上直升机飞行员的责任心水平明显较高，神经质水平明显较低。

# 四、对直升机飞行员心理评估的影响

上述信息对直升机飞行员的心理评估有许多启示：

首先，学习驾驶直升机和担任专业直升机飞行员所需的技能不同于固定翼飞行员。虽然有一些飞行理论和航空技能两者通用，但直升机还需要一些明显不同的感觉——运动和协调技能。上述温格斯塔德（Wingestad，2005）的成套测验就反映出其所需的不同的技能，而像 WOMBAT 这样的测验则可以有效评估情境意识和心理运动能力。此类工具的共同点是必须能够准确测量成功驾驶直升机所需的特定心理运动技能，主要用于初始飞行员选拔。

其次，鉴于直升机作业的多样性，以及作为商业飞行员在每种作业中所需的特定技能，任何充分的心理评估的先决条件是对具体工作进行全面的工作分析。Fleishman 工作分析调查问卷（Fleishman Job Analysis Survey，F-JAS）（Caughron，Mumford & Fleishman，2012）等工具已用于航空领域，以评估各种技能和能力的相对贡献。F-JAS 由 72 个锚定等级量表（anchored rating scales）组成，包括：

（1）认知能力。

（2）心理运动能力。

（3）身体能力。

（4）感官能力。

（5）知识和技能。

（6）人际互动和社会因素。

通常情况下，F-JAS 由领域专家（subject matter experts）完成，并根据所分析工作的每个领域的相对权重得出一个综合分数。歌特斯等人（Goeters，Maschke & Eiβfeldt，2004）使用了这种方法，并增加了 9 个人际交往技能分量表以涵盖航空环境中所需的所有技能。他们以"连续体"的方式呈现了航空公司飞行员的工作特点，这些工作是未来工作分析以及建立直升机飞行员心理评估方案的基础。

再次，上述研究表明，在直升机飞行员的心理评估中需要考虑人格因素，特别是在安全至关重要的作业领域，如海上石油和天然气作业。Clarke 和 Robertson（2005）提出，"大五"人格中有两个是有效且可归纳的预测安全相关环境下事故的因素，还有许多研究也发现，低责任心和低宜人性的人其事故发生率更高。因此，"大五"人格测验对所有安全性要求较高的工作岗位来说，都是非常必要的心理评估手段。

最后，如前面讨论直升机作业多样性时谈到的，在商业环境中驾驶直升机可以是单人或多人机组。两者需要的心理运动和认知能力是类似的。然而，单人驾驶强调个体特征，如心理弹性、决策能力和适应能力，而多人机组则强调有效联合操控飞机所需的团队合作技能，如有效沟通、共情和宜人性。在这个领域还要再次进行清晰和全面的工作分析，以确保所使用的评估工具或流程既保证全面性，又能兼顾到特定作业类型的特殊性。

原书参考文献

# 第二十三章
## 外籍飞行员选拔：从人因视角

Lex Rock Heemstra

从 1998 年到 2017 年，全球航空机队平均每年增长 3.26%（Boeing Statsum，2018）。过去 10 年里，航空乘客每年增长 8%（IATA，2018）。全球对飞行员的需求呈指数增长，"全世界都需要合格的飞行员。像亚太和中东这样的增长型市场正在向飞行员提供诱人的福利，包括支付一些生活费用"（Garcia，2018）。

飞行员是航空作业不可或缺的一部分，但获得飞行员不像添置飞机零件那般容易。对于航空公司的维修部门来说，飞机零件的采购取决于零件的潜在寿命、能承受的极限、压力下的表现、超出设计极限时的表现、维修和保养周期、与类似部件配对使用时独自承受载荷的能力、配对部件的流量/压力/电压变化时的自我调整和容错能力，以及在功能失效时能确保更换。航空公司的招聘和选拔部门如果也能够准确地衡量飞行员的这些属性，从而确定他们未来的潜在表现和行为那就再理想不过了。然而，由于每个飞行员都有自己的具体经验、训练、价值观、信念、态度和资质等，因此完全准确地预测他们未来的表现和行为仍然是一项挑战。虽然一些飞行员在选拔过程中可能会把自己展现成理想的申请者，但以往的经验表明，他们可能会在职业生涯的后期逐渐暴露出最初没有发现的特征和行为。

航空公司的招聘和选拔部门希望准确评估飞行员的未来表现和潜在行为，但为了确保安全高效的运营，了解他们的可靠度和心理弹性也是至关重要的。本章的主要目的是讨论飞行员成功通过招募和选拔后发现的一些人因问题。这些人因问题来自作者和两家大型跨国航空公司的机组人员进行的约 370 次一对一访谈，通过访谈发现了机组人员绩效不佳或行为问题的原因。

# 一、职业文化

每个国家都有自己的语言、信仰、需求、宗教、习惯、节日等，将一百多个国家的文化融合起来是一项不可能完成的任务。飞行员在加入多元文化航空公司的时候，也会带来他们民族的价值观、信仰、态度、举止和习惯，以及他们的职业文化。

职业文化的概念是（Sirmon & Lane，2004）：

"职业文化是一群相似职业的人共享的一套职业相关的规范、价值观和信仰。个体在接受职业教育和培训过程中，通过社会化作用逐渐接受了职业文化。"

虽然可能许多职业文化符合这一描述，但很少有职业像飞行员职业那样受到国际公约和条例的严格限制。例如，飞行员培训详细到不同类型执照的不同培训阶段所需的小时数（Dahlström，2002）。全球航空监管框架确保了大多数飞行员从初始训练开始就有非常相似的经历，并一直持续到他们成为大型客机的机长（Dahlstrm & Heemstra，2009）。

在 2010 年对 2093 名多国飞行员进行的一项研究中（Heemstra，2014b），通过改编的飞行管理态度问卷（Flight Management Attitudes Questionnaire）（Helmreich，Merritt，Sherman，Gregorich & Weiner，1993）发现来自 20 个国家（每个国家至少有 25 名飞行员，包括澳大利亚、比利时、巴西、英国、加拿大、法国、德国、印度、意大利、牙买加、马来西亚、墨西哥、荷兰、新西兰、南非、瑞典、瑞士、阿拉伯联合酋长国和美国）的 1543 名飞行员在以下方面具有共同的特征：

（1）对自己的能力充满信心。

（2）非常多疑（有助于执行监控任务）。

（3）力求有序（尤其是在驾驶舱里）。

（4）能够果断独立行动（无指导方案时）。

（5）讨厌浪费时间，尤其是别人浪费自己的时间。

（6）能够用灵活的方式在必要时展现独断性。

（7）不愿独断专行。

（8）对飞行员同伴的共情能力。

（9）有点自我。

（10）很低的消极性（喜欢把任务做完）。

（11）喜欢飞行职业，热爱工作。

但是，他们在"沟通"和"接受坏事"这两个方面，各国有明显差别。

此外，希姆斯特拉（Heemstra，2014a）开展了国籍对飞行员表现影响的研究，他在 19 个月里对 44 861 人次的培训结果进行了分析，试图发现是否存在某个国籍的平均表现优于其他国籍。他对 3539 名飞行员的 9 项能力的平均训练分数进行了分析，结果表明，没有任何一个国家的表现显著优于其他国家。如果以标准差达到 0.5 为显著标准，各项能力分数在国家之间的标准差平均仅为 0.13。然而，对比各国的社会经济数据发现，那些来自生活水平较低、约束较多国家的飞行员的表现略好于那些来自富裕国家的飞行员。由此看来，在非飞行相关学科中磨炼心理弹性的飞行员，以及在具有挑战性的成长和工作环境中磨炼心理弹性，似乎也能够将心理弹性迁移到飞行表现中。结果导致心理弹性高的飞行员得分略高于那些较低心理弹性的飞行员（更多内容见后"心理弹性"部分）。

该研究的主要发现与一项关于飞行员在进入航空公司的初始过渡培训中的表现研究（Mitchell，2013）相呼应，主要发现如下。

（1）年龄。飞行起步较晚的飞行员的能力得分较低，尤其是接近 30 岁的时候才开始学习飞行的人往往需要接受额外的训练。一名高级招聘经理提供的证据似乎证实了这点：9 名 30 岁以后才开始飞行的飞行员因表现问题在进入公司的第一年内就被解雇了。但这并不代表所有 30 多岁才开始飞行的飞行员都应该被取消资格，每个案例都应该根据本身的情况进行评估。有观点认为，这与在生命的第三个 10 年前额叶皮层的可塑性及其接受新信息的能力降低有关，大脑需要付出足够多的努力才能适应新经验。

（2）飞行时间。飞行员的飞行时间越长，与同职位者相比得分越低，特别是在系统知识、程序应用、情境意识和飞行线路管理的自动化设备使用等方面。飞行时间和表现之间没有显著的相关性。

（3）先前机型。若先前所飞机型为电传控制的宽体机，飞行员在自动化设备使用上得分较高；若先前所飞机型为非电传控制的窄体机，则得分较低。

（4）先前机长经历。以前有机长经历则会对知识、程序和自动化设备管理有负面影响，需要额外的培训。

不能仅凭上述因素来淘汰人员，人力资源部门需要在飞行员需求和弥补上述缺点的额外培训成本之间找到平衡点。

总之，世界各地的飞行员通常具有相似的特点，并且由于全球培训的标准化，特别是国际民航组织（ICAO）实施的循证（evidence-based）培训，使得不同国籍飞行员之间的表现没有显著差异。然而，应仔细审查他们以往职业生涯中的实际培训情况和遵循标准，飞行员知识和程序应用的差异更多是来自他们先前的航空公司，而非他们的国籍。

## 二、为什么人因很重要?

招聘和选拔人员主要对飞行员的两个主要方面感兴趣：表现潜力和可能行为。表现潜力通过他们的飞行经验和资格，以及在全动飞行模拟器中的测试来评估。可能行为则通过一系列心理测验来评价，并借此评估飞行员是否适合公司及其文化。大多数飞行员不是因为他们的绩效被解雇，而是因为他们在公司内外的行为表现。因此，通过同伴飞行员、支持团队、行政部门、经理等来准确评估飞行员的可能行为，甚至其在公司外的可能行为是至关重要的。飞行员往往还充当了各自航空公司的形象大使，因此需要尽可能准确地评估他们的可能行为（人因）。从成本角度来看，在选拔和招募过程中发现未来潜在问题比在雇用后真的出了问题更划算。

如果飞行员每 6 个月在飞行模拟器中进行一次能力评估，并且有可能因为成绩不佳而停飞，那么选拔和招募部门应该确保他们选拔和招募工具箱能涵盖能力评估所涉及的所有能力。

## 三、可靠能力

2013 年，国际民航组织（ICAO）发布了循证培训手册，列出了飞行员需要在飞行测试或模拟机培训期间评估的 8 项能力。该手册还建议航空公司可以根据自身的特殊需求调整或进一步扩充评估内容。技术能力是指操控飞机的能力，使用自动化设备驾驶飞机的能力，以及程序性知识和应用。一些航空公司又增加了第 9 项能力，即将程序性知识和应用又分为驾驶舱系统的整体知识和程序知识及应用两部分。从培训的角度来看，这些能力上的缺陷通常很容易通过额外的训练、学习或正确程序应用指导被发现和纠正。这些技术能力通常在招募和选拔过程中通过在全动模拟器中的短距离飞行进行测试。技术能力之所以被称为可靠能力（reliable competencies），是因为在没有异常情况出现及偏离预定飞行路线的情况下，可靠的技术能力足以保证安全飞行。

## 四、复原力

其余 5 种能力通常被称为非技术能力（the non-technical competencies 或 the no-techs）。包括沟通、情境意识、领导力和团队合作、问题解决和决策，以及工作负荷管理。这些也是机组资源管理课程的主要组成部分。

美国机组资源管理培训可以追溯到 1979 年美国国家航空航天局主办的名为"驾驶舱的资源管理"（Resource Management on the Flightdeck）的研讨会（Cooper, White & Lauber, 1980）。这次会议主要是 NASA 对航空运输事故原因进行研讨。会上提出将大多数空难的人为错误归纳为人际沟通差错、决策错误和领导错误。在这次会议上，驾驶舱资源管理（CRM）的概念被应用到训练机组人员的过程中，通过更好地利用驾驶舱的人力资源来减少飞行员的失误（Helmreich, Merritt & Wilhelm, 1999）。

如果飞行员能够积极主动地使用这些非技术能力，就能够更快、更有效地从偏差或异常情况中恢复过来。这种能力即心理弹性，它是指从消极的情况中恢复过来或者积极地克服挑战的能力。与前述"可靠能力"相比，要确定某种非技术能力未能有效利用的根本原因更加复杂。如果出现偏差，也需要一段时间和专门的方法才能得以改善，即通常无法在一夜之间提升。例如，在沟通方面得分较低的飞行员不能指望通过老师的一些提示和指导来提高和改善他的沟通技能，而需要时间和专注的练习来改善。

> 注释：理论上飞行员的各项能力和表现都很重要，但飞行员应首先在"可靠能力"中表现出绝对能力。心理弹性有助于飞行员全面管理驾驶舱，以及异常或紧急情况时的恢复。我们不打算提出紧急或异常情况下的标准反应模式，但我们始终倾向于首先使用"可靠能力"来识别和补救，然后在心理弹性的帮助下进行决策和获得想要的结果。另外，心理弹性的主动应用能防止飞行员出现执行预定飞行计划的偏差，从而更好地进行驾驶舱管理。

## 五、沟通

如前所述，沟通是 2010 年的研究中发现的飞行员个体差异中的一项。飞行员和空中交通管制员之间的有效沟通仍然是航空领域的主要挑战之一。1951 年，国际民航组织首次建议将英语作为实际民航标准语言。然而，2001 年以来对航空安全报告系统中的 28 000 份报告分析发现：70% 的事故是由于飞行员和空中交通管制员之间缺乏沟通导致的。同一航空公司的不同国籍飞行员在沟通时也会产生很多具体问题。

## 六、英语口语

英语能力是国际航空公司对飞行员的普遍要求，最低标准是 ICAO4 级。虽然大多数飞行员有能力在驾驶舱里用标准用语表达，但那些英语刚达标的飞行员在解释异常情况时，标准的措辞已经不够用了，他们的英语词汇不足以清楚简洁地描绘一个问题。也就是说，他们必须花时间思考和寻找合适的词汇，还可能导致听者无法确定他们的问题。在这方面的选拔测试时，一些航空公司的招聘人员会要求飞行员对航空安全报告（Air Safety Report，ASR）或一张事故照片进行解释，双方会讨论 ASR 或事故的主要原因，这为评估他们的英语整体流利程度提供了一个比较可靠的方法。

跨国航空公司的飞行员在社交生活中确实更愿意与同国籍人员来往，并且更喜欢使用母语。虽然这提供了舒适和轻松的交流，但如果英语不是他们的母语，将不利于英语的进一步发展。这种生活方式会让飞行员进入公司时的英语水平在公司任期内并没有显著提高。然而，这一因素并不是常态，只发生在特殊情况下，即大多数飞行员的英语水平足以使他们在驾驶舱内交流。

## 七、英语口音

虽然英语为第一语言的飞行员在工作上似乎有明显优势，但他们在理解带口音的英语时仍会遇到麻烦。研究者对 1809 名飞行员提出了如下问题："在很忙的状态下，我也能听懂一个母语非英语者说的话？"，结果 42.44% 的纯英语受访者回答"否"，37.35% 的人回答"是"；然而，当这些第一语言为英语的人还懂另一种语言时，25.18% 的人回答"否"，57.87% 的人回答"是"；对于能说三种或三种以上语言的母语非英语者，只有 15.70% 的人回答"否"，68.58% 的人回答"是"。这一研究结果表明：飞行员会说的语言越多，就越容易理解不同口音的英语，即使他们的母语不是英语（Heemstra，2014b）。对于那些能说两种语言的人，不管母语是否为英语，理解其他口音英语的难度降低了近 42%。最后，那些会说三种或三种以上语言（当然英语是其中之一）的飞行员表示，他们在理解带口音的英语方面遇到的问题最少。即在多语言社会中成长有助于他们理解各种口音的英语。

此外，由于主要讲英语的国家和地区众多，如北美、澳大利亚、新西兰、爱尔兰、苏格兰和牙买加等，因此英语口音和方言数量也非常多。单单这一因素就会对母语非英语的人理解英语口语带来麻烦。

一些航空公司通常会对申请者进行电话面试，以确定他们的英语能力。然而，我们发现一些飞行员会请英语水平高的朋友冒名顶替面试。为了避免这种作弊行为，航空公司会使用 Skype 或其他视频会议系统进行可视化面试。

# 八、英语作为第二语言

大多数语言学校都会告诉你，如果一个人能学会任何一种语言的大约 3000 个单词（不同学校说法略有差异），就能阅读该语言的报纸，并且表达得相当好，遇到不懂的单词也可以通过上下文来推断。而实际情况是，第一语言是英语的人平均主动词汇量为 12 000 ~ 15 000 个单词，还有约 30 000 个额外或被动使用的单词。例如，"inconspicuous" 这个词对于母语为英语的人来说并不是每天都会使用的词，但他们知道它的意思。《牛津英语词典》第二版共 20 卷，收录了目前使用的 171 476 个单词和 47 156 个过时的单词。以英语为母语的飞行员需要意识到他们应该保持简单的交流，并尽量坚持使用含义明确的航空术语。俚语、影射和暗讽等修辞的使用经常会让母语非英语的人听不懂或完全误解。

航空航天维修行业使用的 ASD-STE 100 手册采用了简明技术英语撰写，仅仅使用了大约 873 个单词（www.asd-ste100.org），并采用了一词一义的原则。这种做法大大减少了母语非英语者的误解。因此建议跨国航空公司在编写运营手册时也采用这种方式，以避免误解和程序的错误应用。

虽然航空公司的入职要求仍然是 ICAO 4 级的英语水平，但处理好上述因素可能会使飞行员更容易融入海外航空公司。对于那些有强烈口音的飞行员来说，最好说话简明，发音清晰，速度适中；对于航空公司来说，必要时可以在最初的培训计划中加入教授航空通话中独特发音的课程。

## 九、心理测验

搜索互联网，就会发现有一些网站有具体介绍大多数航空公司在招聘过程中使用的心理测验的相关内容。有些网站甚至提供了一份包括答案在内的全面的问题清单，当然，所有这些都是付费的。这意味着招聘测验的保密通常是暂时的。航空公司会自行决定是否需要定期改变测验，或者建立一个题库以确保每个申请者会被问到不同的问题。然而，在训练阶段对飞行员能力进行最终测试仍然是有必要的，目的是考察飞行员是否有能力在指导下进步。在这方面，大多数航空公司通常都采用模拟器考核的方式进行测试：从一个简单的飞行程序开始，然后逐渐增加复杂性。快速的适应能力和学习能力是最能反映飞行员进入公司后表现的心理特征。

一项对 148 名近期获得机长资格的飞行员的研究，将他们的个性特征结果与担任机长至少一年后的飞行能力得分进行了比较：28 个人格特征与 9 项飞行能力进行相关性比较。结果发现，他们的人格特征和飞行表现之间没有相关性。然而，当他们的归纳推理和批判性思维的结果与飞行能力分数进行比较时发现了显著相关性：归纳推理和批判性思维的分数越高，他们在飞行测试中的表现就越好。这些结果"与先前的研究一致，表明认知能力是飞行员训练的最佳预测因素"（Carretta et al.，2014）。

虽然人格特征测试可能无法预测申请者的实际飞行表现，但它们确实为申请者的未来行为提供了一些预测（取决于所使用的工具）。在这方面，招聘和选拔必须首先对申请者进行测试，并对现役飞行员进行抽样研究，即创建一个对照组。对照组的结果建立了各种测验的参数和边界，以评估申请者是否适合。

## 十、心理健康

2015 年 3 月 25 日发生的德国之翼航空公司 9525 航班事故突出表明，不仅在选拔过程中，还有飞行员任职期间，都需要完善对飞行员心理健康的评估。当然，飞行员在面试中会尽可能地展示其积极品质，掩饰任何可能妨碍他们被公司录用的个人情况。大多数飞行员都很聪明，能够识别出人格特征问卷所考察的特征，并在问卷中展现出最好的一面。此外，如前面提到的，许多飞行员会从各种网站中搜寻最佳答案。因此，很少有飞行员的心理健康问题是在入职培训期间被发现的。大多数情况下，飞行员的心理健康问题都是在他们实际工作期间被发现的，尽管在招聘和甄选过程中他们都获得了"心理健康状况良好"的结论。因此，对飞行员的心理健康状况必须持续监测。

# 十一、家庭问题

在海外公司工作的飞行员需要离开自己的祖国，在新航空公司的基地重新定居。如果结婚了也通常会把整个家庭搬到新的地方，由此带来的生活挑战包括：住房、子女上学、医疗、发展新朋友和文化适应等。人因专家通过和相关飞行员的一对一访谈发现，一些飞行员的家庭没能很好地适应新环境。移居国外要求飞行员的伴侣不得不离开他们本可以依靠的支持团体，如亲密的朋友、父母亲和兄弟姐妹等。原来在国内时，如果飞行员去飞行了，他们在遇到挫折或困难时可以求助这些人。但到了国外，飞行员的伴侣只能重建自己的社会支持系统，但这个过程通常比预期的时间要长得多。此时他们如果再遇到挫折和压力时，只能期盼着自己的飞行员伴侣能够早点从长途飞行中归来。但矛盾的是，这些疲惫的飞行员回家后最想做的事就是休息。

研究发现，绝大多数飞行员都不愿意报告自己的家庭问题，以此彰显自己的绩效和行为俱佳。因此，只有当人因专家和飞行员之间的信任建立起来，飞行员才有可能承认自己存在严重家庭问题。由于飞行员担心自己被认为缺乏处理家庭事务的能力，因此他们一般不会主动向公司提及自己的家庭问题。甚至伴侣或子女已经回国，飞行员也不会向公司报告，他们认为这是自己的私事，与公司无关。此外，航空公司处理此类情况的一贯方式有时也会阻碍飞行员报告自己的家庭问题。

有的航空公司将家庭问题归于招聘部门管理，有的则将其归入人力资源部门的职责中。但无论归哪个部门管理，强烈建议应对新入职者进行一次全面而深入的访谈，以讨论适应和融入新国家的挑战和困难。一些航空公司会为新入职者提供支持团体或私人导师，从而帮助他们本人、伴侣和他们的孩子解决各种适应问题。这种积极主动的方法可以极大地减轻飞行员的压力，这些新入职的飞行员希望在过渡期也能工作表现出色，同时还能安顿好家人，建立支持系统，为孩子找到学校。然而，实际操作中发现，新入职的飞行员更愿意在公司内找同国籍的导师或支持团体，而且实际上这种导师和支持团体比公司提供的效果更好。无论哪种方式，导师或支持团体确实为新加入的飞行员提供了有效的指导并提升了在职稳定性。

## 十二、公司任期

正如在引言中所讨论的那样，了解一名飞行员将在公司工作多久是很有必要的。因为这涉及改善公司的总体规划和成本，以及制定飞行员的总体招聘计划。也许有人会认为，既然现在规定的最高飞行年龄是 65 岁，那么公司里的大多数飞行员应该都可以飞到 60 多岁。根据在欧洲（Valot & Paries，2014）和中东（Heemstra，2014a）检索的数据，每个年龄组的飞行员人数从 21 岁左右稳步增长到 43～45 岁年龄组，然后开始下降，直到 65 岁。为什么飞行员在 43～45 岁会离开这个行业目前还没有定论。然而，当在 CRM 课上讨论时，大多数飞行员表示，他们倾向于在这个年龄段做出改变职业生涯的决定。

因此，招聘人员需要对公司现有飞行员进行人口学统计，以确定每个年龄组的飞行员人数。这也有助于统计飞行员的平均任期，并为招聘人员提供关于何时增加招聘力度的前瞻数据。

## 十三、60 岁规定

2007 年，美国联邦航空局实施了"60 岁规定"，允许飞行员飞行到 65 岁。全球许多监管机构纷纷效仿。在迪拜的阿联酋航空医学会议（Emirates Aviation Medical Conference）报告的一项研究（Heemstra，2014a）发现，60～65 岁年龄组（$N=49$）的机长实际上在几乎所有循证训练的能力项目上都优于 60 岁以下的年轻机长（$N=1663$）。只在程序应用上，两者没有显著差异，即得分与年轻机长大致相同。因此，数据表明，机长能将出色的工作水平保持到 65 岁。

## 十四、心理弹性和毅力

心理弹性（resilience）被定义为从困难中快速恢复的能力或一个人的韧性。附录 Ⅲ（Part - ORO）中的欧洲航空安全局 AMC/GM 将此列为培训过程中需要解决的问题之一。如前所述，心理弹性好的飞行员往往在循证训练方面表现更好。心理弹性是反映一个人从震惊事件中恢复的重要特征，这也是欧洲航空安全局（EASA）

建议关注的一个重要方面。有趣的是，飞行员和机组人员在家庭生活中比在工作中更有心理弹性（Podzigun，2017）。其主要原因似乎是空勤人员家庭生活中可以有更多的选择来克服困难，而在飞行上，他们只能根据预定的程序操作，这实际上减少了他们的选择。

一项研究（Podzigun，2017）使用了 GRIT 的概念（Duckworth，2016）创建了一系列问题来测量心理弹性，包括自我控制、适应性、乐观、自我满足和坚持性。研究结果如下：

（1）无论年龄如何，总体心理弹性是比较稳定的，即弹性水平不会随着年龄而改变。

（2）虽然心理弹性水平在家庭生活中没有变化，但它会随着个人在公司地位的提升而增加，即权力级别越高，选择解决方案的范围就越大。

（3）心理弹性水平随着公司任期而略有增加，即在公司的时间越长，不管职位如何，弹性都会增加。最有可能的原因是，他们在应对挑战性事件和使用以往成功解决方案方面有更多的经验。

（4）从研究结果来看，心理弹性在人的一生中是相当稳定的。

安吉拉·达克沃斯（Angela Duckworth）将 GRIT 定义为对长期目标的热情和坚持。她测量了处于竞争群体里的军校学员和教师的 GRIT，以评估谁能完成一个具有挑战性的项目。研究表明，并不是高智商或社会智商让人们坚持自己的目标并取得成功，而是他们的激情和坚持，即 GRIT。他们在 GRIT 量表上的分数越高，就越有可能坚持并成功完成任务。

若招聘人员想了解如何对申请者进行 GRIT 测量，可以阅读关于 GRIT 的书或访问如下网址：https://angeladuckworth.com。

# 十五、结论

原书参考文献

虽然公司的招聘和选拔团队面临着巨大的压力来确保选择的飞行员在表现潜力和行为上都适合该公司，但这项任务并不像看起来那样艰巨。国际民航组织和国家监管机构对标准的实施确保了大多数飞行员可以顺利从一家公司转移到世界其他地方的另一家公司。然而，仍需要尽可能准确地把握飞行员的心理弹性和适应性。本章讨论的因素将有助于招聘和选拔部门挑选到合适的人选。然而，招聘和选拔部门必须与飞行业务、飞行培训和人力资源等部门紧密合作，才能确保他们对未来成功飞行员的特征有准确的认识。

# 第二十四章
# 医疗救护飞机飞行员选拔
## ——高共情和高安全意识的飞行员

Vegard Nergård 和 John Ash

　　本章将以挪威的北极地区采用固定翼飞机进行空中医疗救护行动的情况为例，介绍这类飞行员在工作环境中的沟通与合作情况。这些情况会影响医疗救护飞机飞行员的选拔过程，而选拔过程的好坏与飞行任务完成的质量密切相关。除了需要具备安全驾驶飞机的技能之外，这类飞行员还要拥有一些专门的管理和个人技能。此外，飞行员之间以及飞行员和医务人员之间的沟通对于安全性也至关重要。整个救护团队的协作是保障飞行安全和任务完成的关键要素：从制订飞行计划，到飞行时处置各种情况，直到最终的简报和处置飞行后事项，都需要团队的密切协作。

## 一、挪威北极医疗空运行动的挑战

　　当传统救护车无法及时到达现场，或运送患者路程过长时，医疗空运后送就是最实用的选择了。医疗救护飞机一般为严重伤病患者配有医疗救护设备，而医务人员如飞行护士（Flight Nurse）或救护员（Paramedic）也是机组人员的组成部分[①]。由于斯堪的纳维亚地区（Scandinavia）北部的自然条件恶劣，在那里开展空中救护行动极具挑战性。在冬季，飞行作业通常是在极夜条件下进行的，缺乏日光本身就是一个疲劳风险因素；在夏季，极昼的日光扰乱了昼夜节律和机组人员的休息；山区地形会产生下降气流和湍流，因此，不良风向条件、低能见度、天气的快速变化和不可预测的极地低压情况是飞行员每天不得不面对的气象挑战。此外，地理条件带来的挑战也很常见，如大角度进近和 800 米以下的短距离着陆。

在过去的 20 年里，执行挪威医疗救护任务的固定翼飞机主要采用比奇国王 B200 型（Beech King Air B200）。虽然它的维护和修理与其他该机型飞机类似，但机舱内部还装配有专用医疗运输担架、可供医务人员监护和治疗患者的设施，以及与传统救护车中配置相同的药品和专业医疗设备。

空中救护飞行员通常一次连续值班 7 天，每 12 小时进行一次轮班，然后休息一周。在值班期间飞行员需要住在基地。在各任务之间，飞行员需要不断监控飞行区域的天气，这种持续的天气意识很重要。当警报响起，呼叫救护飞机紧急起飞，飞行员聚集在简报室，决定是否接受任务。起飞前，飞行员要审查任务要求，起草飞行计划，并与空中交通管制人员共同形成正式计划，然后与其他机组人员进行飞行准备。一旦救护飞机着陆，机长会与医护人员开个简短的碰头会，确定是否有异常情况发生，并检查工作日志。随后副驾驶和机长轮流对飞机进行全面检查，在绕飞机"巡检"（walk around）之后，飞行员们就开始进行驾驶舱检查。

常规医疗救护飞行员的工作与其他医疗救护飞行员不同。常规医疗救护飞机的时间相对固定，通过相对固定的航线将患者转往医院或从医院转出。然而，大多数医疗救护飞机都是针对突发病情的，需要机组人员在接到通知后尽快前往。作为专家，医疗救护飞行员必须对自己充当的角色充满信心并且有准确定位。特别是飞行员需要与全体机组人员一起对患者的生命做出至关重要的决策。而机上的医务人员与航班上的乘务员类似，也需要对飞行安全负责。然而，当医护人员根据患者的病情需要提出飞行建议时，飞行员仍必须坚持将飞行安全放在首位。飞行员需要在患者病情和飞行安全这两个动态因素间保持平衡。因此，医疗救护飞行员需要具备相关的医学知识，以便能够做出正确的决策，这些决策通常是在时间紧迫和压力下做出的。与此同时，飞行员还必须在这种不利的环境中专注飞行，并对飞机上其他人员保持一贯的冷静态度。无法回避的是，飞行员还必须妥善应对患者和医务人员的不良情绪。

飞行员必须有能力向医务人员清楚地解释航空安全因素、飞行计划和操作，以及这些因素会对医疗工作产生何种影响。特别是当天气恶劣时，飞行员需要说服医务人员飞行是安全的，飞行计划也符合规定和条例。这需要飞行员了解乘客们的想法和关注点，并通过简短的沟通就能建立起信任。有些情况下，医务人员由于不相信飞行员对情况的评估而拒绝飞行；有时，也会有飞行员由于任务飞行难度过大而拒绝飞行。因此，飞行员和医务人员对任务风险的程度判断一致是最理想的情况。

## 二、北极医疗的关键决策过程

航空医疗后送机组人员在进行安全飞行决策时，要平衡患者风险和飞行风险，而北极环境会给这个平衡的双方都增加了一层复杂性。每次飞行都可以估计出一个相对明确的风险值，而通过适当的程序、设备、培训和技能可以降低这个风险值。与所有的医疗急救一样，航空医疗后送的目标也追求能在 60 分钟内为患者提供首次评估和治疗，考利（Cowley，1975）最先将之称为"黄金 1 小时"（golden hour）。一般情况下，超过这个时限患者的生存概率会降低。因此，航空医学决策通常是在巨大的时间压力下做出的。

医疗空运后送没有绝对的医学禁忌证（Johnson-Joseph & Kelso，1985）。然而，某些患者可能需要特殊护理，例如贫血、下颌骨或上颌骨骨折固定、气胸、难治性心律失常或缺血性疼痛以及一些颅脑损伤（出处同前）。若患者有近期腹部手术史、气性坏疽、减压病或吸氧难以纠正的缺氧等情况，应暂缓空运后送（出处同前）。一些国家只是在针对某些特殊患者需要特殊治疗，需要转院时才推荐使用空运的方式（Varon，Wenker & Fromm，1997），但是鉴于挪威北部的交通状况，因此挪威相比其他国家会更频繁地采用飞机空运用于救护任务。

医疗运输飞机必须设置可以在飞行途中对患者进行适当治疗的工作环境。飞行因素不应加重病情或给患者带来痛苦，如压力变化、振动、加速度或是飞机的电磁效应影响了起搏器。因此，飞行决策和飞行情况对于实现这一目标至关重要。

在地面上，航空医疗救护飞机的飞行员还需要对危重患者及其亲属提供安慰、表示同情心以及帮助他们建立克服创伤所需的安全感。同时，飞行员还必须与患者保持一定的心理距离，以避免他们的不良情绪给自己带来困扰。总之，任何事情都不得干扰飞行安全。在这方面，适当的生活经验可能是一种宝贵的资源，从而有助于飞行员采取合适的应对方式（Nergård，2014）。

## 三、共情和安全

因此，在我看来，成为一名优秀的飞行员当然不是只通过阅读手册就能做到的。你需要通过经验成长。在我看来，成为一名优秀的飞行员是做人的一部分——

这是一件具有社会性质的事情。

（摘自 2005 年对航空医疗飞行员的访谈）

在地面上，航空医疗飞行员被视为医疗队的一部分。他们的主要职责是运送患者。不仅如此，在大多数任务中，飞行员还需要与患者及其亲属保持接触，积极地支持患者和亲属：

> 在空中救护的这些年里，当患者插着三个管子躺在担架上时，我常常会拥抱他们的亲属，握着他们的手。我们的医生和护士与另外四个人都在忙于患者的转移工作。一名医疗救护飞行员不能只是坐在驾驶舱里。

（摘自 2018 年对航空医疗飞行员的访谈）

一旦患者被运上飞机，医务人员就成为机组人员的一部分，并在飞机上承担特定的职责。这些职责主要与安全和疏散有关，包括向患者和亲属提供关于飞行时间、天气和可能导致焦虑或伤害的相关信息，如气流颠簸。反过来，医务人员也可能要求飞行员协助他们完成一些基础工作。此时，飞行员与患者的交流能力本身就是一个安全因素。飞行员必须掌握挪威语，或者至少能够用另一种北欧语与其他飞行员、医务人员、患者及其亲属进行交流。他们可能需要时间来掌握足够的沟通技巧，运用适合的沟通方式来了解患者的文化和背景。

# 四、保证飞行安全

在挪威北部常常需要短距离起降，因此对于航空医疗飞行来说，了解当地情况对于安全至关重要，特别是天气的快速变化常常会使机场变得危机四伏。无论是在驾驶舱还是在客舱中，飞行人员都在确保安全方面发挥着积极的作用。这需要专门的培训，以确保机组人员能够积极主动地参与安全工作。

在飞行中，飞行员之间通过言语和非言语活动进行沟通协调是至关重要的。飞行员需要有意识地向同事提供无声的证据以表明他们的行动符合简报和预期的程序。从飞行准备到飞行中，再到飞行结束，驾驶舱中的沟通内容不断变化。双重检查和闭环沟通可以确保严格遵循预定程序。通过这种精确的协同，飞行员之间可以确认是否遵循了飞行程序的每一个步骤。他们的行为不仅向对方展示了应该了解什么，而且还准确地告诉对方什么时候应该了解飞行的哪些方面。这种相互沟通建立了共识，并且形成了标准操作程序和清单，从而确保了任务的正确完成，并使驾驶舱机组人员准确掌握时时更新的飞行条件[②]。

在准备起飞、巡航、下降、进近和着陆时，都会进行简报，以便机组人员对每个阶段如何进行达成共识。飞行简报通常由机长提出，主控飞行员主要报告。除了天气、飞机状态和航线等标准信息外，航空医疗飞行简报还包括必要的患者医疗状况。这些飞行中的简报可能特别详细，例如，在进近简报中，驾驶飞机的飞行员将根据图表上的进场程序、进近各点的速度和高度、机翼设置（wing flap settings）以及目的地机场信息、跑道方向、周围地形和可能的障碍物等细节来确定如何进行相应转弯。进近简报是提出和讨论问题，澄清问题和做出改变的时机，例如天气改变，则进近方案也要相应改变。所有简报都会就计划方案进行沟通，其主要作用是为飞行员之间达成共识奠定基础。

# 五、建立机组内部关系

选拔过程的一个重要部分是评估飞行员的人际关系能力，即与其他机组人员建立并保持良好工作关系的能力。航空历史表明，机组人员的行为是一个重要的安全因素（Helmreich & Merrit，2000；美国国家运输安全委员会，1979）。成为一名优秀的飞行员意味着他能够与他人愉快合作。然而，由于文化、社会、性别和心理因素的影响，建立一个好的团队以及评估一个人的人际关系能力都是相当困难的。与他人合作时遇到麻烦在航空领域很常见[③]。驾驶舱中两名飞行员之间的合作和互动都是为了一个特定目标，那就是消除致命的错误并保证飞行安全。

优秀的空中救护飞行员对这一理念的理解是：只靠自己无法成为优秀的飞行员。一名优秀的飞行员首先是一名优秀的机组成员，建立良好的工作关系对保证安全有着重要的作用。其中最关键的是，飞行员需要相互交流，并告知对方飞行各个方面的运行情况。

# 六、"足够好"的工作环境

飞行员们需要在他们之间以及他们和机载医务人员之间建立并维持人际关系。他们心理上的凝聚力是保证飞行安全所需协作交流的基础。霍夫斯泰德（Hofstede，1980）认为，在航空文化中，建立工作关系的过程通常遵循的是西方文化的模式。在建立融洽关系的过程中，温尼科特（Winnicott，1971）描述了飞行员各自的"潜在空间"

（potential spaces）之间的关系。构建两个个体之间的关系就是建立"我们"概念的过程：既不是"我"，也不是"你"，而是"我们"。飞行员和机组人员建立和保持"足够好"的工作关系的能力是安全飞行的催化剂。

基于温尼科特的观念，我们可以假设所有合作和互动的基础是飞行员和机组人员的"关系能力"（Winnicott，1971）。为了构建机组成员的关系，利益相关者必须放弃一些个性。一位资深飞行员解释说：

> 我们飞行员之间的关系很重要，与机舱医务人员保持良好的关系也非常重要。我们都在"同一艘船"上，我们需要共事并一起完成任务。飞行是我们的职责，而且相当具有挑战性。我们需要在整个飞行过程中同频共振，并能准确感知"鼻子前方"（Ahead of the nose）④的各种情况。医务人员也同样如此，他们负责患者安全以及机舱里发生的任何事情。有时候医生和护士会告知我们相关注意事项。医务人员一定觉得他们可以信任我们。因此，我们需要对彼此非常了解，这样交流时就不会产生无形的障碍。有一些障碍会自然存在，比如我们属于不同的职业，性别有时也是个问题。然而，最大的障碍始终是我们是不同的个体。这就是为什么了解彼此如此重要。当你与熟悉的人产生沟通障碍时，你会更容易知道原因在哪里。

> （摘自 2016 年对航空医疗飞行员的访谈）

## 七、相互评估——适应他人

无论是飞行前还是飞行中，例如在进入飞行的下一阶段之前或在最小垂直间隔（Reduced Vertical Separation Minimum，RVSM）的条件下，建立和维持安全的机组成员关系的实用手段是简报（briefing）。然而，简报还有另一个重要作用，它可以被视作一个讨论会。通过这个起飞前的讨论会，飞行员可以相互评估彼此的技术、能力、信心和实际驾驶水平。如果一名机长和一名没有经验的副驾驶一起飞行，并且该副驾驶还是主控飞行员（pilot flying，PF）的时候，机长会更加专注地听取副驾驶关于下降和着陆前的简报。特别是如果副驾驶将首次在某机场着陆时，机长会更加认真地听取简报。机长会根据简报决定给予担负主控职责的副驾驶多少支持，以及需要花多少精力在自己的非主控飞行员（pilot non-flying，PNF）任务上。飞行人员只有对飞行心理学有深刻的理解，才能保证他们能够充分协作。机组人员要确保机组中的每个人都为建立飞行安全和效率做出贡献。

工作中人与人之间的亲密度至关重要。机组成员经常相互监督，看对方是否有能力应对工作所带来的挑战，包括他们是否适合此次飞行⑤。航空医疗机组人员下班后也会经常聚会，"信任圈"（circle of trust）在他们之间逐渐形成。

# 八、社会可预测性和可信赖性

为了符合挪威空中救护服务中"安全飞行员"的角色要求，一名优秀的飞行员除了需要处理其他机组人员的情绪外，还需要拥有处理自己情绪的能力。情绪管理是CRM 理念中界定飞行员和机组人员的工作中不可或缺的一部分，也是优秀飞行技能的重要组成部分（Kern，1997）。因此，一名优秀飞行员不仅要掌握飞行操作知识，而且还要培养在工作情况下控制情绪的能力，两者平行推进。飞行员在飞行时所表现出的情感和社交技能通常来自他们平时与他人进行情感和社会交往的经验（Negerd，2014）。

空中救护空勤人员需要大量的实际空中经验，通常这比常规的非紧急飞行服务更具挑战性。与此同时，他们必须与机组其他人保持充分的关系，并要管理好由于与患者和医务人员的密切交流引起的情绪反应。

# 九、理论框架：共情能力

一名航空医疗飞行员很可能会遇到超出以往经验的情况，从而引发强烈的情绪反应。理想的飞行技术模式是提供一个模板或"字典"来定义飞行员情绪管理的专业标准（Ramvi，2007）。这种职业技术模式为如何、何地、何时处理情绪设定了规则。飞行员的工作环境不允许其表露个人情绪。在驾驶舱和客舱的真实环境中，无论是手动飞行还是自动驾驶，飞行员和机组人员必须具有客观推理能力，同时保持对飞机的恰当控制。飞行员和机组人员需要通过他们的专业操作保证每次飞行的安全（Antonsen，Almklov & Fenstad，2008）。与此同时，工作负荷管理也是基本要求，机组人员要不断重新评估他们脑海中关于飞行和计划的表征。通过这一过程，机组人员可以让表征早于实际飞行状况，从而能够提前发现潜在的问题，避免或减低飞行风险（Cannon-Bowers，Salas & Converse，1990，1993；Orasanu，1994）。在整个过程中，飞行员必须控制好自己的情绪，保持镇静。虽然在飞行训练时，并没有对飞行员的情绪表达限度进行明确规定，但这却是成为一名优秀飞行员不可或缺的一部分。这个限度是个人通过经验获得的：

> 作为一名在空中救护行动中的年轻机长，有一次飞行经历让我印象深刻。我必须竭尽全力才能保持镇定。飞行前，作为乘务员的医务人员向我们机组人员简要报告要运送一名儿童患者。操作规则规定，由于担心医疗信息可能会对飞行员产生负面影响，因此医务人员通常不告知飞行员运送病人的医疗状况。因此我立即意识到这不是一次普通的运送飞行。果然，我们的乘客是一个患晚期癌症的儿童。医生已经放弃治疗，所有的希望都没了，他将被送回家等死。当这个小男孩登机时，我知道这将是他最后一次飞行。他也知道自己很快就要死了，但他仍然对自己的处境表现出极大的勇气。他让我想起我的孩子在他这个年纪时的情形。幸福是多么脆弱。他的出现深深地影响了我，但我不能让这妨碍我执行飞行任务的安全性。我非常清楚地记得这次飞行，当我们到达巡航高度时，我记得我不断在思考该如何应对着陆后搬运患者时的情景：我该如何向孩子告别，因为每个人，包括病人自己，都知道他将很快死去。

（摘自 2010 年对航空医疗飞行员的访谈）

目前，对于一名优秀飞行员应该具有的正确态度和行为的培训很有限，因此，人们期望飞行员能够自发地学会这些难以言传的行为规则。如果飞行员天生缺乏这种能力，则必须努力学习。事实上，不少飞行员担心他们难以胜任所要求的标准。这种情绪能力是副驾驶晋升机长的重要选拔标准。

质询（debrief）作为提升表现的一项措施，不仅体现在程序和计划方面，而且还体现在专业标准方面，包括可接受的情感行为限度。质询也可以提供一个远离公众的场合，用于应对救护工作中产生的情绪压力，可以在同事的陪伴下安静地宣泄。

北极航空医疗后送行动不仅需要特殊的飞行技能，还需要在紧急救治患者和保障飞行安全间保持平衡。因此不仅需要广泛的知识，还需要共情的技能。但是，如何确定适合担任这类职务的申请者呢？

# 十、北极医疗空运的飞行员选拔

直接招募到理想的申请者是不太可能的，获得"安全的"救护飞行员需要以时间和经验为代价。他们必须通过工作来逐步培养。由于对航空医疗后送飞行员的特殊要求，以及错选了飞行员所带来的潜在致命风险，一个现实的方法是花力气培养飞行员而不是花力气去选拔理想的飞行员。

空中救护飞行员的选拔依托当代的技术方法（Benison，2000；Driskell & Adams，1992；Helmreich，Merrit & Wilhelm，1999）。选拔过程侧重于飞行员的认知能力、非技术资质和在机组环境中工作的能力[6]，主要考察申请者的技术和非技术技能的综合表现（Carretta，Rodgers & Hansen，1996；Franz，Prince，Cannon-Bowers & Salas，1990；Hedge，Bruskiewicz，Borman，Hanson & Logan，2000；Hunter & Burke，1994；Martinussen，1996，2005）。然而，相比较而言，空中救护飞行员选拔程序与一般飞行员选拔有几个显著的区别，拥有成为一名优秀飞行员的技能并不一定意味着其也能适合航空医疗任务。但迄今为止，培训方法相关的文献中仍没有充分关注要承担特殊空勤任务的飞行员申请者所必需的额外技能，特别是与CRM 相关的技能。除了拥有相应的执照外，我们还建议通过模拟器训练课程来训练申请者的协同决策技能，并评估其人际交往能力。此后，必须采用较长时间的试用期，以确保申请者能够完全适应航空医疗任务流程。

# 十一、选拔的目标：挑选潜在的 "安全" 飞行员

飞行员通过共同、协作和互惠的努力实现了安全飞行：

合作是驾驶舱内一切活动的基础。一种情况是，和你一起飞行的人可能会让你表现不好。由于他的不良态度和缺乏能力等因素会导致你们合作失败，从而危及安全。另一种情况是，和你一起飞行的人可以让你一整天好心情，帮你渡过难关，让你重新回到正轨。作为一名机长，我告诉我的副驾驶，我希望他们在必要的时候能指导我，帮助我，甚至挑战我。

（摘自 2010 年对航空医疗飞行员的访谈）

一些航空事故及事件的研究丰富了人们对优秀机组人员的观念和看法，这可能也会启发人员选拔过程[7]。最近一些对 CRM 的研究考察了以下一直没有定论的问题：首先，飞行员之间的关系是否影响飞行安全？其次，如何从理论上概念化飞行员的合作、沟通和互动？最后，如何通过关系心理学的概念来探索飞行员之间的工作关系？我们的研究与另一项研究（de Rond & Lok，2016）类似，特别关注在协作、高效的环境中的经验，以及人们在工作时集体解决问题的方法，包括人们对相关现象的因果解释。本章引用了此研究发现中得出的部分结论和建议。

## 十二、人际知识与"安全的"空中救护飞行员

飞行员在描述优秀飞行技能时，通常不会使用认知技能或能力等术语，他们认为一名优秀的或资深飞行员应该拥有正确的"态度"：飞行员就应该有飞行员的样子，一个好的飞行员应该有出色的能力。一名首席飞行员声称："一名优秀的飞行员会根据自己的知识水平来行动和表现。"（采访于 2010 年）

这项研究采访的飞行员们都表示：成熟的飞行员都不会独自行动。要成为一名优秀的飞行员必须首先是一名好的机组成员，而成为一名称职的机组成员就需要足够多的知识。要成为一个好的航空医疗飞行员的关键因素是要证明自己有能力与一同飞行的其他人员进行良好的沟通、合作和互动。在选拔程序中，主要是通过模拟器飞行，以及试用期考察等手段来对申请者共情能力等人际特征进行评估。

## 十三、结论：不需要英雄，但是错误的人员选拔可能会丧命

从某种意义上来说，为挪威北极地区的医疗后送行动挑选合适的空勤人员是一项持续性的工作，该工作需要对空勤人员不断进行评估和优化。如果飞行员缺乏或失去了继续飞行的能力，那么出于安全（包括患者的安全）考虑，将不再选择该飞行员。在医疗后送行动中，飞行员既要能与医务人员保持有效的专业关系，又能鼓舞并信任他们，这样才会有助于医务人员做出正确的关键决策。选择合适的申请者可能需要一段时间的试用期，这样做既可以让申请者充分展现其能力，也能确保做出适当的人员选择。选拔的关键点是确定申请者是否能够在合作中做出安全的决策，同时不逃避责任。为了辅助人员选拔，还可以使用模拟器来检测申请者的协同决策技能。

注释

① 对机上医生（on-board physician）的要求仍是一个有争议的问题。见 Snow，Hull and Severns（1986）。

② 参见 Orasanu（1994）关于沟通及其在启发机组成员问题解决中的认知能力方面的论文。

③ 一个有针对性的案例是 Helmreich 等人（1999）引用的美国国家运输安全委员

会（NTSB-AAR-79–7，1979）对1978年联合航空公司坠机事件的报告。

④ "鼻子前方"（Ahead of the nose）是指对驾驶舱外的考虑，即对飞行和飞行环境的整体感知。

⑤ 适合飞行。飞行员有责任保证自己的身体健康，能够行使执照或许可授予的全部职责。在飞行员休息不足或表现可能下降的情况下，有法定义务无需履行飞行职责。如果飞行员向雇主报告不适合飞行，雇主应立即取消该人员的飞行任务，该飞行员的声明不应对其个人产生负面后果。医学合格意味着飞行员身体和心理状态都足以胜任飞行任务（引自2018年4月22日挪威民航局网站 www.trafi.）。fi/filebank/a/13 50386640/7271e137aef93846a58c1dfca 506da59/10450-Liite_ ICAO_ Manual_of_ civil _ aviation_ medic ine.pdf。

⑥ 例如，见 Helmreich, Wiener and Kanki（1993）及 Helmreich, Merrit and Wilhelm（1999）。

⑦ 机组人员资源管理和相关培训的发展历史。见 Helmreich, Merrit and Wilhelm（1999）和 Muñoz-Marrón（2018）。

原书参考文献

# 第二十五章

# 航空维修技师的选拔

Robert Dionne

现代企业由人力和资本组成。如果不能通过人力的知识、技能和能力,以审慎和战略性的方式正确运营和维护资本,就不可能产生维持企业所必需的投资回报。因此,选择最优秀的人组成专业人力资源团队,以系统的方式运作,对于任何航空组织的安全、高效运营来说都是至关重要的。

与许多航空业务一样,航空公司的容错率极低。商业航空运输设备(如现代客机)的高采购成本和运营费用,几乎没有为代价高昂的个人错误留下余地。每个高风险组织都必须以最高的绩效安全地运行整个系统,组织才能长期生存。在竞争激烈的市场中,当预算紧张时,员工的知识、技能和能力就显得尤为重要。但是任何行业的员工选拔标准都还应该包括申请者的人格等个人特质,尤其是在航空等高风险行业。人力资源部门面临着招聘、筛选、培训和留住优秀人才以实现组织目标的挑战,同时要保持其透明度,并必须遵守相关的劳动法规。随着航空旅行的全球化,航空组织的人员选拔工作的难度也加大了。

航空运输业务属于技术密集型行业,世界各地的机队维护和工程业务中,充满了监管认证、专门培训,以及对专业知识、技能和能力的考核。根据制造商的规范、法规和政策,经过认证的飞机维护技术人员对于保持飞机适航而言必不可少。

本章将主要探讨航空维修部门选拔申请者时需要考虑的问题,包括相关风险、安全进展、技术路径,以及招聘选拔和评估技术。在最后的总结中,将探讨维护技术人员在高风险环境中的首要心理特征。

# 一、维修过程中的风险、安全和保障

　　许多发表的论文描述了维修过程中的人为错误与最终飞机性能之间的联系。维修过程中的人为错误包括两类：①"遗漏错误"（error of omission）：工作中的必要步骤或任务被遗漏或忘记；②"类别错误"（error of commission）：不需要的任务或步骤被添加到工作中。遗漏或忘记某个步骤是维修过程中最常见的错误，该错误在装配或重新安装飞机组件的过程中最常发生（Reason & Hobbs，2003）。

　　当今的航空运输系统利用程序和行政保护的多个系统层来管理与飞机运行相关的风险。里森（Reason，2000）将每个保护层描述为一片瑞士奶酪，直观地解释了当危险事件设法穿越保护层中的漏洞时错误是如何发生的，尽管每层中的漏洞会随不同情况不断发生变化。这些系统或保护措施是为了弥补操作人员的失误。当失误发生时，可以对保护层（系统）进行评估以减少未来出错的可能性，而不是只盯着造成错误的个人。

　　航空维修技师可以敏锐地意识到维修失误可能对飞机安全运行造成的后果。驱动安全维护工作的要点通常包括：严格遵守程序说明书、核查书面报告和对工作执行状况的独立审核。航空维修技师一直在努力降低由于维修错误而导致灾难性后果的可能性（Lowe，2012）。具有足够专业知识和情境意识的技术人员应关注如何降低一系列维修程序中出现遗漏步骤的可能性。但实际情况可能并非如此（Marx，1998）。

　　"失误造成的后果不是人们想要的，甚至是灾难性的，但就像呼吸和睡觉一样，人类会自然地产生失误。"（Reason & Hobbs，2003，p.96）过去，失误被认为是相关人员的过失，而很少归因于周围的环境条件、程序或法规。幸运的是，这种人为错误管理的方法已经发展成为一种系统性方法。通过这种方法检查错误发生的过程和支撑结构，从而分析错误发生的原因，并确定应该做出什么改变来避免将来再次出错（Reason，2000）。维修跟踪系统、错误分析工具以及安全管理系统（safety management system，SMS）的应用正在改变许多维修部门的观念。

　　故障分析过程始于对事件周围条件的全面评估，而不仅仅是发现引起问题的人。只有全面分析了事件发生的相关细节，才能将从中得到的教训用于完善系统，以减少未来的潜在风险（Reason，2000）。含有反馈回路的系统性方法已经在航空业的各个领域慢慢普及，包括航空维修领域。

### （一）公正文化

航空安全系统方法的应用，以及管理层和工作组之间富有成效的内部关系共同产生了公正文化和报告文化（Reason, 2000）。对公正文化的一种描述是"管理团队理性、公平、公正地对待非故意犯错员工的态度"（Stolzer, Halford & Goglia, 2011, p.259）。这通常包括自我报告系统，旨在允许个人自我报告错误，并对其提供不同程度的保护，以避免立即受到个人惩罚。该系统让组织更深入地了解错误或问题，否则这些错误或问题将难以被发现（Taylor, 2000）。通过对每个错误的分析和学习才得以让系统持续改进。然而，减轻人为因素对维修的影响困难重重。出于安全性的考虑，当前维修中的公正文化特别重视技术人员在组织互动的各个方面进行人际和业务交流，从而打破人际藩篱。

如今，维修部门可以使用几种人为错误数据收集和跟踪系统。这些跟踪系统为维修部门提供数据，以便对所有错误事件进行趋势分析（Marx, 1998）。从分析中得到的信息可用于加强专业技术人员的培训，或对航空维修技师选拔所期望的理想人格特征测验进行改进。

安全和人为错误数据收集及跟踪旨在实现航空运营零事故的目标（Marx, 1998）。但是由于人性使然，加之个人态度和行为之间的可变性，总是会存在一定程度的不确定性。近年来，随着维修部门采用了安全管理系统，人为因素和风险管理的手段取得了长足的进步，航空运营的安全文化也得到了提升。Marx（1998）指出，分析错误的来源不是为了发现组织中表现不佳的人。当类似的环境条件存在时，错误就可能会重复出现，而引起错误的可能是不同的人。

波音（Boeing）公司联合了几家航空公司、一个机械师联盟及 FAA 共同开发了一种航空公司人为因素管理工具，称作维修错误决策辅助系统（maintenance error decision aid, MEDA）（Rankin, Hibit, Allen & Sargent, 2000）。MEDA 在世界范围内被用来跟踪和分析维修事件，目的是识别导致维修错误的因素（Rankin, 2007）。FAA 咨询通告（Advisory Circular）120-66B 建议，维修部门和航空公司应建立一个自愿的安全报告系统，称为航空安全行动计划（Aviation Safety Action Program, ASAP）。该计划鼓励对安全问题进行自我报告，而不用担心 FAA 或雇主的惩罚（FAA, 2002）。著名的安全跟踪系统还有 NASA 开发的系统，称为"航空安全报告系统"（Aviation Safety Reporting System, ASRS）（Taylor, 2000, p.212）和"维修工程师安全健康保持系统"（Maintenance Engineers Safety Health, MESH）（Taylor, 2000, p.213）。这些系统和其他维修数据收集系统是航空维修领域的安全文化的一部分。

安全和维修数据收集系统中的重要细节和来自企业软件系统中的数据，可以证明人力资本战略决策计划是有用的（Tennant，2014）。这一点从数据库中技术人员的工作绩效和保留率的趋势上就可以体现出来。这些数据还可进行理想员工的个人特征分析，用于人员选拔和招聘。

## （二）航空运输安全

作为全球商业航空运输系统的一部分，乘客、机组人员和地勤人员都要接受某种形式的安全检查。即使是行李和货物也要接受检查，并存放在安全区域中禁止随意接触。全球航空组织共享乘客和安全信息，并标记出航空运输系统的潜在风险。运输机通常停放在限制区域内，以防遭遇安全威胁。

航空维修技师在航空运输安全系统中起着至关重要的作用。航空维修不仅要核查飞机是否符合适航要求，而且还要对飞机和设备进行持续的关键安全评估，确保没有外源成分或材料引起的蓄意改变，从而对飞机安全运行造成潜在威胁（Sweet，2006）。

### 航空维修技师

现在采用的飞机设计和生产程序利用了材料科学、电子工程和空气动力学的最新技术进展。"在过去的25年里，我们看到推进力、航空电子和复合材料领域内的航空技术的复杂性急剧增加……"（Dyen，2014，p.13）。例如，从通用航空到大型商用运输机，复合材料结构已经成为几乎所有飞机结构形态的主流。驾驶舱自动化也是如此。随着数据信息显示屏和驾驶舱自动化的引入，飞机系统的复杂性显著增加了。

从逻辑上说，由于维护计划的减少和设备可靠性的提高，维护新飞机所需的技术人员将会减少。然而，预计投入使用的新飞机数量的增加（Boeing，2017）可能会抵消新机队的维护服务需求的减少。

新的航空技术还包括卫星无线收发器、数据采集中继系统和基于计算机的飞行控制系统等。飞机设计的进步促使维护和工程部门所需的技能和知识的不断变化（Tegmeier，2008）。

航空业最近的另一重大转变是商用无人机的发展。无人机的商业使用需要大量的航空维修技师来技术保障，这可能会在许多方面影响该行业。全球无人机的制造商和商业用户正在为无人机开发新的应用。大型商业无人机的创新理念将不可避免地对飞机维护技术人员的技能和适岗性提出更高的要求。

上述这些变化不难得出一个结论，即现在的航空维修技师应该精通电子技术、网络通信和计算机系统操作。此外，现在的航空维修技师必须终身学习，尤其是随着技术复杂性的增加，更需如此。

### （三）职业路径

维护飞机的人员被称为飞机维护技师（aircraft maintenance technicians，AMT）、机身和动力装置（airframe and powerplant，A&P）机械师或飞机维护工程师（aircraft maintenance engineers，AME）（ICAO，2018）。正如公众所期望的那样，他们在全球航空系统内执业，确保飞机可以达到规定的适航条件，并可跨国飞行，同时还要以尽可能低的成本保持高可靠性标准。

要成为美国联邦航空管理局（Federal Aviation Administration，FAA）认证的航空维修技师，基本的培训要求包括：先前的实践经验或成功完成 FAA 批准的课程、笔试、口试和每个证书（结构、动力装置和通用）的实践考试（FAA，2001；FAA，2018）。要完成航空维修技师认证过程还需要提供个人的性格和特质的资料。飞机维修人员是航空安全系统的重要组成部分。飞机的可靠性取决于保持适航性所必需的恰当的结构和系统维护，这使得维修技术人员成为安全性的关键一环。

据波音公司（2017）报告，基于飞机订单数据，在不考虑其他航空领域需求扩大的前提下，全球商业航空公司对航空维修技师的需求预计将在未来 40 年大幅增加。美国劳工统计局（Bureau of Labor Statistics）报告称，美国劳动力中从事飞机、航空电子机械和机务专业的技术人员（2016 年）约为 131 500 人（美国劳工统计局，2017年）。基于这些数字，仅北美对航空维修技师的需求在 2017 年至 2036 年就将增加近一倍（Boeing，2017）。而亚太地区对航空维修技师的需求增长则更大（Boeing，2017）。

从这些预测来看，航空维修技师的短缺将会成为现实。其影响与飞行员短缺一样严重。尽管新型飞机的可靠性有了显著提高，所需维护检查的周期也有所延长，但全球对航空旅行需求的激增以及航空机队的增加，还是导致了对飞机维护技术人员需求的增加。

飞行员短缺主要是由于新的入门级飞行员供应减少和对有经验的专业飞行员需求增加造成的。通过对飞行员退休状况的预测表明，合格的机组人员人数和未来工作岗位数量之间的差距越来越大。由于一些飞行员跳槽到一些更赚钱的公司，导致一些航空公司被迫取消航班或停止运营。对抗飞行员短缺最主要的手段是飞行员薪水的快速提升，以及很多航空公司纷纷推出了诱人的飞行员培养计划。飞行员培养计划旨在主动采取行动以提升未来飞行员的供应。由于公众意识到航空公司飞行员短缺，所以飞行员培训项目的学员注册人数显著增加。但公众对与此类似的航空维修技师短缺的情况还没有充分的认识（Motevalli，Johnson & Thom，2017）。

合格的航空维修技师的培养需要一个过程，因此像飞行员培训计划一样，对航空维修技师的培养计划应着力于吸引学生、师资和对学校项目的投资，从而使培养计划更具有效性，从而满足行业未来的需求（O'Brien，2005；Motevalli，Johnson & Thom，2017）。被这条职业道路吸引的学生有几种选择来完成所需的培训。所有这些都需要投入大量的时间和金钱。如何提高航空维修技师教育项目的招生是 FAA 第147 号学校项目（FAA Part 147）多年来一直努力解决的问题（O'Brien，2005；航空维修技师教育委员会，2017b）。一个潜在解决方案是：通过宣传提高公众对航空维修技师高起薪的认识，从而提高这一高技术职业的社会地位（Jones，2014）。此外，航空公司和维修机构可能必须重新制定技术人员的上机或初始培训计划，以便为入门级人员提供更多的就业机会。

航空维修技师项目毕业生面临的另一个问题是，高达 20% 的学生毕业后没有进入航空行业，而是选择了其他需要类似技能和知识的行业（ATEC，2017b）。一些坊间证据也表明，确实有一定比例的航空维修技师项目的毕业生去了其他技术行业工作。汽车服务部门（Alexander & Barnhart，2010）、风力发电机安装 / 维护行业、工业设施维护行业、石油和天然气生产行业以及通信行业的公司发现 FAA 第 147 号学校项目的学员所展示出的知识、技能、特征和其他特征非常符合他们期望的新技术员工的理想品质。

航空维修技师的人口明显老龄化（ATEC，2017b）。然而，与有严格退休规定的航空公司飞行员不同，维修技术人员可以在超过 65 岁后继续工作。如果维修技术人员在达到退休年龄时就退休，那么退休的速度可能会超过毕业生进入这个行业的速度（ATEC，2017b）。

总之，飞机维修技师的人员缺口，再结合其他的影响因素，会对航空人力资源部门所使用的评估、选拔和雇用模式产生重大影响。

### （四）航空维修技师培训计划

FAA 第 147 号学校项目的课程近年来没有显著变化，尽管 FAA 即将对"机身和动力装置"教育和认证流程进行预期的课程修订，以解决这一问题（航空维修技师学校，2015）。希望新的课程将更好地解决新型飞机所需的维修技能问题（ATEC，2017a）。课程的改变会降低雇主雇用新注册的航空维修技师后产生的额外培训费用。

该项目的培训教材和设施也应做出改变，从而可以让具有高级材料技术和计算机控制知识背景的学生轻松完成课程。

### 工作环境

对人为因素和飞行事故的研究转变了几个航空领域的文化视角。例如，机组人员资源管理（Crew resource management，CRM）从只专注于驾驶舱到关注机组成员交互的多个方面。维修资源管理（Maintenance resource management，MRM）的提出最初源于在维修中缺乏足够的沟通（Taylor，2000），一些公司将更多的注意力集中在维修文化和培训文化上，这导致了航空维修技师所需的社会和沟通技能发生变化（Taylor，2000）。最显著的影响之一是技术人员的社会互动发生了变化，维修工作从个人任务转向基于团队的工作组任务。一些航空维修技师更容易适应工作文化和安全环境的变化（Patankar & Taylor，2003）。维修行业的新人在从事航空维修职业时，应该意识到这种文化和态度的转变。

### （五）社会-技术系统和学习

"我们不能改变人，但我们可以改变人的工作条件。"（Reason，2000，p.769）社会-技术系统（Socio-technical systems）被定义为与工作描述相关的社会和技术复杂性的综合体。社会-技术系统的另一种描述是：将共同目标进行社会化分工的任务和团队（Hickman，1998）。虽然与日本管理模式不完全相同（Hickman，1998），但航空维修技师的个人化特点与日本的精益生产或战略（lean production or strategic）的团队概念近似（Nelson & Quick，2000）。"总体上看，航空维修技师职业比民航飞行员和外科医生等个人化职业更加个人化（Patankar & Taylor，2003，p. 91）。"与美国维修机构以前的理念不同，这种理念更适合安全管理系统（Taylor，2000）。

与航空安全系统相关的维修资源管理系统强调系统中的参与者需要具备沟通能力、批判性思维能力、决策技能和其他软技能。为了提升这些技能，需要建立针对技能发展和加强组织结构、职能和目标的专门培训方案（Taylor，2000）。社会-技术概念强调复杂系统中参与者间的互动，这与森格（Senge，2006）阐述的组织学习概念相吻合。总结的经验教训应及时纳入组织文化之中，以防重蹈覆辙，这也是航空安全管理的基础。

假设工作团队由不同经验水平的技术人员组成，那么较低水平的技术人员通过观察和学习其他技术人员的经验，从而在完成任务的过程中获得社会情境化的指导（Bandura，1986）。此外，团队还可以通过加强沟通以促进安全文化的传播（Patankar &

Taylor, 2004）。诺尔斯（Knowles, 1980）指出：

"（成人学习环境的）心理氛围应该使成员感到被接受、被尊重和被支持；教师［导师］和学生应该秉承教学相长的精神成为研究搭档；在这种氛围里有言论自由，而不用担心惩罚或嘲笑。"（p.47）

团队中的个体成员通过社会学习（Merriam & Bierema, 2014）实现不断成长。

温格（Wenger, 1998）提出的社会学习方法认为，无论我们身处何处，我们都处于某种形式的"实践社区"（community of practice）中。非正式学习（Marsick & Watkins, 1990）会出现在这些社区之中，其不同于教室环境下的正式学习。我们日常活动中的非正式学习几乎毫不费力。在航空维修实践中，技术人员必须持续学习，以确保他们能根据影响其任务的最新信息进行操作而不犯错。这个过程需要隐性和显性知识（Nonaka & Takeuchi, 1995），这些知识中的一部分就来自"实践社区"（Wenger, 1998）。

对于维修人员来说，像航空领域的许多其他岗位一样，持续的在职学习是该岗位的必要条件（Lowe, 2012）。随着航空电子设备的发展和更多复杂结构的引入，技术人员需要不断更新他们的知识才能跟上行业的发展（Goglia, 2014；Tegmeier, 2008）。

然而，这需要技术人员具备获取知识的必要态度。成人学习理论提供了几个关于学习需要达到什么目标的假设。最重要的是学习的准备和动力，而自我导向学习是重中之重（Knowles, 1980；Merriam & Bierema, 2014）。在选拔过程中这些特征以及其他成人学习者的特征应该被优先评价，这对于维修团队的成员来说是至关重要的。组织中的学习文化也会影响个人以及组织的成长和发展（Anderson, 2010）。

### （六）航空维修技师人才库

基于对合格航空维修技师日益短缺的预测，人力资源部门不得不想方设法招募合格的申请者以填补航班激增而产生的人力缺口。紧缩的劳动力市场会直接影响企业运营。由于航空维修技师的匮乏，为了吸引人才，企业只能提高薪酬水平。人才短缺程度还受到其他一些因素的影响。

一些曾经没打算投身航空业的潜在申请者可能会因为薪酬水平的提高而被吸引到航空领域，这很像一些区域性航空公司为吸引飞行员而提高飞行员起薪的状况。对于那些偏重生活质量的人来说，区域性航空公司调高起薪的做法让这些潜在的申请者加入到商业飞行员队伍中。同样，合格的航空维修技师也会对这个领域的供求因素做出积极反馈。但航空业提高了航空维修技师的起薪，就会导致其他技术行业面临熟练工人短缺的问题，从而使他们也会对潜在劳动力出台相应的激励措施（Tennant，2014）。

随着全球机队的扩张和飞行时间的积累，航班机身将需要额外的日常和全面检修。因此，运营商可能会寻求独立的维护、修理和大修（maintenance，repair and overhaul，MRO）机构，以补充其内部维修能力不足的情况，尤其是在航空维修技师区域性短缺的情况下。航空公司会根据自己的航线和机场位置，结合 MRO 机构的地理位置来选择合适的 MRO 机构。不同国家间的劳动力成本和技师储备状况的差异会影响新 MRO 机构的发展。

多个航空组织正在采取一系列措施来加强航空维修技师的输送渠道，从而能实现由新员工取代老员工的目标。但目前的航空维修技师学校都没有满负荷运行，其入学率仅为 51%（ATEC，2017b）。学员对从事航空维修职业不感兴趣的可能原因是对工作性质、实际任务和工作环境的误解（Jones，2014）。

### 选拔和雇用人力资本

今天的年轻人经常被称为"数字原生代"（digital natives），因为他们从出生起就不断接触计算机相关技术（Prensky，2001）。这可能是未来航空维修人员理想的先决条件。鉴于当今飞机设计和制造的巨大进步，技术人员需要熟悉计算机网络、计算机诊断和虚拟现实辅助支持等技术。

飞机技术的发展伴随着工业的发展，当喷气式飞机（jet-powered）成为常态时，活塞式（piston-powered）飞机从航空机队中逐渐淡出。20 世纪 40 年代，维修技师们的工作和当时的检修设备锻造了他们关于活塞飞机的知识和技能。当先进的喷气式客机，如波音 707 和道格拉斯 DC-8 的出现导致维修技师所需的知识基础发生了重大转变，这让一些技师们感觉难以适应。于是航空公司通过扩大培训来解决维护这些高科技飞机所需的新技能问题，这些培训项目为技师们提供了更新技能和基础知识的机会（Wensveen，2015）。"航空维修技师们需要明白这个职业需要终身学习，从进入企业的第一天到退休的那一天都不能停下来。"（Lowe，2012，p.33）

### （七）申请者来源

许多组织使用各种方法来发布职位空缺。最常用的方法有：在公司网站发布岗位空缺信息，使用招聘网站以及公司的社交媒体网站发布工作信息等（人力资源管理学会，2017）。维修部门招聘员工的另一个来源是"员工推荐计划"（人力资源管理学会，2017），该计划鼓励组织内的员工推荐组织外可能成为优秀员工的人。组织内的员工通常会因为成功推荐了一名员工而得到某种形式的奖励，包括现金奖励（Chamorro-Premuzic，2015）。现有员工推荐的人是申请者的一个很好的来源，因为推荐人之所以推荐某人，表明推荐人对被推荐人适合该工作非常有信心。

## （八）选拔过程

"飞机已经变得更加复杂，需要额外的培训来安全地维护，同时还需要找到、雇用和留住合适的维护人才。"（Donner，2016，p.4）人力资源部门在人员配备上的首要目标是为组织找到最佳人选（Appelbaum & Fewster，2002）。近年来，人力资源部门在这一过程中的参与程度发生了变化，他们的职责更多地用于获得人才和组织流程方面（Cappelli，2013）。目前大多数的招聘过程为：人力资源部门发布空缺职位公告，筛选简历，并将最佳简历提供给招聘经理或部门。之后，人力资源部门可能会在面谈之前安排电话和视频面试。申请者提供的证明材料通常需要经过核实。一些公司出于各种原因选择不使用申请者的社交媒体网页作为验证申请者信息的方式（人力资源管理学会，2013）。申请者可能会被要求完成某种形式的心理测试，以及技术技能、知识或能力评估，以便公司进一步筛选入围名单（人力资源管理学会，2017）。如果在筛选过程的早期使用简化版的在线心理测验，将更加经济和简捷（Bateson，Wirtz，Burke & Vaughan，2013）。

在申请者进入维修岗位之前，通常还需要进行细致的背景调查（Goglia，2009），尤其当申请者需要进入机场的安保区域时（Benoff，2001）。通常要对一份简历进行 10 年的背景追溯，若发现有履历缺失或反常情况，则需要进一步的调查。

### 在线招募测试

用于选拔、激励和评估员工的心理学理论起源于 19 世纪后期，其科学方法广泛应用于员工交流和评估。尽管科学和工程界对心理学原理和实践的应用越来越感兴趣，但员工们却对此不屑一顾。随着心理学领域的扩大，从业者将心理测量的原理应用于军事人员选拔，确保选出最合适的人选接受培训和执行任务。第二次世界大战开始时，对申请者选拔和安置进行心理测试的做法受到了广泛关注，并获得了大众的认可（Scroggins，Thomas & Morris，2008）。早在 1938 年，美国陆军航空兵就开发了心理测验用于选拔新兵接受航空机械培训（Harrell，Faubion & Fryer，1940）。

尽管大家已经广泛接受基于统计评估的认知能力测试（如标准化的学术能力倾向测试），但人格测验在信度和效度或人格因素的定义方面却没有同样被接受，部分原因是人格测验存在相当大的测量变异（Scroggins，Thomas & Morris，2008）。但总体上，招聘机构对心理检测的使用在稳步增加。越来越多的组织计划逐步将一些心理测验作为招聘选拔过程的一部分，出现这种趋势的主要原因是为了降低组织的人力成本（Weber & Dwoskin，2014）。

心理测验可以快速、方便地识别申请者的特征和技能水平，并将其与影响工作表现的品质和技能进行比较，同时还可以检测出胜任特征偏差（Chamorro-Premuzic，2015）。选择正确的人格测验可以帮助选拔最好的申请者进入高风险的、以团队为导向的工作环境（Hurwitz & Ippel，1999）。人格测验有助于识别个人行为模式偏好，特别对航空等安全关键岗位尤为重要（Chamorro-Premuzic，2015）。然而，组织若以此为目的，就必须严格审查心理测验的信度和效度。

对潜在的应聘者进行的正式测验会产生关于有效性、预测能力和合法性的质疑。"长期以来，公民权组织一直关注公开形式的工作场所歧视问题，声称这种依靠数据算法驱动的测验方式会让那些不符合严苛标准的人更难找到工作。"（Weber & Dwoskin，2014，n.p.）

在高风险领域，如航空维修，心理测验可以评估几个相关的人格特征或特性，并与现有的高绩效员工进行比较。这种测验的作用主要是为了让雇主根据预先确定的标准做出明智的招聘决定。在人力资源短缺和招聘需求高企的时代，选拔过程中可能持续存在代价高昂的错误，并影响航空风险和组织的有效性。出于对遵守已有公平雇用法规的担忧已经导致许多组织取消了雇用前测试。完善的心理选拔实施，对招聘过程的准确法律解释，基于工作分析的严格的测验编制，这些工作都应经过深思熟虑，并在组织的战略计划中体现出来。

组织应该采用最新的完整工作分析来构建航空维修技师必备的性格和特征。现有高绩效员工的检测结果可以为评估员工潜质提供范围基准。图 25.1 列出了航空维修部门职位需要评估的一些通用特征，但不包括必备知识、证书或经验要求等内容。

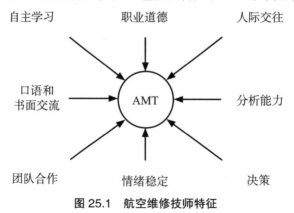

**图 25.1　航空维修技师特征**

从另一个角度来看，心理测验主要有如下作用（Hurwitz & Ippel，1999）：

雇用前检测可以确定求职者是否拥有这些特征，从而降低代价高昂的招聘失误的可能性。测验有助于识别拥有成功工作表现所需的能力、资质或技能，并可以评估与风险行为有关的态度、动机和个性特征，以及诚实、团队合作等其他相关因素。（p.36）

组织中优秀的员工其心理测验表现却有较大差异，这说明不能依靠单一的选拔标准来决定一名申请者的岗位适宜性。在雇用航空维修技术人员时，应优先录用能够适应安全文化和工作环境的申请者。

申请人可以通过学习如何进行心理测验来提高获得工作的可能性。申请人可以预先了解潜在雇主正在使用的测验的具体细节，也可以通过尝试测验例题来提高测验成绩，这些例题可以从开放资源中获得（Chamorro-Premuzic，2015）。招聘选拔和评估工具通常考察"工作成功的三个关键要素：能力、职业道德和情绪智力"（Chamorro-Premuzic，2015）。有一些心理测验公司可以提供通用或定制心理测验的服务。

不同的心理测验所测量的因素差异很大。对这些因素进行定义和解释超出了本章的主旨，因此图 25.2 只列出了选拔和评估工具所测量的性格和特征样本。

| 注意品质 | 良好的推理 | 宜人性 | 自主学习 |
|---|---|---|---|
| 态度 | 尽责性 | 成就 | 共情 |
| 外向性 | 活力 | 创造力 | 内向性 |
| 社会知觉 | 适应性 | 开放性 | 领导力 |
| 批判性思维 | 分析能力 | 主动性 | 机敏性 |
| 不稳定性 | 可靠性 | 沟通 | 职业道德 |
| 动机 | 情感强度 | 社会智力 | 思维定势 |
| 责任 | 团队成员 | 诚信 | 信任 |
| 行为 | 认知能力 | 责任感 | 表达能力 |
| 神经质 | 决策 | 自尊 | 攻击性 |

图 25.2 心理选拔和评估工具可测量的人格特质和其他特征

在航空领域这种强调安全的高技术行业中，人力资源部门在选拔人才时必须优先评估其心理特点、技能和能力等技术和非技术特征。维修部门还必须适应技术服务行业不断变化的环境和文化，为技术人员的个人发展提供必要的人力资本支持。学习型组织有一个优点，它为组织提供了市场竞争优势，通过增强后备力量来对抗团队成员流失，使组织能够健康发展。

美国国家商业航空协会（日期不详）认为，一名优秀的航空从业者所必须具备的特征应包括性格、态度、承诺、技能、形象和学习；当今，雇主希望刚刚入职的大学毕业生也应拥有类似的知识和技能，包括专业素养、书面和口头交流技能、人际交往技能、商业知识和批判性思维（SHRM，2015）。

施密特和亨特（Schmidt & Hunter，1998）根据对多年来发表的关于员工选拔研究的论文进行总结，指出心理测验和评估具有预测工作绩效的能力，"……工作绩效的核心决定变量可能是一般心理能力（GMA）、工作经验（即学习的机会）和责任心"（p.272）。不同的工作绩效预测因子导致了不同的效度水平。他们认为"一般心理能力测验和综合测验联合使用的综合效度约为 0.65；而一般心理能力测验和结构化访谈联合使用，综合效度约为 0.63"，而且预测可信度最高（p.272）。他们还建议，上面列出的两种测试组合既适用于入门级申请者，也适用于有工作经验的申请者。

## 二、总结

航空维修技师的工作充满了艰辛（Reason & Hobbs，2003）。他们为乘客的空中安全负责，但他们通常要在恶劣的工作条件和巨大的时间压力下工作，还要时刻保持对环境和规章制度的精准情境意识（Reason & Hobbs，2003）。

收集的航空维修技师的数据来自各种系统，包括员工调查、维修资源管理系统和安全管理系统。这些数据在形成理想的新员工模板时具有应用价值。心理学原理和技术应用于航空维修技师的心理检测和评估有着悠久的历史，可以追溯到航空业发展的早期（Harrell，Faubion & Fryer，1940）。

全球航空旅行需求的增长使人们改变了对航空维修职业的看法。随着飞机复杂性的增加，公众对航空维修技师的作用，以及他们对安全旅行所做出的贡献变得更加重视和尊重（Jones，2014 年 6 月 9 日）。保障乘客的安全是这个职业的终极目标。而公众对航空维修技师职业的认可和尊重会促进更多的新人进入该领域。

当今的航空维修技师作为社会 - 技术系统不可或缺的一部分发挥着作用，他们的技能和知识与技术发展与时俱进。这其中还包括在团队内的有效沟通和互动能力，团队成员相互信任、尊重，为共同目标而努力。他们能够不断创造新知识，同时从他人的经验中学习，这是新的社会 - 技术知识生产力的基石。

能够在当今高技术高风险领域发挥作用的个人，必须在知识、技能、能力以及其他特征上符合要求。这就提出了一个问题——机务维修部门是否应该尽量雇用具有学士学位的申请者？具有大学学位的航空维修技师确实可以更容易获得一条清晰、向上的职业道路，同时机务维修部门也可以得到有经验和合格的申请者来填补未来的职位空缺。基于本章提到的心理学原理和实践，具备岗位所需特征的大学毕业生可以胜任机务维修工作。因此，除了强制性的技术认证外，大学文凭可能会被认为是未来招聘航空维修技师的首选条件（Jones，2014）。

要想在今天的全球经济中保持竞争优势，就需要将组织打造成一个有凝聚力的学习型组织，通过培训和教育不断扩大集体的知识库。组织必须从每个事件中总结和传播经验教训，才可能降低运营成本。经验丰富的员工必须通过参与实践群体来分享组织知识，将重要的企业知识传授给经验不足的员工。航空公司的盈利能力建立在微薄的利润基础上；设备和运营成本本身并不能产生竞争优势，只有人力资本才能让组织脱颖而出。航空维修技师始终处于通宵轮班、疲劳和飞机快速周转的压力之下，而飞机的高利用率主要依赖他们的敏锐感知和认知效能。作为学习型组织的一分子，进入这个领域的新员工必须能够在越来越高的期望中工作，以减少潜在的风险和错误。因此，维修技术人员的心理特征和态度是人员选拔过程中最应优先评估的。21 世纪的飞机维修技术人员应该是什么样？我们认为，在一个高度社会 - 技术化的团队环境中，飞机维修技术人员应该具有与知识分子（knowledge-workers）相似的心理技能和特质。

原书参考文献

# 第二十六章

# 更高的目标：最大化空中交通管制员选拔的预测效度

Yvonne Pecena，Katja Gayraud 和 Hinnerk Eißfeldt

## 一、简介

选拔和培训空中交通管制员（Air Traffic Controller，ATCO）是空中交通管理（air traffic management，ATM）的最大挑战之一。由于合适的申请者的低基础率、工作安全的高相关性，以及空中交通管制（Air Traffic Control，ATC）培训的高成本，从头开始挑选 ATCO 学员需要一个有效的选拔程序。在人员选拔方面，预测效度是最终基准，即要能准确回答"选拔系统预测申请者在未来培训和工作中的表现的准确性如何？"这个问题。德国航空航天中心（The German Aerospace Centre，DLR）与德国航空导航服务商（Air Navigation Service Provider，ANSP）德国 DFS 公司（DFS Deutsche Flugsicherung GmbH）合作，根据中欧地区航空交通管理的需求，为初始 ATCO 的申请人开发了最先进的选拔程序。此外，DFS 公司为满足高密度空域空中交通管理的需求还专门设计开发了空中交通管理训练系统（DFS ATM Training System，DATS）。整个招聘过程的质量保证主要基于 4 个关键点：①工作需求分析；②合理的测验系统开发、细致的选拔、测验人员的必要培训；③适宜的 ATC 训练和执照管理；④测验效度的定期验证。

本章中，我们将系统介绍我们最近的一项大规模研究，并报告我们的选拔系统的效度情况，以及选拔和培训过程。我们还对欧洲空中交通管制员未来能力的需求变化的相关研究，以及空中交通管制员选拔心理测验的新技术进行了展望。

# 二、空中交通管制学员选拔系统的效度

## （一）选拔和训练过程

德国航空航天中心与德国 DFS 公司合作建立了空中交通管制员申请者的专门选拔程序。首先根据公布的申请标准（如年龄、教育程度、语言）进行初步筛选，然后在德国航空航天中心内进行多阶段的检测：第一阶段的检测是一套综合心智能力测验（例如，记忆、注意力、信息加工速度等）和英语测验；第二阶段是工作样本测验，重点检测个人对多任务的完成能力；第三阶段重点关注团队合作能力，包括两个活动：一个是二人小组活动，一个是多人小组活动；第四阶段也是最后阶段，包括英语口语考试和半结构化的关于生平的面试。通过上述检测的申请者还要接受欧洲航空安全组织（Eurocontrol）3 级标准的体检。整个选拔过程采用循证策略，以确保申请者满足所有的能力要求。每个选拔阶段结果和最终结果（例如，推荐或不推荐给 DFS 公司进行空中交通管制员培训）都有明确的分数线和修正机制。根据经验，整个选拔程序的通过率约为 6%。

根据欧盟和欧盟各国法规，空中交通管制员培训通常分为初始培训（Initial Training，IT）阶段，包括模拟器训练阶段；以及模块培训（Unit Training，UT）阶段，包括上岗培训（on-the-job Training，OJT）。IT 阶段在 DFS 学院进行，持续 13 ~ 17 个月。如果成功完成，则将向受训者颁发空中交通管制学员资格证；随后的 UT 阶段在 DFS 的各个单位进行，学员在完成 UT 阶段后会继续留任工作。UT 阶段需要 12 ~ 18 个月，具体取决于每个学员的训练进度。

## （二）方法

### 1. 样本

效度验证研究的总样本包括 476 名空中交通管制员受训者（平均年龄 20.52 岁，标准差为 1.74 岁；66% 为男性），他们在 1997 年至 2006 年期间完成了选拔程序并被推荐进行培训。样本中的受训者要么完成了 DFS 培训系统中的空中交通管理训练系统 1（N=430），要么完成了空中交通管理训练系统 2（N=46）。由于一些数据缺失，导致分析时样本大小略有变化。缺失数据的原因有两个：一是预测因素数据缺失，这主要是因为数据来自选拔过程，一些被试被淘汰而导致数据不全；二是由于效标数据缺失，这主要是因为受训者在培训的不同阶段退学所致。对照样本来自1997年至2006年期间接受检测的13 716名申请人。

2. 预测因素

如前所述，选拔系列程序的第一阶段是综合心智能力测验，主要检测3个能力领域：记忆、注意力和信息加工速度。以每个能力领域的平均分来反映申请人在每个领域的表现；第二阶段（工作样本测验）的预测值是通过各分测试的平均表现汇总后，形成一个工作样本测验分数；第三阶段主要评估申请者的团队合作能力。申请人参加两个不同的评价中心（Assessment center，AC）活动。在一次二人小组和一次多人小组活动中，4名考官对申请人在行为导向维度（如决策）上的表现进行评价。通过计算所有AC维度和AC活动的平均表现得出AC总分；第四阶段（半结构化传记访谈）的预测因素来自选拔委员会（两名德国航空航天中心的航空心理学专家和两名DFS的空中交通管制员）的评价。4名专家要对申请人的一般动机、职业动机和社会能力进行评价，从而确定其职业适宜性。4名专家在3个方面的评价平均分作为预测变量。申请人还要接受英语水平测试：在第一阶段进行英语多选题测验，在面试前进行口语水平测试。两次英语测验的平均成绩作为英语水平分数。

由于选拔过程中一些申请人由于分数不够而被淘汰，因此预测变量的数值分布范围缩小了。这减少了发现统计显著性的可能性，或者即便发现了统计显著性，其效应也会缩小。因此，测验根据来自参照样本的测验数据对相关系数进行了校正。

3. 效标

尽管大量初始训练（IT）的变量可以用作效标，但模块训练中只有少数变量可以用作效标。此外，尽管所有学员的初始训练效标都是可比的（即所有学员在DFS学院的初始训练期间都参加相同的课程），但学员在模块培训阶段接受的是不同部门和单位的个性化培训。因此最重要的效标是：初始训练阶段训练的成败、模块训练阶段训练的成败，以及整体培训的成败，而不考虑阶段内某个时间点的成败。

初始训练阶段有两个综合评分可以作为效标：一个是所有理论考试的总评成绩，另一个是所有实际操作（模拟器操作）考试的总评成绩。是否重考也被用作效度验证的效标变量。此外，在初始训练阶段的模拟器考试中，教官会根据空中交通管理训练系统的12个指标（例如问题识别、交通计划、情境意识、协调程序和压力应对等）对学员进行评分。然后将这些评分的平均值作为综合的教官评价分数。其中的大多数效标指标也存在分数分布变小的情况。受训者通常都会获得一个较好的绩效评分，导致在绩效评分表中低分很少出现。全部的预测变量和效标变量见表26.1。

**表 26.1　预测变量和效标变量汇总**

| 预测变量 | | 效标变量 |
|---|---|---|
| 生平信息：年龄、性别、教育程度、平均绩点等 | 初始培训阶段（IT） | 理论成绩 |
| 第一阶段：预选（记忆、注意、信息加工速度） | | 模拟器成绩 |
| 第二阶段：工作样本测验 | | 教官评分 |
| 第三阶段：评价中心团队活动 | | 重考情况 |
| 第四阶段：英语测验和半结构化面试（一般动机、 | | 成功通过 IT 阶段 |
| 职业动机、社会能力） | 模块培训阶段（UT） | 成功通过 UT 阶段 |
| | 整体成功 | 成功通过两个阶段 |

引自 Conzelmann，Heintz & Eißfeldt，2011。

# 三、选拔程序的预测效度：结果和讨论

　　表 26.2 概括了主要研究结果，更多详情（统计数据）请参阅佩塞纳（Pecena）等人（2013）的研究。在预选阶段的能力测验中，注意和信息加工速度测验的贡献率最大。这些数据支持根据工作分析得出的结论，即注意力和反应速度是空中交通管制员工作所需的核心认知能力（Eißfeldt & Heintz，2002）。记忆领域的测验能很好地预测学术表现，例如初始训练阶段理论测验的分数。总的来说，预选时的测验考察了广泛的认知能力，可以预测几乎所有的效标变量。这一结果说明：申请者需要达到在第一选拔阶段所需要的认知能力的及格线，才能表明其具有成功完成空中交通管制员培训所需的能力水平。

　　如表 26.2 所示，在初始训练阶段，工作样本测验可以有效预测申请者 IT 阶段的模拟器成绩以及教官的评分，即在工作样本测验中获得好成绩的申请者则更有可能在 IT 阶段的模拟器测验和教官评分上获得好成绩。IT 阶段教官对申请者的总体评分与工作样本的测验成绩显著相关。采用工作样本测验的目的是为了模拟空中交通管制员在工作中不得不面对的多任务情况。此外，该测验还采用低仿真的方式模拟了未来实际的工作需求。由于多任务处理能力对于空中交通管制员的工作而言至关重要，因此对于未发现工作样本测验得分与总体培训成功之间有显著相关的结果令人吃惊。一种解释可能是选拔过程本身的问题，尤其是工作样本测验严苛的分数线，导致此阶段的选拔合格率非常低，只有大约 55% 的申请人能够合格。因此，工作样本测验只能较好地预测有较多绩效等级的效标，而不能很好地预测诸如是否成功完成培训这类全局性效标。比较遗憾的是 UT 阶段后期的绩效数据没有获得，此类数据可能有助于进一步探讨工作样本测验对在职实际绩效的预测效度。

**表 26.2　各选拔阶段指标对不同培训效标的预测效度汇总**

| 选拔阶段 | | IT 理论成绩 | IT 模拟器成绩 | IT 教官评分 | 重考情况 | IT 成功 | UT 成功 | 总成功 |
|---|---|---|---|---|---|---|---|---|
| 阶段一 | 记忆 | ** | | | | | | |
| | 注意 | ** | ** | * | * | | ** | ** |
| | 信息加工速度 | ** | | | * | * | * | ** |
| 阶段二 | | | | | | | | |
| 工作样本测验 | | | * | * | | | | |
| 阶段三 | | | | | | | | |
| AC 团队训练 | | | * | * | | | | |
| 阶段四 | | | | | | | | |
| 英语考试 | | ** | | | | | | |
| 阶段四 | 一般动机 | ** | ** | * | ** | * | * | ** |
| 半结构化面试 | 职业动机 | ** | | | * | * | | * |
| | 社会能力 | | * | * | | | ** | ** |

注：样本 $N$=330 ～ 430，仅报告重复发现有显著统计学意义的统计结果（组比较、相关性、线性回归和 logistics 回归等），*$p$<0.05 和 **$p$<0.01。

摘自 Bruder et al.，2011。

　　申请者在评价中心活动中的表现与一些效标之间存在显著相关，如团队活动的子分数与 IT 阶段模拟器成绩和教官评分有显著相关。少数评价中心活动的预测结果与先前预测效度研究（Pecena，2003）的结果不一致。在这些研究中，评价中心活动的表现可以稳定地预测训练表现，如训练成功，以及理论表现和实践考试成绩。然而，从这一选拔阶段得出的结果和具体的预测在最后的面试阶段得到了有力的验证，并在社会能力的面试评分中发挥了重要作用（见下文）。马施克和歌特斯（Maschke & Goeters，2000）揭示了从最初的飞行员训练到担任航空公司机长的职业生涯中，态度和人格对工作绩效的影响变得越来越重要。因此，应进一步分析评价中心活动对空中交通管制员的实际工作绩效的预测效度。

　　预测 IT 理论成绩的最佳指标是英语笔试和口试成绩，甚至英语培训成绩是 IT 训练阶段预测效度的最佳指标。到了 IT 的后期阶段，由于有更多的模拟训练，英语成绩对 IT 绩效就没有显著预测效度了。这些发现可以用一开始的英语水平差异来解释。由于有些课程是完全用英语进行的，所以英语水平较高的受训者比英语水平较低的受训者理解授课内容的难度要小。由于在培训期间为学员提供了额外的英语培训，学员之间的语言能力差异可能会变得不那么明显，因此对随后的表现差异的预测能力也会降低。根据这些结果可以推论：具有一定的英语能力是开始培训和避免早期失败的先决条件。英语成绩对 IT 阶段的模拟器成绩和教官评分等实际操作表现指标没有显著预测效度。

表 26.2 显示，访谈（第四阶段）的所有评分维度都显示出预测效力，但每个维度都只能预测空中交通管制员培训的不同方面。一般动机可以预测所有训练阶段的表现，坚持不懈努力取得好成绩（在学校、体育和爱好方面）的学员也更有可能在空中交通管制员培训中取得成功，他们在培训考试的各个方面都表现得更好；职业动机对 IT 理论成绩、重考情况、IT 成功和整体培训成功都有显著的预测效度，但预测程度低于一般动机；社会能力对 UT 成绩及 IT 的操作表现有预测效度。总体而言，这些发现强调了在录取决策过程中应重视申请人的社交和动机特征，这些特征主要通过半结构化访谈进行评估。

## 四、培训成功率是选拔的核心效标

受训人员的总体成功率仍然是选拔评估最重要的效标。即使受训人员在初始培训中取得良好的成绩，他们仍需要成功完成模块培训才算真正合格，从而获得空中交通管制员资格。因此，选拔测验可以提供令人满意的培训效果预测只是手段，最终培训的成功才是建立选拔体系的终极目标。总体而言，研究样本中有 81%（训练系统 1：79%）的受训人员成功地完成了作为空中交通管制员的培训。尽管 93% 的成功学员完全完成了 IT，但 UT 的成功率只有 87%。1% 的受训者在体检不合格后不得不停止训练，这些情况也算作培训失败。女学员的成功率明显更高（女学员为 89%，男学员为 76%）。与以前的德国航空航天中心的研究（Damitz et al., 2000）相比，学员成功率已从 67% 增加到 81%。这一成功率也是迄今为止在类似的国际报告中取得的最高成功率之一（Eurocontrol，1996）。

总之，事实证明，选拔系统对于挑选空中交通管制员而言是有效的，学员的总成功率接近 81%。定期的效度监测是保证选拔系统持续有效的重要且必不可少的原则。定期的效度检测有助于确保较高的训练成功率，并为将来的改进和调整提供有价值的信息。但是，整个招募周期的质量保证不仅取决于对选拔和培训质量的定期评估，而且还取决于对所选拔岗位的当前和未来要求的理解。随着技术的进步，空中交通管制员的工作要求会不断变化和调整，因此，也必须经常相应地调整选拔和培训系统

（CAST，1998；Eurocontrol，1996；Eißfeldt et al.，2009）。由于岗位要求是空中交通管制员招募质量保证的重要支柱，因此必须深刻理解岗位能力要求的变化。在下面的段落中，我们将探讨未来在欧洲范围内对空中交通管制员能力要求的变化情况，并对评估申请者的新方法进行概要介绍。

# 五、当前和未来对航空交通管理的能力要求

"欧洲单一天空空中交通管理研究项目"（Single European Sky Aviation Research，SESAR）产生了新一代的技术系统、组件和操作程序，这些内容参见"航空交通管理总体规划和工作计划"（ATM Master Plan and Work Program）。在"Sesar 共同业务"（Sesar Joint Undertaking，SJU）的 WP 16.04 章中描述了未来系统和程序对选拔、培训、能力和人员配备（包括先进自动化）的影响。为了实现这一目标，以及考虑到从确认这些能力要求变化和培养出适应这些新要求的空管人员的较长周期，目前已开发了一些先期工具以尽早描绘这种影响。SELAT（SELection requirements proactive Analysis Tool）就是能够明确这些影响对能力要求改变的分析工具。SELAT 主要用于"Sesar 共同业务"项目中为了优化操作而对人员绩效的强制性评估。为了实现此目的，SELAT 会尽早检测操作人员能力结构的潜在变化，特别是与技术发展相关的变化。如果该工具有效，就会：①通过评估申请者最重要的能力从而提高培训的成功率；②优化当前的空管培训，从而降低因能力要求变化而导致的人因错误的风险；③保持高安全操作标准。

为了描绘当前欧洲空中交通管理系统中空管员的能力要求，该项目采用了 Fleishman 工作分析问卷（Fleishman Job Analysis Survey，F-JAS）（Fleishman，1995）。F-JAS 是一项调查能力的问卷，它提供了 70 多个项目的详细定义和锚定评级量表，涵盖认知能力、心理运动能力、身体和感官能力，以及社交/互动能力等领域。在职者被要求使用 7 点量表来"根据所需的能力水平，而不是难度、花费的时间或能力的重要性来评价任务"。为了检验 F-JAS 对 SELAT 发展的潜在适用性，对欧洲不同地区进行了基线研究。

在 SELAT 基线研究中，对标准 F-JAS 程序进行了修改，用德国航空航天中心开发的附加量表补充了原始量表，最后形成了 59 个项目。参与者按照一份详细的清单一步一步地完成整个流程。材料用通俗易懂的英语撰写。参与者不需要提供身份信息，但要报告他们的年龄、性别、职务，并报告他们是否担任过特定的工作角色（如教官、

检查队长）以及他们的工作经历（包括目前的工作和全部的工作经历）。研究的目的是收集飞行员和空中交通管制员在实际工作条件下能力要求的最新数据，以便为进一步应用打下基础。研究需要考虑的主要的问题是：这些专业团体的结果是否完全具有跨欧洲的可比性？能否锚定量表分值，采用 SELAT 进行一个时间点的测量就可以确定反映当前工作状况？为了问答这些问题，另一种替代的方法是采用前测和后测设计进行两次测量。前测反映日常工作的条件，在被试有了新工具或程序的使用经验后再进行后测，这种方法类似于效度验证。结果发现，即便专业领域相同，欧洲的各公司之间仍存在差异，表明采用锚定量表分值的方式行不通。因此，SELAT 的开发应采用前后测设计。

SELAT 基准研究的国际化方法为航空航天行业的需求概况提供了以前无法获得的见解。参与者代表了不同地区（波罗的海、地中海和欧洲中部）的航空公司和空中航行服务提供商。研究者报告了空中交通管制员和飞行员调查结果的比较数据（Eißfeldt & Gayraud，2015）。在下文中呈现的是 227 个空中交通管制员的结果。样本的 70.5% 为男性。样本平均年龄为 38.7 岁（$SD$=7.8 岁）。被试获得空中交通管制员证书的年份为 1976 年至 2012 年，可以代表不同经验水平的空中交通管制员。被试们使用各自系统的经验在 1 ~ 324 个月之间（$M$=58.2, $SD$=51.8），所用系统的水平按从"传统"到"先进"进行 11 点量表评价，结果表明被试们对所用系统的评价为：比平均水平更先进一些（$M$=7.8, $SD$=2.2）。

表 26.3 显示了排名前 10 的空中交通管制能力要求的平均值和标准差。尤其值得注意的是各种社交 / 互动技能也被证明是重要能力，如自我控制、毅力和可靠性。还有一个量表列出了排名前 10 的感知能力要求，特别是语音识别能力。在欧洲背景下，德国航空航天中心制定的这两个量表（Eißfeldt et al.，2009）分别列出的是 10 个最重要的能力要求。它们是根据前述方法（Fleishman & Quaintance，1996）进行编制的，并采用典型的量表格式将其添加到能力要求集合中（示例见图 26.1）。正如 SELAT 基线研究的结果所示，这些指标与其他 F-JAS 量表非常一致，他们的高排名突出了他们与空中交通管制员专业的相关性。

为了模拟基线研究水平时的前后测设计中对量表的重复使用情况，在完成第一轮评分后就直接向参与者收集第二轮评分。第二轮评分前需要问参与者一些回溯性问题："当今的飞机或系统与您最初训练的飞机或系统进行比较，请告诉我们您认为哪些所需能力发生了变化，这将有助于我们了解能力要求的变化。"使用五点评分（--/-/o/+/++）给出变化评级。计算时将刻度转换为数字：从 1（--）到 5（++）。227 名空中交通管制员参与评分，他们有足够的经验来报告这些变化。

表 26.3　欧洲空中交通管制员的十大能力要求（*N*=227）

| 能力 | 平均值 | 标准差 |
|---|---|---|
| 自我控制 | 6.33 | 0.78 |
| 时间分配 | 6.31 | 0.86 |
| 毅力 | 6.12 | 1.05 |
| 可靠性 | 5.93 | 1.06 |
| 选择性注意 | 5.92 | 0.99 |
| 运行监测 | 5.92 | 0.94 |
| 语音识别 | 5.81 | 1.07 |
| 警觉性 | 5.72 | 1.17 |
| 问题敏感性 | 5.63 | 1.09 |
| 完型速度 | 5.62 | 0.96 |

引自：Eißfeldt，2013。

从这些回溯性数据来看，59 个需求量表的总体评分几乎都没有变化（*M*=3.13，*SD* =0.31）。不同的能力领域的总体平均分接近量表平均分 3（认知：2.94；心理运动：3.19；感官 / 知觉：3.13；社会 / 互动：3.27），这表明当前系统和空管员们当初接受培训的系统在要求方面具有可比性。

然而，一些单独的量表评分显示，当前系统对一些要求增加了。表 26.4 列出了从其自学徒期以来，受访者所需技能水平增幅最大的 10 项。除了认知能力外，感官和社交 / 人际交往能力也是 10 大变化要求之一。还有一项引人注目的变化是，在空中交通管制员培训的背景下，近年来"教导"（coaching）他人提升他们的才能和技能变得越来越重要。

"运行监测"对空中交通管制专业的特殊意义可以从其在要求列表中的位置看出（见表 26.4）。这与先前的研究结果一致，都表明空中交通管制的工作重点正在从主动控制转向宏观监测（如 Wickens，Mavor & McGee，1997；Metzger & Parasuraman，2005）。数据表明，对于一些研究参与者来说，这些变化已经发生。

图 26.2 显示了"运行监测"变化的频率分布。超过一半的受访者选择 + 或 ++，表明从自己完成培训以来，他们感觉到了这种能力需求标准的提升。在比较不同空管员的工作岗位时，塔台 / 进近岗位的空中交通管制员报告"运行监测"增加得最多（*M*=3.7，*SD* =0.80），其次是在区域控制中心工作的人员（*M*=3.53，*SD* =0.82）和高空区域控制中心工作的人员（*M*=3.51，*SD* =1.1）。总的来说，这些评分与所使用的技术系统的水平（传统或先进）无关。

基于前述对空管员选拔系统的研究，德国航空航天中心的研究人员开始开发一种可以评估"运行监测"维度的测验。一项研究描述了使用眼动测量进行实验性监测任

务的初步尝试，该研究的目标是将这种方法转化为可用于心理诊断的诊断性工作测验
（Grasshoff，Hasse，Bruder & Eißfeldt，2015）。

最近，为了评估"运行监测"和视觉信息处理功能，一种新的自下而上的概念性
方法被提了出来。这种方法要求个体在多种工作环境下专注于特定的信号，从而评估
其心理耐受力（mental endurance）。此外，该方法还用于对口语信息及颜色辨别的
评价。目前已基于这一理念开发了工作样本测验：运行监测测验（Test of OPerational
monitoring，TOP），该测验已在申请者身上进行了初步试验，结果表明其在选拔中
具有良好使用潜力。

在下一节中，我们将介绍这种新选拔方法的示例，特别是将眼动测量用于团体选
拔的可行性。

| 运行监测能力与其他能力的区别 | | |
| --- | --- | --- |
| 运行监测：持续关注以尽早发现关键情况 | vs. | 问题敏感性：识别整个问题以及问题的各个部分 |
| 运行监测：注意某些复杂系统中的各种信息源 | vs. | 警觉性：连续监测和观察单调情况时保持持续的警觉状态 |

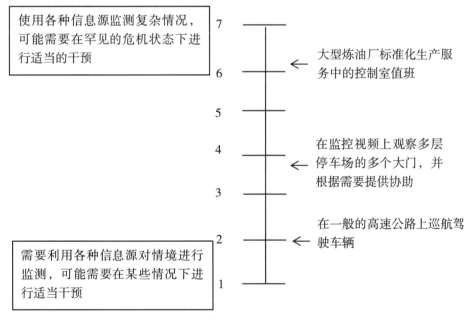

图 26.1　DLR 编制的运行监测量表（Eißfeldt et al.，2011）

表 26.4 初始培训提高最大的 10 项能力要求（数据来自 227 名欧洲空中交通管制员）

| 能力 | 平均值 | 标准差 |
| --- | --- | --- |
| 运行监测 | 3.58 | 0.87 |
| 视觉颜色辨别 | 3.53 | 0.79 |
| 经验的开放性 | 3.52 | 0.70 |
| 行为灵活性 | 3.44 | 0.70 |
| 时间分配 | 3.41 | 0.74 |
| 教导 | 3.41 | 0.73 |
| 选择性注意 | 3.38 | 0.72 |
| 完型速度 | 3.37 | 0.75 |
| 协调能力 | 3.37 | 0.70 |
| 信息排序 | 3.37 | 0.79 |

引自：Eißfeldt，2013。

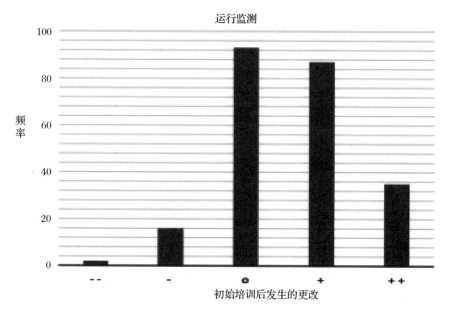

图 26.2 初始培训后运行监测的变化

引自：227 名欧洲空中交通管制员数据，摘自 Eißfeldt，2013。

# 六、心理测量新方法

我们需要根据空中交通管制方面所预想的新任务和要求，来探讨申请人和工作要求之间的适当匹配性。上述研究的一个重要结论（见 Eißfeldt & Gayraud，2015）是：对比当今的系统与他们最初接受过的培训就会发现，空中交通管制员需要更高水平的"运行监测"。因此，需要开发适当的方法来评估人的监测表现。监测的客观指标包括反应时、准确性和错误率（CAA，2013）。然而，由于监测测验中包含的自动化故障频率较低，识别故障的信度较低。此外，通过手动操作代表的准确率和错误率只是反映了监测行为的结果，而不能反映监测过程本身。由于监测被定义为"系统实际状态与交通预期状态之间的连续或离散比较的过程"（Kallus，Barbarino & Van Damme，1998，p. 85），因此还必须采用不同方法来评估监测行为的过程。

自 2009 年以来，德国航空航天中心（DLR）的一个研究小组一直致力于通过眼动追踪数据来测量监测情况（如 Grasshoff et al.，2015；Hasse & Bruder，2015；Hasse，Grasshoff & Bruder，2012；Schulze Kissing & Bruder，2017）。通过记录眼动行为评估监测过程可以为评价操作者的视觉注意力分布和潜在认知过程提供新的手段（Peysakhovich、Lefrançois、Dehais & Causse，2018）。基于之前的研究，研究者建立了个人监测行为的标准模型，以区分具有恰当监测能力的管制员和缺乏该能力的管制员（Hasse & Bruder，2015）。通过眼动跟踪数据和模拟监测测验对该模型进行了测试（MonT，Eißfeldt et al.，2009），见图 26.3，测验要求参与者仔细查看自动化系统的交通流量。目标飞机在进入管制区、管制区内飞行和飞离管制区的航线上移动。管制区的飞机容量受到设定值的限制，被试的任务是当实际飞机数量与设定值不匹配时进行报告。

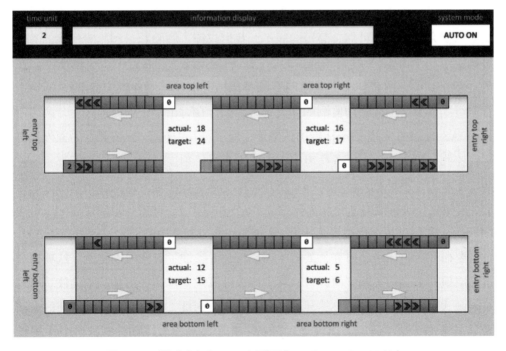

图 26.3　监测测验（MonT）界面（Bruder et al.，2013）

哈塞（Hasse）等人分析了注视参数，如注视次数和注视持续时间，将其作为注意力分配的指标，结果发现高绩效者与低绩效者在注视行为方面存在差异：在系统发生故障之前和期间，高绩效者更关注与故障相关的区域，而低绩效者在关键时间点对这些区域的关注较少（Hasse et al.，2012）。总之，眼动参数为"运行监测"提供了针对过程的测量，并证明了在监测测验中可以将其用于评估认知表现。然而，由于这种方法比较复杂，需要较长时间的学习才能掌握，因此其在选拔中的应用受到了限制。

在德国航空航天中心的另一个独立项目中，在"冲突觉察"（conflict detection）测验中的注视行为作为其他心理测验表现的预测因子进行了研究。眼动不仅能反映任务结果，还能使个体冲突觉察策略变得可观测。因此，研究对被试的视觉扫描模式进行了分析。从而于不久前，开发出了计算机化的眼动冲突觉察测验（Eye Movement Conflict Detection Test）（Gayraud，Eißfeldt，Hasse & Pannasch，2017）。受测者要花 10 ~ 15 分钟来学习冲突规则并练习任务。然后，他们要在预定空域快速准确地发现飞机之间的潜在冲突。他们只有准确预测飞机的未来位置，才能发现冲突。这项测试模拟了空中交通管制员的一项关键任务，但采用了一种简化的方式，以便没有任何航空经验的申请人能够完成这项任务。与监测测验（MonT）不同，为减少其复杂性，空域的展现是静态的。然而，任务中的对象及环境与空中交通管制员的工作紧密相关。

在完成德国航空航天中心选拔程序第一阶段的测试后（见上文），252 名申请过德国航空航天中心的空中交通管制培训或飞行员培训的人员参加了工作样本测验。为了给未来研究创造一个可靠、简短的版本，我们权衡了测验题目和测验整体的参数，最终确定了一个由 50 个题目构成，每个题目的信度均为"良好"以上的版本。在随后的一项研究中，两名空中交通管制专家（德国空中导航服务供应商 DFS 的空中交通管制员）也参加了有眼动监测的冲突觉察测验。在讨论了任务要求之后，两名专家采用 F-JAS 的 25 个含有锚定标准的认知能力量表（其中包括 DLR 开发的额外量表，如运行监测、警觉性）对任务所需的能力水平进行了独立评价。两位专家都将所需的感知、注意力（警觉性、运行监测、感知速度、选择性注意）以及问题敏感性、空间定向、可视化和决策能力水平评为非常高（6 分及以上）。此外，完型弹性（Flexibility of Closure）和信息排序也被评为 10 个最相关的能力要求中的两个（评分高于 5）。

主要研究还包括眼动研究，共有 113 位参与者参加了工作样本测试。这项研究在德国航空航天中心的实验室内进行，其中四个计算机工作站都配备了眼动仪。通过使用非佩戴式眼动仪，可以在自然环境中对被试进行测量。空中交通管制培训的申请者以及学员参加了这项研究。研究通过分析了几个眼动参数（如注视次数、注视持续时间和熵）来量化注意力的分布以及搜索冲突的方法。结果发现采用 Shannon 熵系数

（Shannon，1948）测量的熵是描述个体扫描模式的适宜方法。熵"表明了策略性视觉搜索活动的水平（或缺乏策略）"（van de Merwe，van Dijk & Zon，2009，p.10）。高熵表示更随机的扫描模式，而低熵则与更有序的扫描模式相关（Harris，Glover & Spady，1986）。根据第一项结果，包括熵在内的眼动参数不仅与准确性和速度表现出显著相关（Gayraud，Eißfeldt，Hasse & Pannasch，2018），还预测了整体任务表现。此外，眼动参数似乎使受测者们的冲突搜索过程透明化，可量化且具有可比性。工作样本测验除能提供准确性和速度指标外，还能捕捉到受测者的策略，其测验功效扩大了。此外，从眼动追踪中获得的客观指标还与评价中心中考官的评分相一致，尤其是在执行维度方面（如决策）的评分。未来我们需要进一步研究该方法的预测能力，以便最终将眼动技术用于人员选拔。

# 七、补充说明

　　如上所述，根据最新的大规模研究结果，我们成功地验证了空中交通管制员申请者的整个选拔组合。为了确保整个招聘过程的高质量，我们不仅要进行一致性和定期的工作要求分析以更好地满足未来的需求，而且还需要进行心理测量学的验证研究。这些研究的结果对将来的空中交通管制员选拔和培训改进与调整提供了必要信息。新方法和测验的发展有助于满足当前和将来的培训和工作要求，或有助于提高选拔测试的客观性、可靠性和有效性。考虑到眼动分析的巨大潜力和可观的绩效评估结果，将眼动追踪与其他措施相结合能产生很大的应用价值，可以在各个领域中提供重要信息，包括选拔和培训航空工作人员。尽管在眼动追踪数据质量方面取得了技术上的进步，但这仍需要进行大规模的心理学研究以证实先前的发现，并分析眼动数据对训练和工作成功预测的可靠性和效度。

原书参考文献

# 第二十七章

# 走进太空：欧洲航天员和太空飞行参与者的选拔

Anna Seemüller，Yvonne Pecena，Justin Mittelstädt 和 Peter Maschke

国际航空联合会（Fédération Aéronautique Internationale，FAI）将航空飞行和航天飞行的区别定义为是否超过海拔 100 千米。这个海拔也被称作卡门线，在这个高度附近离心力超过了空气动力，进一步的上升只能通过火箭的巨大动力来实现。人类对太空的探索始于 1961 年尤里·加加林（Yuri Gagarin）首次载人飞行穿越这一边界线。从那时起，来自 35 个国家的 550 多人通过 300 多次飞行进入太空（Wikipedia，2018）。由于太空飞行需要先进的技术设备和巨大的成本，太空旅行者通常属于由各国政府资助的国家或国际载人航天计划的一部分。专业航天员是指通过人类航天计划训练的，在航天飞行中承担指挥或驾驶航天器，或担任机组成员的人（欧洲航天局，2019）。随着商业载人航天的兴起，第一次出现了由私人或商业资助的，利用政府或公司建造的航天器进行航天飞行的机会。在美国联邦航空管理局（the Federal Aviation Administration，FAA）和美国国家航空航天局（National Aeronautics and Space Administration，NASA）的文件中，太空飞行参与者（space flight participant，SFP）一词代表非专业的私人或商业太空旅行者。

在人类航天飞行的早期，第一批航天员是从军事试飞员和后来的民用飞行员中招募的，当时航天员被要求驾驶飞船并执行必要的操作任务。随着技术进步和太空飞行经验的增长，太空研究机会的增加为航天员开辟了更多的工作领域。自 20 世纪 60 年代中期以来，对航天员的总体要求发生了变化，没有飞行员经验的科学家和工程师可以申请成为航天员。拥有飞行员的背景已经不再是强制性的了，这个职业也向更多的科学工作背景人员敞开了大门，从自然科学家、数学家、工程师到医生。开展实验研究已经成为航天员工作的一个主要部分，这使得人们更加关注申请者的科研资质。欧洲航天局对欧洲航天员的典型角色描述如下："（他们）参加国际空间站（International Space Station，ISS）的长时间飞行，进行实验，操作空间站的系统，组装、激活、检测新的空间站部件，进行科学研究，甚至在生命科学实验中充当被试。"（欧洲航天局，2019）除了航天员飞行员和航天员科学家的角色（如作为任务专家或载荷专家），专业航天员还可以被指派担任指挥官、飞行工程师、医学专家或教师航天员（Steimle & Norberg，2013，p. 256）。

除了执行这些任务所需的专业知识和职业技能外，航天员还必须应对太空飞行独有的特点——不利环境造成的心理、人际、身体和居住性压力（Kanas & Manzey，2008，pp. 1-2）。他们不得不长期生活在一个不舒适和不便利的封闭且孤立的环境中，在太空飞行的所有阶段和空间站上都有可能发生危险情况，他们日常工作的特点是工作量大、时间紧、信息密度高（Goeters，1980）。因此，航天员必须有能力应对这些压力源，并需要有在这些条件下与他人一起工作和生活的社会能力。

# 一、欧洲航天员的心理选拔

欧洲航天员的心理选拔遵循"选入"（select-in）策略，目的是选入具有最符合航天员职责特点和能力的合适申请者。另外，精神疾病评估遵循"排除"（exclude）策略，用于排除表现出精神病理学或精神疾病特征或具有潜在心理健康问题的高风险申请者。虽然这两种策略都是航天员选拔的一部分，但本节主要介绍心理选入。

航天员申请者的心理选拔中必须进行如下内容的评估（Maschke，Oubaid & Pecena，2011）：

（1）动机。

（2）相关的生平经历。

（3）认知和心理运动能力。

（4）与应对压力相关的人格特质。

（5）与人际关系相关的人格特质。

（6）人际关系以及团队合作技能（如在团队里有良好的决策能力）。

（7）与国际空间站任务相关的跨文化能力（p.39）。

欧洲航天局（European Space Agency，ESA）的航天员选拔工作开展较少，主要是根据需要进行的。到目前为止，欧洲航天局共进行了3次选拔，第一次是在

1977—1978 年，然后是 1991—1992 年，最后是 2008—2009 年。德国航空航天中心（The German Aerospace Center，DLR）为欧洲航天局心理选拔标准的建立做出了贡献，开发了许多用于心理选拔的心理测量方法，并在 3 次心理和医学选拔工作中发挥了核心作用。

1977—1978 年，欧洲航天局进行了第一次航天员选拔，目的是挑选航天员科学家来担任第一次太空实验任务的载荷专家（payload specialists）（Goeters，Schwartz，Budszinski，Nordhausen & Repp，1978）。欧洲航天局成员国进行了国家预选，以便预选合适的申请者。在德国的选拔中，最初的 695 名申请者中有 103 人在联邦德国航空航天研究试验院（今天的德国航空航天中心）接受了心理评估。约 75% 的申请者是物理学家或工程师，近 50% 拥有博士学位，31% 拥有飞行员执照。30 名申请者通过了心理评估，然后被安排参加进一步的选拔，如医学选拔。每个成员国最多可提名 5 名申请者参加随后的欧洲级甄选，于是 52 名申请者参加了欧洲航天局心理和医学选拔，最终有 3 名被选为载荷专家。

大约 15 年后，欧洲航天局第二次航天员选拔活动于 1991—1992 年进行，目的是为哥伦布（Columbus）和赫尔墨斯（Hermes）项目挑选航天员，后者后来被取消（Fassbender & Goeters，1994）。同上次一样，国家预选是根据欧洲航天局颁布的心理选拔标准进行的，每个国家最多确定 5 名申请者。在接下来的步骤中，有两个阶段的欧洲级选拔过程（European Space Agency，1992）。第一阶段由心理评估和专业评估组成，第二阶段是全面的医学评估和航天飞行适应性评估。在心理选拔阶段评估的 59 名申请人中，有 47 人申请实验专家，他们中大多有科研背景；航天飞行专家职位的 12 名申请人大多来自军事飞行员专业（Fassbender & Goeters，1994）。另外还有 12 名已经是国家航天员的申请者。心理选拔侧重于操作能力和个性特征，最终推荐了 26 名航天员申请者，还有 20 名申请者被评定为"可以推荐"（recommended-with-reservations）。心理方面高比例的通过率表明国家预选是有效的。医学评估结束后，剩下 25 名申请者进行最终遴选，最后有 6 名新航天员申请者进入训练（European Space Agency，1992，1993）。

2008—2009 年，欧洲哥伦布科学实验舱发射升空后不久，欧洲航天局开展了最近一次的航天员选拔工作，目的是为欧洲航天员队伍补充新的航天员（European Space Agency，2009）。与前两次的航天员选拔相比，这是欧洲航天局第一次直接开展欧洲级的选拔，取消了国家预选环节。申请者可以直接在线申请报名欧洲航天局航天员选拔。因此，形形色色的大量申请人直接参加了欧洲级的心理选拔。在 8400 多名有效申请人中，902 名申请者被邀请进入以基本能力测试为重点的心理选拔第一阶

段，192 名申请者进入了评估协作能力和人格特质的心理选拔第二阶段（Maschke,
Oubaid & Pecena, 2011）。结果有 46 名申请者进一步接受了医学选拔，最终，他们
录取了 6 名欧洲航天员申请者，这些人中有科学家、工程师和飞行员。

## 二、航天员申请者的人格特质

人格特质影响着我们的社会交往。对于飞行员和航天员来说，他们要在压力
大、性命攸关的情境下进行有效的沟通和合作，因此，具备与工作要求相匹配的人
格特质对于他们来说尤为重要。对飞行员和航天员理想人格特质的研究已经发现了
一系列的人格特征，通常被称为"适宜素质"（Right Stuff）。根据人格问卷、人格
特征量表（PCI, Helmreich, Spence & Wilhelm, 1981）的测量结果，"适宜素质"
包括高工具性（高动机和目标导向）、高表达性（高人际敏感性）以及低人际攻击
性（Musson, Sandal & Helmreich, 2004），这些特质与航天员的工作绩效（Rose,
Fogg, Helmreich & McFadden, 1994）以及飞行员机组资源管理培训的成绩相关
（Helmreich & Wilhelm, 1991）。

由于飞行员和航天员的工作特点有相似之处，例如，两者都要求很高的操作可靠
性，而且航天员申请者传统上是从飞行员中产生的，因此比较航天员和飞行员的性
格特征是件很有意思的事。他们是相似的？还是我们能看到他们性格特征的差异？关
于这个问题的答案可以从德国预选和欧洲航天员选拔中找到，当时采用气质结构量表
（Temperament Structure Scales, TSS）作为人格特征测量的工具（Kirsch, Goeters &
Ewe, 1975; Maschke, 1987）。该量表是专门为德国航空航天中心选拔飞行员开发的，
也用于欧洲航天局的航天员选拔工作。

将 1977 年德国预选的航天员申请者（还包括 9 名奥地利申请者）与飞行员训
练申请人的结果进行比较，发现性格特征存在显著差异（表 27.1；Goeters et al.,
1978; Goeters, 1977）。德国 / 奥地利航天员申请者比飞行员申请者表现出更高的成
就动机和职业流动性（Mobility），而外倾性和任性度（Spoiltness）较低。航天员申
请者描述自己比飞行员培训申请者更有雄心，更愿意冒险，更少说话，更少装腔作势。
2008—2009 年度的欧洲航天员申请者和有执照的航空公司飞行员申请者也进行了类
似的气质结构量表（TSS）的比较（表 28.1；Maschke, Oubaid & Pecena, 2011）。
在德国预选发现了两者的显著差异，在欧洲选拔中还发现了两者在气质结构量表的另
外 6 个分量表上的显著差异（表 27.1）。其中任性度（$d = -0.76$）和流动性（$d=1.14$）

两个量表的差异最大，航天员申请者称自己不像持照航空公司飞行员申请者那么自命不凡，而且更愿意冒险。

表 27.1　航天员申请者与飞行员申请者的气质结构量表结果比较

| TSS 人格量表 | 德国 / 奥地利航天员申请者（1977）对比接受飞行员培训的申请者 | 欧洲航天员申请者（2008—2009 年）对比获得执照的航空公司飞行员申请者 |
|---|---|---|
| 成就动机 | + | + |
| 情绪不稳定性 | n.s. | − |
| 固执 | n.s. | − |
| 外倾性 | − | − |
| 侵略性 | n.s. | − |
| 活力 | n.s. | + |
| 支配性 | n.s. | − |
| 共情 | n.s. | n.s. |
| 任性度 | − | − |
| 流动性 | + | + |
| 开放性 | 数据缺失 | − |

注：左列：1977 年国家预选中的德国航天员申请者（以及 9 名奥地利航天员申请者）（$N$=112）和飞行员培训申请者（$N$=205）的比较（Goeters et al., 1978; Goeters, 1977）; 右列：欧洲航天局 2008—2009 年度选拔中的欧洲航天员申请者（$N$=902）和持照航空公司飞行员申请者（$N$=121）的比较（Maschke, Oubaid & Pecena, 2011）; "+" = 航天员申请者的分数高于飞行员申请者，"−" = 航天员申请者的分数低于飞行员申请者；"n.s." = 没有显著差异。

这些发现表明，即使与相似的高操作要求的飞行员申请者相比，航天员申请者也表现出不同的个性特征。这种人格特征差异在选拔前和他们报名时就已经存在了（Goeters et al., 1978）。总的来说，这些差异似乎很符合航天员面对极端工作挑战所需的特征，即非常积极、情绪稳定、身体灵活、谦逊、喜欢冒险，这些特征就是前面提到的"适宜素质"。

航天员申请者的人格特点也得到了 1991 年欧洲航天局选拔活动中的一项研究结果的支持（Fassbender & Goeters, 1994）。在选拔准备期间，为了检验气质结构量表（TSS）的文化公平性等情况，以欧洲航天局的国际工作人员为被试进行了一项试验性研究，被试大多数是科学家和工程师（Fassbender & Goeters, 1992; Goeters & Fassbender, 1992）。发现在气质结构量表（TSS）中体现的科学家和航天员申请者的差异只与飞行员申请者和航天员申请者的差异部分吻合。这可能是由于飞行员和科学家 / 工程师的职业要求不同导致的。造成航天员申请者和欧洲航天局工作人员性格特征上差异的可能原因，一是由于申请过程中的预选条件不同，二是由于报名航天员选拔所体现的固有人格差异。

　　除了前面提到的人格特质差异外，也有证据表明航天员申请者之间在心理评估中也表现出了差异。一项采用 NEO 人格问卷修订版（NEO-PI-R；Costa & McCrae，1992）的研究表明，与成功通过基本能力倾向测试的航天员申请者相比，没有通过者有更高水平的神经质（如更焦虑）和更低水平的宜人性（如缺乏适应性）。此外，成就动机和活力这两个气质结构量表（TSS）的因子分与心理评估的总体表现相关（Mittelstädt，Pecena，Oubaid & Maschke，2016）。有趣的是，这两个量表的内容似乎都包含在人格特征量表（PCI）的维度中。因此，Mittelstädt 等人（2016）得出结论：人格特征类似于赫尔姆赖希（Helmreich）的"适宜素质"的人适合成为航天员（p.933）。

# 三、商业载人航天

　　传统上，人类飞向太空的唯一途径是参加由政府投资的国家或国际航天飞行计划。第一批商业载人航天飞行出现在 20 世纪 80 年代，费用由私营机构承担，但所乘坐的航天器仍然需要政府的航天机构来提供。

　　1984 年第一位商业载荷专家查尔斯·沃克（Charles Walker）乘坐航天飞机飞往太空，1990 年第一位没有技术背景的航天飞行参与者 – 日本电视台记者秋山丰弘（Toyohiro Akiyama）随"联盟号"飞船飞往和平号空间站（Grahn & Norberg，2013，p. 54）。大约在同一时间，"朱诺计划"（Project Juno）启动，计划派遣一名英国公民前往太空，以加强英俄关系（Grahn & Norberg，2013，p. 54；Seedhouse，2017，pp. 33–37）。该计划的招募口号是"招聘航天员，无需经验"，大约有 13 000 名英国人报名参选。经过初选，申请者的人数减少到 150 人，然后经过几个阶段的医学和心理选拔，还剩下 6 名申请者，最终选中的两位申请者是化学研究员海伦·沙曼（Helen Sharman）和军用直升机飞行员蒂姆·梅斯（Tim Mace），他们不久之后就在俄罗斯星城开始了为期 18 个月的航天飞行训练。由于难以获得赞助，拥有航天公司的莫斯科银行决定自己出资此次航天飞行。1991 年，海伦·沙曼加入俄罗斯乘组，随"联盟"号飞船飞往和平号空间站进行了为期一周的访问，并参加科学研究，成为首位进入太空的英国人。

　　然而，直到 21 世纪初，纯商业资助的人类轨道航天飞行才出现。2001 年，太空探险（Space Adventures）公司为丹尼斯·蒂托（Dennis Tito）组织了第一次以旅游为目的的私人付费航天飞行。到目前为止，已经有 7 位太空飞行参与者乘坐联盟号飞船参观了国际空间站，费用由游客自行承担。

2004 年，第一艘被命名为"太空船一号"的载人商业飞船，在迈克·梅尔维尔（Mike Melvill）的驾驶下，成功地在 100 千米高度以上进行了亚轨道飞行。SpaceX 公司的"龙"号是第一个向国际空间站运送货物的无人商业飞船。然而，到目前为止，还没有商用航天器将人类送上国际空间站。2011 年，NASA 与几家美国公司签订了《太空行动协议》（Space Act Agreements），以推动首个载人商业轨道飞行航天器的建造（National Aeronautics and Space Administration，2012，2014a，2014b）。波音公司（Boeing）的"CST-100 星际客船"和 SpaceX 公司的"龙"号飞船都计划搭载最多 7 人，计划于 2018—2019 年完成首次试飞（National Aeronautics and Space Administration，2018a），目前第一批航天员正在美国国家航空航天局为载人商业航天飞行试飞进行训练准备（National Aeronautics and Space Administration，2018b）。

随着太空飞行的这些变化，作为航天员或太空飞行参与者飞向太空的机会越来越多。除了官方的航天员选拔，参加商业航天飞行选拔也是普通公民能够参与航天飞行的一个选择。由于欧洲航天局航天员的选拔时间间隔很长，因此欧洲人对参与选拔的热情非常高，对于大多数申请者来说，这可能是一生中唯一的一次机会。

由于商业航天飞行领域相对年轻，关于医学和心理选拔的科学文献以及私人或商业赞助航天飞行参与者的经验非常有限。博戈莫洛夫（Bogomolov）等人（2007）制订了航天飞行参与者在国际空间站的医学标准，包括医学评估程序和医学淘汰标准，包括神经、心理和行为标准，目标是"尽量减少航天飞行参与者所面临的与健康有关的急性和长期风险，最大限度地提高任务的成功率"（p.1163）。航天飞行参与者的航天飞行与专业航天员或专业乘组的航天飞行在几个方面有所不同：航天飞行参与者对任务的重要性不高，他们只在国际空间站停留很短时间，没有工作责任（Bogomolov et al.，2007；Jennings et al.，2006）。因此，医学标准不那么严格。由于面向公众招募的商业航天飞行活动很少，心理选拔标准必须参照以前选拔航天员的经验，以及专家经验。此外，心理选拔标准应符合不同任务要求和任务总体框架。在有大量申请者的商业航天活动中，一般采用"选入"的策略来为某项活动找到最合适的航天飞行参与者，例如，需要评估申请者当前从事工作与航天飞行工作的兼容性，以及是否具有高水平的媒体能力。

# 四、商业航天飞行选拔活动

2016 年，HE 航天公司在德国发起了一项商业航天飞行活动，以促进女性航天员进入太空，并激励青少年和成年女性从事科学、技术、工程和数学等领域的工作。到目前为止，在 40 多名进入太空的欧洲人中，只有 3 名是女性，分别是：1991 年，英国的海伦·沙曼（Helen Sharman）；1996 年和 2001 年，法国的克劳迪·海涅雷（Claudie Haigneré）；2014 年，意大利的萨曼莎·克里斯托福雷蒂（Samantha Cristoforetti）。两名德国女性海克·沃尔波特（Heike Walpot）和雷娜特·布鲁默（Renate Brümmer）在正式的国家选拔过程中被选入航天员梯队，准备参加第二次德国航天实验室飞行，但最终未能真正实现航天飞行。因此"女航天员（Die Astronautin）"商业航天活动的目的是为德国女性提供首次飞往太空的机会。但航天飞行计划在招募航天员时还未最终确定，可能包括对国际空间站进行短期访问，很可能还会参与科学研究。该活动计划为潜在的太空飞行参与者和后备人员提供业余培训，寻找赞助商来承担活动经费，并在媒体上高调宣传该活动的全过程。

在 2016 年 3 月发布的选拔公告中，申请要求包括：自然科学或工程专业学位或同等军事教育学历，相关领域（如科学、航空、技术、医学）的长期专业经验，媒体经验，身体和心理健康，具有良好的沟通和团队合作能力，具有德国国籍，英语流利。结果 400 多名女性提出了申请。

"女航天员"项目是德国首次对商业航天飞行参与者进行选拔（图 27.1），佩塞纳（Pecena）等人对该项目进行了详细介绍（Pecena, Mittelstädt, Seemüller & Maschke，2018）。经过 HE 航天公司的预选后，德国航空航天中心进行了心理和医学选拔过程，目的是检测申请者作为航天飞行参与者的适宜性。

81 名年龄在 25 ～ 51 岁（平均年龄 33.42 岁）的女性申请人于 2016 年秋季被邀请到汉堡参加德国航空航天中心的选拔。由于这是对航天飞行参与者进行的为数不多的选拔过程之一，申请人的履历背景将被详细分析以了解是哪种特点的人会竞争这类工作（Pecena et al.，2018）。

大多数申请者具有自然科学、数学、计算机等教育背景，航空航天相关领域的背景排名第二（图 27.2）。此外，近三分之一（28%）的申请者拥有两个不同的教育领域背景。

有趣的是，大多数申请者的受教育水平高于公告的要求。虽然最低要求是学士学位或同等军事教育学位，但40%的人获得了博士学位或专业博士学位，超过50%的人获得了硕士学位，或完成了硕士课程，或完成了国家考试。此外，后者中有27%目前正在攻读博士学位。总之，大约一半的申请者在申请时正在从事科学或学术专业（图27.3）。81名申请者中只有7人从事操作性职业，如飞行员或潜水员。总体而言，13.6%的申请者拥有私人、专业或军事飞行员执照。申请者中有军队专业经历的人很少，91.4%的申请者没有部队经历，4.9%的申请者目前受雇于德国武装部队，3.7%的人有部队经历。

81名申请者进入了德国航空航天中心心理选拔的第一个阶段（图27.1），在这一阶段主要关注基本认知和相关知识。采用基于计算机的测验形式，评估记忆力、注意力和空间定向等认知能力，以及技术和数学知识。在这个基础测验

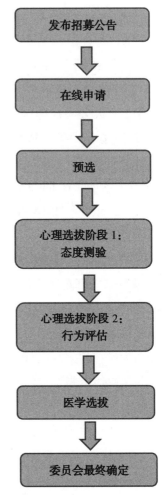

图 27.1　选拔第一位德国女性太空飞行参与者活动流程

获得使用许可，引自：Pecena, Mittelstädt, Seemüller & Maschke, 2018。

阶段，有30名申请者通过，并被许可进入第二个心理选拔阶段。第二阶段主要关注社会和互动能力以及个性特征，通过两次团队活动，以及心理选拔委员会的面试来评估申请者。通过这一阶段的申请者随后接受了德国航空航天局科隆航空医学中心的体检。

经过心理和医学选拔，德国航空航天中心最终挑选出了6名合适的申请者，并让她们与公众见面。2017年4月，终审委员会推荐了其中的两名参加了实际的航天飞行。

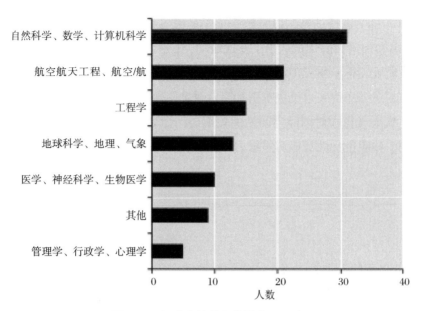

**图 27.2　候选人的教育背景（$N$=81）****

获得使用许可，摘自 Pecena，Mittelstädt，Seemüller & Maschke，2018；

**：频数与人数不符，是因为其中 23 名候选人有两个不同的学科领域背景，因此在两个领域都列出了。

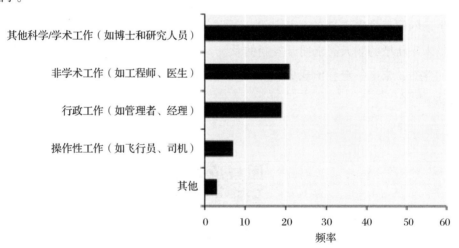

**图 27.3　申请者申请时的职业（$N$=81）***

*：18 名候选人在两个不同领域工作或专注于两个不同领域，因此在两个领域都列出。

## 进一步发展商业航天飞行活动

该活动网站介绍了最近一年半该活动的进展（Die Astronautin，2018）。选拔结束后不久，这两名航天飞行参与者就开始了培训，其中包括到俄罗斯星城进行抛物线飞行和在离心机中进行训练，以及接受关于航天飞行理论知识的在线培训。在 2018 年春季，一名参加培训的学员退出了此次活动，于是名单中的另一名申请者递补进来。目前，两名航天飞行参与者正在为获取或更新他们的私人飞行员执照和潜水执照而努力着。当前的培训经费来自民众集资和商业赞助，他们航天飞行的经费赞助工作还正在进行中。航天飞行和对国际空间站的短期访问计划在 2020 年进行，目的是促进女性进入太空，并收集女性身体对零重力反应的科学数据。

## 五、展望

经过 50 多年的人类太空飞行，人们对地球大气层之外的事物的探索欲望和求知欲仍然是巨大的。尽管国际空间站自 2000 年以来就一直有人居住，太空研究的机会也在增加，但有关太空旅行对人类心理影响的许多问题还有待解决。此外，为了完成未来长期载人航天任务和达到可能的其他目的地，比如月球栖息地（European Space Agency，2018）或火星任务，进一步开展如人类行为表现（Human Behavior and Performance，HBP）等心理学研究，对于选拔和训练打算在苛刻的太空条件下工作和生活的航天员来说是必不可少的。因此，需要优化现有的航天员选拔系统，并为了满足未来新增的航天需求而开发新的系统。随着商业载人航天业务的开展和商业航天器的建造，未来一定会出现更经济的载人航天方案，并会出现更多的商业航天员选拔活动。

原书参考文献

第二十八章

# 无人机

Dewar Donnithorne-Tait

在飞行员选拔的书中考虑无人机似乎有些奇怪。飞机实现自动驾驶已经有很长一段时间了，商用飞机也日渐自动化。"无人机（Drones）"或"遥控飞机"（Remotely Piloted Aircraft，RPA）的出现，不仅取代了传统的载人飞机，也因其不断提高的性能，尤其在安全和经济方面，为航空业创造了前所未有的新机遇。因为机上没有人，所以 RPA 是探索自动化发展的大好机会。因为 RPA 上没有飞行员，故而得名"无人机"。遥控驾驶航空器系统（Remotely Piloted Aircraft System，RPAS）负责无人机与远程飞行控制站（Remote Pilot Station，RPS）中的飞行员进行通信。商业航空运营商也希望飞行自动化能够减少商业客机上飞行员的数量。因此，自动化也在快速发展，瞭望未来，飞机上不再出现飞行员也不无可能。

从单人飞机上撤掉飞行员似乎比从客机上撤掉飞行员更加容易。据评估，从小型飞机上撤下飞行员的经济效益要远远大于从货运和客运飞机等大型飞机上撤下飞行员。尽管文中许多观点可能同样适用于其他类型的飞机运营，但本章主要关注商业客运航空。

## 一、目前的商业飞行员

今天典型的商业航空飞行员在其专业领域中有许多职责，例如，作为机上高级飞行员，如机长，要全面负责整个飞行业务；作为一般飞行员或副驾驶，要接受培训并具备在正常及紧急情况下安全驾驶飞机的资格；飞行员还要与地面和空中管制员互动，并对他们的指示做出反应；要同时担任飞行过程和机组工作人员的管理者；要成为机组同事、团队成员又或是其他机组成员的朋友；要执行国内法和国际法规定的所有法律要求，履行所有职业义务；要成为协会的成员，如英国民航飞行员协会（British Airline Pilots Association，BALPA）和国际民航飞行员协会（International Federation of Airline Pilots Associations，IFALPA），并代表其雇用航空公司参加该协会活动。

正如国际民用航空组织（International Civil Aviation Organization，ICAO）所说，飞行员在民用国际空中交通系统中起着核心作用。国际民航组织出版的文件中，最著名的是《标准和操作建议》（Standards and Recommended Practices，SARPs），其中的条款奠定了安全性、交互性、全球性的民用航空运营基础。只有遵守国际民航组织文件的国家，才能够参与国际民用航空业务。国际民航组织的文件众多，每一次修订都意味着必须对所有相关文件进行仔细检查和修订，并且必须对修订进行验证。一个微小的修改可能就会需要多年的工作。

安全性和可靠性是国际民航组织最注重的两个因素。国际民航组织的法律工作涵盖面很广也很复杂，与无人机相关的两个方面值得注意。第一，国际民航组织认为飞行员主要负责民用飞机的安全飞行任务。飞行员有权做任何可能的事情，包括违反《标准和操作建议》，来避免碰撞或其他严重的威胁。实际上，飞行员是国际民航组织管理体制的基石；第二是"自主飞行器"，如气象气球。在过去几年中，国际民航组织曾将"自主"的工作定义为：不能进行人为干预（目前怎样定义尚不清楚）。国际民航组织从来没有在其文件中出现过"自主飞行器"的概念。这就是为什么"无人机"（drones）被国际民航组织称为"遥控飞机"（RPA）的原因，目的是强调仍然有一名人类飞行员，只是不在飞机上而已。在很大程度上，无人机飞行员（the Remote Pilot，RP）的职责类似于驾驶飞机的飞行员。现在正在进行的工作是修改《标准和操作建议》以适应 RPA。国际民航组织似乎不太可能迅速采取行动，从国际商业航班撤下相关责任飞行员。因此，从短期和中期来看，无论以任何形式，国际民航组织可能还是需要一名人类飞行员来履行必要的责任。

## 二、遥控和自动驾驶飞机

迄今为止，人们还几乎没有认真考虑过将无人机技术应用于搭载乘客的民航飞机，尽管很多年前就认识到了这种可能性。如果使用无人机技术，将有一个人类飞行员负责操控，但他位于远程飞行控制站（RPS）中，而不是在飞机上。这种模式的飞行在其他方面与现在相同，仍需要由乘务员为乘客服务。除了可以取消飞行坐舱和一两名飞行员之外，似乎没有什么经济获益。此外还需要一个远程飞行控制站，有可能还需要一个备用远程飞行控制站，强大的安全通信，以及一到两个坐在远程飞行控制站中的飞行员。目前，国际民航组织和其他民航管理局似乎并未考虑让一名（或两名）飞行员在远程飞行站中控制多架飞机的可能性，但这一概念已引起了军方的兴趣。如果一名（或两名）飞行员确实能够安全同时操控多架商用客机，这确实在经济上具有吸引力。

从安全因素角度将自动化系统与人类飞行员进行比较。普遍的认识是，自动化系统在重复执行明确定义的任务时，比人类要好。由于自动化系统不会疲劳，因此在执行长时间任务时，自动化系统优势凸显；但自动化系统对意外事件的反应能力不可靠，在这种情况下，人类通常会更好。一位来自大型航空公司的资深机长表示，他大约一年会遇到并成功处理一次严重的异常情况，这也是他获得报酬的真正原因，而其余飞行时间主要由自动化系统来完成。但从乘客的视角来看，一年一遇的严重异常情况似乎有点太频繁了。

国际民航组织关于"自主"的工作定义中一个有趣的方面是，只要飞机能够进行人为干预，它就不是"自主"的，从而可以为国际民航组织所管理，并允许实施极高程度的自动化。这似乎是远程工作站的发展方向：使非常复杂的飞行作业能够在正常条件下完全自动进行，在必要时进行人类飞行员干预。正如所讨论的那样，目前关注焦点是无人机上是否可以载人。随着无人机系统经验的积累和信心的增长，似乎不可避免地将会考虑未来用无人机搭载乘客。

人们似乎很乐意乘坐无人驾驶的火车，而且事故似乎也很少发生。火车是在一个"结构化环境"——轨道上运行的。在这种情况下，对安全性和自动化的要求不高。但人们对无人驾驶汽车和其他无人驾驶道路交通工具就不那么有信心了。这主要是因为运行环境没有那么结构化，而且充满了意外，这对从传感器到计算机再到执行机构的整个自动化系统提出了极高的要求。实验阶段的无人驾驶汽车发生的不幸事件，激起了公众对无人驾驶车辆的质疑。"35 000 英尺的高空故障一定会导致死亡"的观念更是加剧了公众对无人驾驶飞机的不信任感。因此，在未来很长一段时间内，人们可能会普遍反对无人驾驶商用客机。尽管机场跑道全自动下滑降落与无人驾驶汽车在道路上行驶所遇到的挑战类似，特别是在探查障碍物上两者类似，但其实，飞行自动化反而要求较低，因为飞行线路上的障碍物更少，而且飞机上现有的传感器已经具备了远距离探测障碍物的能力。在飞行某些阶段使用自动驾驶仪似乎证实了这一点。新的信息技术系统使所有飞机都能够实时显示附近飞机，再加上防碰撞系统和与空中交通管制的数字通信，所有这些都有助于保证飞机自动驾驶的安全性。

当无人机还没有明确的使用模式时，很难对无人机飞行员选拔做出明确规定，因此只能进行假设。目前的趋势表明，在不远的将来，一定会出现高度自动化的客机——由一个（或两个）坐在远程飞行控制站的无人机飞行员操控飞机，可能还会设置一个备用远程飞行控制站，飞行员和飞机之间的通信安全、可靠、丰富，无人机的控制权通过需求检验可以在两个远程飞行控制站间进行移交。

# 三、无人机飞行员选拔

经过国内外权威和标准委员会至少 10 年的审议后，"无人机"飞行员的选拔需求及选拔标准正在逐步成熟。目前，对无人机飞行员的要求与远程飞行控制站类型或级别相结合，形成 3 个类别：开放级、特殊级和认证级（确切的术语在国际上有所不同）。以前的娱乐"航模飞机"操作员和那些以"空中工作"为业的飞行员的区别开始变得模糊，因为现在市场上有如此多的一般消费者也可使用的无人机，这些无人机既可用于娱乐也可用于空中工作。目前无人机（也就是说，机上没有生命）的主要考虑的安全因素是对地面或空中第三方的风险。对于那些涉及监管风险的人员而言，由谁驾驶无人机从而造成风险并不重要，他们更关心的是产生风险的其他多种因素，如地点、时间、人口／交通密度、无人机动能、缓解系统（如降落伞缓速器），以及无人机的脆度和设计。

开放级无人机的飞行员要求是最低的。因为在允许飞行的情况下（如在开阔区域并远离人群，不在建筑区上空），开放级无人机本身有严格限制，包括无人机的重量和速度（或动能）、飞行高度、与无人机飞行员的距离（如距离地面不超过 130 米／400 英尺，与无人机飞行员的水平距离不超过 500 米）。这一级别的无人机飞行员必须在有限的机动范围内仅使用肉眼（允许配戴矫正眼镜）控制飞机，即开放级无人机飞行都在飞行员的视线范围内（Visual Line of Sight，VLOS）。这些因素的制约决定了这个级别的无人机风险性不高。很多国家和国际监管机构正在着手研究无人机身份登记的问题，以便对所有无人机都能进行远程识别。对于这个级别的无人机飞行员也要进行某种形式的测试或资格认证，有时这些工作可能通过互联网完成，其目的也是确保所有无人机飞行员都知道相关的安全规定并接受管理。不幸的是，总有人无视法律法规，而且这个问题也变得日益严重。

特殊级是最复杂的类别，它的每个操作都经过了认真论证和安全案例验证。对此级别的申请和批复推动了该级别分类的进一步细化，这反过来又通过确定优先级来简化申请和批复程序。主要是根据"作业场景"（scenarios）进行分类细化，如农作物调查、野外火情监控、高层建筑检查、管道/电力线路巡查、海岸/海上巡逻等。因此，对远程控制飞行员的要求主要取决于其操作类型和作业环境，从在体育场观众上空使用150克无人机（不属于开放级），到在空域空旷的无人区使用无人机运载大量物资，作业环境多种多样。在第一种情况下对飞行员的要求可能包括安全飞行操控、紧急降落系统操作和比开放级更多的飞行技能；在后一种情况下，除了要求飞行员要掌握比开放级更多的飞行技能外，最基本的要求是要具有与商业货机飞行员相似的资质和经验。

认证级允许无人机飞行员驾驶任何尺寸和速度的无人机在国内外空域进行常规飞行。在大多数典型作业环境下，对远程飞行员的要求与目前有人驾驶的商业飞机飞行员的要求相似。在某些情况下，飞机型号带来的一些操作限制可能与通用航空公司的要求相似。起飞和着陆阶段通常在远程控制飞行员的视线范围内（但也可能不在），但其余飞行阶段将超出其视线范围，远程飞行员需要使用通信设备驾驶飞机。无人机的飞行模式主要有两种：第一种模式实际上与驾驶传统飞机相同，在这种方式中，无人机飞行员拥有一个控制器，控制器上有发动机和控制面板的所有相关控制。无人机飞行员一边观察无人机及其周围环境，一边不断操纵控制器，实现所需的飞行路径。这种模式通常只能在视距内操作，如果超视距操作则需要更多的条件，如大带宽远视距系统；第二种模式是机载自动驾驶仪控制无人机的机动，飞行员只需设定无人机的速度、高度和方向即可。这一过程可在飞行过程中几乎实时完成，又可以为了实现完全自动化，预先设定所有指令，远程控制飞行员只在出现紧急情况时才介入。使用自动驾驶仪控制飞行是最常见的超视距操作。

选拔视距内（VLOS）操控的飞行员，如开放级飞行员，由于所需的技能和知识大致相似，因此可以从飞行航模操控员中选拔。两者的主要区别是大多数航模飞机爱好者都喜欢自己驾驶飞机，缺乏使用自动驾驶仪的经验。为了检验飞行员的遥控飞机能力，还增加了紧急、应变机动的考核，如避开另一架飞机。这些操作与普通飞机的目视飞行（VFR）操作有一些相似之处。若想进一步了解，可参考英国民航局CAP 658号文件（英国民航局，2013）中的航模飞机管理规定以及CAP 722号文件（英国民航局，2015）中的商业遥控飞机系统的规定。

超视距飞行（BVLOS）时，无人机飞行员不能直接用眼睛监测无人机及其周围的即时环境，这与普通飞机的仪表飞行（IFR）有一些相似之处。但由于飞行员不在飞机上，因此两者又有重大差异。通常情况下，超视距操控的飞行员通过使用通信和包括自动驾驶仪在内的各种系统（通常有复杂的备份系统）来实现大部分的自动飞行。只在必要时飞行员才会介入。熟悉仪表飞行的普通飞机飞行员是最理想的超视距无人机飞行员的申请者，最好他们还擅长在电脑游戏中扮演"阿凡达"。这是因为大量的商业航空法规（如国际民航组织的法规）会要求无人机飞行员一般只能在非隔离商业空域飞行。

需要重点考虑的是无人机飞行员不在机上这个事实。如果没有各种复杂的机载传感器，无人机飞行员就感觉不到机身的奇怪振动，也发现不了异常的燃烧气味。飞行员原本是实现机上监测和补救功能不可或缺的一部分，如今自动化系统代替了飞行员，如何能实现同样的监测和补救功能，这还需要国际标准组织、航空业和其他相关机构的不断研究。这一功能类似于让无人机自动实施自我健康监测、自我诊断和自我治疗。

另一个考虑因素是，如果无人机或其通信控制出现故障，无人机飞行员不会感受到身心威胁。在目前的商业航空中，普通飞行员会非常希望安全着陆，并竭尽所能地挽救飞机和乘客。无人机坠毁，机上无人，也没有造成其他人死亡或受伤，这确实比人员死亡的代价要小。在商业无人机领域，探索无人机飞行员在危急情况下如何处置风险的方法尚不成熟，但一些来自军方的经验教训可供借鉴。如果无人机搭载乘客，这种情况将会发生巨大变化，无人机飞行员在保护人类生命方面的责任与民航飞行员相同，但他们却不与乘客分担相同的风险。

无人机有许多不同的系统架构。也就是说，不同的系统可能有截然不同的"地面部分"配置。通常会有一个（或多个）远程飞行控制站，配备有与无人机通信的本地或远程天线阵列。目前的多数远程飞行控制系统有一个单独的载荷控制器，该载荷控制器可以位于本地控制站或者部署在远程控制站。较小的远程飞行控制站可能有（一个或多个）团队来发射和回收无人机，而较大的无人机需要使用简易跑道或普通跑道，有时在水上起飞。远程飞行控制站和无人机飞行员通常还负责与空中交通管制员和操作员通信。还有其他一些通信方式，如使用机载中继和卫星通信，通常需要专门的管理接口。不难想象，在飞行过程中，商业无人机可能会从一个远程飞行控制站"移交"给另一个远程飞行控制站，甚至多次"移交"。这意味着对无人机飞行员的具体要求会随着系统配置、地理位置、操作类型和安全情况而变化。除了技术和法规要求外，还涉及社会和个人方面。尽管无人机飞行员的选拔需求越来越大，但这仍然是一个相对不成熟的领域，未来将会迅速发展并充满变数。

# 四、飞行员和无人机上的其他岗位

在更遥远的未来，技术的发展可能会使航空监管机构允许在没有飞行员控制的情况下进行商业无人机飞行。现在的无人机和未来的全自动飞机的共同点是飞机上都没有人类飞行员。但有必要考虑选拔人员来填补除了实际"驾驶飞机"以外的机上其他的人员岗位。也许这应该被看作人员选拔，而不是飞行员选拔。

如前所述，目前的飞行员除了要接受飞行训练并具备驾驶特定飞机的资格外，还要担任机上机组成员的许多角色。其中包括：作为机长，全面负责整个飞行操作；作为飞行员或副驾驶，经过培训并具备在正常情况和紧急情况下安全驾驶飞机的资格；与地面和空中的管制员互动并响应其指示；担任飞行和团队成员的管理者；作为机组其他成员的同事、同伴或朋友；执行国家和国际要求的各项法律法规，行使各项专业责任；成为飞行员协会成员并代表所在航空公司参加该协会的活动。

还有文化和社会方面的影响因素需要考虑。大型商用客机的机长通常被称为"队长"（Captain），而副驾驶员通常被称为"副官"（first officer），这两个头衔都来自军队。为了获得这样的职位，飞行员需要接受长期的、昂贵的训练，历经大量的学习、考试和检查，才能获得特定型号飞机的驾驶资格。为了获得成功，飞行员除了需要驾驶飞机的复杂技能外，还需要一定水平的知识能力。合格后，飞行员必须保持规定的健康和体能水平（定期考核），并在飞行前和飞行期间不得饮酒，这两方面都需要自律。以前，在大型的长途商业客机上配备飞行工程师也是很常见的，虽然这些人可能没有驾驶飞机的资格，但他们具有与飞行员相同的社会和文化特征，通常也被认为属于官员。

另一个值得考虑的方面是飞行员在多大程度上是领导者而不是管理者。为了成功，飞行员必须是称职的管理者，才能达到监管机构及其雇主所设定的标准。但在常规的飞行操作中，似乎没有必要表现出领导才能，因为飞行员将大部分飞行时间都花在了驾驶舱里，而不与其他机组人员互动。在危机或紧急情况下可能并非如此，机长必须控制情况并领导机组人员（可能还有乘客）尽可能减轻问题的影响。有人说，领导力最重要的品质就是远见（最好再加上高于平均水平的认知能力），因为如果不知道前进的方向在哪就很难带领团队。

对于无人机来说，如果没有飞行员操控飞机，那么谁来担任飞行员目前所扮演的领导和管理角色？以及这种方式会对其他机组人员和乘客有什么文化和社会影响？

现在的商业客机可能有多达五个客舱等级（如经济舱、优选经济舱、商务舱、头等舱和单间）。通常每个等级客舱都有一个经理负责管理和指导乘务员，其中经济舱和优选经济舱可能由同一个客舱经理负责。而乘客服务经理或主任要负责管理所有乘客服务。其他类型的非付费乘客，如"空中安保"不在当前考虑的因素内。

商业航空公司始终要追求效益最大化，并期望通过最少数量的员工就能达到所需的服务水平，包括飞行员的人数。因此可以假定，如果无人机投入商业运营，航空公司似乎可以减少飞行机组的人数，并能像以前一样继续飞行。但仍然无法解决上面提出的问题。航空公司似乎更有可能修改其他机组人员的岗位说明书，以确保其能够承担目前的所有角色和职责，以及文化和社会影响。为了适应新的职位，这些人员必须进行选拔，其中一些人还要承担飞行员先前需要承担的一些非飞行职责。

不断提高的自动化技术不仅可应用于飞机驾驶，还可应用于客舱服务。但问题在于需要确定：可以多大限度地实施客舱服务的自动化？未来是否有可能不仅有无飞行员的无人机，还可以有既无飞行员又无乘务员的无人机？

监管座位占用，提供食物和饮料，以及洗手间的清洁和耗材补充是很容易实现自动化的。更困难的问题是如何控制乘客的行为？安置一个礼仪机器人？以及如何处置乘客的紧急医疗事件？还有一个关键问题就是，是否有乘客愿意乘坐一架没有工作人员的客机？如前所述，乘坐无人驾驶火车似乎很惬意，但是到目前为止，还没有无人驾驶汽车和无人驾驶飞机正式投入商业运营。这种情况未来也许会改变。

关于机组人员选拔，在自动化技术的支持下，机组可能不再需要飞行员了。如果发生这种情况，航空公司会在一开始就采用不同的方法来重新定义工作岗位，结果会是什么样目前还不好预测。容易想到的一个最重要岗位是"飞行指挥官"（Flight Commander），他属于官员系列，能够履行目前飞行员担任的一些职责，除了法律责任、专业责任和员工责任外，还包括在文化和社会方面对机组和乘客产生影响的一些责任。一定程度上，飞行指挥官选拔将替代未来的飞行员选拔，而飞行员的知识、资格和技能等对于飞行来说将不再重要。当然，飞行员的这些职责可以不仅仅由一个岗位人员来承担，航空公司在审查、修改和重新设置岗位时应考虑到这一点。

可以说，现任"飞行服务主管"（Flight Service Director）不仅要管理和领导机舱经理及其团队，而且还要对乘客安全和行为负责。如果他可以很好地处理这些事务，那他也能承担从飞行员那里分配过来的新职责。但诸如智力、动机、对增加工作压力的排斥以及个人偏好等个体差异意味着并非所有人都愿意成为飞行指挥官。

前面提到了拥有五个等级客舱的大型客机，但大量的航班都是区域性的小型客机。飞机上只有两名飞行员、一个或两三个客舱乘务员。还有些支线客机则更小，机上副驾驶要兼任飞行服务主管。大型航班的飞行服务主管更容易有足够的条件获得成为飞行指挥官的知识、资质和技能，但作为支线飞机上的乘务员，他们要成为飞行指挥官，则需要在管理范围、规模、复杂性和责任方面进行更大的转变。

目前的商业航空常规飞行操作中，飞行员的工作量相对较轻。对于无人机来说，飞行指挥官在常规操作中的工作负荷同样也不大。但当出现某种紧急情况，如系统故障（如电子、机械、火灾）或与乘客有关的事件（如危险行为、医疗紧急情况）时，工作负荷就会剧增。已经有了完善的飞行中机载系统诊断和缓解/恢复选项，似乎可以合理地假设系统发生问题的频率会越来越低，但不太可能100%不发生，这意味着始终存在一些需要解决的意外系统问题。与乘客相关的问题没有显示出类似的减少趋势，在不久的将来，飞行指挥官都要负责处理这些问题。

空中紧急情况可以分为两大类：不需要偏离现有飞行计划的紧急情况和意味着飞机必须改变其飞行路线的紧急情况。在第一种情况下，问题将被控制在飞机上，并在着陆后进行处理，不涉及大的变化；在第二种情况下，需要进行大量的关联活动，这其中不仅涉及飞机本身，还涉及航空公司、空中交通管制、其他飞机以及飞机可能备降的机场。在这两种情况下，飞行指挥官和机组的关键人员都必须做出决定并采取行动来处置问题。

当无人机由远程控制飞行员负责操作时，如果需要改变飞行计划，飞行指挥官将与远程控制飞行员联系，后者将启动所需的一系列行动。在许多方面，该过程类似于驾驶舱内的飞行员与空中交通管制员的通话，申请批准所需的行动。区别在于飞行指挥官不在驾驶舱内，飞机由无人机飞行员驾驶，而无人机飞行员在远程飞行控制站内与空中交通管制员及其他第三方进行通话。除不能驾驶飞机外，飞行指挥官和机组人员可以与第三方进行沟通，以传递相关紧急信息（如报告乘客疾病的状况）。这种运作模式与操控无人机有很多共同之处，但在制定具体标准和解决方案上还有许多工作要做。

如果将来既没有机上飞行员也没有远程控制飞行员，则难以想象处于紧急情况下的无人机上的飞行指挥官与飞行控制系统之间的交互方式。也许是人类飞行指挥官与飞行控制系统通过语音进行讨论。根据远程飞行控制站的工作模式推断，可以推测飞行控制系统将启动所有相关行动，以实现飞向备降机场。没有理由认为这样的飞行管理系统需要采取任何给定的形式。它可以完全安装在无人机上，拥有自己的数据库、通信、情报和语音合成功能，并且能够完成所有正确决策和必要措施，而无须人为干预。同样，可以利用强大的通信功能在飞机上和一个或多个地点安置飞行管理系统，整个系统的决策过程可能会有不同程度的人员参与。

因此必须对飞行指挥官和机组人员进行选拔和培训，使他们能够适应以后的工作环境。为了满足照料乘客的需要，机组人员除了机舱服务之外，还要对乘客的安全负责，其中包括行为和医疗问题。机组人员还需要一定的管理和领导能力。特别是在紧急情况下，经验、培训、资格和良好的领导能力会变得更加重要。这提示，飞行员在航班上的飞行职责最好以飞行指挥官的形式转交给一名机组人员，而其他职责可以分配给另外的机组人员。由于不同类型航班的机组人员规模差异很大，因此岗位设置也必须进行相应的调整。

## 五、安全性和自动化

关于无人驾驶飞机的讨论不应该忽略安全性和先进的自动化水平。当代商业航空安全体系应抓住新技术带来的机遇不断发展，以应对新威胁的挑战。安全制度包括许多要素，如人员安全、身体安全、通信安全、电子信息安全（包括软件），以及应对一些特殊安全事件的具体措施（如炸弹、劫机）。随着自动化程度的提高和常规决策工作由人转交给了设备，安全制度必须同步发展以保证安全水平即便不能相应提高，也应达到至少同样好的水平。在航空领域，安全和安保在许多方面密切相关。为了实现这一目标，必须采取系统性方法。技术在进步的同时也会变得越来越复杂。幸运的是，虽然实现技术安全将变得越来越复杂，但商业航空现有的人员安全设计仍然不落后，今后也不太需要做出重大改变。随着新人机界面的出现，以及人类和机器之间的决策平衡的不断变化，人类和机器的身份验证将变得更加重要。

先进的自动化技术仍然是一个有争议的领域，有许多不同的意见。航空监管机构强烈倾向于避免使用"自主"一词，回想一下"自主"的工作定义是"不能进行人为干预"。人们似乎已经形成了这样一种认识：只要人类能够有效地干预飞行操作，就可以尽可能地提高自动化水平。关于这点需要慎重考虑，因为极其复杂的自动化系统可能已经超出了单个人类的理解范围，如果不专门设计一个用于维护的管理界面，有效的人工干预就会成为空谈。那些可以从经验中学习，并发展和修改自己的规则集的系统，这种情况尤其明显。这种系统必须被严格控制，并需要通过航空安全认证才能被使用。机器通过学习如何更好地控制设备以优化性能看似无害，但当涉及修改主要飞行阶段的决策过程（如应对紧急情况、航班备降）时，如果再加上糟糕的界面设计和安全认证，其后果往往是非常严重的。

## 六、结论

由于商用载客无人机可能需要很多年以后才会出现，因此现在讨论无人机飞行员选拔问题有些为时过早。最初的这类飞机可能会以远程飞行控制站的形式运行，并且在更遥远的将来有可能实现完全自动化。机上有人类乘客意味着需要有人类机组人员在飞机上提供所需的安全、安保和机舱服务。通常意义上的飞行员是指坐在驾驶舱里驾驶飞机的人员，他们同时还有其他机上职责，具有独特的社会和文化特征。本章建议对当前商业飞行员的所有角色和素质进行分析和优先排序，并将那些与飞行任务无关的角色分配给其他机组人员。这将需要新的岗位说明、培训和资格认证，所有这些都将随着自动化程度的提高而不断发展。未来，"飞行员选拔"可能会变成"飞行指挥官选拔"。

原书参考文献

# Part 5

## 第五篇

# 飞行员选拔相关问题

# 第二十九章
# 退 休

Nicklas Dahlström 和 Mark Cameron

1903 年，人类飞行从一种想象变成了一个令人着迷的现实。早期的飞行先驱们痴迷于飞行，随后飞行逐渐演变成了一种职业。在人类飞行早期的很长一段时间里，退休对飞行员来说并不是一个很重要的问题。飞行员们的注意力通常只会（而且应该）集中在下一次飞行上，主要目的是能在下一次飞行中幸存下来。渐渐地，飞行确实变得更安全了，这使得飞行员开始考虑自己不飞了以后的未来打算。随着航空逐渐成为一个行业，并日益成为一个安全的行业，现在不仅有比以往任何时候都多的飞行员，而且有比以往任何时候都更多的飞行员需要考虑他们在最后一次着陆后应该做些什么。

关于这一主题的研究数量有限，也许是因为飞行员是一个相对较小的专业群体，关于他们的研究主要集中在如何支持他们在空中停留和安全返回地面。另外，尽管有大量关于"飞行员人格"的研究，但随着时间的推移，这一概念已被证明难以统一。随着世界上的飞行变得更安全，飞行员的数量也在快速增长，飞行员职业不再仅限于所谓的英雄和冒险家。随着这一职业的重心从生存转为常规的风险管理和为乘客提供航班服务，飞行员群体的人格特征也发生了变化。在阿联酋航空的 4000 多名飞行员中，可以发现各种各样的特点和人格。因此，在这个时代，用单一模式来描绘飞行员退休的心态就显得太过简化和局限了。

即便如此，飞行员的职业条件在许多方面一直是独一无二的，这可能会影响飞行员对退休后生活的期望和计划，以及希望和恐惧。虽然他们的很多想法可能和其他退休人员差不多，而有些则具有飞行员特色。本章旨在概述关于飞行员退休的一些现有研究，总结来自已经退休或即将退休的飞行员的各种意见，并提出进一步研究的想法和计划。所撰写的内容来自我们对这个主题的研究和著作的梳理总结。"近水楼台先得月"，我们现在所在的航空公司，飞行员来自 100 多个国家，背景、经验和文化各不相同；并且通过工作、项目和任务，让我们接触过来自不同航空公司的广泛飞行员群体。通过非正式地询问有关退休后的想法获得了许多飞行员的个人资料，这些资料也影响了本章的观点。

# 一、临近退休时的思考

当最后一次着陆的那一天出现在飞行员的视野中时，可能至少有三个问题需要考虑：时间、健康和金钱。可能还有更多，其中一个比较隐晦的问题是：身份。对于这些问题，每名飞行员可能都会有其独特的个人观点和看法，但其中一些观点会被不同飞行员群体所认可。

## （一）退休后时间：足够多还是仅够用？

在考虑退休时，涉及最多的问题是何时应该退休？继承了军队的传统做法并结合人们对生理和健康的认知，飞行员通常很早就退休了。然而，当商业航空在 20 世纪 50 年代高速发展时，尽管许多航空公司规定员工的强制退休年龄为 60 岁，但没有明确规定飞行员的退休年龄。美国的相关规定的出台起源于某家航空公司与其工会之间的冲突，发生冲突后，"60 岁规定"（Age 60 rule）受到了强烈反对，并促使美国联邦航空局（Federal Aviation Administration，FAA）采取行动（Czaplyski，2000）。从那时起，这一规定一直是争议的焦点，总的来说，反对这一规定的证据多于支持这一规定的证据（Dubois，2005），并且不断有人试图推翻这项规定（Francis，2005；O'Connor，2009）。

经过几十年对"60 岁规定"的挑战，国际民航组织于 2006 年将法定退休年龄改为 65 岁。在这一变化前后，各国之间的规则并不完全一致：在美国，"65 岁规定"在 2009 年生效，而在日本，这一规定已于 2004 年实施，2015 年日本将飞行员的规定退休年龄改为 68 岁（ICAO，2016）。由此可以得出结论，现在的飞行员并没有像以前那样很早就退休了。由于人类预期寿命的增加，飞行员的退休年龄也提高了（由于退休制度的改变、经济需要或两者兼而有之）。飞行员的健康状况和社会经济状况总体良好，他们仍然比社会上许多其他群体有更长的退休时间。

较长的退休时间会影响人们对健康、金钱和身份的担忧，这些问题将在后面讨论。尽管大多数飞行员会面临很长一段退休时光，但由于他们经常在网上相互分享一些相关的研究报告，他们对此仍有些顾虑。其中最常被提及的是关于波音公司的一些说法，虽然已不太可能找到最初的来源了。但一篇文章（Knight & McDonald，2012）对这些说法进行了总结并指出："一篇波音公司的文章显示，55 岁退休的员工平均活到 83 岁；但那些 65 岁退休的人平均只能再活 18 个月。"然而，由于这篇文章的影响确实促使波音公司发表了一篇名为《让我们打消预期寿命的谣言》的声明来回应这个说法："退休年龄和波音退休人员的预期寿命之间没有相关性。"（Bourne，2007）即便如此，这份"波音论文"仍然在飞行员群体中流传，以证明提前退休的重要性。

另一篇有影响的论文题为"初步研究证实飞行员的死亡年龄低于一般民众"（Muhanna & Shakallis，1992）。两位作者代表一家私人保险机构发表了该研究成果，其使用的数据来自欧洲 7 国和美国的飞行员协会提供的 60 岁退休后的死亡数据。在这篇文章中，数据只以百分比的形式呈现，而没有提供绝对数字，因此很难评估他们的研究结论。然而，美国联邦航空管理局（FAA）对 1968 年至 1993 年期间 60 岁退休的近 1500 名飞行员进行的研究得出了非常不同的结论（Besco，Sangal，Nesthus & Veronneau，1995，1996）：

在我们的样本中，退休的航空公司飞行员的预期寿命比一般民众要长 5 年。

在这个样本中，60 岁退休的飞行员中，有一半预期寿命超过 83.8 岁，而 1980 年 60 岁白人男性的平均寿命为 77.4 岁。

作者得出的结论是，根据本研究样本所得出的结果并不支持航空公司飞行员预期寿命降低的结论。

尽管"需要更多的研究"这个永恒的短语也同样可以应用于这个问题，但是贝斯科等人（Besco et al.，1995）的研究似乎为评估飞行员退休后能生存多长时间提供了最坚实的基础。根据作者的研究结果可以合理推测，大多数飞行员在退休后比一般人预期寿命更长。有鉴于此，另一个更重要的相关问题就是退休后的生活质量如何。

## （二）退休后的健康状况：威胁和真相

健康是飞行员在其职业生涯中始终关心的一个问题，因健康状况而"失去执照"的风险也可能意味着"失去职业生涯"。由于前一节的结论是飞行员的寿命比一般人更长，因此，一个合理的假设是，他们的总体健康状况应该也比一般人更好。然而，与飞行员职业相关的健康问题也隐藏在这些统计数据中。这些问题会影响生活质量，使更长的寿命和退休变得不值得期待和关注了。更严重的是，这可能意味着飞行员职业生涯将长期承受治疗的痛苦。就像前面探讨退休时间一样，关于健康问题，有足够多的文献会让飞行员对此感到担忧。

倒班、夜航和跨时区飞行一直是与飞行员健康密切相关的问题。多个大样本研究发现倒班工作会产生与健康和疾病恶化有关的生理后果，如超重（Suwazono，2008）、糖尿病（Pan，2011）、心血管问题（Fujino，2006；Brown et al，2009）和不同类型的癌症（Kubo et al.，2006）。然而，关于倒班工作对飞行员健康影响的文献不多。许多飞行员够能够说出倒班对他们的影响，如困倦、疲劳、压力和其他相关的潜在负面影响。目前只有与倒班工作有关的安全风险引起了重视，被纳入了飞行时间限制（in-Flight Time Limitations，FTLs）和最近的疲劳风险管理系统（Fatigue Risk Management Systems，FRMSs）中，这些措施从总体上至少为广大的飞行员群体提供了合理的保护，使其免受负面的健康影响。

飞行员们关心的另一个话题是辐射，许多研究对此进行了探讨。大量的研究显示，癌症风险很小但较一般群体略微升高。由于大多是小样本研究，加之缺乏暴露数据和可能的混杂因素，所以研究结论一致性不高（Bagshaw & Cucinotta，2018）。例如，飞行员和乘务员中恶性黑色素瘤发病率的增加（Gundestrup & Storm，1999）可能与暴露于紫外线照射有关，推测的主要原因是来自北方国家的机组人员可能在南方目的地休息时往往长时间暴露于阳光下。在其他研究中还有不少难以理清和解释的类似难题。一篇关于辐射效应的综述（Bagshaw & Cucinotta，2018）得出结论：

> 众所周知，当电离辐射水平低于电离辐射效应发生的水平时，无法判断其影响。迄今为止的证据表明，航空公司机组人员或乘客因暴露于宇宙辐射而遭受任何异常或疾病的概率非常低。到目前为止，对驾驶舱机组人员和客舱机组人员的流行病学研究还没有显示出任何可直接归因于电离辐射照射的癌症发病率或死亡率的增加（p.23）。

最近被提得较多的一个健康问题被称为"空气中毒综合征"，指的是呼吸受污染的舱内空气对健康的影响。这种担忧出现在 20 年前（Winder & Balouet，2000），是一个与飞行状况有关的健康问题，飞行员、乘务员和乘客报告的症状从恶心到不能正常工作不等。许多物质被怀疑是该综合征的可能来源，但最主要的怀疑对象集中在一种飞机用合成油的成分：磷酸三甲苯酯（TCP 或 TOCP）。尽管媒体、法庭案例（Baker，2015）以及大众对这一问题普遍关注，但似乎缺乏综合的证据（英国上议院，2000，2008；Bagshaw，2013a）。巴格肖（Bagshaw，2013b）得出结论：

> 航空航天医学协会、美国国家科学院和澳大利亚民航安全局专家小组各自独立审查有关内容，所有的结论都没有足够的一致性来确认这种医学综合征，所谓"空气中毒综合征"没有在航空医学中得到承认（pp.3-4）。

如果这里提到的问题对飞行员健康有大规模的影响，这很可能会影响飞行员的寿命，或使之失去飞行执照，而这点是飞行员及航空公司关心的头等大事。然而，如前所述，飞行员的预期寿命高于一般人，因此影响寿命不成立；尽管失去执照会对飞行员构成严重威胁，但涉及这种情况的人数毕竟很有限，因此所谓大规模影响也不成立。因此有理由相信，获得和保持飞行员执照的医学要求会促使飞行员们关注此问题，并有动机维护自身的健康。与执照挂钩的定期体检会进一步增加飞行员对健康的关注，并增加早期发现许多疾病的机会。许多航空公司都开展了飞行员健康的监测和促进工作。此外，社会经济地位和强烈的职业动机也可以防止这里讨论的因素对健康的一些潜在负面影响。虽然进一步研究这些健康因素很重要，但目前的证据并不支持舱内空气正在导致大量的飞行员提前退休。

健康的另一个方面与飞行员的社会经济状况有关。许多飞行员在其职业生涯中曾在本国以外的国家工作和生活。对一些人来说，这只是暂时的情况，对另一些人来说，这意味着要在另一个国家一直生活下去。他们可能会在当地择偶成家，他们的孩子在当地文化中成长，他们可能在某种程度上成了"工作国"的一员。虽然"外派飞行员"（expat pilot）的职业生涯可能在经济上有所回报，但可能航空公司并没有提供给他们获得工作国公民身份的机会，或者工作国并不是一个理想的退休之地。在这种情况下，无论是考虑工作国还是其他任何国家，飞行员在考虑退休地点时，医疗保健成本往往会成为一个影响因素。由于非公民医疗保健在大多数国家价格高昂，这导致一些飞行员会返回本国，而另一些飞行员会前往一些医疗保健质量好且价格合理的国家。

### （三）退休后的资金：充足还是拮据？

即使飞行员的退休时间和退休时健康状况都很理想，但享受退休生活仍然需要钱，至少不要为钱发愁。尽管一家大型航空公司的资深机长的薪水比大多数其他行业人员都要高，但许多飞行员并没有在大型航空公司任职，也不是所有人都能成为机长。大多数飞行员不得不在人生早期对飞行训练进行大量投资，在此之后，他们通常担任飞行教官或在较小的航空公司（或其他较小的机构）任职，以相对较低的薪资水平来积累"飞行小时数"。这样的经历可以使他们有资格申请更大的航空公司的职位，在那里他们可以赚到足够的钱来进行储蓄和投资，为未来退休生活做好资金准备。

这就引出了飞行员如何管理投资的问题，这与他们如何感知和管理风险有关。飞行经验对于风险管控方面具有"显著的保护作用"（Li，Baker，Grabowski，Qiang，McCarthy & Rebok，2002）。同样，梅西卡（Mercieca，2015）发现飞行员对风险的感知与总飞行时间和认知水平显著相关。亨特（Hunter，2002）的结论是，"准确感知风险所需的认知技能的差异相比于潜在人格特征的差异"对事故发生的可能性影响更大。由于飞行员是根据认知能力挑选出来的，因此他们作为一个群体在这方面可能高于一般人群。如果认知技能会影响风险感知，这就意味着飞行员可能比普通人群对风险更敏感。这与飞行员都是冒险家的传言相矛盾。其实这些传言只在航空事业的早期是对的。但在航空业长期追求安全的发展过程中，冒险性已经逐渐变得无关紧要了。另外，飞行员对风险的感知和管理能否转化为他们如何感知和管理金融风险，这个问题仍然没有确定答案。如果答案是肯定的，那么飞行员可能会对风险更加敏感，并且随着生活经验的增加，会变得更加厌恶风险。目前为止似乎没有任何证据表明飞行员比一般人偏好更高的财务风险。

关于飞行员，另一个可能需要考虑的问题是，有多少钱花在了之前的婚姻（以及离婚协议）上。飞行员自己讲述的故事中往往会提到他们的高离婚率，比如 75% 的飞行员至少离过一次婚（Zimmer，2014）。其中一个可能的原因是他们的职业特点，例如经常不在家，需要按照排班计划生活，错过家庭活动等（Houston，2018）。如果离婚率像飞行员们经常提到和讨论的那样高，那么他们中的许多人在退休后肯定会在经济和社会生活上受到影响。然而，根据美国 2000 年的人口普查数据，飞行员并没有进入离婚率最高的职业前 15 名（Statista，2018）。飞行员的离婚率为 10.96%，远低于美国当时 16.96% 的平均离婚率水平（McCoy & Aamodt，2009）。因此有理由推测，离婚对飞行员退休后经济和社会生活的影响与任何职业群体一样，远没有人们想象和描述的那么普遍。

## （四）身份

飞行员的职业身份和文化与该职业本身的历史、传统和特性紧密关联（Dahlstrom & Heemstra，2009），为每名飞行员打上了独特而深刻的印记，体现在飞行的各种仪式化操作上。制服、程序、出勤等全部汇集在一起，上演了一出精心编排的人类战胜自身局限性的史诗，而飞行员就是舞台中心"最靓的仔"。飞行员文化对飞行员群体的深刻影响从对阿联酋航空的调研中就可以体现出来：大部分来自不同国家的飞行员表示，他们的职业文化比他们的民族文化更重要（Dahlstrom，2013；Scott，2013）。因此得出结论，"飞行员就是飞行员，与国籍无关"（Dahlstrom & Heemstra，2009，p.86），这正是飞行员在退休后难以割舍的东西。

与医生（Silver & Williams，2018）、运动员（Lavalley，Gordon & Grove，1997）和职业女性（Price，2000）等不同群体的身份认同相比，退休对飞行员来说可能更加困难。大多数飞行员之所以成为飞行员是因为他们想成为飞行员，成为一名飞行员通常是童年或青少年时期梦想飞行的结果。很少有飞行员因为一时的心血来潮或在大学一年级参加完招聘会后才决定从事飞行职业的（可能会发生，但很少）。要想进入这一职业，往往需要大量的先期投资，还要经历一段助理飞行教练或驾驶小型飞机工作期，直到在航空公司获得初级副驾驶的职位，最后才可能成为机长。因此不难想象，不再有标志（制服、肩章、进入驾驶舱等）、不再有身份感（处于飞行活动的中心，别人总是小心地与之接触，有头衔等）和离开体系（资历、飞行名单、程序等）可能会造成身份上的空虚感。

这种文化的一个具体体现就是飞行员职业生涯达到最高级或获得"四道杠"，即成为一名机长时（航空公司内部通常将机长简写为大写的"C"）。对于大多数飞行员来说，这代表着他们职业生涯的顶峰，成为他们身份的一部分。这种身份感体现在日常飞行工作和几乎每次人际互动中。这种权威的象征和尊重的源泉，是一些飞行员在退休后难以放弃的东西。有许多飞行员在退休后还是希望别人称自己为"机长"，他们会刻意忽略自己已不再是飞行员的事实。

不出所料，很难适应退休生活的故事在飞行员中比比皆是。因此一些飞行员会继续驾驶小型飞机或花很多时间参加当地飞行俱乐部的活动；一些飞行员退休后只与飞行员交往，或者出门仅仅是为了去机场看飞机；有人会经常回访他们曾经工作过的航空公司，有人会在家中保留制服，并经常拿出来看看和试穿。这些情况与其他特殊职业的退休研究相吻合，因为退休会威胁到"自我意识"。这可能会导致一段时间的应激性的迷失和失落（Conroy & O'Leary-Kelly，2014；Nuttman-Shwartz，2004），但可能可以通过将先前职业身份的元素引入新的生活环境来缓解。

即使有如此多广为流传的飞行员身份认同（与职业文化有关）的故事，但当与飞行员谈论退休时，他们常常表示身份的丧失并不是什么大事。随着许多社会从正式结构转向非正式结构，航空业也发生了变化，围绕航空的社会变化更大。似乎大多数人在经历了一段完整的飞行员生涯后，都认为自己能拥有这样的职业生涯是幸运的，他们得到的已经足够多了，退休后他们会继续愉快地生活。退休的飞行员中既有经常逗留在飞行俱乐部，继续与其他飞行员和飞机为伴者，也有再也不关心飞行的人。

与飞行员身份相联系的符号、仪式和结构也代表着责任。飞行员似乎乐于以退休的方式抛下这些责任。这些责任包括从保证乘客的生命安全到由于小错误而导致的职业风险，其后果可能是飞机损坏，破坏乘客的体验或影响航空公司的声誉（或所有这些的组合）。飞行员的职业生涯总是伴随着细致的核验检查，这在其他职业中较为少见；飞行员需要通过收集每次飞行的数据来验证程序上的偏差，还总是要与时间赛跑：简报时间、起飞时间、到达时间等。尽管通过退休去除掉这些东西可能会被飞行员视为威胁，但摆脱这一切似乎又是促使飞行员接受和拥抱退休后生活的重要手段。尽管这一论断仅是基于飞行员的讲述，但那些从未真正在心理上退休的机长的故事何尝不是基于飞行员的讲述呢？他们的故事常常来自在飞行俱乐部的机库外向年轻人们讲述的他们"真正飞行"的美好岁月。

## 二、制动：继续工作还是完全停下？

当飞行员谈论退休前的工作时，常常会涉及金钱和身份的话题。飞行员不希望退休生活有太多的风险，而绝大多数地面生活就能满足这点。许多飞行员有着强烈的职业和行业群体意识，一些退休飞行员很想"回馈"年轻一代的飞行员。鉴于飞行员文化和飞行员之间的关系更多的是口头的而不是书面的，更多的是非正式的而不是正式的，因此一些飞行员会在退休后寻找一些工作岗位，从而向年轻人们传授经验和提供指导。

### （一）地面工作

由于商业飞行的法定年龄限制，飞行员达到退休年龄后便不能继续驾驶飞机了。不过，他们可以选择在飞行训练模拟器中或教室里担任"地面教官"。许多飞行员选择这样做，有些是兼职或仅提供咨询服务，有时他们需要通勤到培训中心工作一段时间，他们可以较自由地掌控自己的时间。虽然薪酬水平低于退休前，但这种方式有利于他们向完全退休过度。

老一辈的飞行员可能有一个家庭农场或一些生意，在退休后要回去经营，但这种情况已经越来越少了。一些飞行员的学习与职业生涯并行，获得了航空工商管理、航空管理、航空安全或人因等航空相关专业的硕士学位。这可能导致他们在飞行生涯中部分或完全转变为地面或管理角色，这样他们就可以在退休后作为兼职工作人员或顾问继续担任这种角色。由于这类工作没有飞行小时费和飞行补贴，因此对前飞行员缺乏足够的吸引力。

### （二）不再工作等于甜蜜生活吗

似乎还有许多飞行员非常乐意离开工作、航空和他们职业印记（Morris，2012）。他们要么创办了小公司，要么把所有的时间都花在了业余爱好上，或者只是享受不做任何工作的快乐（把所有的时间都花在他们的船上，照顾孙子上，或做家务，等等）。因为没有相关数据，因此很难说退休后继续工作或不工作的飞行员比例与普通人群有多大不同。但考虑到飞行员可能比一般人普遍在经济上更优越，可以推测飞行员从事非有偿工作的比例与一般人相同或更高。

## 三、时代在变：现在和未来飞行员的退休问题

尽管航空业目前还不是特别关注飞行员的退休问题，但有人驾驶飞行的未来和飞行员职业的未来与飞行员未来的退休问题息息相关。最需要关注的问题是，完全自动化的飞行会使飞行员成为一种过时的职业，其他运输方式的发展已让这点初现端倪，飞机制造商、监管机构和其他行业利益相关者都参与了未来全自动飞行的研究，目前的无人机技术可能会发展到未来的客运飞行（空客、波音和优步都参与了这项研究）。先会出现完全自动化的货运航班，然后是完全自动化的客运航班。然而，这项技术仍在开发中，需要在未来几十年对基础设施进行大规模测试和改造。仅从技术进步的角度来看，这一过程可能比预期的时间要长。尽管任何类型的全自动运输系统都有可能被制造出来，但与同类自动化系统相比，建造复杂的有人参与的全自动飞机是非常不同的挑战。

对于要在未来几十年后退休的新飞行员来说，一个将要到来的挑战是"单驾驶员飞行"计划。一项涉及空客和波音公司的雄心勃勃的欧洲研究项目——减轻压力和工作负荷高级驾驶舱（Advanced Cockpit For Reduction Of Stress And Workload，ACROSS）已经启动，其最初的目的是在减少工作量和机组人员数量（如受控休息、丧失能力等）的情况下，保障单飞驾驶员飞行，后引申为能否一直保持单飞行员驾驶的问题（Maret，2018）。空客公司在最近的一次会议上更详细地描述了这个计划，从而证实这个计划不仅正在研究中，而且正在纳入未来飞机制造的计划中（Houghton，2018）。

全自动飞行似乎不太可能威胁到现在的飞行员以及那些正在进入这个行业的人。因为对于航空运输系统如此剧烈的变化，不仅要进行研发，还要进行大规模和长期的验证，会需要相当长的时间，也不太可能轻易缩短。同时，乘客的心态也会对这种变革产生重要影响。相对于公路、铁路和海运的恐惧，乘客对航空的恐惧更甚，这意味着全自动飞行要有更高的安全性和更多的好处才能被公众接受。目前看来，现在的年轻飞行员应该能够拥有一个完整的飞行生涯，但需要提醒的是，也许在他们职业生涯的后期，全自动货运飞行就会出现，这可能会导致一些飞行员提前退休。

很难预测单驾驶员方案是否是一个可行的方案，航空业是否会全力发展这个方

案？政府和乘客是否会接受这个方案？如果采纳这个方案，就不需要像全自动飞行那样对基础设施进行严格的验证和重大调整，而且可以更快地实现。这可能为退役飞行员提供地面飞行员岗位，他们可以远程监控和支持驾驶舱中的单个飞行员，并时刻准备着在该飞行员发生意外时从地面接管控制权。即便如此，将未来飞机（也可能从货运飞机开始）的驾驶舱内现有机组人员人数减半，可能会对飞行员的工作机会产生重大影响，并导致他们被迫退休。然而，这种变化可能是渐进式的，并在某一时刻导致招募飞行员数量减少。尽管单驾驶员模式和全自动飞行模式都不太可能影响到今天的飞行员，但他们的子女想子承父业时就不得不考虑这一点了，因为他们可能无法工作到正常退休。

# 四、简要总结

当我们从已退休和临近退休的飞行员那听到关于他们的以及他们同事的故事时，我们越来越清楚地发现，这些故事与飞行员群体内部喜欢传播的故事存在差异。关于寿命、健康、金钱、离婚和身份，飞行员似乎更喜欢传播这样一些故事：退休后活不长，对健康的严重影响，失去所有积蓄，多次离婚和抵触退休等。这些故事的作用是可以重建一些传统观念，如飞行与冒险有关以及飞行员曾经是一个高风险职业。这些风险是社会地位的来源，在因退休而导致这些风险不再时，可以通过讲故事来强化他们的职业认同、薪酬认同以及维持职业身份。然而，有些故事似乎也受到了"易得性启发"（availability heuristic）（Kahneman，2011）的影响，生动的描述有助于回忆和检索。这些故事提供了飞行员对退休看法的重要信息，再加上许多个人陈述和研究结论，共同构成了飞行员退休的全貌。

原书参考文献

# 第三十章
# 飞行员选拔中评估判断、决策和直觉

Todd P. Hubbard 和 Peter J. Wolfe

在介绍我们的研究之前，我们希望重申世界航空业面临的特殊困境。2018 年至 2037 年，全球将需要 79 万名新飞行员（波音公司，2018 年）。亚太地区的飞行员需求量最大，需要 26.1 万名，北美为 20.6 万名，欧洲为 14.6 万名。全球商业航空将需要 63.5 万名飞行员，其他工商业部门将需要 9.6 万名飞行员，拥有直升机的组织将需要 5.9 万名直升机飞行员。从全球范围来看，每年培养出获得飞行执照的飞行员约 2.1 万名，但全球的年需求量却高达 3.95 万名。有三个认识误区阻碍了行业领导者意识到问题的严重性：

误区 1：在美国、欧洲及世界上的大部分国家和地区，一直都有训练有素的军队飞行员退役后源源不断地补充进民航系统，以满足航空公司的需求。

误区 2：每个男孩和女孩都想成为飞行员，因此只要航空公司需要，总会有很多申请者来报考民航飞行员培训项目。

误区 3：世界上每个国家和地区都有飞行院校，这些院校人员齐全、条件优越，拥有开展大规模培训的机场和空域。

这些误区让业界得出这样的结论：我们永远不会缺少申请者，只需要专注于挑选最优秀、最聪明的申请者即可。我们将在本章结尾对这些误区进行解读。

你可能会想，对于飞行中最重要的判断和决策过程，能否用自动化设备来代替飞行员，从而减少机组飞行员的数量，进而解决飞行员短缺的问题？自动化设备是更好的决策者吗？飞行员在决策环路中的价值何在？

我们如何看待决策中的判断（judgement in decision-making，JDM）以及自然环境中的直觉决策（intuitive decision-making，IDM），将会影响我们选拔飞行员的类型。政策制定者一方面为零飞机事故率而努力，另一方面他们还引入了人工智能可以比人类飞行员做得更好的理念。我们对 1903 年以来飞行员决策特点的变化进行了系统的研究，发现商业航空飞行员在飞行时的操纵有越来越少的趋势。显然，这将改变飞行员选拔的整体设计。本书中的其他作者已经阐述了飞行员选拔的历史（Carretta & Ree，2000），在这一章中，我们将引用很多历史事件，以帮助理解在飞行员选拔中如何评估决策和判断。

在初步的文献检索之后，我们着手验证了一系列的假设。我们通过大量的证据验证了三个假设，提出了应重视决策的核心规律的观点。就在我们准备结束工作之时，我们又有了一个重要的发现。有些飞行员喜欢直觉，认为其是决策的补充方式。但也有飞行员完全不赞成全凭直觉的决策，认为直觉有时很危险，即便不直接产生危害，也具有潜在的危害性。

下面描述的是我们的发现过程，我们检验了前 4 个假设，第 5 个假设还存在争议。我们觉得这样表述有助于读者更好地理解我们的工作：

假设 1：飞行员只有在具有了飞行经验后才有航空判断和决策。

假设 2：飞行员凭直觉做出决策的能力与飞行任务、公司制度和管理无关。

假设 3：飞行操作领域的直觉决策（IDM）与规范思维此消彼长。

假设 4：自然决策（Naturalistic decision-making，NDM）应关注模式匹配、推演最佳选择，以及其他飞行员的经历和经验。

# 一、定义

## （一）判断和决策

我们采用的判断和决策的定义来自咨询通告 60-22（FAA，1991）。航空决策是"飞行员基于环境条件持续地选择最佳行动方案的心理过程"（Diehl，1990；Diehl，Hwoschinsky，Lawton & Livack，1987；Lofaro，1992；FAA，1991）。判断是"在特定情况下识别和分析所有相关信息，理性评估应对这种情况的各种选项方案，并及时决定采取何种行动的心理过程"（FAA，1991；Jensen & Benel，1977；Jenson，1982）。糟糕的判断导致犯错或持续犯错（错误链），进而导致事故和事件发生（FAA，1991；Jensen，1982）。直觉是"通过快速、无意识和整体联想而产生的情绪性判断"（Dane，Rockmann & Pratt，2012，p.188）。直觉是"发现"的，而不是推理出来的（Bowers，Regehr，Balthazard & Parker，1990）。并不是每个人都知道直觉的本质，所以我们将花更多的时间来定义和描述这个术语。

美国联邦航空局（FFA）资助了关于判断和决策的研究，将研究结果以 6 份文件的形式进行了公布，咨询通告 60-22（FAA，1991）对此也进行了说明。在阅读了所有的支撑材料后，我们认为，除了直觉决策之外，判断和决策的研究基础已经比较扎实了，不需要我们在本章中进一步探讨。除了在 FFA 的风险管理手册（FAA，2009）中提到克莱因（Klein）在自动或自然决策方面的工作外，直觉决策的研究报告并不多。FFA 资助的其他研究中也未涉及克莱因的自然决策（Diehl，1990；Diehl et al.，1987），这个主题在其他关于飞行员判断的研讨工作中也未被提及（Jensen，1982；Jensen & Benel，1977）。这一领域的研究直到 1989 年才引起重视（Zsambok，2014），这驱使我们对航空领域的自然决策和直觉文献进行了回顾性研究。我们在两篇文献（Orasanu & Ute，2014；Waag & Bell，2014）中发现了这方面的研究成果，这两篇文献向我们描述了军事飞行员在空战中如何决策的历史状况。

### （二）直觉

直觉的定义一直存在争议，从科学定义到神秘的新时代概念（New Age，译者注：上个世纪 70 年代后期出现的一种帮助冥想的音乐形式）（Hetherington，2013），其定义多种多样。认知心理学家一直在努力揭示人类直觉的机制。韦氏词典对直觉的定义是"获取直接知识的力量或能力，或没有经过理性思考和推理的认知"（直觉，2018a，7 月 9 日）。剑桥词典的定义则是"没有经过思考或推理而理解或了解事物的能力，或者是体现这种能力的感觉"（直觉，2018b，7 月 10 日）。我们下面主要采用剑桥词典以及戴恩（Dane）等人（2012）的定义。

在关于直觉本质的研究发现方面，乔尔（Cholle，2011）将直觉视为天性与理性之间的桥梁。纽金特（Nugent，2013）认为，直觉是"与意识反应或推理相对应的知觉或顿悟"。这就意味着直觉既不是先验的，也不是推理演绎的。维纳曼（Winerman，2005）这样描述了爱泼斯坦（Epstein）早期对直觉的理解："直觉只是我们在没有意识到的情况下学习的东西，有时它们是有用的，有时又是不适宜的"（p.5）。然而，爱泼斯坦的观点似乎有所改变，这点从他的文章《揭开直觉的神秘面纱：它是什么，它做什么，以及它如何做》（2010 年）中就可以看出来。他使用认知 - 经验自我理论（cognitive-experiential self-theory，CEST）来描述串联认知加工，其中经验 / 直觉系统比理性 / 分析系统更擅长解决聚焦型问题（p.310）。因此，我们得出结论，航空领域由于常常要面对聚焦型问题，因此很可能更适合使用直觉。

早期的人类判断研究人员错误地断言了直觉作为决策方法的有效性，因为研究都是要求被试"证明"而不是"发现"，这时使用直觉很容易出错（Bowers et al.，1990）。对于飞行员选拔来说，航空公司更愿意对飞行员的推理过程进行考察，以表明其是通过理性思考做出决策，而难以做到无偏见地接受飞行员灵光一现的直觉。因此航空公司很难在飞行员选拔中采用考察"发现"的方法。正如迪尔等人（Diehl et al.，1987）所说："一个好的航空决策者不会凭'直觉'草率行事。"（p.24）

要理解直觉是什么，首先要理解"证明"和"发现"的哲学区别。维特根斯坦（Wittgenstein）宣称，一个人通过语言表述的思想的正确性，必须用一个独立的标准来衡量（Hoffman，1960）。按照这个说法，直觉也应该基于规则，但这显然与认知心理学家对直觉的定义相矛盾（Bowers et al.，1990）。维特根斯坦还说，顿悟只能表现出来，而不能被解释（Monk，2018）。我们也拒绝接受这种说法，因为我们需要一种基于证据的直觉描述。因此，基于我们撰写本章的目的，我们不采用哲学领域的直觉和顿悟的定义。

如果要执行的任务是不可分解的，直觉效果最好（Dane et al.，2012）。如果任务是可分解的，而且是基于规则的，那就逐一解决即可，不需要做出判断，也不需要成为领域专家。但是，如果由领域专家对飞行员的表现进行一段时间的观察，而不是只在面试中观察他们，就会发现飞行任务常常是不可分解的。很多时候，直觉的表现会超过分析性决策（Hammond，Hamm，Grassia & Pearson，1987；Herman et al.，2017；Price et al.，2017）。事实上，有研究表明，分析性认知反而有时会产生极端化错误（Hammond et al.，1987，p. 766）。我们在整个飞行员培训过程中也看到了同样的情况。飞行员根据不断变化的情境对数据进行即时分析时，他们依据直觉往往会做出更全面的决策。

直觉可以被描述为自然决策和自动决策（FAA，2009），但克莱因（Klein，2008）对二者进行了区分：自动决策往往是模式匹配或是进行选项选择，而自然决策则没有现成选项可供选择（Dekker，2015）。在给定的情境下，一个人会用他（她）的直觉（判断/经验）来创造一种行动方案，这种方案是他（她）过去经验里从未有过的，但却是目前最好的行动方案。十年后，如果同一个人再次面临类似的情况，他（她）很可能会用更好的经验（图式）和这个经验进行比较（Dane & Pratt，2007）。

请看下面的例子。有学者研究了 40 名 F-15 歼击机飞行员的 1440 次飞行任务（Waag & Bell，2014）。任务情境是：两架 F-15 为了保卫机场，需要对抗另外两架 F-15 和两架轰炸机。这两架 F-15 和两架轰炸机组成的"侵略者"精心策划了攻击方案，而负责防守的两架 F-15 需要应对攻击。在双方进入交战空域时，雷达信号会变得相当复杂。这刚好可以创建一种观察飞行员在没有行动方案的情况下如何应对的情境。

战斗机飞行员遵循"发现 - 评估 - 行动"的流程，在评估过程中，飞行员会在行动前做出自然决策。由于对全局的不准确心理构建，或者是对下一步行动的错误评估，就会导致飞行员形成错误的预判。我们在对第一次世界大战和第二次世界大战中战斗机飞行员的文献回顾中也发现了这个问题。

瓦格和贝尔（Waag & Bell，2014）开发了一个模板对历史文献中的战斗机飞行员决策进行研究，奥拉萨努和尤特（Orasanu & Ute，2014）则开发了用于研究商业航空飞行员决策的模板。他们发现，36% 的决策是做出选择，而还有 2% 的决策需要创造性地解决问题。在他们的决策过程模型中，当时间充裕、风险可变、问题明确时，可能会出现没有现成选项的情况。稍后在讨论美联航 232 航班时，我们会看到，在没有选项可供选择的时候，飞行员会被迫创造出新的解决方案。

我们希望能对飞行员选拔中是否适合使用直觉决策给出最终结论。尽管我们相信直觉在航空领域确实有价值，但人们可能过高地评价了直觉。例如，访谈是商业航空公司选拔飞行员的一种常用手段。一些关于访谈中使用直觉的轶事类证据常常会说，是直觉引导面试官做出了正确的录取决定。但格里尔（Greer，2005）的研究已经表明，这种直觉是不可信的。其结果更可能是不好的申请者被选中，而非优秀的申请者。卡雷塔（Carretta）和金（King）在他们的论文中已经证明：测验分数在做出客观录取决定时更靠谱。

### （三）专业技能和直觉

在真实环境中对专家和专业技能的研究已经扩展到体育、工业、工程和医学等领域（Ericsson & Towne，2010；Ericsson & Ward，2007；Gunderman，Williamson，Fraley & Steele，2001；Williams & Ericsson，2005）。霍夫曼（Hoffman，1996）认为，"某些领域的专业'金标准'是：尽可能多的专业知识，或由资深专家建立的可供其他从业者使用的标准和程序"（p. 82）。这个定义似乎很适合航空领域。

当所掌握的知识不足以应对情境时，与新手相比，专家可能会在更大程度上使用直觉来做决策（Malewska，2015；Phillips，Klein & Sieck，2004）。比如，工程师的直觉使得其在决策任务中会做出更准确的判断（Hammond et al.，1987）；直觉增强了医疗决策中的决策能力（Hermann、Trachsel & Biller-Andorno，2017）。使用直觉指导临床决策时，护士做出了更准确的决策（Pearson，2013；Price，Zulkosky，White & Pretz，2017）。直觉可以引导他们注意相关线索（Price et al.，2017，p. 1147）。我们从这部分文献综述中得出结论：经验丰富的从业人员和新手都可以表现出高水平的判断，但这些能力并非直接来自学习，但却在决策中表现出来（Kochan，

Jensen，Chubb & Hunter，1997）。

专业技能是指达到的水平还是指工作的过程？一个领域的专家和一个在某个领域取得了罕见的、同行都难以企及的熟练程度的人是有区别的。博尔（Bor，2006）在《航空心理健康》一书中，杜撰了一段在法庭上辩护律师和心理学专家之间的对话来阐明这一区别。博尔希望借此说明心理学专家在对飞行员进行心理评估时所面临的困难，特别是当评估结果可能意味着飞行员职业生涯的结束时。在这个故事里，当辩护律师询问心理学专家其专业程度时，心理学专家解释到：他有临床心理学经验，但在评估飞行员心理健康方面的经验有限。然后辩护律师便占了上风，指出他有理由怀疑心理学专家是否有资格进行这类评估。在我们的研究中，评估一个人直觉的优劣也不同于评估一个人的知识和经验程度。

## 二、结果

我们仔细检索了 1903 年以来的飞行员选拔中关于判断、决策和直觉的文献，并从这些文献中总结了我们的发现，以帮助读者理解我们的逻辑。

### （一）假设 1：飞行员只有在具有了飞行经验后才有航空判断和决策

在飞行操作领域的经验。飞行操作领域的专家主要包括：首席飞行员（chief pilots）、首席飞行教官（chief flight instructors）、有资质的飞行教官（certified flight instructors）、军航飞行教官（military flying instructors）、飞行调度员（flight operations officers）、飞行指挥员（flight operations commanders）、飞行安全检查员（check airmen），以及飞行检查员（designated examiners），无论是军航还是民航，他们是每一代飞行员的看门人。您会注意到，这里我们没有包括所有的飞行员，即使他们拥有令人垂涎的航空运输飞行员（Airline Transport Pilot，ATP）证书。CFR 第 14 篇第 61.155 部分概述了 ATP 所需的航空知识，并在第 61.160 部分中提到了《国际民用航空公约》（Groenewege，2003）条款规定的标准。看来，每一个获得认证的 ATP 都具有获得专家头衔所必需的丰富知识。我们相信 ATP 已经达到了一定的专业水准，但由于飞行经验的巨大差异，我们不能光靠好心就把所有的 ATP 与前面列出的领域专家同等看待。有证据表明，这些高水平的飞行员仍然会犯错误，而且这些错误是随机的。通过对 1990 年 1 月至 1996 年 12 月期间的 119 起商业航空事故的调查发现（Wiegmann & schappell，2001），在 28 起事故中，63.6% 的事故是由操作失误造成的。

我们用事故统计数字来证明我们的理论。波音公司（2017）报告称，1959—2016年，全球商业航空公司中涉及航班的事故共有 1426 起。这些飞机是由持有 ATP 证书或同等证书的人员驾驶的（国际民航组织，2006 年）。然而，在 2007—2016 年期间，世界范围内的商业航空公司事故比例下降了，只有 294 起。这主要归功于航空系统内部的如组织管理、人力资源和设备保障方面的提升。2015 年在美国只发生了 30 起大型飞机（大型客货运航空公司，Part 121）事故，与同年 1210 起通用航空事故相比，这表明大型飞机飞行员和通用航空飞行员能力之间存在很大差异。尽管统计数据包括了所有原因的事故，而不仅仅是飞行员失误导致的事故。因此，我们得出结论，飞行员并不能靠头衔来表示其最高的技术水平，其职业是一个不断积累经验的过程。即使飞行员拥有了丰富的经验和数千小时的飞行时间，事故仍然可能发生在他们身上。这使我们得出结论，飞行员大致可分为三类：具有头衔的专家飞行员；没有头衔的专家飞行员；以及履历糟糕、缺乏技能，难以提高的飞行员。

对危险的态度会扭曲判断和决策吗？美国联邦航空局资助的一项研究（Berlin et al.，1982 年）显示：危险态度主要体现为 5 种对危险的思维模式。研究人员在咨询了心理学家和社会学家后，将对危险的态度最后合并成了 5 种。美国联邦航空局的人类行为学家迪尔（Diehl）参与了 1982 年的研究，他开发了一种工具，被试可以通过阅读一系列飞行情境的描述后来展现这 5 种态度（Diehl et al.，1987）。正如柏林（Berlin）等人在研究中指出的那样，很少（如果有的话）有研究分析飞行员的这些态度。然而，事后分析显示，不同飞行员身上都可以发现这些态度。这 5 种对危险的态度是：反权威（anti-authority）、冲动（impulsivity）、无所不能（invulnerability）、大男子主义（macho）和外控（external control），外控现在多用"放任"（resignation）来替代。

有证据表明，要想在一战中成为一名专家级飞行员，你必须大胆勇敢，希望活得足够长且享受被关注（Dörflinger，2014）。法国或美国飞行员肯定是这么想的。他们是空中的表演者。他们在同伴们的鼓励下飞行技能不断精进，这进一步强化了他们愿意更多地展现勇敢（Hörmann & Maschke，1996；Retzlaff & Gibertini，1987）。他们回到家乡时，他们的英姿会出现在报纸的头版上，就像享受特技飞行一样，他们享受着被当成英雄而崇拜。但炫耀和良好的判断力常常是矛盾的。

我们认为，直觉可能被扭曲，正如一个人如果内在动机被误导，则其判断也会被扭曲。举个例子，我们对比了法国飞行员让·纳瓦拉（Jean Navarre）和德国飞行员奥斯瓦尔德·博尔克（Oswald Boelcke）。首先，我们不想让那些在第一次世界大战中为结束战争做出重大贡献的人们蒙羞，他们的英雄主义是难能可贵的。然而，我们确实希望指出这两个人明显的动机差别。纳瓦拉渴望空战，甚至有人说他飞行时像着魔一样（Dörflinger，2014，Loc. 331）。整日和他在一起的朋友查尔斯·农格瑟（Charles Nungesser）则被描述为浮夸、大胆、散漫、放荡和不服从（Hanser，2015）。他们两人都是无畏、喧闹、爱喝香槟的飞行员，这似乎就是"二战"、朝鲜战争和冷战期间战斗机飞行员的标准行为模式（Dörflinger，2014；Hampton，2012；Olds，Rasimus，& Olds，2010）。1919 年，在被告知巴黎阅兵式上的飞行被取消后，他失望透顶，因为他本来打算飞过凯旋门的。阅兵结束后，他开始练习特技，但最终在练习时不幸牺牲（Dörflinger，2014）。纳瓦拉的不成熟最终打败了他自己。他觉得自己是无所不能的。他在战争中幸存下来，也没有受什么大伤，但后来好运气没了。我们得出的结论是，他的不成熟使他的经验、判断和直觉都发生了偏差。

奥斯瓦尔德·博尔克是第一次世界大战中最著名的德国飞行教官，他的情况与纳瓦拉刚好相反。尽管到了 1915 年，他被认为是一个英雄，勋章和荣誉如雨点般落在他身上，但他尽量远离荣誉，因此没有被名气冲昏头脑（Dörflinger，2014，Loc. 492）。他为部下制定的规矩中的第 7 条被称为"博尔克格言"："粗心大意的态度和过度自信往往会导致死亡。飞行时要始终牢记自己是整个团队的一分子。领导的指示必须绝对服从。"（第 931 条）我们在这里看到了一个早期反对"无所不能"态度的例子。

我们想知道是否从对航空史的回顾中可以发现，技术的进步改变了飞行员的判断和决策能力。我们注意到，随着机型不断变大，所需的机组人员也越来越多，操作程序也变得更加规范，并形成了各种操作程序标准。1935 年，道格拉斯公司制造出了运输机 DC-3，直到 20 世纪末，它一直在军队和商业领域服役。DC-3 不仅可以运送货物，还运送乘客（Bugos，无出版时间）。更大的飞机需要更多的机组人员，因而机组成员之间可以共享飞行经验。飞行员既可以根据自己的经验做出独立判断，也可以根据大家的意见做出判断。随后颁布了规定，即被授权为机长的飞行员可以不用考虑其他机组人员的意见，自主做出飞行决策。这种方式也成为机组人员在"二战"中的标准模式（通用定义，2018 年 6 月 28 日）。

军用飞机的生产在 1939 年至 1945 年迅速增长。想成为飞行员的人必须聪明、身体健康、心理稳定，并有强烈的飞行动机（McManus，2000；Olds，Rasimus & Olds，2010）。通过所有入学评估的学员先进行 10 周的基本飞行训练，然后是 12 周的高级飞行训练。但是训练难度很大，有很多人在训练过程中被淘汰了。"教官强调精准和流畅性，并反复训练学生，使他们的飞行技术成为本能。"（p. 23）但并非所有通过飞行训练的飞行员都是本能的、天生的飞行员（McManus，2000，p. 25）。

我们的结论是，从 1903 年到现在，自愿成为飞行员的人都具有强烈的动机。如果不是因为严格的飞行员选拔程序的限制，他们每个人都愿意学习飞行。我们还没有发现有人是因为没有其他更好的事情可做而希望成为飞行员的例子。

我们认为在很大程度上，歼击机飞行员比轰炸机飞行员更有可能根据直觉做出决策。这两种飞行员都从飞行中获得了经验，但只有歼击机飞行员才被允许独立决策。我们相信，在不受约束的情况下，直觉常常在无意识的情况下形成了问题的解决方案。如果有什么不同，那就是单座的歼击机没有轰炸机那么复杂，这种简单的设计可以让飞行员有更多的时间评估飞行情况，而不仅仅是按照程序将炸弹投送到某个遥远的目标上。因此，歼击机飞行员的洞察力和直觉对于决策非常重要。歼击机飞行员休·道（Hugh Dow）在将自己的职责与轰炸机机组人员进行比较时表示，他有更大的自由度来决定自己的命运（McManus，2000，p. 30），他可以用他的本能和直觉来决定生死。而轰炸机机组人员必须依据预定的目标，执行让人麻木的计划。正如罗伯特·拉默（Robert Ramer）所说，轰炸机飞行员就像一名卡车司机（p. 32），他在 B-29 轰炸机上，主要通过分析和减少选项来最终保留一个最佳执行方案。

总之，我们通过回顾航空史来探讨第一个假设。我们着眼的三个研究问题可以帮助我们理解判断和决策如何在飞行操作领域的成熟过程。飞行领域的专业技能并不是突然出现的，而是随着时间的推移逐步积累的。领域技能既是一种最终状态，也是一个演进过程。并不是所有的所谓专家在知识、技能和能力上都是真正的专家。我们还意识到，如果一个专业领域没有完全形成，那么没有人可以声称自己已经具有了足够的专业技能。1911 年，威尔士（Welsh）在莱特飞行学校担任飞行教官。尽管他掌握的飞行知识比他带的学员多得多，但按照今天的标准来衡量，仍不能将其称为专家。他所掌握知识的不完备正是导致他飞行事故丧生的主要原因（Edwards，2009）。我们必须说威尔士有飞行经验，但我们会学习他的经验吗？根据他的技能所造成的后果来看，我们不会去学习他的技能。

有证据表明，危险的态度可能会歪曲判断和决策。纳瓦拉是一个勇敢的飞行员，但是觉得危险奈何不了自己的态度，加上不成熟，扭曲了他的判断，导致了错误的决策。纳瓦拉并不是唯一一个觉得自己无懈可击的飞行员。我们认为，在第一次世界大战中，许多法国和美国的飞行员与纳瓦拉相似。这源于一种观念，即航空飞行是一种特技，而不是一种常规的职业技能。

最后，我们发现飞行员的判断和决策受到任务变化的影响大于技术变化的影响。人们认为，在第一次世界大战和二次世界大战中，拥有新技术的新型飞机，包括更好的航空电子设备，将增加飞行员的判断和决策的机会。但我们没有发现决策和技术变化之间的直接关联。歼击机和轰炸机任务的不同决定了判断和决策的程度差异。我们发现轰炸机飞行员和商业航空飞行员在工作模式和决策方面有相似之处。商业航空的"任务"由调度员来派遣，由空中交通管制来进行管理和调控，并由运营管理部门来进行评估。飞行员按照"剧本"行事，除非因天气或其他一些原因需要临时改变外，否则几乎没有什么决策可做。

有充分证据表明飞行员随着飞行经验的积累，也会形成自己的判断和决策；这似乎意味着，飞行员的经验和判断将一起成熟。然而，我们对经验的价值判断与我们最初的预期不同。经验和判断必须进一步界定为好或坏的经验及好或坏的判断。根据我们的研究，良好的经验并不总是等于良好的判断。就像大多数 1920 年以后的飞行员一样，良好的经验（成功地结束飞行职业生涯）实际上可能也包括了糟糕的判断，只是这些判断没有导致影响飞行安全的后果。第一次世界大战和第二次世界大战的交战策略就是实现制空权，因此，在很多情况下，飞行的风险大大超过了和平时期。那时飞机损毁和机组人员的牺牲是可以预料和接受的，但在和平时期却不行。

## （二）假设 2：飞行员凭直觉做出决策的能力与飞行任务、公司制度和管理无关

似乎并不必要关注直觉决策，但我们觉得，座舱中的飞行员在某些情境下，最重要的事就是直觉决策。如果没有直觉决策，就会有更多的商业航空事故。从最初的莱特飞行学校到现在，飞行员们一直在利用直觉。

我们列出了几个研究问题，然后在这些问题的引导下对文献进行了回顾。例如，飞行任务决定了飞行员的决策规范吗？我们对此进行了文献回顾，我们还想知道在各种决策和决策规范之间是否有区别？比如有基于规则的决策规范，如根据标准操作程序或遵循紧急程序进行决策。还有一些直觉决策不符合决策规范。我们还研究了组织对决策的影响，以及规范的决策是如何改变了自然决策的应用价值。

牛津词典中对"规范"（protocol）的定义最适用于我们的研究："在任何团体、组织或情况中被认可的或建立的程序或行为的规则。"我们认为这个定义非常适合飞行操作领域。任务类型通常按机型来分，如人类最早的飞机、早期实验飞机、两次世界大战以来的军用飞机和商用飞机等。有时，为了便于说明，会提到具体的飞机型号。飞行任务的类型是制定决策规范的关键依据。

### 1. 人类最早的飞机和早期实验飞机

莱特兄弟的飞机在 1920 年之前的主要型号有 A 型 ~ L 型，以及 R 型（Edwards，2009）。学员和教员驾驶的是可容纳两名飞行员的改型飞机，而不是专为一名飞行员

设计的 R、EX 和 E 等型号。在莱特飞行学校，当教员认为他们的学员能力足够时，学员就可以单独飞行（Stimson，2018）。因为飞行员是在一个未定义的飞行包线内飞行，因此最大飞行速度以及飞行时间和飞行高度经常变化。对该如何操控飞机没有严格的规定，学员和有资质的飞行员可以试验机翼的载荷、倾斜角、爬升和下降包线（Edwards，2009）。那时，飞行是一种特技，从对他们的飞行会议的描述来看，他们在飞行时是否谨慎是值得怀疑的（Ignasher，2017）。我们的结论是，所有类型的试验性飞机，都需要试验性的决策，因此难以建立决策规范。

2. 第一次世界大战的军用飞机

在第一次世界大战期间，我们看到了飞行员的成熟过程。出现了飞行前对任务的研究，关于如何做出决策的讨论，以及关于飞行时不应持有某种态度的讨论。多弗林格（Dörflinger，2014）介绍了德国、法国和美国军事飞行员在第一次世界大战中的贡献。这些国家的飞机类型在战争期间不断变化。驾驶战机击落敌机的信念对那些追求名誉和荣耀的年轻飞行员相当有吸引力，法国飞行员纳瓦拉（Navarre）、德国飞行员冯·里希特霍芬（von Richthofen）、英国飞行员曼诺克（Mannock）和美国飞行员卢克（Luke）就是这样。他们都是王牌飞行员，击落了几十架飞机和飞艇。空战时需要快速决策，主要是根据直觉，或在与敌交战前就预估好了后果（Toliver & Constable，1970）。

有一些"一战"的盟军战斗机飞行员将被铭记，不仅是因为他们的空中胜利，还因为他们留下的空战操作规范。德国飞行员博尔克（Boelcke）和英国飞行员曼诺克（Mannock）留下了一套如何在交战前做出战略和战术决策的实用规则。美国飞行员拉夫贝里（Lufbery）是年轻飞行员的高级教官和导师，他通过言语和行动让他的部队做好战斗准备（Drury，2017）。他甚至能够教王牌飞行员里肯巴克（Rickenbacker）如何进行战斗准备（Dörflinger，2014）。从此，决策规范形成了预先决策方案，并最终形成制度。

3. 第二次世界大战的军用飞机

第二次世界大战中，决策规则是由任务类型决定的。歼击机飞行员最爱即兴发挥，而轰炸机飞行员则必须墨守成规。在第二次世界大战中有太多这方面的例子，所以我们只列举一些飞行任务的例子来反映飞行员如何做出决策，而不涉及具体的飞机类型。1937 年，莱西（Lacey，"二战"时取得了 27 次空战胜利）加入了英国皇家空军志愿军预备役，并在战争爆发时被征召学习飞行。他学得很快，是班上第一个放单飞的。他出色的飞行技能让他击落了一架又一架敌机，从同伴中脱颖而出（Wolfe，1979）。然而，尚不清楚他的导师或教官在他的空中胜利中起到了什么作用。他以坚强的决心参加了包括不列颠之战在内的各次战斗。他曾两次被迫跳伞，但几天后就又重返战机。在他的职业生涯中，他多次被要求带头进行机型转换，这项任务只有最有能力的飞行员才能完成（Shores & williams，1994）。莱西善于思考和计算，无论被分配到哪种飞机上，他都能很快胜任。我们认为，莱西的成功得益于他的自然决策，以及主要用于训练新飞行员的决策规范。

埃里克·哈特曼（Eric Hartmann），也是一个善于快速学习的人。德国 Me-109 战斗机飞行员的典型作战程序是"发现—决定—攻击—返航或空中短暂休整"（p.61）。通常由空战胜利最多的飞行员率先发起攻击。我们在这些"二战"的文献中发现空战程序变得更程序化，这更有利于形成决策规范。我们从第一次世界大战的博尔克、曼诺克和拉夫贝里等王牌飞行员身上也看到过这种趋势。但我们也同时看到，在多变的空战中，飞行员常常会做出规范以外的决策。

"二战"结束后，和平时期军队的飞行规则必须与其他飞机的飞行规则相匹配。国家空域系统（national airspace system，NAS）的规定越来越严格，只有在特殊情况下，才允许突破规定限制。雷达系统和导航设备的改进有助于飞行员保持航向和距离，而对空域和导航的管理规定要求飞行员必须遵循决策规范。

组织是否会对规则的制定以及飞行员的决策产生影响？制定的规则是否影响了该组织内飞行员的决策类型？在浏览文献后，我们得出结论，有几个组织对飞行员以及他们的决策有着深远的影响：第一个是美国政府的联邦航空管理局（FAA），第二个是美国民航飞行员协会（ALPA）。

4. 美国政府

1925 年的凯利航空邮政法案为非政府实体在美国开展航空货运敞开了大门，首批获得资质的公司包括：殖民航空运输公司（Colonial Air Transport，美国航空公司的一部分）、国家航空运输公司（National Air Transport）、罗伯逊飞机公司（Robertson Aircraft Corporation）、西部航空快运公司（Western Air Express）和瓦尔尼航空公司（Varney Air Lines）（FAA，2017a；Smithsonian，n.d，2007）。1926 年，《航空商业法》正式将民用航空划归商务部管辖。航空公司如何开展业务的规则和程序（联邦法规第 14 条）于 1938 年首次刊登在《美国联邦登记》上，后经过多次修订。根据 1958 年版的《联邦航空法案》（Federal Aviation Act）创建了联邦航空管理局（Federal Aviation Administration，FAA）。

美国联邦航空局（FAA）、国际民用航空组织（ICAO）或其他国家的民航局（CAA）都有规范航空业从业者行为的要求。美国联邦航空和航天法规第 14 条款及附录就是对飞机、机场、飞行员、其他机组人员和航空业的管理规定。人为或机械事故推动了各项规章制度的出台，如 20 世纪 70 年代和 80 年代的多次事故推动了管理部门出台了"生命优先"（blood priority）的规定。政府认为光靠飞行员的自我管理显然是不够的，他们必须通过出台规定来更直接地介入商业航空公司的管理和运作之中。我们将在后面的总结中再次讨论这一观点。

### 5. 美国民航飞行员协会

霍普金斯（Hopkins，1982）对飞行员曾有这样一段描述：

> 航空公司的飞行员传承了一种文化，他们认为自己是冷静、成熟的人，不会错失任何机会，如果出现问题，他们也从不恐慌。无可否认，这种自我形象的一个重要组成部分是一种近乎傲慢的自信，一种在紧要关头"我能应付"的感觉。（p.1）

1931 年，戴夫·本克（Dave Behncke）和其他 23 名飞行员共同创建了美国民航飞行员协会（Hopkins，1982）。在 1978 年美国《航空公司放松管制法》出台后的几年里，该协会主席奥康奈尔（J.J. O'Connell）发现飞行员越来越难专注于重要的事情。主要因为新成立的航空公司被大量收购，飞行员失业率上升到 20%（Hopkins，2000，p. 12）。于是该协会通过放松管制、公司兼并和反恐行动等手段来减弱航空公司管理对飞行员的影响。

航空公司更愿意直接雇用有飞行经验的飞行员。曾经，前军事飞行员是航空公司飞行员的稳定来源，而且航空公司也有很多职位空缺。而且这种来源过去被认为是源源不断的。20 世纪 50 年代的民航飞行员，包括机长和副机长，大多都来自退役的军事飞行员。他们懂得指挥和控制，知道如何下达和接受命令。他们很快就可以适应有标准操作程序的航空公司，在高度管制的国家空域系统中工作得很好。到 1979 年，在航空公司飞行员协会的不懈努力下，民航飞行员成为最令人羡慕的职业之一。然而，近年来，来自军队飞行员这条渠道正在枯竭，航空公司新招募的飞行员不再是那些具有丰富飞行经验的前军队飞行员，这一变化给航空公司带来了挑战。

随后，情况发生了翻天覆地的变化。这始于东部航空公司 401 号航班的 L-1011 事故。由于飞行员疏忽大意，导致飞机坠毁在佛罗里达的大沼泽区，导致 101 人死亡；随后，两架波音 747 在特内里费岛相撞，导致 583 人死亡；联合航空 173 号航班在俄勒冈州波特兰市坠毁，10 人死亡。这三起事故都是由飞行员的失误和傲慢造成的。公众纷纷给国会议员们打电话或写信，敦促他们解决航空安全问题。我们认为，自 20 世纪 80 年代中期以来，美国国会及监管机构 FAA 已经采取了有力措施，来控制航空决策错误的影响（Diehl et al.，1987；Jensen，1982）。这些措施包括：对飞行员进行相关教育，并每年更新教育内容；提升各种安全意识，建立事故及事件报告制度，鼓励航空公司创建安全管理系统（safety management systems，SMS）；鼓励制造商开发更好的航空电子设备和系统来提升飞行操控的自动化水平。目前最新、最智能的系统可以允许飞行员切换到人工智能系统来解决问题，从而确保航空决策超过普通飞行员的水平（Cece，2016）。

1979 年的布洛克（Brock）状告美国政府诉讼案深刻改变了飞行员控制和决策的本质，也对有关仪表进近着陆、飞行员和管制员行为的法规产生了直接影响（Gesell & Dempsey，2011）。1974 年 12 月 1 日，环球航空公司的 514 航班从俄亥俄州哥伦布市飞往华盛顿特区的华盛顿国家机场，但由于华盛顿国家机场上空的天气原因而转飞杜勒斯机场。当时的情形是"飞行员必须接受联邦航空管理局管制员的所有指令，而且默认这些指令是不会危害飞行的"（p. 797）。空中交通管制通常为飞行员提供两种服务，一种是控制飞机间的距离，另一种是控制飞机与地障间的距离。在这起事故发生之前，除非飞行员提出要求，否则美国联邦航空局的空管人员不会主动提供这两种服务，而所提供的雷达信号服务也不包括地形碰撞提醒。

这架飞机的机组成员包括布洛克（Brock）机长、副驾驶克雷谢克（Kresheck）和飞行工程师萨弗兰内克（Safranek）。他们接到空管的指令，飞行航向 090 直到 Armel（导航辅助）300 度径向拦截，然后保持 8000 英尺高度直到径向拦截。然而，这些指令是在距 Armel 导航辅助设备大约 80 英里（1 英里≈1.609 千米）的地方发出的。这点有些不同寻常，但如果飞行员确切知道他们身处何处的话，也不会危及安全。在降落过程中，云层使机组人员看不到地面。在截获 300 度径向信号后，他们获准仪表进近。这意味着他们可以自行决定以多快的速度下降到进近起点，即 1800 英尺高度。但就在进近起点的西边有一个 1940 英尺高的山脊。机组人员操控飞机下降到 1800 英尺处，与山脊相撞，机上 92 名乘客和机组人员全部遇难。

在这起事故诉讼案中，原告是遇难机组的遗孀们。她们认为是美国联邦政府以及联邦航空局空中交通管制员导致了这场灾难的发生。她们的理由是空管人员应该向飞行员提供地形规避信息。然而，当时的《航空人员信息手册》并没有明确这点。但美国政府的辩护人认为：飞行员有"最后的机会"来避免这场灾难，是他们的疏忽导致了事故。最终，美国地方法院裁定原告无权获得赔偿（Gesell & Dempsey，2011，p. 804）。

格塞尔和登普西（Gesell & Dempsey，2011）指出，法律裁决与美国国家运输安全委员会的安全建议在性质上是不冲突的。事故发生后，美国国家运输安全委员会向联邦航空局提出了以下建议：

根据 1975 年 1 月 1 日颁布的《7110.8D 手册》第 1212C 段和 1975 年 1 月 1 日颁布的《7110.9D 手册》第 662B 段，提出如下规定：当地空管人员可以目视看到飞机前，禁止自动终止雷达服务。

（美国国家运输安全委员会，1977）

联邦航空局的回复如下：

我们基本上同意这个建议。在收到建议之前，我们已成立了一个专门小组，审查和研究在空中交通管制系统中使用的定义、术语和短语，以确定应该对什么术语和短语进行重新定义……我们原则上同意这个建议，但我们迄今为止的研究还未形成具体的实施措施。考虑到工作量和沟通的困难度，我们认为这是不必要的。

（美国国家运输安全委员会，1977）

有一点很清楚，飞行员在控制飞机时，对自己的行为负有最终责任。对于空中交通管制部门的任何限制、规定、建议、指示，如果任务状态下的飞行员出于安全考虑而认为有必要忽略这些信息，他们就可以在决策时不考虑这些信息。但公众却对此有不同的看法。他们会像本书的读者们一样，要求所有相关人员共同努力，确保每名乘客都能毫发无损地到达目的地。事实证明，这正是美国国家运输安全委员会的观点。"很多事故都是由于飞行员和空管人员沟通不充分导致的，也许其中飞行员的责任更大一些。"（Gesell & Dempsey，2011）

我们寻找证据表明即使是间接地使用直觉也意味着生与死的区别。我们发现有一起事件和一起事故很好地表明了：直觉至少是补救措施的一部分。我们在这两个案例中都发现了再认启动决策（recognition-primed decision，RPD）的使用（Klein，2008）。克莱因（Klein，2008）解释说，这个模型体现了模式匹配和第一选择的模式，而不是选择最佳选项模式。读者可以从这两个案例中的关键决策里寻找"直觉"和"分析"的证据。请特别留意美国国家运输安全委员会对环球航空73号航班事件的反应。

2001年2月19日，大约中央标准时间0730，N2410W，一架波音717-231，作为环球航空公司（TWA）73号航班执行飞行任务，飞机由机长和副驾驶共同驾驶。在米切尔国际机场（MKE）起飞后，在航行至威斯康辛州的密尔沃基附近时，飞行员误使发动机保持在反推状态。随后该航班在米切尔国际机场降落，没有发生进一步的事故。

（美国国家运输安全委员会，2004年3月30日）

这一事件后，美国国家运输安全委员会要求环球航空公司制定飞行中反推部署程序。这表明，该公司过去并没有涵盖这一可能性的标准作业程序或紧急程序。我们认识那架飞机上的机长。当他分享所发生的事情时，很明显他是凭直觉行事的。当环球航空公司和美国国家运输安全委员会让该公司的机组人员在模拟器中经历同样的情况时，没有一个机组人员能安全返回机场。这会让人联想起电影《萨利机长》中的情景。模拟器回放的结果向我们证实，机长是根据直觉对这一特殊情况进行了成功处置，而那些严格遵循规定的人则不会成功。

美国联合航空公司 232 航班事故（1989 年 7 月 19 日）为我们提供了分析和直觉之间区别的另一个案例：2 号发动机的严重破损，导致发动机的碎片切断了飞机飞行所需的三条独立液压管路。机组人员试图使用飞机控制系统驾驶飞机，但未能阻止飞机持续向右转弯。一名空乘人员告诉机长，有一名美国联合航空公司（United Airlines）的培训检查员坐在头等舱，他想提供帮助。机长阿尔·海恩斯（Al Haynes）同意了，于是检查员丹尼斯·费奇（Dennis Fitch）机长来到驾驶舱。以下节选自美国国家运输安全委员会的事故报告。

　　检查员试图使用发动机动力控制俯仰和滚转。他说，飞机有持续向右转弯的倾向，这使得飞机很难保持稳定的俯仰姿态。他还建议 1 号和 3 号发动机的推力杆不能对称使用，所以他用两只手来操纵两个节流阀。

（美国国家运输安全委员会，1990，p. 3）

对于这架受损飞机，并没有相应标准操作程序或紧急程序可供参考。但检查员通常会对某一机型各个方面了如指掌。正是他用自己的直觉为困境提供了解决方案。机长和副驾驶已经尝试了飞行手册上的所有方法来解决这个问题，但没有效果。但是这名检查员找到了补救办法。

环球航空 73 号航班（上文提到）的机长在事件发生时 59 岁，美联航 232 航班的海恩斯机长年龄是 57 岁。在事故发生时提供帮助的检查员费奇机长年仅 46 岁，这位飞行员于 1968 年受雇于联合航空公司。那时，飞机还不是那么复杂，事故和事件的资料也很少，机组人员之间的协调配合由机组人员自发形成，而不是由手册告诉该如何合作，机长拥有最终的决定权。在没有大量信息手册、指南和飞机事故原因报告数据库的帮助下，机长通过实践也可以具有良好的判断和决策能力。

直觉，虽然没有被认为是好的决策的源泉，但被认为是一个专家级飞行员的特征。我们可以断言，尽管科尔根航空 3407 航班事故的说法过于夸张，但时至今日，飞行员每天都在做着决策，以保证系统的安全。然而，在过去的几十年里，在飞机航空电子设备、自动化、系统人工智能、飞机可靠性、人因意识、机组资源管理、导航辅助、空地通信和机务维护方面已经发生了很大的变化。法规的制定者们仍然相信，通过更多的技术和立法，以及减少飞行员的参与，他们可以杜绝飞机事故。

## （三）假设 3：飞行操作领域的直觉决策与规范思维此消彼长

是否有历史证据表明，对于航空决策来说，直觉决策不如推理决策？当我们回顾文献时，我们搜索证据的年代范围是航空公司或政府部门坚持要求飞行员自己做决策的时代。飞行员是否采用了直觉决策是被推断出来的，直觉决策可以通过某些类型的行动来体现（Waag & Bell，2014；Zsambok，2014）。我们也发现了 1980 年后的直觉决策的证据（美国联合航空 232 航班事故与美国环球航空 73 航班事故）。然而，这些积极的事件在科尔根航空 3407 航班事故中被掩盖了。这就像在成千上万的飞行员面前关上一扇门，告诉他们都是他们的错。我们想要创造一种方法来解释为什么直觉决策在飞行员选拔中被低估了。

假设 3 来源于我们对前两个假设的研究。我们认为，直觉决策是商用航空驾驶舱需要人类飞行员的主要原因。因此，当我们看到自然决策被低估的趋势时，我们想知道，立法者是否有充分的理由把有人驾驶改变为无人驾驶。我们的检索结果如图 30.1 所示。

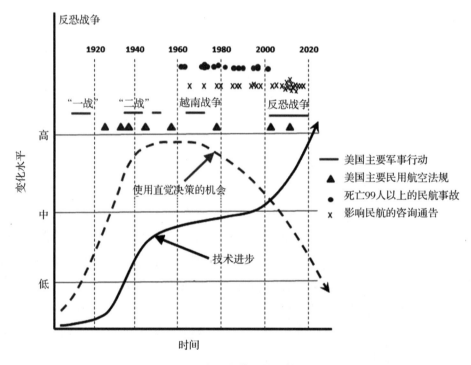

图 30.1　直觉决策和技术的对比

我们回顾了莱特飞行学校学员的笔记，没有发现对飞行员如何做决策有任何限制。那时关于航空的一切都是新的，因为飞行员第一次面临各种飞行挑战，因而他们的决策并不总是完美的。一些决策似乎奏效了，但却是基于对实际情况的误解，就像威尔士（Welsh）对飞机机翼载荷方面的误解一样。对于战斗双方的飞行员来说，第一次世界大战的经验为大多数飞行难题建立了一个可行的解决方案库，但安全性不是首要考虑的因素。飞行员的动机通常是想在同龄人中获得名望和优越地位（Dörflinger，2014），这点也影响了纳瓦拉和卢克的判断（Dörflinger，2014）。根据对 1920 年以前飞行员行为的分析，我们发现，直觉决策经常被使用。

在第二次世界大战中，我们注意到歼击机飞行员有更多的机会使用直觉决策，这仍然是现代歼击机飞行员的一个特征（Toliver & Constable，1970；Waag & Bell，2014）。空对空作战的真实环境要求飞行员在没有过去经验可以借鉴的情况下进行分析判断，这时飞行员往往采用模式匹配的方式进行直觉决策。歼击机飞行员通常采用的"发现 – 决策 – 攻击"决策程序就是分析和直觉相结合的完美例子（Olds，Rasimus & Olds，2010；Toliver & Constable，1970；Waag & Bell，2014）。轰炸机飞行员很少有机会利用直觉。当计划不奏效时，长机的飞行指挥官可以凭直觉行事，但所有其他轰炸机飞行员只是按照"起飞、巡航、投弹、返航、下降和着陆"的脚本行事。这点非常像卡车司机（McManus，2000）。

轰炸机机组人员的决策方式被商业航空公司的飞行员复制了，甚至早在 DC-3 型飞机率先减少驾驶舱人员时就开始了。在商业飞机的现代化过程中，越来越多的自动化系统开发出来供飞行员使用，从而减轻了他们的飞行负荷。起初，由于喷气式飞机太复杂，因此这些先进设备很受欢迎。然而，20 世纪 70 年代之后，在 1972 年、1974 年、1977 年和 1978 年的多次重大飞行事故中，机组人员被认为是问题的一部分而不是解决方案的一部分（Dekker，2005，2015；Wiegmann & Shappell，2003）。因此，法规制定者们邀请了许多专家，但并不包括飞行员，来帮助他们确保商业航空公司的运营是完全安全的（NTSB，2010；NTSB，n.d）。其结果是，飞行员的行为受到更严格的监管，飞行员不能独立做出决策。拥有人工智能的飞机系统在决策方面几乎与飞行员一样有效。尽管飞行员的英雄主义仍然存在（美国联合航空 232 航班和"萨利机长哈德逊河上的奇迹"），但这并没有阻止制造商和立法者为了现代飞机上的智能系统有一天会完全取代飞行员而进行的各种努力。

### （四）假设 4：自然决策应关注模式匹配、推演最佳选择，以及其他飞行员的经历和经验

基于大量的直觉决策和自然决策研究，我们认为，自 1903 年以来，在决策过程中使用直觉的机会消长主要受来自飞行员群体以外的力量所左右。而现在，我们还发现在飞行员群体内部，也有一些人强烈抵制直觉决策。

1. 模式匹配和最佳选择

一些商业航空公司的飞行员不信任直觉，认为这是一种危险的、不稳妥的决策模

式。这一发现调整了我们以前的一些结论，或者至少是对航空历史的另一种解读。我们的想法是，飞行员会接受任何形式的决策，只要这是最好的办法。我们认为克莱因（Klein，2008）的再认－启动决策模型才真正解释了商业飞行员做决策时真正发生的事情。飞行员的决策过程首先是模式匹配，然后形成了第一选择，而不是通过推理获得最佳选择。我们发现，一些飞行员只看到模式匹配和最佳选择，因此放弃了第一选择，也就是我们解释过的直觉选择。

阅读了本章大部分内容后，有人可能会觉得我们似乎是在为一些小分歧而吹毛求疵。但我们认为这是涉及飞行员基本信仰的大问题。既然我们不能训练飞行员使用直觉，我们必须依靠训练和他们个人经验的积累来扩充其无意识的储备。在某些合适的时机，这些飞行员就会凭直觉做出决策。但我们不会训练那些不相信直觉决策的飞行员。有许多训练判断和决策的好方法，它们都适用于航空领域（Diehl，1990；Jensen & Benel，1977；Jensen，1982）。然而，尽管管理部门规定了统一的训练要求和标准，但具体的飞行训练并不是一成不变的，因此我们也不能假设所有的飞行员都具有了相同的知识、技能和能力（FAA，2017b）。目前，一些先进的训练手段正在减小这种训练的不一致性。

2. 系统的最优选项

是否会出现这样的情况：大量的系统信息使飞行员的决策过程复杂而困惑，从而无法让飞行员做出最佳选择？当空中客车在20世纪七八十年代上市时，生产商的目标之一就是提高系统的自动化程度。他们的飞机必须既适合有丰富飞行经验的飞行员，又要适合经验有限的飞行员。多年来，空客通过提升自动化程度来提升安全性的做法取得了回报。飞行包线保护只允许飞行员正常操作飞机，但不能在性能限制之外操作飞机（Airbus，2018）。设计和操作的通用性使飞行员可以轻松地掌握空客家族的各型飞机的驾驶。这大大降低了培训成本（Airbus，2018）。然而，空客飞机上的系统到底有多严格？这些系统会干扰飞行员的决策吗？下面的引擎故障报告将凸显出空中客车飞行员面临的一些决策挑战。

空客 A380-842 引擎故障。2013年，澳大利亚运输安全部（ATSB）报告：2010年11月4日，在印度尼西亚巴淡岛上空，一架编号 VH-OQA 的空客 A380 飞机的2号发动机发生了中压涡轮盘的非包容性故障。根据 ATSB 的报告，飞机起飞后爬升到7000英尺的高度时，突然出现两声巨响。听到巨响后，机长和副驾驶连忙查看电子中央监视器（electronic centralized aircraft monitor，ECAM）上的信息。"ECAM 可向机组人员提供飞机及其系统的状态信息。"（ATSB，2013）最初的 ECAM 警告信息是，2号发动机的涡轮过热。随后警告信息变为"2号发动机着火"。23秒后，发动机着火的信息消失，再次变为涡轮过热的信息。ECAM 提供了太多的信息，机组人员不得不一个一个地进行分类处理。处理每条消息并确定消息是有效的还是无效的过程耗时达 50 分钟。当其他机组人员处理 ECAM 信息时，机长通过自动驾驶仪驾驶飞机，仅在评估飞机操纵性能时断开了自动驾驶。在进近着陆阶段，自动驾驶仪自行断开了两次。在第二次断开后，机长采用了手动着陆。

在本报告中，飞机在某种意义上通过 ECAM 与机组人员进行了交谈。机组人员通过确认每条信息的有效性来响应 ECAM 的信息，即机组人员可以接受或拒绝对飞机系统的感知。制造商通过事故后调查确认所有的信息都是有效的，但机组成员们却有不同的看法。A380 的 ECAM 的逻辑是将警告与飞行阶段相匹配。为了避免干扰飞行员，系统会不提供一些信息。机组只能通过 ECAM 看到部分的信息（ATSB，2013）。因此，在空客的飞行过程中，飞机可以在飞行员不知情的情况下关闭或重置子系统，或者由系统决定需要通过 ECAM 为机组提供哪些信息。一些飞行员认为这个逻辑是荒谬的，因为是飞机系统提出了最佳选择方案，而飞行员没有第一选择或自然决策的空间。

### 3. 飞行员经历的作用

我们的分析中缺少的是飞行员的经历对其他飞行员的影响，这在 1903 年以后的飞行员中确实存在。飞行员更喜欢在一个松弛的场合生动描述自己的经历，而不是在正式场合进行汇报。这也就解释了为什么很多军航任务汇报或商业航空研讨的最后一天议程往往都会放在酒吧里进行。我们称之为中立区。在中立区召开会议，如酒店酒吧或飞行队酒吧不会给人以强制性的感觉。通常，飞行员会说，"让我们喝杯啤酒，聊聊飞行吧"。没有人会被强迫去喝酒，但有时，一两瓶啤酒会让你更舒服。任何飞行员，无论级别、资历或职位，都可以对另一名飞行员的任何主张或行为提出质疑。飞行员间经常会有发生了什么或应该发生什么的激烈争论。如果机长做错了什么，副驾驶也可以指出来，这里不太可能出现自上而下的单向信息传递过程。

聚集在中立区还有另一个目的。飞行员需要分享经历。每个飞行员都有故事想讲，有些故事就是关于他们自己的飞行经历，而另一些故事是他们认为"最棒"的故事，他们会连说带演地来呈现它们。这些故事中含有对特定飞行决策的回忆。如果飞行员做得很出色，听众就会欢呼或点头，但如果飞行员做了愚蠢的决定，听众就会严厉批判故事主角的行为。如果一名飞行员解释了他在飞行中所做决策的原因，并且这个决策并不是一个最好决策时，通常会收到"你是个白痴"的回应。在酒店和飞行队的酒吧里，飞行员会说出自己的真实想法，哪怕是被嘲笑。然而，即使是最严厉的嘲笑也会以"嘿，你要再来一杯啤酒吗？"作为结尾，一切都被原谅了。

没有办法把这些故事进行好坏分类。然而，飞行员在这些环境中学到的知识却是他们可能在日复一日的训练中永远学不到的。例如，一个年轻的飞行员要驾驶满载燃油的 U-2 侦察机，他问那些资深的飞行员有没有什么可以给他的建议。这位年轻的飞行员的询问打断了战友们在飞行队酒吧的掷骰子游戏，引起了大家的不快。然而，其中一名飞行员说："用 L/D 最大（最佳角度）爬升剖面。书中爬升剖面的做法是愚蠢的。如果你唯一的引擎坏了，而你想要一个最佳的爬升角度，你需要给自己留有足够的高度来操作。"第二天，那个年轻的飞行员决定练习这个不同的爬升程序。他的目标航速是 121 节。起飞后，他拉起机头，直到能保持 121 节的速度。突然，飞机抖动了一下，引擎爆炸了，整个尾部被抛了出去。飞机坠毁了，但所幸飞行员安全弹出。他当时用了几秒钟的时间来确定飞机对他的操作已没有反应。正是他获得的额外高度和更好的爬升角度救了他的命。如果他没有在前一天打断掷骰子游戏，他就会按照操作手册上写的那样爬升，这很可能会导致他和飞机一起报销。有成千上万这样的关于飞行员自己或明智，或愚蠢的故事在轻松的环境下，被飞行员们反复地讲述。通过听故事，飞行员学到了很多关于如何更好地操控飞机的方法。

所以，不管飞行员是否同意直觉是决策的一部分，他们都能从飞行员讲述的经历中获得有价值的见解。当这些飞行员面临某种情况时，他们通常会回顾这些故事，以帮助他们决定下一步该做什么。这是一种不同于克莱因（Klein，2008）所提出的模式匹配形式。飞行员从其他飞行员的成功经验中获益。这些经验不是他们自己的亲身经历，也不是从学校学来的，而是其他飞行员告诉他的。这些经验最后成为了他们的直觉。

# 三、结论

## （一）破除误区

在本章的开头，我们列出了关于飞行员选拔过程的三个常见误区。现在我们来正式回应一下这些认识误区。

误区 1：在美国、欧洲及世界上的大部分国家和地区，一直都有训练有素的军队飞行员退役后源源不断地补充进民航系统，以满足航空公司的需求。

我们的回应。这个误区已经失实 30 多年了。如今，超过 80% 的商业航空公司飞行员都是由民航飞行培训项目中培养出来的。

　　*误区 2：每个男孩和女孩都想成为一名飞行员，因此只要航空公司需要，总会有很多申请者来报考民航飞行员培训项目。*

　　我们的回应。只有极少数渴望成为飞行员的年轻男女有能力支付昂贵的培训费用，以获得申请航空公司工作所必需的 CPL/IR 执照。而有能力获得航空公司运输飞行员执照（ATPL）的人就更少了。那些最终不能完成训练项目的人，会选择其他的职业。

　　*误区 3：世界上每个国家和地区都有飞行院校，这些院校人员齐全、条件优越，拥有开展大规模培训的机场和空域。*

　　我们的回应：在 192 个国家中，只有很少的国家拥有人员齐全、条件优越的飞行院校。那些希望成为飞行员但所在国没有飞行院校的人不得不到其他国家的飞行院校接受培训。通常，无论是在课堂上还是在飞机上，语言障碍就成了制约这些飞行学员与带教教官交流的瓶颈。在某些情况下，培训人员会让他们将当地民航局（CAA）的执照考试题目、口试和飞行检查资料背下来。但这样培训出来的学员并不具备必要的基础知识和飞行技能，因此难以完成航空公司的入门和等级评定课程。因此，对初始飞行学员进行可靠的选拔，对学员、其家人、教官、后续雇主和乘客都是至关重要的。

## （二）观察总结

　　在 1920 年之前，基于专业飞行员正确判断的航空决策起步维艰，部分原因在于飞行员的高死亡率，航空知识尚未普及，以及对飞行设计的操作极限缺乏了解。航空货运的增多，多引擎商用飞机的出现，加之飞机设计的高速发展以及第二次世界大战中驾驶这些飞机所必需的飞行技术得以改进，飞行员进行理性和自然主义决策的机会也增多了（Kern，1997）。"二战"后，随着飞机变得越来越先进，商业航空飞行员会与公司调度和空中交通管制员商议他们的决定。那时，提醒飞行员如何更安全地飞行的手册种类和数量都很少，普及率也很低。随着一些本可避免的飞行事故的出现，自主决策，包括直觉决策越来越少。首先是美国东部航空公司的 401 航班在佛罗里达州的大沼泽地中坠毁，导致 101 人死亡（1972 年）；其次是两架波音 747 在特内里费（Tenerife）机场跑道上相撞，583 人死亡（1977 年）；紧接着，美国联合航空公司 173 航班由于燃料耗尽在波特兰坠毁，10 人死亡（1978 年）。

　　立法者邀请所有相关专家，包括心理学家（主要是行为学家和认知心理学家），协助调查机组人员明显的疏忽行为。美国国会要求所有航空公司必须开展机组资源管理培训。美国联邦航空管理局制作了越来越多的手册、指南、咨询通报（advisory circulars）和适航指令（air-worthiness directives），以便更好地服务于飞行员（FAA，

2017c，2018a，2018b，2018c）。航空电子设备制造商创造了更智能的系统，减轻了飞行员越来越繁重的工作负荷。俄亥俄州立大学（Ohio State University）和南伊利诺伊大学厄巴纳分校（Southern Illinois University at Urbana）等机构开办了航空人因的高级学位教育，以培养航空领域的专家。人因错误如今已成为"如何消除驾驶舱中错误"研究的重点内容（Dekker，2005，2015；Reason，1990；Wiegmann & schappell，2001，2003）。

2009 年科尔根航空 3407 航班坠毁，造成 49 人死亡，在此之前，美国国会曾经认为他们已经在确保航空安全方面做得足够好了。美国国家运输安全委员会成员罗伯特·萨姆沃尔特（Robert L. Sumwalt）在科尔根航空 3407 航班的阳光会议上说："我们在安全委员会的工作非常明确。我们来这里是为了查明发生了什么，这样我们就可以努力防止它再次发生。"在航空运营、安全与保障委员会的听证会上（Aviation Safety，2010），美国参议院希望美国联邦航空管理局和美国国家运输安全委员会以及所有地区性和大型航空公司做出保证，制定相关政策防止此类事故的发生。然而，只要是还由人类做出飞行决策，那么在航空安全方面的零容忍政策就不是一个现实的目标。但民众对"一些事故情有可原"的说法也是不能接受的。目前在商业航空领域，重大飞行事故的概率大约为千万分之一（$10^{-7}$）（Dekker，2005）。然而，

> 当前对安全工作的线性扩展（事件报告、安全和质量管理、熟练度检查、标准化和程序化、更多的规章制度），似乎在打破那条渐近线方面没什么用，即使其对维持这一概率的安全水平是必需的。

（Dekker，2015，p. 152）

考虑到飞行员的决策，越来越多的人开始担心，提高安全性将永远不会突破渐近线（Dekker，2015）。这为用更智能、更可靠的系统完全取代飞行员的讨论敞开了大门。如果真有那么一天，飞行员选拔工作也就没有存在的价值了。

### （三）作者的个人观点

最后，我们希望根据自己作为飞行员的经验作一些说明。我们认为，我们的声音也应该被听到。我们认可对飞行员犯错误的指控，同时我们也知道飞行员自己也会发现错误，这就是双飞行员设计的好处。驾驶舱里的每个飞行员都意识到两件事：第一，合作要比单独工作好得多；第二，在飞行的每一个阶段都要独立思考，这样可以防止集体思维或盲目服从指挥。有时副驾驶必须要具有独断性，从美联航 173 航班事故中明显就可以看到这点。在处理机械故障的时候，副驾驶和飞行工程师不断提醒机长燃油量不足，遗憾的是他们并不坚决。美国国家运输安全委员会（1978）在其调查结果

中报告说，"在事故不可避免之前，副驾驶和飞行工程师都没有向机长表达过任何对燃料耗尽的担忧"（p.29）。关于机长，国家运输安全委员会的结论是：

　　不可否认，机长的地位和他的管理风格可能会对机组成员施加微妙的压力，以使机组成员的想法符合他的思路。但这会妨碍互动和充分的监督，并迫使其他成员放弃发表意见的权利（p.7）。

虽然这起事故显示了机组人员协调和管理方面的缺陷，但这并不意味着所有飞行员或各个航空公司都存在这种缺陷。

今天，仍有成千上万名飞行员在没有自动化、人工智能系统、空中交通管制、公司调度或标准操作程序的帮助下做出决策。他们会做出分析或直觉的决策，这些决策已超出了飞行学院教授的标准程序范围。在没有其他备选行动方案的情况下，这些决策就是最好的决策。他们将在没有"剧本"的情况下飞行。如果政府最终进一步限制飞行员的决策，他们可能就是在剥夺机组的一次生存机会。

原书参考文献